프랭크 로이드 **라이트**
주택 답사

글 · 사진 **황용운**

Spacetime

프랭크 로이드 라이트 주택 답사

2013년 10월 15일 1판 1쇄 발행
저자 _ 황 용 운
ywhwang1@nate.com

발행인 _ 김기현
발행처 _ 시공문화사
북 디자인 _ 이순학
jade-comm@hanmail.net

등록_1993년 3월 12일
주소 _ 서울시 서대문구 독립문공원길 17 극동프라자 5층

Tel. 02) 3147-1212, 2323 Fax. 02) 3147-2626

ISBN 978-89-5592-219-6

http://www.spacetime.co.kr
spacetime@korea.com

정가 25,000원

Frank Lloyd Wright

황용운(黃龍雲)

1964년 대구출생, 경북대학교(학사), 서울대학교(석사), 연세대학교(박사), Michigan State University(방문교수), 쌍용ENG, 토문 건축사사무소, 창조 건축사사무소에서 각종 개발사업 뿐 아니라 주거건축(국내 아파트, 베트남 등 해외주거건축 등), 대형프로젝트(삼성동 ASEM)에 참여하여 실무를 경험하였다. 1995년 건축사를 취득하였고 1998년부터 현재까지 동양대학교 교수로 재직 중에 있다. 저서로는 『건축의 구성수법』 (보문당, 2002), 『주택순례』(시공문화사, 2004 / 사이, 2011), 『전통한옥짓기』(발언, 2006), 『주거건축의 이해』(서우, 2012), 『한국건축사』(서우, 2013) 등이 있으며 설계 작업도 꾸준히 하고 있다.

필자가 대학다닐 때에 서양건축사와 근대건축사를 그리 좋아하지 않았다. 국사처럼 외울 것도 많았을 뿐 아니라, 외국어로 된 건축가 이름과 건축물 명칭들이 쉽게 외워지지 않았기 때문이기도 하다. 그리고 시험을 위해 짧은 시간에 많은 양을 공부한 만큼 짧은 시간에 많은 것을 잊어버렸기 때문이다. 특히 역사적 흐름에 따른 건축물의 양식을 이해하고 그 당시의 유명 건축가와 유명 건축물을 서로 연계하여 외우는 것은 나에게는 그리 즐거운 공부는 아니였다. 그러나 대학을 졸업하고 건축 관련 직종에 일을 하고 교단에 선 지도 어연 20여 년의 시간이 흐르면서 머리 한 구석에는 근대 건축물 뿐 아니라 근대 건축가와 양식들이 터줏대감처럼 자리 잡고 있는 듯하다. 특히 많은 근대 건축가들 중에 프랭크 로이드 라이트의 구겐하임 미술관이나 낙수장과 같은 유명 건축물은 건축을 공부하지 않은 학생과 일반인에게도 잘 알려진 건축물일 뿐 아니라, 그 곳에 직접 가보고 싶다는 열망은 누구나 가지고 있었을 것이라 생각한다. 건축을 가르치는 필자 역시 많은 시간 동안 책에서만 보아 왔고, 그 곳에 가보고 싶다는 꿈만 꾸고 있었던 것은 인지상정였을 것이다.

필자는 2011년 2월부터 미국의 미시건 주립대학교(Michigan State University)에 1년간 방문교수로 가게 되었다. 그리고 그 곳 도서관에서 우연히 William Allin Storrer의 『The Frank Lloyd Wright Companion』라는 라이트 작품집을 접하게 되면서 라이트의 주택 작품 순례를 시작하게 되었다. 그리고 항상 꿈으로만 생각하고 있었던 라이트의 유명 작품을 하나둘씩 찾아다니게 되면서 그의 작품 세계로 빠져들게 되었다. 뿐만 아니라 필자에게 운이 좋았던 것은 필자가 미국에서 생활했던 아파트에서 5분도 안 되는 거리에 고트쉬 윈클 주택(미시건, 오케모스, 1940)이 있었을 뿐 아니라, 20분 내외 거리에 3동의 주택이 더 있었고 이들 주택이 주택 순례의 시작이었다. 그리고 4~5시간 거리이었지만(미국에서 멀지 않은 거리) 라이트의 건축적 무대였던 시카고와 그의 고향인 위스콘신 주가 위치하고 있었다는 것도 필자에게는 행운이었다고 생각된다. 본서의 내용에서도 알 수 있겠지만, 라이트 건축 작품의 분포 지도에서 가장 많은 작품이 분포되어 있는 곳이 시카고와 위스콘신 주라는 것을 알게 된 순간부터 도서관에서 라이트 관련서적을 찾고 읽어 보았다.

긴 시간을 운전하여 어렵게 주택을 찾아 갔으나 주인아저씨의 완강한 거부로 사진 한 장 촬영하지 못한 주택들도 있어 아쉬운 점도 많았지만, 반면에 외국인임에도 불구하고 너무나 반갑게 맞이해주시고, 주택에 관해 설명까지 해주시는 친절한 분들도 있었다. 이런 고마운 분들 덕분에 라이트 작품을 보기 위해 4~5시간 걸리는 시카고와 위스콘신 주를 4번 이상 방문했어도 운전하는 동안 힘든 줄 몰랐다. 그리고 이 두 지역에는 라이트의 많은 작품이 분포되어 있었기 때문에 하루 만에 많은 주택을 순례할 수 있었다. 그러나 우리에게 너무나 잘 알려진 낙수장(본 책 내용에서는 기술하지 않았다. 그 이유는 필자와 동료 교수(김 종하)가 번역하여 사이출판사(2011)와 시공문화사(2004)에서 출판한 「주택 순례」에 잘 설명되어 있기 때문이다.)의 경우는 오직 낙수장만을 보기 위해 1박 2일이라는 시간을 이동 했음에도 불구하고 책에서만 보았던 것보다 훨씬 더 큰 만족감을 얻었고, 같이 간 아이들도 주택내부를 둘러보고 설명을 들으면서 "나도 이런 주택을 짓고 살고 싶다."면서 아주 좋아하던 모습은 지금도 잊을 수 없다. 반면에 미국에서 생활하는 동안 많은 유명관광지를 찾아다니기보다 매번 라이트의 비슷한 주택만 찾아다닌다고 많은 불평도 들었지만 어느덧 시간이 지나면서 아이들은 주소와 주변을 살피면서, 운전하는 필자 대신 주택을 찾아주고 있는 모습을 볼 때 고맙기도 했지만, 한편으로 너무 미안하기도 했다. 그리고 미시건 주의 디트로이트에 있는 엘리자베스 알프렉 주택(본 책 내용 참조)을 탐방한 후, TV에서 포드 자동차 CF의 배경으로 나오는 것을 보고 아이들이 먼저 알아 볼 정도로 무의식 중에 라이트 주택의 형태적 특징을 알아보게 되었다.

벌써 라이트 주택 작품을 순례한 지 약 2년이라는 시간이 흘렀다. 그 기간 동안 순례한 주택을 정리하고 – 순례를 갔다 오는 그 날 주택에서 느낀 점을 미리 정리해두었고 한국에 귀국 한 후에는 도면과 다양한 참고자료를 통하여 작품 내용을 보완하였다. – 자료를 모아 책으로 출판하게 되어 매우 기쁘다. 이 책에서는 라이트의 초기작품부터 그의 말년 작품까지 골고루 실었기 때문에 우리에게 잘 알려지지 않은 주택들도 많이 있을 것이고 반면에 잘 알려진 주택들도 있을 것이다. 그리고 언젠가 정리할 기회가 있겠지만 방문한 주택 중 이 책에 간단히 소개되거나 아예 소개되지 못한 다른 주택들도 많이 있어 조금은 아쉽기도 하다.

또한 본서의 내용들은 라이트 작품이 가장 많이 분포된 그의 고향 위스콘신 주, 일리노이 주의 시카고, 미시건 주로 미국 북부지역을 중심으로 다루었고, 주택을 직접 순례한 필자의 주관적인 느낌을 기술한 만큼, 이 책에 기술된 주택을 직접 방문한 경험이 있는 독자나 여기에 실린 내용만으로 이해하는 독자들의 느낌과는 차이가 있을 수 있기 때문에 내용이 잘못 전달될 수 있는 부분도 있을 것이라 생각한다. 그리고 필자의 미흡한 글 솜씨 때문에 주택을 설명하는 내용면에서 다소 부족한 부분도 많이 있을 것이라 생각된다. 이에 대해 독자 여러분들의 많은 양해를 부탁드린다. 또한 본서에 실린 평면도의 경우는 「THE FRANK LLOYD WRIGHT COMPANION」에 담겨진 평면도를 참조하였고, 필자와 건축학과 김민조 조교가 직접 수작업으로 재구성하였다. 그 과정에서 방문할 당시의 주택 모습과 평면이 다른 경우에는 필자가 직접 평면도를 수정하기도 했으며, 독자 여러분들의 이해를 돕고자 본서에 추가된 평면도에는 필자가 직접 본 주택 관련 내용을 첨부 설명하여 좀 더 현실감 있는 내용으로 꾸며보고자 노력했다. 뿐만 아니라, 부록에는 라이트의 일생을 연도별로 요약 정리하였고, 그의 작품 중 현재 남아 있는 작품들의 주소록을 추가하였으니 이를 참조한다면 여러분도 더욱 더 이해가 쉬울 것이라 생각한다.

마지막으로 라이트의 주택 순례에 많은 관심과 관련 내용 및 자료 등에 관해 조언을 아끼지 않으신 미시건 주립 대학교의 실내디자인 학과의 이은실 교수님과 플로리다 대학교 실내디자인 학과의 박남규 교수님, 그리고 부족하고 미흡한 글 솜씨를 기꺼이 출판할 수 있게 도와주신 시공문화사의 김기현 대표와 편집진에게 진심으로 감사를 드린다.

2013년 9월

소백산 기슭의 연구실에서

황 용 운

제1장 위대한 건축가 라이트

제2장 라이트의 초기 주택과 프레리 주택 (1887~1910)

제3장 라이트의 Usonian 주택 (1937~1959)

목차

FRANK
LLOYD
WRIGHT

제 1 장

위대한 건축가 라이트

Ⅰ. 개설(槪說)

현대건축의 발전에 가장 커다란 기여를 한 것 중 하나는 어느 누구도 예상하지 못했던 곳, 즉 미국에서 이루어졌다. 미국이 건축에 있어서 창조적이며, 그 분야에서 지도자의 위치를 차지할 수 있으리라고는 그 누구도 믿지 않았다. 그러나 이런 예상을 깨고 미국을 현대 건축의 발상지로 만든 주인공은 바로 프랭크 로이드 라이트(Frank Lloyd Wright, 이하 라이트라 표기함)이다. 그는 비록 19세기에 태어났지만, 20세기에는 가장 유명한 근대 건축가로서 활동하였고, 21세기에는 전 세계 건축학도들뿐 아니라 건축가들로부터 가장 많은 존경을 받으며 영향을 미치는 건축가로서, 현재에 이르기까지 약 3세기에 걸쳐 건축적 예술성과 사상에 큰 족적을 남긴 위대한 근대 건축가이기도 하다.

특히 그의 위대한 업적은 당시 고전양식 외에는 해결 방안을 모색할 수 없었던 유럽의 영향을 배제한 미국만이 가지고 있는 생활문화를 가장 잘 반영하여 설계한 주택 작품들이다. 그의 작품들은 고전양식에 벗어나지 못한 주택들이 어떻게 변형되고, 어떻게 주택을 전혀 새로운 것으로 만들 수 있는가를 보여 준 건축가이기도 했다. 한마디로 당시의 유럽적 영향에서 벗어나지 못하고 있던 미국의 건축문화에 해결방안을 명쾌하게 제시한 건축가이기도 했다.

1867년 태어나 우리 나이 93세(1959)로 사망할 때까지 어느 누구도 상상할 수 없는 드라마틱한 삶을 살면서 약 70여 년 동안 1,100여개 이상 엄청난 작품을 발표할 정도로 왕성한 활동을 한 것으로도 유명하다. 이런 이유 때문인지는 모르겠지만, 지금도 많은 사람들은 라이트를 위대하고 혁신적인 건축가로 기억하고 있다. 뿐만 아니라 미국 건축가 협회 AIA(The American Institute of Architects)에서도 "모든 시대를 통틀어 미국에서 가장 위대한 건축가" 라고 평가하고 있다. 이는 그가 단순한 건축가로서가 아니라 당시에 유행했던 유럽 스타일 건축양식을 과감히 벗어 던지고 미국의 문화와 미국인의 생활방식을 반영하여 당시의 전형적인 주택 유형을 미국 스타일로 – 유기적 건축, 주택내 거실의 공간 개념 등 – 정착시켰기 때문이기도 할 것이다. 이런 의미에서 어느 누구보다도 열정적이고 애국적인 건축가였고, 또한 자신이 가지고 있는 건축에 대한 근본적인 개념과 원칙을 전 세계로 알렸던 미국 건축의 선교자이기도 했다. 비록 한때 비도덕적이고 독선적인 행위 – 여러 여자와의 관계뿐 아니라 무책임한 금전 관계 등 – 로 인하여 자신을 좋아했던 미국인으로부터 많은 비난을 받기도 했지만, 절대적으로 굴하지 않는 자신만의 독단적인 성격을 보이기도 했다. 누구보다도 부단한 활력과 말할 수 없는 풍부한 재질을 가진, 시대를 초월하는 예언자이며 선견지명(先見之明)의 건축가이기도 하다. 특히 인생 말년인 60세가 넘은 나이에도 불구하고 세계적 불후의 작품인 낙수장(Fallingwater house), 구겐하임 미술관(비록 준공을 보지 못했지만) 등 그의 유명 작품과 모든 작품의 절반 이상을 이루어내는 눈부신 활동을 했다는 점 등은 우리들을 다시 한 번 더 놀라게 한다.

아직도 그의 고향인 위스콘신 주를 비롯하여 미국 곳곳에는 그의 주옥같은 작품들이 많이 남아있다. 그리고 이런 라이트의 작품들은 「라이트 작품 보존재단(Frank Lloyd Wright Preservation Trust)」 등과 같은 라이트 작품 보존 단체들에 의해 아직까지 잘 관리되고 있으며, 탈리어신 펠로십 출신들의 정기적인 모임을 통하여 라이트를 기념하기 위한 다양한 기념사업들이 벌어지고 있다. 그리고 몇몇 유명한 작품들은 역사적 보존 건물로 지정됐으며, 그를 알고 있는 건축 관계자 및 일반인들을 위해 다양한 건축 투어 프로그램을 제공하고 있어 세계 곳곳에서 많은 사람들이 그의 작품과 공간을 직접 체험하기 위해 미국을 찾아오고 있다.

1. 라이트의 어린 시절

근대 건축의 거장인 라이트는 1867년 6월 8일 미국 북부 위스콘신(Wisconsin) 주의 남서부 지역의 중심지역인 리치랜드 센터(Richland Center)에서 출생했다. 그의 아버지인 윌리암 캐리 라이트(William Cary Wright)는 유니테리언(Unitarian)[1] 교회의 순회 목사로 농촌 지역을 순회하면서 사람들에게 노래를 가르치는 음악가였다. 그러나 그는 지식인 가문의 출신으로 매사추세츠 주, 애머스트에 있는 문과대학에서 교육을 받은 후에 의학을 공부하기도 했지만, 그에게 있어 의학은 진정한 학문이 아님을 깨달아 그만 두고, 다시 법학을 공부하기도 했다. 그러나 법학 공부 역시 적성에 맞지 않았는지 접고 목사가 되었다. 그리고 그는 음악을 평생 친구라고 여길 만큼 너무나 사랑했다. 라이트의 어머니, 애너 로이드 존스(Anna Lloyd-Jones)는 부모를 따라 웨일즈에서 미국으로 이민 왔을 때 5살로서 평온하고 우아한 겉모습과는 달리 조금은 활동적이었다. 또 교육만이 현실적 문제를 해결할 수 있다는 그녀만의

1) 그리스도교의 정통 교의인 삼위일체론의 교리에 반하여, 그리스도의 신성을 부정하고 하느님의 신성만을 인정하는 교파이다.

뚜렷한 신념을 가지고 있었고, 그 신념을 실천하기 위하여 열정적인 교사로 생활하였다. 그래서 지식인 가문의 윌리암 캐리 라이트를 좋아하게 되었고 비록 그녀가 윌리암 캐리보다 14살이나 어렸을 뿐만 아니라, 한 번의 결혼 경험이 있었지만 라이트 어머니, 애너 로이드 존스는 1866년 윌리암 캐리 라이트와 결혼을 하게 된다.

라이트는 1남 2녀〈제니(Jennie)와 마가렛 엘런(Margaret Ellen)〉 중 첫 번째 아이였고, 라이트가 태어날 당시에는 위스콘신 주의 스프링 그린(spring green, Wisconsin) 부근인 리치랜드 센터에서 살았다. 그의 외가도 스프링 그린 인근에 살고 있었다. 라이트의 중간 이름인 로이드는 어렸을 때까지의 이름 링컨(Lincoln)에서 후에 어머니 집안 이름의 일부인 로이드(Lloyd)로 바뀐 것이다. 라이트 어머니의 가족인 로이스 존스(Lloyd-Jones) 일가는 1844년 영국의 통치 하에 있었던 웨일즈(Wales: Great Britain섬 남서부의 지방)에서 위스콘신 주의 스프링 그린으로 이주하여 거주하기 시작하였다. 비록 몇 백 년 동안 영국의 지배하에 있었지만 웨일즈는 웰쉬(Welsh)라는 언어로 영국과 다른 언어와 전통을 가지고 있었고, 라이트의 할머니도 가족들 간에 영어보다 웰쉬로 이야기를 하는 등 웨일즈의 전통과 문화에 대해 자부심을 가지고 있었다. 이런 가족문화는 차후 라이트의 명작품인 '탈리어신' 이라는 이름에서도 잘 나타나고 있다. 라이트의 어머니, 애너 로이드 라이트는 그녀의 가족 농장에서 살았던 경험 등을 통하여 어린 시절부터 라이트에게 자연을 이해시키고 미국의 대자연과 함께 공생할 수 있는 방법을 가르쳤다고 한다. 이런 경험이 미국의 어느 건축가보다도 미국의 광활한 대지와 미국의 전통을 몸으로 느끼면서 성장할 수 있었던 배경이 되었을 것이다. 라이트 부모는 라이트 외에 1869년 제니를, 그리고 1877년에는 마가렛 엘런을 낳아 1남 2녀의 자녀를 키웠다. 그러나 라이트의 아버지는 전도사라는 자신의 직업 때문이었는지 종교적 전도를 위하여 여러 장소로 이사를 다녀야 했고, 이 때문에 라이트는 어린 시절을 아이오와 주의 로드아일랜드(Rhode Island, Iowa), 그리고 매사추세츠 등 여러 곳을 돌아다니면서 불안정적인 생활을 해야만 했다.

이렇게 잦은 이사를 다니는 것은 분명 라이트의 교육과 그의 성격 형성에는 좋지 않은 영향을 주었을 것으로 보인다. – 친구들과 친해지기보다 혼자 독서와 무언가를 만들기 등으로 시간을 보내는 모습은 분명 교육에 관해 뚜렷한 신념을 가지고 있었던 어머니 애너 로이트 라이트에게는 많은 고민거리였을 것이다. 그리고 이러한 성장 배경은 라이트가 성장 후 그 만의 독선적인 성격으로 나타나지 않았나 하는 생각도 해본다. – 이런 상황에서 1870년 당시에는 미국 전역에 깊은 경기침체의 시기가 겹치면서 설상가상(雪上加霜)으로 결혼생활에 경제적 어려움까지 커졌을 것으로 생각된다. 이런 시대적 상황 때문인지 라이트가 정확히 어떤 고등학교를 졸업했는지에 관한 내용은 그의 자서전뿐 아니라 다른 여러 관련 서적에서도 정확히 기술된 내용이 거의 보이지 않는다. 솔직히 교육문제를 제외하고 그들의 가족들이 이사를 다니는 것 자체는 큰 문제가 아니었다. 그러나 뚜렷한 수입원이 없는 상황에서 자주 거주지를 옮기는 것에 따른 소요비용과 정착을 위한 생활비 등이 부족해지면서 라이트의 아버지와 어머니 사이에 다툼이 자주 일어났고 조금씩 둘 사이는 벌어지기 시작했다.

비록 라이트의 부모 모두 교육을 많이 받았다고는 하지만 자주 이사를 다녔고, 이로 인하여 라이트와 그의 남매들은 지속적이고 안정적인 교육을 받을 수 없었기 때문에 선생님의 경력이 있었던 그의 어머니는 자식들에게 그의 교육 방식대로 많은 것을 집에서 직접 가르쳤다. 그러면서 라이트의 어머니인 애너 로이드 라이트는 그녀의 아이들이 천재가 될 수 있을 것이라는 믿음을 가지고 있었고, 또한 프뢰벨(Friedrich Froebel) 교육 방식[2)]은 분명히 아이들에게 많은 영향을 미칠 것이라 굳게 믿었다. 그래서 그녀는 그녀의 아이들이 창조적이고 스스로 생각할 수 있는 사고 방식을 가질 수 있고, 모든 일에 대해 긍정적인 사고를 가질 수 있도록 교육시켰다고 한다. 특히 어머니는 독일 교육자인 프리드리히 프뢰벨(Friedrich Wihelm Fröbel: 1782~1852 : 유치원을 창시한 독일의 교육가)방식의 교육을 라이트와 그의 아이들에게 가르쳤다. 어떻게 생각하면 라이트의 어머니 역시 그를 훌륭한 건축가로 키우겠다는 다짐으로 라이트에게 프뢰벨식 블록을 교육 시켰는지 모를 일이다.

그리고 프뢰벨 교육에 대한 믿음 때문인지 라이트 어머니는 프뢰벨 교육에서 사용하는 육면체, 구, 그리고 원기둥과 같은 "프뢰벨 블록(Fröbel blocks)"을 구입했고 – 프뢰벨식 교육은 자연을 그대로 모방하는 것을 교육시키는 것이 아니라 나무 상자, 큐빅 그리고 구(球) 등 가장 기본적인 기하학 형태들을 이용해 공간을 확장시키는 시 · 지각 훈련을 가르치는 것이 주요 교육 내용으로 구성되어 있다. – 이런 블록을 가지고 다양한 형태를 만들어 보는 교육 방식 등을 통하여 시 · 지각에 대한 입체적 이해력과 공간의 지각 능력을 높이는 등 자신의 교육방식에 맞추어 다양하게 응용하면서 가르쳤다. 이런 방식의 교육 때문인지 라이트는 처음 설계를 시작하면서 자기 스스로 프뢰벨 교육방식에 영향을 받았음을 이야기하기도 했다. 또한 여러 서적에서도 라이트 어머니가 라이트가 태어날 때부터 "그를 총명하게 키울 것이며, 훌륭한 건축가 될 수 있게 할 것이다." 라고 언급되는 부분이 많이 나오

2) 1876년 라이트 나이 9세 때 필라델피아에서 개최된 개국 100년 기념 박람회에서 라이트의 어머니는 독일의 교육가 프래드리히 프뢰벨의 교육이론과 프뢰벨 교육 시스템에 대한 내용을 접하게 되고, 라이트에게 가르쳤다고 한다. 라이트 역시 그의 자서전에서 프뢰벨 블록이 자신의 기하학적 건축 형태에 간접적으로 영향을 미치고 있음을 언급하고 있다. (참고로 프뢰벨 관련 홈페이지는 : www.frobel.com.au)

고 있다. 이런 열정적인 어머니의 교육방식은 라이트에게는 평생 잊지 못할 기억들로 남게 되었고 그의 작품 활동에도 많은 영향을 미치게 된다. 이런 연유로 라이트 기념품 가게에는 블록을 이용하여 라이트 작품을 만들어보는 선물 세트들도 판매하고 있다.

"어린 시절 어머니와 같이한 블록 놀이는 나의 삶 동안 나의 손가락에 항상 머물고 있다."

자서전의 원문은 다음과 같다.

「For several years I sat at the little Kindergarten table-top… and played… with the cube, the sphere and the triangle – these smooth wooden maple blocks…. All are in my fingers to this day….」[3]

• 프뢰벨 선물세트

• 프레리 하우스를 블록으로 만들어보는 선물세트

그리고 어머니는 가족들의 잦은 이사로 인하여 많은 친구들을 사귀지 못하고 독서, 그림 그리기, 음악 연주, 그리고 감상과 다양한 물건을 만드는 일 등, 자기만의 취미에 몰입하는 내성적인 소년으로 변해가는 것을 염려했다. 이런 성격과 취미 때문인지 라이트는 언제나 피아노를 곁에 두었다. 일본의 제국호텔을 건설할 당시에 도쿄의 자신의 작업실에도, 위스콘신 주의 탈리어신에는 물론, 겨울철 작업장인 애리조나 주의 탈리어신에도 그리고 구겐하임 미술관 건립 당시 작업실로 사용한 뉴욕의 플라자 호텔에도 피아노를 곁에 갖다 놓을 정도로 음악을 좋아했다.

뿐만 아니라 라이트는 많은 책을 읽었다고 전해지고 있으며, 그가 좋아했던 책은 빅토

3) Hersey, George. Architecture and Geometry in the Age of the Baroque. University of Chicago Press. 2000, p. 205.

르 위고의 『노트르담의 꼽추(Victor Hugo's The Hunchback of Notre Dame)』이었다고 한다. 그러나 라이트에게는 책 내용에 관한 전반적인 것보다 그 내용의 배경으로 나오는 건축에 더 많은 관심을 가졌을 정도로 어렸을 때부터 건축에 많은 관심이 있었다고 한다.

비록 아버지의 직업으로 인하여 여러 번의 이사를 다녔지만, 결국 1877년 라이트 나이 11세가 되었을 때에 그의 가족은 그의 고향인 위스콘신 주의 메디슨(Madison)으로 되돌아오게 된다. 그리고 여름에는 스프링 그린의 외삼촌(Lloyd-Jones) 농장으로 보내져 자연에 대한 깊은 이해심과 인내를 키우고, 또한 시골의 삶에 대한 영원한 애정을 가시며, 육체적인 노동 – 곡물의 수확, 곡식의 단 묶기, 운반하기, 근초 쌓기 등 – 을 통하여 용기를 가지며 좀 더 굳건한 소년으로 성장하게 된다. 이렇게 수많은 농장의 일을 하면서 라이트는 어떻게 해야 많은 일을 행복하게 잘 할 수 있는지를 자연스럽게 배우게 된다. 그리고 그의 나이 20세가 될 때까지 위스콘신 주의 남서부 대평원 시골에서 자연과 함께 보낸다.

• 라이트 10살 때의 모습

외삼촌은 "라이트가 어렸을 때 대평원(prairie)과 같은 자연의 경이로움을 배웠고 그는 항상 대자연에서 자유롭게 날아다니는 수많은 새, 다양한 나무, 벌과 같이 생활하면서 농장을 청소하는 것 등을 그의 생활 일부분으로 느끼면서 성장했다."라고 회고하고 있다. 그리고 그는 농장 주변으로 넓게 펼쳐진 대평원과 이들을 둘러싼 자연환경을 그 누구보다도 사랑했다. 그러나 가끔씩 그의 외삼촌 및 다른 가족들이 자신에게 오랜 기간동안 많은 일을 시킬 때면 불평도 많이 했지만 친척들은 그에게 "add tired to tired(피로에 피로가 겹칠 때까지 일을 해봐)" 라고 했고, 라이트는 일에서 오는 성취감을 느끼면서 평생 이 말을 결코 잊지 못했다.

마침내 1884년 라이트의 부모는 약 18년의 결혼생활을 청산하고 이혼하게 된다. 어머니와 그의 두 여동생 그리고 라이트만 남게 되면서 당시 17세인 라이트는 실제적으로 그의 가족을 위한 어린 가장이 되어야 했고 가족들의 생계를 책임져야 했다. 이런 상황이 그의 아버지를 원망하게 만들었는지 아버지가 집을 떠난 15년 후 아버지가 사망했다는 소식을 듣게 되지만 라이트는 아버지 장례식에 참석하지 않는다. 라이트가 아버지의 죽음을 외면한 것에는 라이트의 청년기부터 아버지와 사이가 좋지 않아 심한 싸움으로 틀어진 이

유도 있었겠지만, 아버지가 자신의 일만을 위해 가장으로서 가정과 가족의 생계를 너무 등한시한 것이 더 큰 이유이었을 것이다. 그러나 한편으로는 음악적 재능뿐 아니라 다양한 재주를 많이 가지고 있었던 아버지를 존경하기도 했고 다른 한편으로는 불쌍히 여기기도 했다.

2. 라이트 건축의 태동

라이트의 고등학교 시절에 대한 명확한 내용(졸업 여부 등)을 거의 찾을 수 없기 때문에 사실 어떤 과정을 거쳐 위스콘신 대학교 토목학과에 입학했는지에 관한 정확한 내용을 알 수 없다. 그러나 당시 위스콘신 대학교의 토목 기술자이자 공대 학장인 앨런 D. 코노버(Allan D. Conover)의 견습공으로 시간제 일을 하게 되면서 이것이 인연이 되었는지, 라이트는 위스콘신 대학교의 토목학과에서 청강 학생 자격으로 토목 관련 공부를 하게 된다. 여기에서 라이트는 건축의 가장 기본적인 지식인, 대지를 읽을 수 있는 안목과 대지의 특성에 따른 시공 방식 등을 배우는 좋은 경험을 하게 된다. 이것은 차후 그가 대지의 특성과 현황을 정확히 파악할 수 있는 밑거름이 된다. 필자도 이런 대지의 현황을 파악할 수 있는 기본적인 지식이 후에 세계의 명작품인 낙수장 설계의 밑거름이 되었을 것이라 생각한다. 비록 라이트가 대학에서 토목 공부를 하고 있었음에도 불구하고 그는 틈틈이 건축과 예술에 관한 서적을 탐독한다. 그리고 결국에는 토목 공부를 중도에 그만두고 1886년 그의 고향인 위스콘신 주의 스프링 그린(Spring Green)으로 돌아간다. 때마침 스프링 그린 인근에 어머니 가족인 로이드 존스(Lloyd-Jones) 가족 교회인 유니티 채플(Unity Chapel)의 설계를 맡은 시카고 건축가인 조셉 리만 실스비(Joseph Lyman Silsbee)의 견습공으로 유니티 채플의 설계를 돕게 된다. 이 일은 라이트가 건축을 시작하게 되는 계기가 되었고, 메디슨은 그의 야망을 충족시키기에는 작은 도시였기에 이 일이 끝난 후, 당시 20세인 라이트는 위스콘신 주, 스프링 그린의 조그마한 시골을 떠나 대도시 시카고로 가게 된다.

1880년대는 시카고가 대형 화재를 당한 후였기 때문에 대규모 건설 붐이 일어나고 있었다. 당시 시카고 건축가들의 평균 연령은 30세 이하였고, 1880년 이전까지는 건축가라고 할 수 있는 사람들이 거의 한 명도 없을 정도였지만, 시카고 대형 화재 후 건축가로서 경력을 쌓고자 하는 많은 사람들이 미국 각지에서 모여들기 시작했고 라이트 역시 이들 중 한 사람이었다.

01 _ 스프링 그린의 유니티 교회(Unity Chapel)의 입구
02 _ 유니티 교회 전경(Joseph Lyman Silsbee, Unity Chapel, 1886)
03 _ 현재 유니티 교회는 국가 역사유적지로 지정되어 있음을 알리는 동판이 앞에 있다.
04 _ 유니티 교회 가족무덤 내에 Jones家의 무덤비가 있다.

맨 처음 시카고에 도착했을 때 라이트는 유니티 채플 설계 때 알게 된 J. L. 실스비 사무실에는 가지 않으려 했다. 그 이유는 조셉 리만 실스비가 젠킨 로이드 존스 외삼촌과 잘 알고 있었기 때문이다. 사실 스프링 그린을 떠나올 때 외삼촌인 로이드 존스가 어머니로 하여금 시카고로 가는 것을 적극적으로 반대했기 때문이었다. 그러나 시카고 도착 후 몇 군데 사무실에서 입사가 거절 당하게 되자 조셉 리만 실스비 사무실을 찾아가게 된다. 이곳에서 라이트의 위대한 건축설계 인생이 시작된다. 실스비 사무실에서 어느 정도 자리를 잡으면서 항상 아들만 바라보고 있는 라이트의 어머니는 시카고로 이사를 오게 된다. 그리고 오크 파크에 살고 있는 어머니 친구인 오거스타 채핀을 찾아가게 되면서 라이트는 오크 파크(Oak park)에 자리 잡게 된다. 실스비 사무실에서 라이트는 약 2년 동안 주택 건축에 기본이 되는 다양한 주택 건축 디테일에 관한 지식을 배우고 익히게 된다. 특히 당시 주택 건축에서 유행했던 싱글 스타일(Shingle Style) 주택에 관한 내용을 배우고 여기서 경험한 여러 주택 스타일은 차후 라이트의 주택 겸 스튜디오(시카고의 오크 파크) 설계에 영향을 미치게 된다.

약 2년간 조셉 리만 실스비 사무실에서 일을 배운 뒤, 1889년 라이트는 당시 시카고에서 건축가로서 가장 명성이 높았던 단크마르 아들러(Dankmar Adler)와 루이스 설리반(Louis Henri Sullivan 1856-1924)[4]이 운영하는 설계 사무실로 자리를 옮기게 된다. 이곳에서 그는 진정한 건축가로서 건축을 배우기 시작한다. 라이트가 시카고를 그의 건축을 시작하는 무대로 선택한 것은 필연적인지 모른다. 우선적으로 시카고는 미국 철도교통의 중심지였고, 시카고 대화재(1871)로 인하여 19세기의 상업적 건축 활동이 가장 활발하였을 뿐 아니라 동시에 새로운 건축 재료와 구조적 시스템들이 시험되고 있는 장소였다는 점과 또한 자신이 태어나고 자란 위스콘신 주와 멀지 않은 거리에 위치하고 있었다는 것이다. 특히 화재가 발생한 1871년에 시작된 재건 공사는 라이트의 성장을 기다려 주는 것처럼 1873년의 경기침체로 재건공사가 1880년까지 일절 중단되었다. 그러다가 라이트가 시카고로 온 1880년대에 경기가 회복되면서 다시 본격적으로 재건 공사가 시작되면서 사무실 건물, 극장, 백화점, 저택 등과 같은 거대 프로젝트 붐은 건축을 시작하는 라이트에게는 운명적인 만남인지 모를 일이다.

• 1871년 시카고 대화재 후의 도심의 모습

4) 단크마르 아들러는 주로 시공을 담당하였고 루이스 설리반은 설계를 담당하였다.

Chicago 대화재

시카고라는 지명은 인디언 언어인 '야생 양파'가 어원이다. 1736년 최초 정착지를 시작으로 19세기 미군의 포트 디어본 기지로 사용되다가 1833년 43세대, 인구 200명의 '시카고' 마을이 정식 발족했다.

1871년 10월 8일 일요일 저녁 미국 시카고 웨스트 사이드의 드코븐 스트리트 137번지. 패트릭 올리어리 부부는 목조 가옥 뒤편 헛간에서 한참 소젖을 짜고 있었다. 신경이 곤두선 암소는 젖을 짜는 도중 난폭해져 뒷발로 불이 켜진 등유 램프를 걷어찼다. 그 바람에 헛간은 곧 불길에 휩싸였다. 이것이 미국 역사상 최악의 화재로 기억되는 '시카고 대화재'의 시작이었다.

화재는 3일 동안 약 18,000동의 건물을 파괴하고 미시간 에비뉴 도로변의 일부 건물을 제외하곤 목조 건물로 지어진 도시 대부분의 건축물이 화재로 소실되었다. 당시 화재로 집을 잃은 이재민 숫자만 해도 10만 명에 달한다고 한다.

특히 시카고의 재건은 1880년부터 20여 년간 진행되면서 근대적인 비즈니스 센터, 사무소 건축, 호텔 등 새로운 요구에 응하기 위하여 대규모 건축물들이 새로운 건축 방식으로 시도되었다. 이 시기(1871년 시카고 대화재 때부터 1910년경까지) 시카고를 중심으로 활약한 건축가와 공학 기술자 등 시카고 건축 발전의 주역을 담당한 건축가들을 총칭하여 우리는 시카고파(Chicago School)라고 부르고 있다. 시카고파의 창시자인 윌리암 르 베런 제니(William Le Baron Jenney, 1831~1907)는 초기에는 구조 기술자이었지만 건축가로서의 재능을 발휘하면서 시카고 미래의 건축가들이 제니의 사무소에서 일을 배우게 된다.

다니엘 번햄(Daniel Burnham) 뿐 아니라 라이트의 정신적 스승인 설리반과 설리반의 동업자인 단크마르 아들러 역시 제니 사무실에서 일을 배웠다. 제니가 1879년 시카고에 최초의 철골 고층 건물을 세웠을 때부터 시작하여 도시 업무 중심지인 루프(loop) 지역[5]의 건축군(1893)을 지을 때까지의 건축물은 대부분 같은 형태와 성격을 가지고 있었다. 당시 모든 사람들은 이러한 건축적인 특징을 시카고파 양식이라고 부르기도 했다. 어떤 의미에서는 시카고 대화재가 시카고파의 발전을 촉진시켰다고 할 수 있다. 대화재는 오늘날 루프 라고 부르는 지역 – 시카고 강으로 둘러싸인 도심 – 에 있는 상업용 건물을 대부분 파괴하였다. 이 도심지는 1893년~96년에 건설된 고가 철도에 둘러싸여져 있다.

5) 미시간 호를 동쪽으로 하고 북쪽과 서쪽은 시카고 강으로, 남쪽의 루즈벨트 로드에 둘러싸인 주변을 루프지역이라고 부르고 있다.

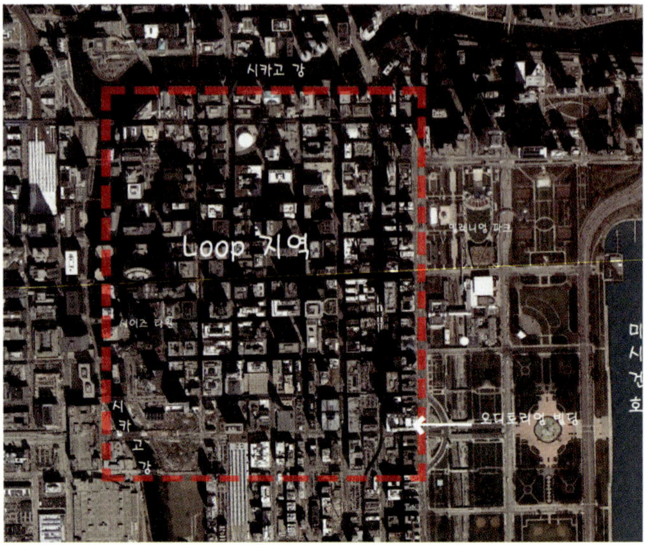

• 시카고 강으로 둘러싸인 루프 지역 좌측 중간 부분의 시카고 강변에는 한때 세계에서 가장 높았던 시어즈 타워가 위치하고 있으며, 우측 아래에 설리반이 설계한 오디토리엄 빌딩이 위치하고 있다. 그리고 미시건호와 Loop지역의 사이에는 밀레니엄 파크가 조성되어 세계 각국에서 온 관광객들로 붐빈다.

• 2011. 7월의 모습 – 시카고강으로 둘러싸인 루프 지역 안의 빌딩들, 멀리 시어즈 타워도 보인다.

라이트가 조셉 리만 실스비로부터 주택 건축의 기본적인 사항을 배웠다면, 설리반은 당시 시카고의 최신 건축 시스템을 가르쳤고 라이트 건축 인생에 강력한 영향을 주었다고 할 수 있다. 사실 라이트가 설리반 사무실로 옮기면서 운 좋게 아들러와 설리반의 대형 프로젝트인 오디토리엄 빌딩(Auditorium Building) 프로젝트에 참여하게 되고 당시로서 고층건물인 오디토리엄 빌딩에 적용한 건축기법 – 최신 건축기법인 콘크리트에 의한 고층건물 시공기법, 스틸 프레임(steel frame) 적용 등 첨단의 기술 – 들을 배우게 된다. 또한 내부는 대중들에게 익숙한 천편일률적인 전통적인 방식에서 벗어나, 당시로는 경험하지 못할 위대한 공간으로 설계하였기 때문에 최고의 건물로 평가받았고 오늘날까지 세계에서 가장 훌륭한 오페라 공연장으로 남아 있다. 그렇다고 해서 당시 겨우 20세 안팎의 라이트가 스틸 프레임과 콘크리트로 시공되는 고층건물의 시스템을 모두 이해한다는 것은 무리일 수도 있었을 것이다.

그러나 이러한 거대 건축 시장은 장차 자신의 건축세계를 열어갈 지식을 축적할 수 있었던 가장 좋은 기회인 동시에 그의 위대한 건축시대가 시작되는 시발점이 되었다고 할 수 있다.

루이스 설리반(Louis H. Sullivan, 1856~1924)

시카고에 현대 건축을 일으킨 시카고파 운동의 주도자적 역할을 한 인물이며, 현대 미국건축의 정신적 아버지로 간주되고 있다. 특히 마천루 디자인의 미학을 통하여 널리 알려져 있다. 그는 건축의 개혁을 주창하였고 역사적 절충주의에 반대하였으며, 창의적인 개성을 지닌 존재로서 건축가의 이미지를 재확립하려고 시도하였다.

그 자신의 디자인은 풍부한 장식이 특징을 이루고 있다. 종종 기능주의 이론을 정립한 건축가로 불리기도 하는데 이는 "형태는 기능을 따른다.(Form follows function)"고 하는 유기적인 건축을 창조하려고 노력했기 때문이기도 하다.

사실, 당시 건축의 거장인 아들러(Dankmar Adler), 설리반(Louis H. Sullivan), 바론 제니(William Le Baron Jenney)와 같이 오디토리움 빌딩(Auditorium Building, 1887~1889, 시카고) – 사무실 부분과 탑, 호화로운 호텔, 그리고 오페라, 연주회, 연극을 위한 관람석까지 포함된 당시로서 대형 프로젝트로 현재 사무실과 호텔부분은 루즈벨트 대학(Roosevelt University)건물 용도로 사용되고 있음 – 설계에 참여하게 되면서 라이트의 건축 세계가 본격적으로 시작된다.

01 _ 아들러와 설리반의 오디토리엄 빌딩 (1887~1889) - 시카고, 현재 앞부분은 루즈벨트 대학 건물로 사용되고 있으며 뒤쪽 부분은 극장으로 그대로 사용되고 있다.(2012. 6. 모습)

02 _ 오디토리엄 빌딩 - 주계단실 부분(2012. 6. 모습)

03 _ 오디토리엄 빌딩 - 1층 로비의 모습(2012. 6. 모습)

04 _ 루이스 설리반(Louis H. Sullivan, 1856-1924)

설리반 사무실에서 당시의 최신 건축기술들을 배우게 되고 이런 경험은 그의 건축 세계를 만들어가는 기반으로 자리잡게 된다. 뿐만 아니라 라이트가 당시 유행하던 스타일과는 다른 자신만의 건축 스타일을 구축하게 된 것도 설리반의 영향이라 할 수 있을 것이다. 설리반은 당시 유행하던 고전적 스타일을 거부하고 자신만의 현대적 스타일로 재해석한 디자인 세계를 구축하고자 노력했고 이러한 노력들이 라이트에게 영향을 미쳤기 때문이다. 이런 영향으로 당시 미국 전역을 지배하고 있었던 유럽의 고전적 스타일 – 일정한 축에 의한 대칭, 정해진 장식과 공간의 위계 등 – 건축양식을 자신만의 해석과 분석을 통하여 자신의 건축 스타일로 변용하면서 라이트만의 새로운 건축 세계에 적용할 수 있는 건축 형태와 기능을 창조하는 디자인 개념으로 새롭게 창조하게 된다.[6] 라이트는 그의 자서전에서 설리반을 – "그는 나와 이야기하는 것을 좋아했고 미시건호와 야경을 볼 수 있는 오디토리엄 빌딩(Auditorium Building) 고층부의 사무실에서 저녁 늦게까지 나는 그의 이야기를 듣곤 했다." 라고 회고하고 있다. 사실 7년간 설리반 사무실에서 일하는 동안 설리반은 라이트가 생각하고 있는 건축적 사상을 적극적으로 격려해 주었다. 그러나 이러한 설리반의 행동은 먼저 입사한 다른 직원들에게 특별한 대우로 여겨졌기 때문에 다른 직원들에게는 질시와 따돌림의 대상이 되면서 많은 괴로움을 받기도 했다고 한다.

아르누보 양식의 건축 (1890 ~ 1910)

1890경~1910년에 유럽과 미국에서 유행한 장식 예술 양식으로 이 운동의 발단은 1883년 맥크무르도(A. H. Mackmurdo ; 1851~1942)가 크리스토퍼 렌의 『도시 교회당 City Churches』이라는 책의 내용을 인용하면서부터 시작되었다고 한다.

아르누보는 철과 유리를 이용하여 곡선 장식을 건축에 부가하였고 자유곡선에 의한 곡선 장식을 주요 건축표현 언어로서 사용하였다는 것이 특징이다. 아르누보 건축은 곡선의 장식적 가치를 높이는데 목적을 두고 발전되어 나가는데 이러한 경향은 유기적인 유형과 기하학적인 유형으로 발전되었다. 대표적 건축가로 빅토르 오르타(Victor Horta, 1861-1947)는 아르누보 건축의 선구자라 할 수 있으며 그 외 헥토르 귀마르(Hector Guimard, 1867-1942), 앙리 반 데 벨데(Henry Van de Velde, 1863-1957) 등이 있다. 대표적인 건축물로는 설리반이 설계한 시카고에 있는 카아슨 피리에 스코트 백화점(Carson Pirie Scott, 1903~4)이 있다.

---

6) 라이트는 당시 미국에 만연한 고전주의를 의고전주의(아무런 의미도 없고 미국이라는 민주주의 국가와는 아무런 상관도 없는 단순한 고전주의 모방)라고 비판하였다.

02

01 _ 카아슨 피리에 스코트 (Carson Pirie Scott, 1903~4) 백화점 입면의 모습

02 _ 철재로 만든 자연스러운 곡선으로 입구의 1, 2층 부분을 장식하고 있다.

당시 설리반은 1871년 시카고 대화재 후 가장 유명한 건축가인 동시에 아르 누보(Art Nouveau)운동을 본격적으로 선보인 건축가이기도 하다. 또한 그는 자신의 건축 작품들에 관한 내용을 책으로 출판함으로써 그의 건축적 아이디어와 디자인 개념은 여러 건축가들에게 영향을 주기도 했다. 그가 믿었던 건축적 아이디어는 '건축이란 그 건물의 기능을 표현해야한다.' 는 것이다. 그래서 그의 작품집에는 우리에게 유용한 펌프도 단순하지 않은 기계이고 이 기계 디자인에는 물이 흐르는 듯한 느낌을 줄 수 있는 개념이 포함되어야 한다고 나와있다. 어기에서 그의 유명한 명언이 나온다. -「형태는 기능을 따른다(Form follows function)」- 이 명언은 라이트에게 깊은 인상을 주게 되고 라이트는 형태와 기능은 하나이다.(Form and function are one.) 라는 것을 배우게 된다. 그리고 라이트는 당시 유행한 유럽 건축 스타일이 미국에서는 미국인의 생활을 담을 수 있는 현대식 미국 건축으로 디자인되어야 한다고 강력하게 믿게 된다.

그러나 설리반은 1893년 콜럼버스가 신대륙을 발견한지 400주년이 되는 해를 기념하기 위해 개최된 시카고 만국 박람회에서 그의 작품이 많은 호응을 받지 못하고 실패하게 되면서 심한 타격을 입게 된다. 그 이유는 간단하다. 당시 박람회 준비 건설자들이 바랐던 것은 유럽의 건축문화, 특히 프랑스를 중심으로 한 보자르 양식(Beaux Arts)[7]이었다. 로마대학의 정면이 모방되고 프랑스 대가의 작품이 그대로 모방되어 전시되는 등 대다수의 보자르 출신 건축가들의 독점적인 전시장이 되었지만 오직 설리반 혼자만이 자신의 건축양식을 구현하였던 것이다. 비록 당시로는 획기적인 형태의 건축물이었지만 교통관은 대중들에게 혹평을 받게 된다. 그 후에도 설리반은 시카고 만국 박람회가 미국 건축문화에 얼마나 많은 악영향을 미치고 있는지 개탄하면서 그의 의지를 굽히지 않았다. 이런 설리반의 의지는 비록 그의 마지막 작품이 되기는 했지만 앞에서 언급된 카아슨 피리에 스코트 백화점(1903~4)에서 볼 수 있다. 이 건물의 장식적인 특징이 1, 2층의 벽면에 섬세하게 몰딩된 장식 외에는 전체적인 입면 구성은 과다한 장식적인 요소가 주를 이루는 고전적인 수법과 달리 단순 명쾌하게 입면이 처리되었음을 알 수 있을 것이다. 그러나 당시 고전 형태의 건축물에 심취된 일반인들은 이 건물을 제대로 이해하지 못하면서 설리반에게는 쓰디쓴 실패작으로 남게 된다.

7) 보자르 양식은 제2제정 양식, 나폴레옹 3세 양식, 제1제정 바로크 양식이라고도 하며 공공 건축물의 위엄을 높이기 위해 이탈리아 르네상스, 루이 14세, 나폴레옹 1세 등의 시기에 유행했던 여러 건축 형태를 따온 양식으로 19세기 중엽에 발달하였다. 대표적인 건축물로는 프랑스의 오페라 하우스가 있다. 프랑스의 에콜 데 보자르(Ecole des Beaux-arts) 역시 프랑스에 있는 몇 개의 영향력 있는 미술학교를 가리키는 용어로 보자르에는 고전과 고대의 형태적 미를 본받는다는 의미가 포함되어 있다.

라이트가 애들러와 설리반 건축사무소를 그만둘 즈음, 개런티 빌딩을 수주하게 된다. 그 빌딩은 애들러와 설리번의 공동 명의로 설계된 마지막 건물이었다. 그러나 설리번이 개런티 빌딩의 도면을 발간하면서 그의 동업자인 아들러(1900년에 사망)의 이름을 빼버린 것에 아들러는 분개하고 있었다. 이후, 설상가상으로 시카고 만국 박람회 이후 닥쳐온 대공항으로 더 큰 타격을 입으면서 설리반과 아들러는 서로 헤어지게 된다. 그 이후로 설리반의 설계 활동은 그리 순탄하게 굴러가지 않으면서, 자신이 시카고에서 큰 프로젝트를 할 수 있었던 이유는 아들러의 영향이 큰 것임을 깨닫게 된다.

이렇게 두 사람이 헤어진 후 설리번은 많은 어려움을 겪게 되고, 시카고(콜롬버스) 만국 박람회의 교통관의 실패와 대공황으로 인하여 설리반은 거의 설계를 의뢰받지 못하게 된다. 이런 어려움과 동업자와의 결별로 인한 외로움, 좌절 그리고 배신으로부터 벗어나기 위하여 술에 의존하였고 건축 설계라는 표현수단을 완전히 잃어버린 상태에서 글 쓰는 일(The Autobiography of an Idea: 아이디어의 자서전 등)로 소일을 하면서 그의 생을 마치게 된다.

3. 라이트 건축의 위대한 시작(1901~1909: 프레리(Prairie)시대)

라이트의 위대한 건축 시대를 시작하기 전에 그 이전의 시대를 잠깐 살펴보고 시작하기로 하겠다. 그의 건축적 시대 구분은 크게 두 기간 – 프레리 시대와 유소니언 시대로 나눌 수 있다. 그렇지만 좀 더 세분하면 프레리 시대 이전의 그의 초년기와 프레리와 유소니언 시대 사이의 시련기가 추가될 수 있을 것이다.

초년기는 그가 처음 설계 사무소인 실스비 사무실에서 일하기 시작한 1887부터 설리반 사무실에서 일하는 기간까지 합하여 1901년까지 약 14~15년 기간일 것이다. 이 시간은 그 당시에 유행했던 퀸 앤 스타일, 싱글 스타일, 고전 양식에서 크게 벗어나지 못하고 절충적인 양식으로 선보인 시대였기 때문에 리버 포레스트, 오크 파크지역에 위치하고 있는 1900년 이전의 라이트 건축물은 대부분 절충적인 양식을 보이고 있다.(본 책 오크 파크, 리버 포레스트 지역의 건축물에서 설명) 그리고 그 이후인 1901년부터는 그의 화려한 프레리 건축 스타일이 빛을 발하는 시대라고 할 수 있을 것이다.

라이트가 아들러와 설리반 사무실에서 일할 당시 설리반은 라이트의 남다른 재능을 인정했을 뿐 아니라 다른 직원들보다 신임했다고 한다. 이런 이유에서 1889년 라이트는 설리반 사무실에서 장기적으로 일을 하겠다는 약속(자서전에서는 5년 계약을 했다고 함)을 조건으로, 설리반으로부터 많은 돈을 빌려 일리노이(Illinois) 주의 시카고에서 서쪽으로 약 16㎞ 떨어진 오크파크(Oak Park)에 그의 건축세계를 실험하고 자신만의 디자인 개념을 적용할 수 있는 자신의 주택을 설계하게 된다. 예상했던 비용보다 많은 비용이 초과되어 완성된다. 사실 라이트의 주택 설계는 매번 초기 예상 금액보다 초과하는 것이 다반사였다. 이곳이 그의 부인(Catherine Tobin Wright)과 자신을 위한 첫 번째 주택(Home & Studio)이자 자신만의 건축세계를 펼쳐나갈 작업실이 된다. 이 주택을 설계하기 전에도 실스비 사무실에서 주택을 설계한 경험과 설리반 사무실에서 라이트가 주도적으로 주택을 설계한 경험이 많았다. 그 이유는 라이트가 설리반 사무실에서 일을 하고 있었지만 설리반은 주택설계에는 크게 관심이 없었다고 한다. 그리고 당시 설리반으로부터 설계에 관한 재능을 인정받았고 이로 인하여 설리반 사무실에 의뢰된 주택에 관련된 설계업무는 거의 라이트에 의해 주도되었기 때문이다. 그래서인지 레이크 에베뉴에 있는 설리반의 집도 라이트가 디자인하여 건축했을 뿐 아니라 오션 스프링스에 있는 설리반의 남부 별장, 그 옆에 있는 챨리 부부의 집 외에 다른 주택 설계들도 대부분 저녁과 주말에 라이트 자신의 집에서 직접 설계한 것이다.

• 제임스 챤리 주택, 시카고, 1891 – 현재는 역사적 건축협회(Society of Architectural Historians)에서 관리하고 있다.

특히 제임스 챤리 주택(James Charnley house, 시카고, 1891)의 경우 처음으로 자신의 디자인 개념에 의해 주도적으로 설계한 주택이기도 하다. 그래서 건축에 관심을 가진 사람들뿐 아니라 그를 알고 있는 많은 사람들이 세계 곳곳에서 이 주택을 보기 위해 찾아오고 있다. 그러나 외관상 기존의 고전 양식에서 볼 수 있는 많은 장식적 요소가 배제되고 깔끔한 외벽으로 처리되었지만 입면 중심부 베란다를 신전 건축에서 자주 볼 수 있는 열주에 의해 표현한 부분 등을 고려할 때 이 시기는 자신만의 건축적 스타일을 표현한 시기라고 하기보다 당시에 유행하고 있던 고전적 스타일의 영향도 받은 듯하다.

오크 파크의 주택 겸 스튜디오는 라이트가 1889년부터 유럽으로 가기 전 1909년까지 라이트의 단순한 작업 공간이라고 생각할 수도 있겠지만 이곳은 그의 위대한 70년 건축 작업과 그의 위대한 건축이 시작된 공간이라고 해도 과언이 아닐 것이다. 그러나 1889년 이 주택을 설계할 당시에는 설리반의 사무실에 소속된 시기였고 또한 설리반과의 약속도 있었기 때문에 비록 자신의 작업실을 계획하였다고 해도 거의 대부분의 작업은 설리반 사무실에서 이루어졌다고 할 수 있다. 그러나 자신의 주택 설계를 위해 설리반에게 빌린 돈을 갚고 가족들을 위한 생활비용을 감당하기에는 자신의 월급으로는 부족했는지 설리반 사무실에서 일을 끝 낸 뒤 자신의 작업실에서 개인적으로 설계를 의뢰받아 작업을 하게 되면서 설리반과 불화로 이어졌다. 이로 인하여 1893년 설리반 사무실을 그만 두고, 독립하여 자신만의 작업을 시작하게 된다.

오크 파크의 주택 겸 스튜디오는 라이트 자신만의 건축 어휘를 적용하여 현대화시켜보려 많은 노력을 하였다고 평가되고 있지만, 당시 미국에서 유행했던 싱글 스타일(Shingle style)에 의한 거대한 삼각형의 기하학적 구성과 넓은 베이 창문(bay window) 외벽에서 사각형 또는 다각형의 형태로 돌출된 창문 형태, 그리고 팔라디안(Palladian) 장식 – 강한 대칭 구조와 정면을 강조한 특성이 팔라디안 양식의 특징 – 등이 혼합된 형식으로 디자인되었기 때문에 완전히 라이트의 독창적이고 현대화된 주택이라고는 할 수 없었다. 이런 영향은 19

세기말 당시 미국에서 유행하고 있는 주택 스타일인 싱글 스타일 외에 퀸 앤, 빅토리안 스타일, 콜로니얼 스타일(Colonial, Colonial revival-1880~1955년 사이에 유행한 스타일) – 식민지에 이주한 사람들이 모국의 전통적인 건축양식인 콜로니얼 리바이벌 양식을 많이 사용함으로써 독립전쟁 기간을 전후하여 미국에서 유행했던 스타일이다. 이 양식은 일반적으로 2층 규모에 전면도로 쪽으로 기둥을 병렬로 배치(열주)하고, 건물 정면에 강한 이미지를 줄 수 있는 출입구(doorway)를 배치하며, 좌우 대칭구조를 유지하면서 좌우대칭 면에는 창문을 배치하는 스타일로 고전적인 장식이 사용 – 이라고 하는 여러 건축 스타일이 유행하고 있었고, 당시 그의 나이 22세로 이제 건축을 시작하는 단계였기 때문에 그의 짧은 건축적 경험으로는 당시 유행했던 여러 주택 스타일에 영향을 받았을 수 밖에 없었던 것은 부정할 수 없을 것이다. 또한 1889년은 설리반 사무실에서 일하기 시작한 시기였고 설리반 사무실에 들어가기 전 실스비에게 배운 건축지식이 그가 경험한 건축에 관한 대부분의 지식이었기 때문일 수도 있을 것이다.

빅토리안 하우스(Victorian House)

미국을 대표하는 건축 양식으로 1850~1915년에 걸쳐 많이 지어진 주택으로 빅토리안 하우스는 크게 3종류로 나눌 수 있다고 한다.

1. 외벽에 장식이 있으며, 그 장식의 대부분이 탑 형상을 하고 있는 퀸 앤 양식
2. 맞배지붕(책을 펴서 엎어 놓은 모양의 지붕)에 직사각형의 창이 있는 스틱 양식
3. 들창과 차양이 특징이며 3면에 유리를 사용하여 입체적으로 만든 이탈리아 네트 양식

• 전형적인 콜로리얼(리바이벌) 스타일의 주택 – Henry M. Jackson 주택 (워싱턴)

• 빅토리안 스타일 중 전형적인 퀸 앤 스타일 주택 – 샌프란시스코

이 주택 설계에서 사용한 건축적 어휘의 실험적 내용은 – 초기 바람개비 형식의 평면유형, 전통적인 벽난로 공간(Inglenook)을 평면의 중심에 위치시키는 등 – 장차 라이트의 건축 작품에 자신만의 건축 어휘로 발전하게 된다. 라이트가 젊고, 설계 작업을 처음 시작할 당시 서양 건축이 그 원형을 구하고 있던 그리스와 로마 유럽의 전통적이고 고전적인 양식의 무절제한 도입과 양식의 절충으로부터 벗어나 라이트 자신만의 새로운 스타일로 적용시킨다는 것이 분명 쉬운 일은 아니었지만, 라이트는 자신만의 디자인 개념을 지속적으로 발전시켜 나갔고 그 결과 순수한 미국적 스타일 – 프레리 스타일(Prairie Style)의 건축 디자인 개념을 창조하게 된다. 일반적인 프레리 스타일의 평면은 초기의 사각형에서 십자형으로 변해가고 사각형 그리드를 기본 모듈 시스템으로 사용하고 4개의 날개 중앙에 벽난로를 위치시키며 상 · 하 · 좌 · 우 각 공간에 적절한 용도의 실을 배치하는 방법을 사용하였다.

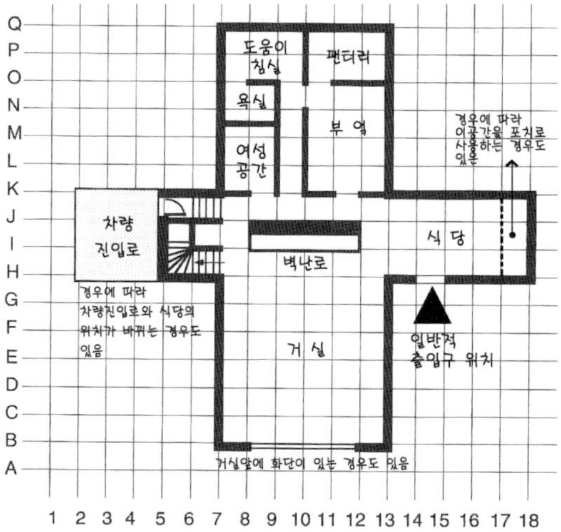

• 사각형 모듈을 이용한 십자형 프레리주택의 일반적인 평면구성의 보기

그리고 프레리 주택에서는 시멘트 플라스터(plaster: 벽, 천장 등을 도장하는데 사용하는 건축 재료) 혹은 시멘트 스타코(stucco:치장 벽토)를 자주 사용했는데 이 재료는 라이트가 활용하기 전까지만 해도 미국 주택 건축에서 거의 사용되지 않았다. 물론 미국에서는 오래 전부터 나무 골조의 영국 튜터 스타일을 모방해 왔고 시멘트는 주로 실내에 사용되었으며 일반적으로 그 위에 벽지를 발랐다. 당시에 시멘트 스타코를 주 건축 자재로 사용하는 것은 새로운 방

식이었다. 라이트는 외부에 부드러운 스타코를 사용하되 실내에 쓰는 것 보다 더 거친 모래를 섞어서 모래의 질감을 냈다. 그래서 외부에서 보면 석조나 시멘트를 사용한 것과 같은 효과를 내고 건축 비용 면에서는 석조나 벽돌 주택보다 저렴했기에 초기 프레리 주택에는 이 두 재료를 많이 사용했다.

라이트의 주택 겸 스튜디오는 6개 공간(두개의 침실, 거실, 식당, 부엌, 스튜디오)으로 구성되었고 당시 유행했던 퀸 앤과 싱글 스타일을 가장 현대적으로 재해석한 작품으로 싱글 스타일 건축가인 브루스 프라이스(Bruce Price, 1845~1903)가 뉴욕의 턱시도 파크(Tuxedo Park)에 설계한 챈들러 주택(Chandler House, 1886) 이후 가장 멋진 싱글 스타일로 인정될 만한 작품이라 할 수 있다. 그리고 그가 처음 설계를 시작하는 단계에서 싱글 스타일로 설계하던 건축가 실스비와 같이 설계 작업을 한 경험이 영향을 미쳤다고도 볼 수 있을 것이다.

• Bruce Price(1845~1903)가 뉴욕의 Tuxedo Park에 설계한 Chandler House(1886)

• 프랭크 로이드 라이트가 시카고의 Oak Park에 설계한 Home and Studio(1889)

사진에서 보는 바와 같이 두 작품에 나타난 외형적 스타일의 공통점은 입면과 재료면에서 뚜렷하게 나타나고 있다. 주택의 주재료로 사용된 널빤지(싱글)와 입면의 절반이상을 차지하고 있는 과도한 박공지붕, 박공면에 연속되는 창문 그리고 연속되는 창문 바로 위에 반원형의 창문 등 싱글 스타일의 특징을 그대로 표현하고 있다. 그리고 거대한 삼각형의 기하학 형태를 사각형 위에 쌓아 놓은 듯한 형태는 라이트가 어렸을 때 어머니로부터 교육받은 프뢰벨 교육 – 나무 상자, 큐빅 그리고 구(球)들을 이용해 확장시키면서 시각 훈련을 쌓는 것이 주요 교육 – 역시 어느 정도 영향을 미쳤을 것이라 생각된다. 현재 오크 파크에 있는 라이트의 주택 겸 스튜디오는 1974년에 설립된 '프랭크 로이드 라이트 재단' 에 의해 관리되고 있으며 역사보존을 위한 국가재산으로 등록되어 있고 일반인에게도 공개하고 있다.

여기서 잠깐 라이트, 그가 생각하고 있었던 형태적 개념에 관하여 살펴보기로 하자. 라이트가 특별히 중요하게 다루었던 형태는 무엇이며 그리고 왜, 그것을 사용했을까? 본서에 담겨진 라이트 작품에서도 알 수 있듯이 대부분이 가장 기본적인 기하학적 형태인 사각형과 삼각형, 후기에는 원(호)을 사용하였다. 그는 기하학적 형태와 그 자체가 상징하는 가치 사이에는 초자연적인 관계, 상징성이 존재하고 있다고 믿었기 때문이었다. 우리들 역시 이런 기하학 형태를 통하여 구체적이지는 않지만 아이디어, 분위기 그리고 상징성 등을 인지하게 되듯이 예술가들도 기하학적 형태가 단순히 구조적인 껍질을 표현한 형태가 아닌 우리들이 구체적으로 볼 수 없는 그 내면 속에 담겨져 있는 심미적인 것을 인지하고 그것을 자신의 작품 속에 담아내고 있다. 그래서 그 역시 우리가 살게 될 공간에서 구조체가 발생되는 것이 아니라 구조체 자체가 의미를 가지고 있는 공간이라고 생각하고 있기 때문에 기본적인 기하학적 형태를 많이 사용한 것으로 생각된다. 그리고 여기에는 어릴 적에 경험한 프뢰벨 블록도 간접적인 영향을 미친 것으로 보인다. 여기서 라이트가 생각하고 있는 기하학적 형태의 의미를 정리해보면 –「원=무한함(the circle=infinity)」,「삼각형=구조적 통일감(the triangle=structure unity)」,「나선=열망, 염원 그리고 유기적 진행 또는 전진(the spire(al)=aspiration, organic progress)」,「사각형=완전한 상태(the square=integrity)」– 의 의미와 같다.[8)]

비록 좋지 않은 이유 때문에 – 설리반과 계약 기간인 5년이 끝날 무렵 라이트는 자신의 주택을 지으면서 설리반에게 빌린 빚을 다 갚지 못해 닥터 할란, 워런 맥아더, 조지 블라섬 등을 위해 설리반 몰래 아르바이트로 주택 설계를 하게 된다. 그러나 이 일이 빌미가 되어 라이트는 설리반과 다투고 사무실을 나오게 된다. – 1893년 설리반 사무실에서 독립하여 오크 파크(Oak Park)에 자신이 직접 설계한 주택 겸 스튜디오를 본격적으로 운영하게 된다. 그러나 라이트는 설리반을 자신의 영원한 스승으로 생각했고 설리반의 어려운 노년기에 그를 물심양면으로 많은 도움을 주기도 했다고 한다. 그의 오크 파크 작업실에서 그의 첫 번째 설계를 의뢰받은 작품은 오크 파크의 인접한 지역 리버 포레스터(River Forest)에 위치하고 있는 윌리암 H. 윈슬로(William H. Winslow) 주택으로 그의 프레리(Prairie)주택의 시작이라고 할 수 있는 작품인 동시에 라이트 건축의 위대한 서막을 열었던 작품이기도 하다. 이 작품은 이제까지 쌓아온 라이트 자신만의 건축적 언어 – 정면부를 3개의 부분으로 분

8) THE FRANK LLOYD WRIGHT COMPANION, RIVISED EDITION, Willam Allin Storrer, The University of Chicago Press, 2006 p.65

할시키고 수평선을 강조하면서 벽에 비해 넓은 일련의 창문 그리고 평면상에서 벽난로를 평면의 중심에 위치시키는 등 – 자신만의 프레리 스타일 건축 개념을 정립시켜 나가게된다. 그리고 2층 벽면 부분에는 설리반의 영향인지, 건축주의 영향인지를 정확하게 추측하기 어렵지만 2층 벽면에 섬세하게 세공된 아르누보 형식의 장식을 가미하게 된다. 그리고 1894년에서 1900년 사이에는 윈슬로(Winslow)작품에서 발전된 독특한 자신만의 건축 어휘를 사용하여 자신만의 작품세계를 만들어 가게 되고 자신이 자란 대평원이라는 지역적 환경과 그의 건축적 재능이 합쳐지면서 그 작품으로 나타나게 된다. 대평원의 끝없는 수평선을 표현하듯 낮은 경사로 지면 위로 펴지는 듯한 지붕, 지붕면과 같이 폭이 넓게 만들어지는 굴뚝, 불필요한 벽을 제거함으로써 자유롭게 흐르는 듯 연결되는 개방된 실내 공간 – 유기적 공간 – 창문은 이제까지 진부한 단순한 기능에서 실내와 실외를 결합시켜주는 새로운 디자인개념으로 승화시키게 된다.

그리고 라이트는 설리반 설계사무소에 다니던 시절, 자신의 집이 있는 오크 파크에서 시카고까지 기차로 출퇴근하면서 시카고 주변의 넓은 대지(프레리)에 세워진 전형적인 미국 주택들을 많이 보았다. 그것은 한 마디로 모노고리아(monogoria : 볼 품 없이 천편일률적으로 통일되어 있다는 의미)였다. 이런 주택들은 하나같이 똑같았을 뿐 아니라 명시적이든 묵시적이든 자연에 대해 깊은 믿음을 가지고 있던 라이트에게는 자연과 동떨어진, 자연과는 아무 상관이 없다는 생각을 하게 했다. 자연과 자연스러운 상호작용할 수 있는 '건축' 이라는 관점에 비추어볼 때 그 집들은 자연스러운 것이 아니라 억지로 자연에 끼워 맞춰진 인공물로밖에 보이지 않았다.[9] 이런 의미에서 자신의 주택이 위치하고 있는 오크 파크와 인근의 리버 포레스터 지역은 라이트가 1889년부터 그의 주택 겸 스튜디오를 시작으로 1913년 프레리 스타일의 완숙한 단계를 만들어 낼 수 있는 건축적 무대가 된다.

"나는 이제 알았다. 집은 언덕 위에 또는 그 어떤 것 위에 군림하는 존재가 아니라는 것을. 집은 언덕 속으로 스며들어야 하는 것이었다. 언덕과 집이 함께 살면서 더 행복해질 수 있어야 하는 것이었다." 그의 고백처럼 라이트의 주택은 자연과 함께 공존하는 유기적 건축을 갈망하였다. 그래서 완성된 것이 광활한 초원지대를 배경으로 한 '프레리(prairie) 스타일' 건축이다.

9) 당시 주택들은 서로 빽빽하게 마주 대고 비좁게 들어서 있었고 땅과 자연스럽게 소통하면서 옆으로 편안하게 퍼지려는 경향은 극도로 억제되었다.

• 해리 S. 아담스 주택 – 라이트가 오크 파크에 설계한 마지막 주택(1913)

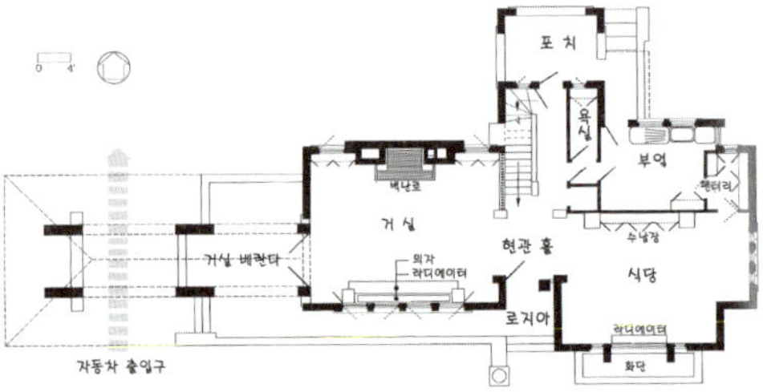

• 해리 S. 아담스 주택 1층 평면도

대표적인 작품으로 오크 파크 작업실의 마지막 작품인 해리 S. 아담스 주택(Harry S. Adams House, 1913)은 프레리 스타일의 완숙한 단계에 설계된 주택이라 할 수 있다. 또한 오크 파크의 개인 주택 겸 스튜디오로 사용한 이곳을 70년의 라이트 건축세계가 시작된 의미 있는 장소이기도 하다.

사실 라이트는 건축가로서 행운아인지 모른다. 그가 건축을 시작한 후부터 그가 알고 지낸 건축주들이 대부분 당시 미국의 중상층 이상 – 법률가, 의사, 출판업 경영자, 제조업 경영자, 금융계 인사, 중계도매상, 예술가 등 상당한 수입을 올리는 계층 – 이었다는 것이다. 비록 라이트가 자기 건축에 대해 이상과 고집이 세고 독단적인 성격을 가지고 있었지만 이들 역시 그 시대의 이상가였기 때문에 라이트의 건축의 솔직함, 단순감, 간소함 그리고 그의 재능을 인정하고 라이트가 어려울 때마다 기꺼이 그를 도와주었고 또한 자신들의 주택을 의뢰했다는 것이다.

"모든 위대한 건축가는 분명히 위대한 시인이다. 그는 분명 시대와 삶, 그리고 나이에 대한 뛰어난 해석자임이 분명하기 때문이다." – 라이트 –

싱글 양식(Shingle style)

싱글 스타일은 1879~90년에 미국에서 유행했던 독특한 건축양식이다. 주로 사용된 재료는 싱글(널빤지)로 주택의 외벽 대부분에 사용하였다.

이 양식은 넓은 의미에서는 옛날 스틱 양식과 앤 여왕시대 양식에서 생겨났고, 17세기 식민지 시대 미국 건축 양식에 다시 관심을 쏟기 시작하면서 더욱 발전하기 시작했다. 실제로 나무만으로는 대규모의 공업용 · 상업용 건물을 지을 수 없으므로 이 양식은 개인주택 등에 적용되기도 했다.

특징은 이전의 스틱 양식과 마찬가지로 자유로운 흐름과 개방적인 평면, 내부공간과 외부공간 사이의 끊임없는 상호관입(相互貫入)을 강조한 점이다. 널찍한 현관과 불규칙한 지붕선은 한 폭의 그림이나 전원과 같은 효과를 내며, 불규칙한 건축입면은 개방적인 느낌을 준다. 싱글 양식의 대표적인 이론가는 『미국 주거건축의 실례 Examples of American Domestic Architecture』(1889)를 쓴 존 C. 스티븐스(1855~1940)이며, 두드러진 활동을 한 건축가로는 윌리엄 랠프 에머슨, H. H. 리처드슨, 브루스 프라이스(Bruce Price) 등이 있다. 프라이스의 싱글 양식은 뉴욕 턱시도 파크(Tuxedo Park)에 설계한 챈들러 주택(Chandler House, 1886)에 가장 잘 표현되어 있으며, 라이트의 초기 작품에 영향을 미쳤다.

4. 라이트의 시련기(1909~1934: 시련기)

1909년 이전까지를 라이트의 프레리 건축시기로 제1황금기라고 하면 1909년 이후 1934년에 이르는 기간은 라이트의 시련기라고 할 수 있을 정도로 개인적으로 여러 불행한 사건들이 많았던 시기이다. 그리고 세계 1차대전(1914~1918)과, 미국의 경제적 공황(1929)등이 겹치면서 라이트에게도 시련의 시기가 된다. 설상가상으로 1900년 당시 설리반을 비롯하여 라이트에 의해 주도적으로 이루어졌던 프레리 학파(Prairie School)[10]의 활발한 활동이 1914년 전후하여 당시의 개인적, 사회적, 시대적 요인 등 여러 복합적인 요인에 의해 일반인들이 프레리 스타일을 외면하게 되면서 거의 시들해지게 된다.

이와 관련하여 "U.S.A. 1890~1939"에서는 다음과 같이 기술하고 있다.

"미국의 중서부인들은 사회적 환경에 순응하기 위해 급격히 개성을 거부하였다. 그것도 건축가들보다는 고객들 사이에서 더 빨리 확산되었다. 특히 남편들보다 주택내의 주도권을 가지고 있는 아내들 사이에서 더욱더 확산되면서 당시 일반적인 형태보다 개성이 강한 프레리 스타일의 주택을 거부하게 되었다."[11] 즉 라이트와 같은 개성이 뚜렷한 건축양식보다 당시에 유행하고 있는 역사적인 양식을 받아들이게 된다.

이 기간 동안 라이트의 미국에서 활동은 몇몇 작품에 그쳤지만 미국을 떠나 독일에서 그의 작품집을 발간하게 되면서 유럽에 자신의 이름을 알리고 또한 일본 제국호텔을 설계함으로써 일본 등으로 자신의 이름을 알렸던 기간이기도 하다. 그리고 앤터니 알롭신의 저서 『프랭크 로이드 라이트 – 잃어버린 세월 1910–1922 – (The Lost Years, 1910-1922)』에서는 라이트가 다시 재건하기 위하여 유럽에서의 다양한 활동 등을 기술하고 있다.

비록, 1920년을 전후해서 라이트의 작품 활동은 많지 않았지만 좀 더 원숙한 작품을 만들 수 있었던 계기가 되었고, 라이트의 작품은 유럽 건축계에 커다란 영향을 미치게 된다. 유럽은 아직 주택이란 인간생활의 용기로서 자연과 맞서는 것으로 여겨졌으나, 라이트는 겸허하게 자연으로 돌아가고 작품은 자연과 통일되어야 한다는 건축관을 확립하고, 이제까지 유럽에서 시험하지 않은 특색 있고 품격이 높은 작품을 만들어 내려고 노력했다.

---

10) 프레리 학파는 존 러스킨(John Ruskin)과 윌리암 모리스(William Morris) 등에 의해 영국의 19세기 말에 수공예 운동의 미적 디자인과 이상에 동조되어 시작된 것이다. 이들은 기계에 의해 대량 생산되는 것은 품질이 낮은 제품을 생산할 뿐 아니라 비인간적인 것이라 생각했다.

11) Geoffrey Baker, Lindsay Gordon, Sandra Millikin, "U.S.A. 1890~1939", The Open University, 1975. pp. 49~50

여기서 잠깐 그의 가정생활을 살펴보면, 그의 첫 번째 부인 캐서린 리 토빈(Catherine Lee Tobin)은 교회에서 만나, 18세인 1889년 6월 1일 라이트와 결혼하여 6명의 자녀를 두었다.[12] 그리고 라이트는 한 가족의 가장으로서 그리고 건축 초년생으로 그의 삶을 시작하였다. 사실 라이트가 결혼할 당시 캐서린이 너무 어리다는 이유에서 캐서린 부모와 주변에서 잘못된 결혼이라고 많은 반대를 했음에도 불구하고 두 사람은 결혼을 하게 된다. 그러나 양가의 반대에도 불구하고 서로의 마음으로 이루어 낸 어려운 결혼이었음에도 불구하고 10년 후 1909년부터 캐서린과 라이트 사이가 조금씩 벌어지기 시작한다.

• 라이트의 주택 앞에서 라이트는 오른쪽(Frank) 가운데에 라이트의 아들 로이드를 안고 있는 그의 부인 캐서린이 보인다.(Frank: F.L. 라이트, Jenkin Lloyd Jones : 라이트의 외삼촌, Anna : 라이트의 어머니, Jennie : 라이트의 여동생, maginel 라이트의 여동생 등)

그의 나이 42세인 1909년 말 그는 건축가의 한 사람으로서 그의 열정 그리고 건축에 대한 경험과 건축 디자인에 대한 에너지가 거의 소진되는 것을 느끼게 되면서 라이트는 자신의 생활에 대한 따분함을 느끼게 된다. 이런 상황에서 프로젝트 의뢰도 많이 들어오지 않으면서 작업도 느슨해지고 심지어 건축에 대한 흥미도 잃게 되는 슬럼프에 빠지게 된다. 그에게 도저히 이런 상황을 빠져나갈 수 있는 탈출구가 보이지 않았다.

이 시기가 라이트 스스로 자신이 원하는 것이 무엇인지도 그리고 자신이 앞만 보고 달려온 것에 대한 회의(懷疑)를 가지게 되고, 모든 사람과 다른 모든 것들이 자신을 향해 돌진해 오는 것처럼 느끼면서 많은 고통을 겪은 시기이기도 하다. 비록 1909년부터 1936년 유소니언 주택을 설계하기 전까지 대형 프로젝트(일본 제국호텔, 1919, 동경), 미드웨이 가든(Midway Garden, 1913, 시카고) 등을 설계하기도 했지만 이 기간은 라이트에게 시련의 기간이기도 했다. 이러한 시련의 시기에 그의 방황과 정신적 위로가 될 수 있는 새로운 여인, 마마 보스위크 체니(Mamah Borthwick Cheney)를 만나게 되면서 그의 부인과 사이는 조금씩 금이 가고, 부부사이의 골은 더 깊어지게 된다. 설상가상

12) 첫째는 Frank Lloyd Wright Jr.(남, 1890), 둘째는 John Lloyd Wright(남, 1892), 셋째는 Catherine Lloyd Wright(여, 1894), 넷째는 David Samuel Wright(남, 1892), 다섯째는 Frances Lloyd Wright(여, 1898), 여섯째는 Robert Llewellyn Wright(남, 1903)를 두었다.

으로 그 당시 라이트에게 프로젝트 수주가 거의 들어오지 않으면서 경제적 어려움이 따르고, 부인은 그들이 젊고 결혼할 당시의 라이트에 관한 열정과 관심은 사라지고, 경제적 어려움을 이겨내기 위해, 자신의 아이들뿐 아니라 주변의 아이들을 모아 교육시키는 것에 많은 시간을 보내게 됨으로써 서로의 관계를 조율하고자 하는 상호간의 노력이 없어지고 부부 관계는 서서히 무너지기 시작했다. 이런 여러 어려운 상황을 헤쳐 나가고 자신의 새로운 에너지를 충전하기 위한 시간을 가지기 위하여 오크 파크의 자신의 주택 겸 스튜디오에 더 이상 머물 수 없었다.

마침내 1909년 라이트는 그의 작업실을 정리하고 가족을 남겨두고[13] 다른 여인과 – 비록 같이 떠나지는 않았지만 약속이나 한 듯 – 유럽으로 떠나게 된다. 그와 같이 유럽으로 간 여성은 1904년 라이트에게 주택설계를 의뢰한 건축주의 부인인, 마마 보스위크 체니(Mamah Borthwick Cheney)로 그녀는 외모가 아름다웠을 뿐 아니라 지적인 여성이었다. 비록 지적이고 아름다운 여성이었지만 무엇 때문에 라이트가 이제까지 믿고 있었던 모든 가정을 버리고 그 여인 곁으로 가게끔 되었는지 라이트 자신뿐 아니라 그 누구도 정확히 몰랐다. 어떻게 보면 자신의 방황으로 인하여 조강지처와 여섯 명의 자식을 버리고 새로운 여인, 더욱이 이혼이라는 법적인 절차도 없이 자신에게 설계를 의뢰한 건축주의 부인에게 갔다는 것만으로 비도덕인 행동이고 또한 비판받을 행위임은 틀림없었을 것이다.

• 마마 보스위크와 에드윈 체니 주택, 1904 (Mamah Borthwick and Edwin H. Cheney House)

• 독일인 Ernst Wasmuth에 의해 발간된 라이트의 "바스무스 포토폴리오(Wasmuth Portfolio)"

13) 고객들을 시카고 출신의 젊은 건축가 폰 홀스트에게 모두 넘겨 버리고 또 가족에 대해서는 1년간 최선의 부양 조치를 해놓고, 유럽으로 떠났다고 그의 자서전에 기술하고 있지만 다른 관련 서적들에 의하면 가족들의 생계 비용을 마련해주었는지 모르겠지만 자신과 같이 작업실에서 일하고 있는 직원들에게는 인건비를 지불하지 않았다고 한다.

이러한 라이트의 비도덕적인 행동으로 인하여 시카고에서 라이트를 존경했던 사람들조차 그에게 등을 돌리게 되었고 이런 이유로 그에게 설계를 의뢰하던 많은 건축주들이 그를 떠나게 되면서 이 시기에 그의 작품 활동은 극감하게 된다. 그러나 라이트는 이런 상황을 그대로 받아들이는 일반 사람들과는 달랐다. 라이트에게는 어느 정도 독선적인 성격과 자기 우월적인 성격이 내재되어 있었기 때문에 그는 그의 부인과 아이들을 떠났다는 이유만으로 자신에게 설계를 의뢰하지 않는 사람들을 도저히 이해할 수 없는 일이라고 생각하면서,

"이런 일로 인하여 나를 떠난 건축주들은 나의 작품을 다시 선택하는 계기가 될 수 있을 것이다."

라고 정반대의 생각을 가지게 된다. 뿐만 아니라 1910년 시카고 트리뷴 빌딩에서 공식적으로,

"나는 계속 많은 것을 설계할 것이다. 물론 내가 정직하지 않게 살았다면 나는 설계하지 않을 것이다. 그러나 만약 내가 설계하고자 하는 것을 받아들이지 않는다면 세상은 불행해질 것이다."

라고 말했을 정도로 자신감을 나타내기도 했다. 그의 첫 번째 부인 캐서린은 라이트의 이런 행동에 당혹스러워 했지만 언젠가는 가정으로 돌아올 것이라 생각했다. 그러나 라이트는 마마와 같은 시기에 유럽여행을 간다. 이 유럽 여행은 미국출신 리포트가 라이트와 같이 체니 마마가 베를린의 아드런 호텔(Berlin' s Adlon Hotel)를 예약한 사실을 알고 이를 미국 언론에 알리게 됨으로써 두 사람의 관계가 미국 언론에 알려지게 된다. 실제적으로 유럽에서 마마와 라이트는 각자의 일 때문에 많은 시간 떨어져 생활했고 같이 생활한 기간은 많지 않았다.

라이트는 유럽에서 돌아온 후에도 오크 파크에 있는 자신의 집으로 돌아가지 않고 시카고에서 마마와 같이 동거생활을 – 캐서린과 법적으로 이혼을 하지 않은 상태에서 – 시작하게 된다.

그의 유럽 여행은 단순히 사랑하는 여인과의 여행이라고 생각할 수도 있겠지만 라이트

는 유럽에 머무는 동안 이제까지 그가 계획하였던 그의 작품을 정리한 포트폴리오 작품집을 출판하기 위한 사업적 여행이었고, 독일인 출판업자 에른스트 바스무스(Ernst Wasmuth)에 의해 『바스무스 포트폴리오(Wasmuth Portfolio)』라는 제목으로 그의 작품집을 출판하게 된다. 이 작품집으로 하여금 라이트는 유럽과 주변 국가로부터 국제적으로 인정받게 되는 건축가로 명성을 얻음과 동시에 그의 작품집은 유럽 및 미국의 많은 건축가들에게 영감을 주게 된다. 당시 건축가들은 전통적 형태 개념의 고전주의가 그 시대의 건축적 문제에 대한 유일한 해결 방법이라고 확신하고 있었기 때문에 누구도 전통주의를 벗어나려는 노력을 기울이지 않았다. 그러나 이 작품집을 통하여 전통주의의 신념에 갇혀 있었던 세계에 새롭고 예상하지 못한 가능성을 열어주었던 것이다. 특히 네덜란드의 베를라에와 런던의 AA(Architectural Association)스쿨에서 공부한 후 네덜란드로 이주한 로버트 반트 호프(Robert Van't Hoff) 등은 미국에서 라이트의 작품을 보고서, 그의 건축적 영향이 유럽으로 확대되는 것을 '평화적 침략' 이라고 지지할 정도로 라이트의 작품의 영향력은 강력했다. 그리고 이 작품집은 르 꼬르뷔제가 1923년에 저술한 『건축을 향하여』와 로버트 벤츄리가 1966년 저술한 『건축의 복합성과 대립성』과 함께 20세기를 대표하는 3권의 건축 서적 중 하나로 인정되고 있다.

이 작품집을 만들게 된 계기는 하버드 대학에 교환교수로 온 독일인 쿠노 프랑케(Kuno Franck, 미학 전공)가 시카고에 들렀을 때 프레리에 세워진 라이트의 주택들을 보고 건축가의 이름을 물어 오크 파크의 라이트 스튜디오를 방문하게 된다. 이에 프랑케 교수는 라이트의 미학적 능력을 인정하고 유럽으로 유학을 권하며 독일에서 건축사무소를 할 것을 권했지만 라이트는 1893년 다니엘 번햄이 프랑스로 유학갈 것을 권했을 때처럼 단호하게 거절했다. 이를 계기로 프랑케 교수는 독일로 귀국한 두 독일 베를린의 '바스무스' 라는 출판사에서 라이트 작품집 출간을 주선하게 된다. 미국 내에서 라이트의 포토폴리오 판매는 다윈 D. 마틴이 도와주었지만 집에 보관했던 포토폴리오는 탈리어신 1차 화재 때 거의 타버리고 겨우 30여권만이 남게 되었다.

그리고 라이트가 유럽에서 그의 작품집 출판을 준비하는 동안 출판업무와 더불어 마마와 이탈리아의 피에졸레(Fiesole) 시골에서 동거하면서 그는 언덕 위에 지어진 시골집 빌라 메디치(Villa Medici)의 주택과 아름다운 풍광에 반해 미래에 마마와 자신이 같이 거주할 주택, 그의 작업 스튜디오 공간 그리고 농장이 어우러진 자신만의 공간에 대한 밑그림을 그리게 된다. 이런 구상은 라이트가 미국으로 돌아오고 약 6개월 후에 실제 현실로 옮기게 된다. 때 마침 어머니가 자신에게 주택을 의뢰하게 되고 라이트는 그가 자란 위스콘신 스프링 그린 부근의 언덕에 자신이 이탈리아에서 구상한 주택 공간을 실현하기 시작한다. 그 주택의 이름을 '탈리어신(Taliasin)' 이라 하고 그의 자서전에 이 주택을 짓는데 이탈리아 피에졸레의 빌라 메디치로부터 영감을 받았다고 이야기를 한다. 그리고 탈리어신 주변의 자연경관을 다음과 같이 표현하고 있다.

> "나는 사과나무에서 꽃이 필 때면 집 뒤의 언덕이 왕관을 쓰고 있는 것처럼 우아하게 보였다. 그리고 봄에 눈처럼 희고 우아한 벚꽃을 보았고 그리고 포도나무도 보았다. 이것이야 말로 탈리어신을 훌륭한 주택으로 그리고 진정한 스튜디오로 만들 수 있는 배경이었다."

탈리어신의 본래 의미는 '빛나는 이마' 라는 뜻이며, 라이트 어머니의 고향인 웨일즈의 신화에 나오는 것으로 사과나무 꽃의 만개와 벚꽃의 만개가 신화에 나오는 반짝이는 이마를 연상하게 했기에 붙여진 이름이라 추측되며 완성된 탈리어신은 이런 아름다운 자연의 언덕으로 둘러싸여져 있다. 그리고 이 주택에 사용한 재료는 이 지역에서 생산되는 석회암, 시멘트 플라스터 그리고 위스콘신 강에서 생산되는 모래 등을 사용하여 시공하였다.

그러나 탈리어신에서 라이트와 그가 사랑하는 여인 마마와의 행복한 삶은 오래 지속되지 못했다. 1914년 8월 15일 라이트가 시카고에서 미드웨이 가든(Midway Garden)의 마무리 작업를 진행하고 있던 중 탈리어신에서 일하던 인부 줄리안 칼튼(Julian Carlton)이 불을 질러

• 호수 건너편에서 바라본 탈리어신의 모습 – 자연과 하나 된 듯한 모습이 한 폭의 그림 같다.

이로 인해 7명이 사망하는 불행한 일이 일어난다. 더욱더 불행한 일은 그가 사랑하는 여인 마마와 그녀의 두 아이가 이 사건으로 처참하게 죽음을 당했다는 것이다. 아이러니하게도 화재를 낸 줄리안 칼튼은 미드웨이 가든의 건축주인 존 보겔상(John Vogelsang)이 라이트에게 소개시켜준 사람이었다는 것이다. 비록 믿기 힘든 비극이 발생하고 자신이 꿈꾸어 왔던 삶의 거점이 파괴되었지만 스튜디오와 조그마한 침실은 남아 있었고 이 두 공간을 거점으로 라이트는 언덕 위의 새로운 역사를 만들기 위해 전력을 다하여 그의 삶의 공간인 탈리어신을 새롭게 재건하기 시작한다.

• 1914년 8월 15일 토요일 화재 후 잿더미로 변해버린 탈리어신 주택 날개부분의 모습이고 화재를 낸 줄리안 칼튼은 도지에빌러(Dodgeville) 감옥에서 약을 마시고 8주 후에 죽는다.

• 마마 보스위크 체니 (Mamah Borthwick Cheney, 1912)

"탈리어신은 내가 서 있는 모든 곳에 존재한다."라고 이야기 할 정도로 그가 많은 애정을 가진 곳이고 그의 모든 것을 쏟아 부은 곳이기 때문이다. 비록 탈리어신의 재건 계획과 자신의 일에만 집중하면서 최초의 탈리어신보다 좀 더 확장된 모습으로 탈리어신 재건 공사를 하긴 했지만 사랑하는 여인 마마의 비참한 죽음의 기억을 잊기 위해 1920년 후반까지 탈리어신에 머물지 않는다. 탈리어신을 떠나 있는 동안 라이트는 캘리포니아에서 그의 아들 존(John)을 견습생으로 고용하여 반스달 홀리호크 주택(Barnsdall Hollyhock house, 1917) 등 여러 프로젝트를 진행하였다. 이 일을 인연으로 시카고로 돌아온 후에도 라이트는 그의 아들 존과 같이 많은 설계 작업을 수행하게 된다.

이렇게 탈리어신의 비참한 기억을 지우기 위해 일에 집중하는 하는 동안에도 라이트를 사랑하는 많은 사람으로부터 애도의 편지를 받게 된다. 그만큼 라이트는 건축인뿐만 아니라 일반인에게도 많이 알려진 인물이었다.

그 중 한 사람이 라이트 보다 두 살 작은 미리암 노벨(Miriam Novel)이라는 여성이 있었다. 그녀는 한 때 파리에서 살았던 경험이 있는 이혼한 조각가였고 다른 애도자와 달리 그녀는 두 번째 편지를 보내면서 탈리어신에 대한 나쁜 기억과 슬픔을 이겨낼 수 있는 여러 애기로 라이트를 위로하면서 만날 것을 제안하게 되고 두 사람의 잘못된 인연이 시작된다. 사랑하는 사람을 잃고 의지할 데가 없어 슬픔에 빠져 있는 라이트에게 노벨은 호감을 보일 만큼 아름다웠기에 짧은 시간에도 불구하고 두 사람의 관계는 급속히 발전하게 된다.

그러나 아직까지 첫째 부인과 법적으로 이혼한 사이가 아니였기 때문에 캐서린은 여전히 라이트가 가족의 품으로 돌아올 것이라 믿었고 여전히 라이트와의 이혼을 받아들이지 않았다. 그리고 라이트는 노벨과 같이 일본 동경의 제국호텔 프로젝트와 관련하여 일본을 여행한 후에도 캐서린 곁으로 돌아가지 않고 LA에 머물자, 1922년 캐서린은 마침내 이혼을 하게 된다. 다음 해 1923년, 노벨과 두 번째 결혼을 하기 전에 라이트 어머니가 돌아가시게 되고 스프링 그린의 유니티 가족 예배당 묘지에 안장된다. 그의 어머니는 그녀가 희망했듯이 라이트가 국제적으로 유명한 건축가로 활동하는 것을 항상 자랑스럽게 생각했지만 라이트의 애정 관계에 대한 스캔들에 관해서는 그렇게 신경을 쓰지 않았다고 한다.

1923년 말 미리암 노벨과 라이트는 법적으로 결혼을 하고 그의 2번째 부인이 되었지만 약 6개월 정도 같이 생활한 후 1924년 5월 미리암 노벨은 라이트를 남겨두고 어디론가 가버린다. 이후 그들은 4년 이상이라는 긴 시간 동안 이혼을 위한 법정 싸움을 진행하게 되고 이로 인하여 라이트는 엄청난 재정적 압박에 시달리게 될 뿐만 아니라, 라이트의 유명세만큼이나 두 사람의 법정 싸움은 당시 방송매체 및 다양한 미디어 매체에서 기사거리로 다루어지는 등 또 한 번의 시련을 겪게 된다. 당시 미리암 노벨은 알코올 중독과 마약 등을 복용하고 있었고 라이트는 그녀와 법정싸움에 지쳤을 뿐 아니라 그의 작업에도 큰 장애가 되었다. 설상가상으로 1925년 탈리어신에 2번째 화재가 발생하고 탈리어신의 일부가 전소되는 사건이 발생하면서 라이트의 삶에 어려운 상황이 연이어 발생하여 깊은 슬럼프에 빠지게 된다. 비록 작품 활동을 했다고는 하지만 1909년 유럽 여행시기에서부터 이 시기까지 라이트에게는 거의 암흑기와 다름없었다.

이런 시기에 1차 세계대전이 끝나고 이전과 달리 예술과 건축의 흐름은 엄청나게 변화하면서 라이트의 작품 경향은 구시대의 유물로 취급되었고 그의 화려한 시대가 끝나는 듯했다. 사실 1차 대전 이전만 해도 그의 작품은 당시로서는 시대를 앞선 혁신적인 디자인으로 인정되고 있었다.

그러나 1차 대전 이후 라이트 건축은 시대의 흐름을 따라가지 못하는 전통적인 건축으로 취급되었고 미스 반 데르 로에와 르 꼬르뷔제와 같은 「국제 스타일(international style)」을 주장하는 건축가들이 건축계의 새로운 흐름을 주도하는 새로운 건축가로 자리 잡게 된다.

널 레빈(Neil Levine)에 의해 저술된 라이트의 경력에 관한 책 – 『프랭크 로이드 라이트의 건축(The Architecture of Frank Lloyd Wright)』 – 에서도 이런 시대적 상황과 라이트가 이런 흐름을 따라가지 못하고 있음을 문제점으로 지적하였다. 그의 작품은 이전과 달리 유럽에서도 혁신적이지 못하고 시대의 흐름을 따라가지 못하는 구시대적인 작품으로 취급되기 시작했고, 미국에서 마저 주변을 맴도는 건축가로 취급되기 시작했다. 그러나 그 자신은 스스로 근대건축가라고 주장하고 있었지만, 그의 독선적인 성격 때문인지 당시의 국제 스타일을 수용할 수 있는 상황은 아니었다.

그의 자서전에서는 건축에 대한 자신의 신념과 지역적 환경과 개성을 동일화하는 국제주의에 대하여 비평하였다. 그는 개성이란 인생에서 가장 중요한 덕목이며 제대로 된 민주주의라면 개성을 믿어줘야 한다고 생각했다. 유소니아[14]는 개성을 지키기 위해 혼신을 힘을 다해 싸우지 않으면 안 된다. 특히 우리가 오늘날 널리 보게 되는 〈유행〉의 표준화 작업이, 소위 〈국제주의 양식〉이라는 허울 좋은 구실을 내세워 절충주의를 시도할 때, 개성이야말로 그에 맞서 싸우면서 지켜야 할 가장 소중한 덕목이다.

라이트는 〈유행〉을 내일 아침이면 시체가 되어 나자빠질 그런 쓸모없는 것이다. 라고 생각했고, 만약 당신이 〈유행〉을 좇아 주택을 지으려고 한다면 건축 과정에서 그 집은 이미 한물간 물건이 될 것임을 각오해야 한다. 라고 했다.

국제주의 양식(國際主義樣式, International Style)

1920, 1930년대에 유럽과 미국에서 발전한 건축 양식으로 20세기 중엽 서양건축에서 주류를 이루었던 이 양식의 가장 일반적인 특징은 직선으로 이루어진 형태이다. 그때까지 응용장식과 겉치레로 뒤덮였던 표면은 날렵하고 깔끔한 느낌을 주는 평평한 표면으로 바뀌었고, 탁 트인 내부공간과 캔틸레버 구조법(보강 콘크리트를 금속지주 밖으로 튀어나오게 하는 것)으로 보기에 가벼운 느낌을 준다. 재료는 주로 유리와 강철이며, 철근 콘크리트로 이것들을 결합시켰다. 국제주의 양식이라는 말은 1932년 헨리 러셀 히치콕과 필립 존슨이 『국제주의 양식 : 1922년 이후의 건축 The International Style : Architecture Since 1922』에서 처음 사용하였다.

14) 여기에서 "유소니아(Usonia)"라는 단어의 의미는 소설가 새뮤얼 버틀러가 미국을 지칭하는 말로 사용된 것으로 미국의 의미가 담겨져 있으며 일치를 의미하는 Union에서 파생된 용어라고 할 수 있다.

5. 라이트의 화려한 재기(1935~1959: 유소니언(Usonian)시대)

라이트는 어렸을 때부터 "진실로 세상에 대항해라" 라는 가훈 아래서 성장했다. 그리고 심지어 그의 건축 스타일이 당시 유행하기 시작하는 국제주의(internationalism or international style)라는 최신 스타일과 다름에도 불구하고 그는 세상에 아직 죽지 않고 여전히 훌륭한 건축가임을 보이고자 그의 정력을 재정비하게 된다. 이런 상황에서 또 다시 라이트에게 새로운 힘이 되어 줄 여성이 나타난다. 1924년 그의 마지막 동반자인 올기반나 라조비치(Olgivanna Lazovich)를 만나게 되면서 라이트의 화려한 재기가 시작된다. 다니엘 트라이벌(Daniel Treiber) 작가에 따르면 비록 라이트 보다 30년이나 어렸지만 올기반나는 너무나 현명했다고 한다. 그리고 그녀를 표현하기를 "라이트 자신이 받아들일 만큼 너무나 비슷한 개성을 가지고 있었기 때문에 라이트로서는 포기할 수 없을 정도로 강한 매력을 가지고 있었다."라고 했다.

라이트가 당시 유행하기 시작한 국제적 스타일에 저항하면서 시대에 뒤떨어진 변두리 건축가로 취급받고, 많은 어려움을 겪고 있는 상황에서 올기반나는 항상 라이트 곁에서 힘을 줄 수 있는 동반자가 되었고 라이트 역시 그녀에게 의지하면서 이제까지 그를 감싸고 있었던 우울함을 떨어버리고 국제주의에 대항하면서 지속적으로 작품 활동을 하게 된다. 라이트의 마지막 동반자인 올기반나는 1924년 시카고의 발레 공연에서 라이트를 만나게 된다. 당시 그녀의 나이는 27세로 57세인 라이트보다 30세나 어렸다. 그녀는 유럽 발칸(Balkans)의 몬테니그로(Montenegro) 출신으로 그녀 역시 첫 번째 결혼에 실패하고 스베트라나(Svetlana)라는 딸과 같이 생활하고 있는 상황이었지만 이런 것은 그들에게 아무런 문제가 되지 않았다. 사실, 1920년 후반기는 라이트에게 너무나 어려운 시기였다. 탈리어신의 두 번째 화재의 수리 비용으로 200,000불이라는 엄청난 돈이 들어갔고, 당시 라이트에게 설계 의뢰가 많았음에도 불구하고 미리암 노벨과 1927년 법적으로 이혼하기까지 소송과정에 엄청난 돈이 지출되었기 때문에 많은 빚으로 어려움을 겪고 있었다.

비록 그의 능력과 재능을 믿고 있는 많은 친구들로부터 도움을 받고 있는 상황이었지만 이런 어려운 상황에서도 라이트는 올기반나와 1928년 8월 25일 결혼하게 된다.

이 당시 여러 방송매체에서는 라이트의 복잡한 여성 문제를 기사거리로 다루면서 Frank Lloyd Wright를 "Frank Lloyd Wrong"이라는 이름으로 바꾸어 부르면서 그를 비난하기도 했다.

이러한 세상의 비난에도 불구하고 라이트와 그를 알고 있었던 건축주와 친구들은 라이트와 같이 경제적 어려움을 극복하기 위하여 서로 힘을 모아 또 다른 사업을 구상하게 된다. 결국 이것은 건축가를 주식회사와 같은 형태로 바뀌고 그를 도와준 지지자들은 라이트가 중심이 된 주식을 배당받고 자금을 투자하였고, 그리고 라이트가 미래에 벌어들일 수입을 그들에게 배당받은 주식만큼 분배하면서 빚을 갚아가는 형식으로 "탈리어신 펠로쉽(Taliesin Fellowship)"이라는 건축학교 프로그램을 만들게 된다.

사실 이전에도 많은 어려운 상황이 있었고, 복잡하고 개인적인 여성문제로 인하여 많은 방송매체를 통해 좋은 않은 이미지가 많이 알려지기도 했지만 그의 작품 세계를 존경하는 많은 젊은 건축가들이 모여 들었다. 비록 라이트의 재정적인 문제를 해결하기 위한 방안으로 탈리어신 펠로쉽이 시작되기는 했지만 라이트는 이들에게 건축을 가르치는 스승으로서의 인생을 시작하게 된다. 이들은 탈리어신의 견습생(Taliesin Fellowship)으로 탈리어신에서 직접 숙식을 해결하고 공동 거주공간에서 생활하면서 건축설계를 위한 필수적인 과목 – 공예, 음악, 그림, 조각, 철학 등을 – 배우고 또한 탈리어신 증축과 복원에도 참여하게 된다. 그의 목적은 훌륭한 건축가를 양성하는 것뿐만 아니라 설계에 대한 책임감, 창조성, 인간문화 창조 등 건축가로서 갖추어야 할 소양을 강조하기도 했다.

연간 650불[15]의 수업료를 내야 탈리어신 펠로쉽에 참여할 수 있었음에도 불구하고 1932년 10월 1일 탈리어신 펠로쉽은 성황을 이루었고 세계 각국에서 젊은 건축학도들이 라이트에게 설계를 배우기 위하여 모여 들었다. 특히 일본 제국호텔로 그의 명성이 일본에서도 많이 알려진 탓인지 일본의 젊은 건축가들도 탈리어신 펠로쉽에 참여하게 되고 그의 영향을 받은 젊은 일본 건축가들은 일본에서 라이트 스타일의 건축을 유행시키기도 했다. 펠로쉽에 참여한 젊은 건축가 대부분은 라이트에게 배우는 것에 대해 흥분되어 있었고 심지어 아무런 보상도 받지 않고 탈리어신의 복원 작업에 참여하는 것도 기꺼이 받아들였다. 그러나 그때 그의 부인인 올기반나는 라이트에게 돈을 내고 건축을 배우기 위해 오는 견습생들을 자신의 작업장을 복원시키는 인부처럼 다루는 것에 대해 천박한 짓이라고 라이트에게 채근도 했지만, 라이트는 견습공들을 자신의 하인처럼 다루었다고 한다. 이런 상황은 라이트가 어렸을 때 외삼촌 농장에서 스스로 몸에 익힌 "add tired to tired(피로에 피로가 더할 때까지 일을 해봐)"라는 그의 신념에 의한 것과 무관하지 않았을 것이다.

15) 예컨대 1925년 주식에 1달러를 투자했다면 지금쯤은 2,020달러가 됐을 것이다. 이는 연간 9.6%의 수익률에 해당한다. 마찬가지로 당시 1달러를 미국 국채에 투자했다면 연평균 5.5%의 수익률을 내 지금 84달러가 되었을 것이다. 1달러를 그냥 현금으로 들고 있었다면 지금은 21달러에 해당한다고 한다. [출처]네이버, 1925년에 1달러를 주식에 투자했다면...|작성자 sbi2580, 그럼 650달러는 650×21=13,650달러(한화 13,650×1,100원≒약 1,500만원)

사실 라이트도 어린 시절 여름에 외삼촌 집에서 농사일을 도우면서 외삼촌이 지칠 때까지 일을 시키는 것이 싫었고, 옷을 깨끗이 입고 교회에 가는 일요일만을 손꼽아 기다렸던 일들이 많았다고 한다. 하지만 견습공들에게 이렇게 일을 시키는 것은 라이트가 고생 속에서 일에 대한 진정한 보람을 맛보았기 때문이었을 것이다.

01 _ 라이트와 탈리어신 펠로쉽의 견습생들이 라이트에게 설계 작업을 배우는 모습
02 _ 올기반나와 이야기를 나누고 있는 라이트

개인적으로 불행한 가정사로 인하여 1909이후 약 20여년 이상 좌절의 시대가 있기도 했지만 라이트는 이 시기 이후 창조에 대한 열정을 다시 꽃피우기 시작한다. 1934년 67세라는 나이에도 불구하고 자신의 확신을 잃지 않고 인상적인 많은 작품을 설계하게 되는데 이것은 라이트가 세상으로의 화려한 복귀를 의미했다. 이에 대해 건축가 자서전 작가인 로버트 톰블리(Robert Twombly)는 "이것은 미국 예술 역사상 위대한 부흥" 이라고 언급할 정도였다.

이 당시 가장 대표적인 작품으로는 1934~1935년 에드가 카우프만(Edgar J. Kaufmann)을 위해 펜실베니아의 베어 런(Bear Run)에 설계한 작품으로 우리에게 잘 알려진 낙수장(Falling water house 또는 Kaufmann house, 1935)이다. 그리고 그의 나이 90세가 넘어 설계한 뉴욕의 구겐하임 미술관(Solomon R. Guggenheim Museum, 1959), 켈리포니아의 머린 카운티 시빅 센터(Marin County Civic Center, California, 1957)일 것이다. 그중 낙수장의 경우, 건축주인 카우프만은 펜실베니아

주에서 백화점을 운영하면서 성공한 사람으로 그의 아들이 가족들을 위해 여름 별장을 디자인하기 위해 탈리어신 펠로쉽 프로그램에 참여하게 되면서 라이트와 인연이 된 것이 결정적인 계기가 되었다. 이것으로 카우프만은 라이트에게 자신의 여름 별장 설계를 직접 의뢰하게 된다. 우리들에게는 카우프만 주택이라는 이름보다 폭포 위에 지어졌다는 이유에서 낙수장(落水莊, Falling water house)이 더욱더 친숙한 이름으로 불리어 지고 있다. – "물에서 보이는 모습이 단순하지 않으면서 가족들이 생활하기 좋은 형태" – 이 주택은 인간과 자연이 가장 조화를 잘 이룬 가장 유기적인 건축 작품으로 라이트의 대표적인 작품 중의 하나가 된다.

01 _ 뉴욕 5번가에 위치한 구겐하임 미술관의 모습
02 _ 1959년 10월 오픈한 구겐하임 미술관 그러나 라이트는 6개월 전인 4월에 세상을 떠난다.
03 _ 라이트는 1935년 그의 나이 68세에 Falling water house 설계하고 다시 그의 명성을 되찾는다.
04 _ 물 위로 길게 뻗어 나온 베란다와 물가까지 이어지는 계단의 모습

라이트의 작품으로 세상에 잘 알려진 훌륭한 작품의 대부분은 이 기간 동안 이루어졌다고 해도 과언이 아니다. 당시 모든 사람들은 그의 작품을 유행이 지나간 오래된 스타일이라고 생각했지만 70세라는 나이에도 불구하고 인상적인 작품을 설계하면서 모든 사람들에게 다시 한 번 더 라이트라는 이름을 강하게 심어주게 된다. 라이트가 70여년의 설계 인생에서 설계한 프로젝트는 약 1,100여점이 넘었지만 여기에서 약 500여 작품이 라이트가 죽기 전 20년 동안에 이루어진 작품으로, 로버트 톰블리가 이야기 했듯이 라이트의 화려한 부흥을 이루었다고 할 수 있다.

1930년 중엽 이후에는 그와 개인적으로 알고 지냈던 고객들의 많은 도움을 받게 되면서 주택 작품을 뛰어넘어 새로운 용도의 건축물이 그의 주요 대상이 된다. 특히 이 시기에는 라이트의 작품이 주택보다 사무소 건축이 지배적 테마를 이루게 된다. 대표적인 것이 위스콘신 주에 위치하고 있는 존슨 왁스 빌딩(S. C. Johnson Building, 1939)을 들 수 있다.

• 1936년 위스콘신주 라킨에 지어진 S.C 존슨 & 선스 화학회사 본관 건물 (1936~9) 2011. 9월의 모습

• 보가 없고 버섯 모양의 기둥으로 독창적인 내부공간을 만들어 내고 있다.

이 건물은 건물 전체가 한 공간으로 취급되고, 많은 부분이 외부와는 차단되어 있고 주변에는 거대하고 솔리드한 벽으로 둘러싸여 있다. 일조는 천창과 클리어스토리(고측창)로 해결하고 있다. 외관은 정사각형의 모서리, 직각과 수직선, 예리한 능선, 수평과 수직의 곧은 선, 당시에 유행하고 있는 고전주의 장식은 전혀 찾아볼 수 없고 엄격한 기하학적 정확성으로 표현하고 있다. 이 빌딩은 내부의 특이한 기둥 형상 때문에 유명해졌을 뿐 아니라 버섯 모양의 기둥 위 천창을 통하여 들어오는 은빛 광선과 형태의 가소성 수단으로 새로운 공간 감각을 만들어 냈다.

그리고 1956년 10월 16일 일리노이 주의 주도인 시카고에 하늘을 치솟는 가칭 '일리노이' 라는 높이 5,280피트(1.69km)의 528층짜리 마천루 계획안을 기자회견을 통하여 발표하게 된다. 그가 그려 놓은, 구름을 꿰뚫는 현기증 나는 건물의 도면은 오싹하면서도 아름답고 뭔가를 슬프게 동경하는 듯 보였다고 한다. 시민의 마음을 가진 건축가인 그는 함께 모여 있던 미국 기자단에게 점점 가늘어지는 탑은 땅에 박힌 힘센 칼과 같다고 말했다. 그 엄청난 높이에도 불구하고 아서왕의 모험담에 나오는 돌에 박힌 칼처럼 건물의 기초가 아주 굳건하게 뿌리내릴 것이라고 장담했다. 그러나 이 프로젝트는 함께 추진해나갈 투자자를 찾지 못해 무산되고 말았다.

아무튼 89세라는 나이에도 불구하고 이 같은 깜짝 놀랄 만한 계획을 발표할 정도로 풍부한 상상력과 시대를 초월하는 디자인으로 온갖 논란을 끌고 다녔던 그는 무한한 에너지의 소유자였다. 당시 그가 설계한 솔로몬 R. 구겐하임 미술관과 같은, 당시로서는 독창적인 디자인이면서 놀라운 건축물이 뉴욕에서 이미 공사 중에 있었고 구겐하임 미술관은 완공 후 지금까지 몇 십 년 동안, 그 안에서 이뤄지는 미술 전시회보다 도발적인 건축물을 보기 위해 찾아오는 방문객이 더 많을 만큼 독창적인 건축물이 되었다. 라이트는 죽는 날까지 놀라운 것들을 끊임없이 자신이 쓰고 다니던 모자 속에서 끄집어냈던 건축계의 흥행사였으며 그의 아이디어는 언제나 눈부신 도발이었던 것이다. '일리노이'는 건축적으로 가능한 한 가장 높게 지어서 바벨탑처럼 하늘에 닿고 그 너머 천국에까지 이르겠다는 오랜 건축적 도전의 한 부분이었다.

사실, 1932에서 1959년 라이트가 죽을 때까지의 그의 야심찬 작품들과 상상을 초월하는 아이디어들은 어떻게 보면 탈리어신 펠로쉽에 참여한 젊은 건축가들이 있었기 때문에 가능했는지도 모른다. 펠로쉽에 참여한 젊은 건축가들은 6개 분야로 나누어져 완벽한 스튜디오 작업을 진행하여 새로운 라이트의 모습을 보여주는 강력한 지원군 역할을 수행했다. 이런 체계적인 설계팀과 의욕에 넘치는 젊은 건축가에 의해 펠로쉽 이전보다 라이트의 건축이 완성도가 높아짐에 따라 더 많은 설계 의뢰가 들어오게 되고, 이는 라이트의 디자인이 구시대적 스타일이 아니라는 것을 세상에 알리는 동시에 새롭게 부흥하게 되는 원동력이 되었다.

건축을 전공하는 사람뿐 아니라 어느 정도 건축에 관심을 가지고 있는 사람이라면 한번쯤 꼭 방문하기를 원하는 낙수장(카우프만 주택)은 "미국에 지어진 주택 중 가장 뛰어난 작품"으로 평가받고 있으며 모든 방향에서의 건물의 자태는 중력을 무시하고 하늘로 날아갈 듯 날개를 펼친 한 마리의 백조의 모습으로 보이기도 하고 또는 각 층에서 길게 뻗어 나온 캔틸레버 테라스는 주변 나무의 나뭇가지를 반영한 듯하다. 이런 형태와 아이디어는 현재

현대건축에서도 이루기 힘든 형태라고 할 수 있을 것이다. 심지어 구조 기술자들이 이야기하기를,

"미국 어디에도 존재하지 않으며 심지어 70여년이 흐른 지금에도 낙수장이 지어질 수 있는 곳은 오직 이곳 밖에 없다."

라고 할 정도로 훌륭한 작품으로 평가 받고 있다. 그리고 그는 자신이 설계한 건축물 외벽에는 자신의 이름을 의미하는 문자를 붉은 타일에 'FLLW' 로 새겨 표기하기도 했다.

이것은 Falling Water를 의미하는 하는 듯하지만, 한편으로는 이제까지 여러 어려움을 겪으면서 살아온 라이트의 삶을 의미하기도 하는 듯하다. 라이트 서명을 새긴 사각형 타일과 색깔은 체로키 레드(붉은 색을 띠는 오렌지색)라고 하는데 이는 어린 시절 프뢰벨 교육에서 좋아했던 사각형 형태의 광택이 없는 붉은색을 생각하면서 만든 것이라고도 한다. 또한 이런 사각형 모양의 기하학은 라이트 건축의 가장 기본적인 도형으로 사용되기도 했다.

일리노이 주 스프링 그린(Spring green)의 탈리어신의 입구부분에 라이트의 서명이 담겨져 있는 타일이 붙어 있다.

라이트는 메니에르병(귀속에 이상이 있는 병)으로 1959년 4월 9일 93세로 그의 파란만장한 삶을 뒤로 하고 애리조나 주의 탈리어신 웨스트에서 평화롭게 생을 마감한다. 그리고 그의 시신은 1,800마일이나 떨어진 기나긴 여정을 통하여 그가 자라나고 애정이 묻어 있는 위스콘신 주의 탈리어신(Spring Green) 부근, 어머니의 가족 교회인 유니티 교회(Unity Chapel)에 59년 4월 12일 묻히게 된다. 그러나 26년 후(1985. 3) 그가 사랑한 부인 올기반나(Olgivanna)가 애리조나(Arizona) 주에 묻히자 그의 시신은 다시 화장되어 그의 부인이 잠든 애리조나의 탈리어신(웨스트)으로 옮겨지게 된다. 당시 위스콘신 주의 탈리어신에 남아 있는 여러 가족들의 많은 반대에도 불구하고 올기반나의 유언에 따라 라이트의 딸 이오반나(Iovanna)는 "위스

콘신은 아버지에게 너무 추운 곳이며 아버지는 항상 어머니 올기반나를 그리워하고 있었다."고 말하면서 애리조나 주의 탈리어신 웨스트로 이장하게 된다. 라이트는 죽고 난 뒤에도 애리조나 주와 위스콘신 주 두개의 주를 왔다 가는 '헤지라'(위스콘신 주의 탈리어신과 애리조나 주의 탈리어신을 왕복하는 여행을 의미함)가 이루어진다. 죽고 난 뒤 26년이 흐른 뒤의 이장에 따른 논쟁들은 당시 메디슨 캐피탈 타임즈(Madison Capital Times) 등 여러 매체를 통하여 좋은 기삿거리가 되었고 라이트를 알고 있는 사람뿐 아니라 모든 사람들에게 알려진다. 살아있는 동안에도 라이트의 개인적인 가정사 등으로 일반인들에게 관심과 논쟁거리가 되었을 뿐 아니라 심지어 죽은 후에도 라이트는 일반인에게 관심거리와 논쟁거리를 제공할 정도로 일반인에게도 유명세를 가지고 있었다. 그의 인생사에는 세상을 놀라게 한 많은 작품이 있었다면 그 후면에는 그의 작품 못지 않은 소설 같은 인생사는 그의 작품과 더불어 모든 사람들에게 관심거리였다고 할 수 있다.

현재 위스콘신 주의 탈리어신 인근의 가족 교회인 유니티 교회에는 라이트의 무덤자리가 있다. 그러나 그의 시신이 애리조나로 옮겨졌기 때문에 현재 여기에는 라이트의 시신은 없고 단지 최초로 묻힌 장소를 표시한 곳이다. 무덤 자리에는 자신이 자주 사용했던 문양과 묘석 위에는 라이트의 이름이 철재로 새겨져 있다.

• 위스콘신 주의 유니티 가족 교회에 처음 라이트가 묻힌 무덤 자리의 전경

• 라이트가 자주 사용한 문양과 철재로 새겨진 이름이 무덤 위에 새겨져 있다.

라이트의 93년이라는 긴 세월동안 어느 기간 조용하게 보낸 시간은 거의 없었다. 거듭되는 사건, 사고, 몇 번의 이혼과 결혼, 도피생활, 많은 사람들의 비난, 마지막으로 화려한 부활로 이어지는 한 편의 드라마틱한 드라마와 같은 인생을 살았다. 비록 당시 많은 사람들로부터 독단적인 성격의 소유자로 비난을 받고 이로 인하여 긴 기간 동안 슬럼프에 빠지기도 했지만 이것을 이겨내고 다시 부활할 수 있었던 것 역시 자신의 의지를 굽히지 않고 밀고 나가는 독단적인 성격 때문이라 할 수 있을 것이다.

라이트는 주택 외에 다양한 아이디어 등을 – 아메리칸 시스템 빌트 하우스(American System Built House, 리차드 듀플렉스 아파트 및 리차드 주택, 1916) – 발표하고 대규모 건축물도 설계했지만 당시 세계적으로 유명한 근대건축의 거장으로서 일반인들이 생각하는 거창하면서 거대한 건축물의 설계보다 그의 대부분 작품들은 주택 작품에 한정되어 있다는 것 또한 놀라운 사실이다. 뿐만 아니라, 거장 건축가로서의 값비싼 고급 주택만을 설계했을 것이라는 일반적인 생각과는 달리 당시의 미국의 경제 공황 등 서민들의 경제 사정을 고려한 저렴한 주택 – 유소니언 등에 – 대한 아이디어의 발표와 이를 현실적으로 실천해나가면서 그의 설계 영역을 일반 서민들까지 확장했다는 사실은 현재를 살아가는 우리 시대 건축가들이 한번쯤 생각해보아야 할 부분이 아닌가 생각한다.

특히 그의 인생 후반기 미국의 경제공황 시기에 서민들을 주거 공간 해결을 목표로 실현한 유소니언 주택들, 그리고 일리노이 주 그렌코시(市)의 라빈 블러프스 개발지구(Ravine Bluffs Development)에서 보여준 '5,000달러로 지을 수 있는 콘크리트 주택'은 주택공간에 필수적인 공간만으로 – 거실, 식당(부엌), 침실, 화장실 – 가득채운 주택들로, 한때 우리나라에서 큰 이슈가 되었던 땅콩 주택이 비록 하나의 대지에 두 개의 주택 (한 개의 땅콩 껍질 속에 두 개의 땅콩이 있다는 것에 비유) 이지만 근본적인 개념은 저렴한 가격으로 자신만의 주택을 가진다는 도시 내의 주택처럼 유소니언 주택 역시 저렴한 가격으로 지을 수 있는 도시 내에 주택을 선보이는 등 시대의 흐름과 경제적 상황을 건축과 조화시킨 우리시대 최고의 건축 거장이라 할 수 있을 것이다.

Ⅱ. 라이트의 건축 스타일

1. 프레리 스타일(Prairie Style : 1899~1910)

미국의 건축계는 19세기 말에 나타난 시카고파의 활동에 이어 20세기 초반의 상업주의는 일관성 없이 이전의 양식을 차용하면서 고층 건축이 난립하였다. 이러한 시대적 상황 속에서도 라이트는 인간이 살아야 될 생활 공간은 도시의 마천루가 아니고, 미국의 대평원(prairie)에 수평적으로 펼쳐진 쉘터(shelter)이어야 한다는 그의 주장을 굽히지 않았다. 다시 말해 건물이 언제나 땅과 함께 나란히 펼쳐질 때 자연 친화적이며 이를 위해서는 건물과 대지가 일체화 될 수 있도록 만들어져야 한다고 생각했기 때문이다. 그리고 기능주의 건축에 대해서도 기능에 따라 형태가 있는 것이 아니라, 기능과 더불어 형태가 있다고 주장했다. 다른 한편으로는 라이트가 어렸을 때부터 미국의 넓은 대평원 그리고 미국의 전통과 직결하여 성장해온 건축가였기 때문에 그는 본능적으로 프레리(대평원)를 사랑했는지 모른다. 아직도 그의 고향 스프링 그린(위스콘신 주)의 탈리어신을 둘러싸고 있는 대평원의 자연은 너무나 아름답다.

그의 건축적 개념과 초기의 건축 활동은 당시 시카고파의 철골구조와 고층 건물에 관심두지 않고, 주택 건축에 전념했다. 그래서 그가 처음 오크 파크에 자신의 스튜디오를 개설하고 자신만의 건축 설계 작업을 시작했을 때, 그는 아들러와 루이스 설리반 밑에서 배웠던 대형 건축물과는 용도가 다른 주거 건축에서 자신만의 새로운 건축 언어를 찾고자 노력했다. 그 결과 그는 "프레리 스타일(Prairie Style)"이라고 알려진 전형적인 미국 스타일의 건축 양식을 창조하게 된다.

평면의 높이가 서로 다른 입체적 구성과 캔틸레버 구조 그리고 프레리에서 느낄 수 있는 수평선을 강조했으며, 개방적이고 융통성이 있고 내외 공간에 상호 교류되는 부드러운 실내 공간을 만들어 내게 된다. 그가 주장했던 유기적 건축(Organic Architecture)이란 적절한 건축, 바로 그것이다. 기능에 적합하고 재료에 적절하고, 구조 기술에 합당해야 된다는 것이다. 그리고 구조물은 될 수 있는 한 대지 위에 자유로이 펼쳐 놓는 것을 즐겨했으며, 대지의 고유한 성질을 향유할 수 있게 했다. 그의 공간 구성에서 주인공은 언제나 인간이었고,

다른 어떤 것도 될 수 없다는 주장으로 일관했다.

그가 설리반으로부터 독립하여 자신만의 작업을 착수하였을 때는 시카고파의 특징인 오피스나 철골구조 그리고 시카고 창 – 하나의 베이(bay)를 세 부분으로 분할하는 구성이라고 할 수 있는데 이것의 중앙에 위치한 넓은 판유리는 고정되어 있으며, 양측에 위치한 부분은 보통 폭이 좁고 위 · 아래로 밀어서 열고 닫는 창문 – 을 의미한다. 때로는 베이 윈도(bay window)형식으로 되어 있기도 하다. 이렇게 오피스 건물의 벽면 유리창을 크게 할 수 있었던 것은 철근으로 오피스 건물 전체적인 구조체를 형성하게 됨으로써 벽은 이전 시대와 같이 구조물을 지지하는 내력벽으로의 역할이 아니라 단순히 외부와 내부를 구분하는 단순한 커튼과 같은 역할을 – 커튼 월 – 하게 됨에 따라 유리 창문을 크게 낼 수 있었던 요인이기도 했다. 그리고 루프(Loop)지역과 바로 인접한 미시건호의 풍광을 즐기고자하는 열망도 포함되었다고 할 수 있을 것이다. 그러나 라이트는 이러한 철골조 시스템에 의한 고층 건물에 대한 매력에 끌리지 않고 주택 설계에 온 정력을 기울인 것도 라이트가 가진 자신만의 신념에서 비롯된 것이라 할 수 있을 것이다. 특히 그의 초기 작품에서는 미국 주택 건축에서 장래 그의 창작 활동에서 적용할 수 있는 디자인 구성요소를 자신의 것으로 소화하는 단계로써 여러 디자인 어휘를 추출하고 또 새로운 요소를 첨가하여 온 정력을 기울여 자신만의 주택 디자인으로 발전시켜 나갔다.

• 시카고창과 벽면에서 돌출된 베이윈도가 같이 사용된 시카고 루프지역 내의 건축물(Chicago Building, 1904)

• 당시 유행한 시카고창의 모습 – 창문을 세 부분으로 분할하여 중간에는 고정된 유리를 좌 · 우로 오픈할 수 있는 창문 – 시카고의 가장 중심가인 남쪽 미시건 에비뉴(S. Michigan Ave.)가에 있는 오피스 건물들(Gage Group Buildings, 1899, 1902, 1971)

즉, 라이트는 자신이 자라온 미국의 대평원에서 수평선의 모티브를 찾아냈고 이를 미국의 대자연에 대응되는 디자인으로 승화시켜 자신만의 건축적 언어로 발전시키면서, 전체적으로 낮은 수평선을 강조하는 주택 스타일인, 프레리 스타일을 디자인하게 된다. 이런 대평원의 수평적인 디자인 요소를 위해 당시 미국의 일반적인 주택에서 흔히 볼 수 있는 지붕을 높게 만들어 지붕 내에 다락방을 만드는 것과 지하실을 과감히 제거하고 – 일부 라이트 작품에서 지하층은 수용되었다. – 지붕 처마의 캐노피를 캔틸레버 형식으로 길게 뽑아내면서 수평선을 강조하고 대평원에서 느낄 수 있는 조용함과 그 자체에 스며있는 우아함 그리고 이것을 단순한 선으로 표현했다. 당시 라이트는 건축물의 단순성을 새롭게 정립하지 않으면 안 된다고 생각하면서 '단순성(simplicity)' 이란 곧 '유기성(organic)' 이라는 사상을 정립한 시기이다. 그래서 당시 시카고에 유행했던 고전 스타일은 아르누보와 같이 복잡한 곡선 형태, 높이 치솟은 지붕, 큰 지붕창과 다락방뿐 아니라 굴뚝은 하늘을 찌를 듯이 높았고 대부분의 주택이 지하실을 만들었는데 이 지하실의 환기를 위해 지상으로 지하실 벽이 올라오고 그 벽에 환기창을 만들고 지하실 지붕 위에 주거 공간을 만들었기 때문에 주택의 높이는 라이트가 생각하는 것과 달리 자연히 지상에서 어느 정도 높이로 올라간 뒤 현관으로 진입하게 된다. 당시 건축가들은 주택을 이렇게 디자인하지 않으면 '스타일이 살아나지 않는다.' 라고 생각했을 정도였다.

비록 건축적 경험이 많지 않았을 라이트의 초기 주택 스타일도 이런 모습을 하고 있었지만 라이트는 원, 사각형, 삼각형, 육각형, 낮은 경사지붕 등 전형적인 단순한 기하학을 기본 어휘로 사용하면서 주거 건축에서 미국인 삶의 새로운 패턴에 적용될 수 있는 디자인으로의 변화를 계속 만들어 내려고 노력하면서 마침내 자신만의 스타일로 성공하게 된다. 라이트는 이런 단순한 기하학인 큐브나 사각형은 완전성, 원과 구형은 무한성, 직선은 강직함, 길게 늘인 직선은 휴식, 삼각형은 열망을 나타내는 것이라 했다. 이런 혁명적인 주택 스타일을 – 세계의 많은 사람들이 모방하기도 했던 – 「프레리 하우스(Prairie House)」라고 부른다.

이런 라이트의 프레리 주택에 대한 건축적 영감은 그가 자란 미국 중서부(Wisconsin)의 대평원을 기본 개념으로 하고 있다. 중서부에 광활하게 펼쳐진 대평원은 그 자체에 자연적 아름다움을 가지고 있을 뿐 아니라, 포근함과 평온함을 느낄 수 있는 자연 그대로의 모습이라고 할 수 있다. 이러한 광활한 수평선의 대평원 풍광에서 오는 느낌을 기본 개념으로 19세기 후반에서 20세기 초의 미국 중서부에서 가장 일반적인 건축 스타일을 표방한 주택 경향을 프레리 스타일 주택이라고 하며 이러한 스타일의 개념을 기본으로 주택을 설계하는 건축가들을 '프레리 학파' 라고 부르게 되었다.

라이트는 그 당시의 유행하고 있었던 빅토리안 스타일(Victorian architecture) – 19세기 중반에서 말까지 영국과 프랑스에서 중세 고딕 건축 스타일이 발전된 형식으로 유행했던 건축 스타일로 첨탑, 원형, 포인티드 아치 창문 등을 주요 구성요소로 사용하고 있음 – 주택이 하나의 박스 형태에 국한되어 있고, 장소와 어울리지 않는 것이 너무나 많으며, 창문은 벽에 난 작은 구멍과 같고, 사용된 재료는 자체가 가지고 있는 특성을 살리지 못한 형태라고 생각했다. 이런 차이는 『The Frank Lloyd Wright Companion』에 기술된 라이트의 초기 박스형 주택과 당시 주택들의 비교에서도 찾아 볼 수 있다.

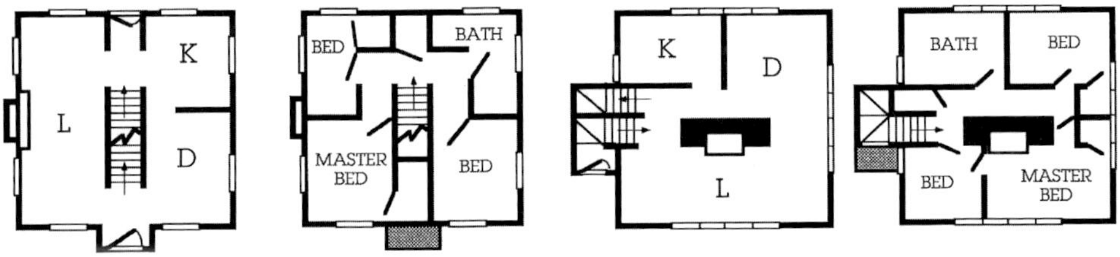

• 19세기 중반에 미국에 유행했던 일반 4각 평면 타입 • 라이트의 초기 사각평면도(1, 2층)의 일반적 타입

• 『The Frank Lloyd Wright Companion』 p.140 참조, L= living room(거실), K= kitchen(부엌), D= dining(식당))

왼쪽의 두 평면은 19세기 후반부터 유행했던 미국인의 일반적인 평명 형식(1, 2층)이라면 오른쪽 두 평면은 라이트의 초기 주택을 사각 평면 타입(1, 2층)으로 단순화한 것이다. 왼쪽 평면은 현관이 정면 중앙에 위치하고 있어 현관으로 들어가면 계단과 연결되고 이로 인하여 거실 공간과 식당, 부엌이 확연히 구분되고 있다. 벽난로는 좌측 외벽 중앙에 위치하고 있으며 평면 중앙에는 2층으로 올라가는 계단이 있고 이 계단으로 인하여 2층에서는 동선이 순환되지 못하여 각 실에서 단절되고 있다. 외기와 면하는 창문은 4면 각 부분에 한 개씩 계획되어 있어 라이트는 이를 벽에 단순히 구멍을 낸 것과 같다고 표현했다. 반면에 오른쪽 라이트의 초기 사각형 평면은 왼쪽의 평면과 달리 동선을 단절하는 현관과 계단을 하나의 공간 단위로 묶어 좌측으로 옮기면서 내부 공간을 오픈 개념으로 계획하였다. 그리고 좌측에 있던 벽난로를 평면 중앙에 위치시켜 2층까지 벽난로를 연장시키면서 난방 효과를 증대시켰을 뿐 아니라 2층 역시 벽난로를 중심으로 하나의 동선처럼 유기적으로 순환되며 연결될 수 있게 계획하였다. 창문은 여러 개를 수평적 띠 모양으로 연결시켰고

내부는 오픈 개념과 각 공간이 유기적으로 연결되어 있기 때문에 외부에서 들어온 빛은 유기적인 동선의 흐름을 따라 내부 어느 곳에나 고루 퍼지는 효과로 내부 분위기를 상승시키고 있다. 이런 라이트의 수평적이고 오픈된 공간 개념은 자서전에 기술된 내용에서도 잘 알 수 있다.

> "어쩌면 본능 깊숙이 자리 잡은 생각일지 모르겠지만, 어떠한 주거라도 shelter(자신을 보호 할 수 있는...)가 본질이어야 한다는 생각이 들었습니다. 그래서 낮고 넓게 퍼지는 지붕을 설치했습니다. (그것이 납작하거나 어떻든 간에) 나는 건물을 동굴이 아니라 넓고, 그 장소와 관련된 하나의 shelter라고 보기 시작했습니다. (중략) 난 땅과 평행한 면이 그 자신을 땅과 경계 지으면서도 건물이 땅에 소속되게 만든다는 확신이 있었습니다. 그래서 그러한 개념을 건물에 넣었습니다."

이와 같이 라이트는 대평원의 자연에서 형성되는 수평선을 건축의 기본 개념으로 승화시켜 주택의 외부와 내부 공간에 건축적 언어로 사용하였다. 또한 내 · 외 공간을 솔리드한 오브제에 의해 분할하는 것이 아니라 스크린으로 불리는 일종의 유리 패널에 의해 분할하였기 때문에 주택 공간은 하나의 유기적인 공간으로 상호 연계하여 자연스럽게 연결되게끔 계획하였다. 여기에 자신이 설계한 주택 공간 내의 식탁, 의자 등 주택에 사용되는 가구 등도 실내 공간에 맞추어 본인이 직접 추가적으로 디자인하였다. 이런 형식의 주택을 1901년 「Ladies Home Journal」에 'A Home in a Prairie Town' 이라는 제목으로 게재되면서 이후로 이러한 주택의 형식을 '프레리(Prairie) 주택' 이라 불리게 되었다. 프레리 주택의 가장 큰 특징은 단어 뜻에서 알 수 있듯이 대평원 자연적 경관과 같이 대평원의 땅과 하늘이 만나는 지평선에 의한 수평적 요소를 강조하여 주위의 자연 환경과 어울리는 디자인 개념으로 승화시키는 것이라 할 수 있다. 그리고 기존에 유행했던 미국 주택에서 다락방, 지붕창, 평면 한 구석에 자리잡은 하인들을 위한 답답하고 조그마한 공간(도우미 침실) 등을 없애면서 미국 주택의 혁명을 가져오게 된다.

프레리 주택의 초기에는 대부분 잘 다듬어진 나무(합판 등)와 플라스터 등을 사용하여 수평적인 요소를 강조하기 위하여 외부 벽면에 목재 사이딩을 사용하기도 했다. 그러나 차후 콘크리트로 형태를 만든 블록을 사용하여 사각형, L-형 평면, T-형 평면, Y-형 평면 그리고 심지어 바람개비 모양(pinwheel)과 같은 평면 형태에서 십자형 형태(cruciform)에 이르기까지 다양한 평면 유형으로 디자인되기도 했다. 비록 이런 주택 형태가 당시 유럽에서 유행하는 스타일의 주택 형태에 익숙한 미국인들에게는 이상한 형태의 주택으로 취급되기도 했지만 라이트 외에 다른 많은 건축가들도 프레리 주택을 많이 설계했다. 또한 프레리 주택들은 패턴 북에 의해 많은 건축가들에게 알려지기도 했다. 초기에 인기 있었던 프레리 스타일 중에 정사각형 유형은 때때로 '프레리 박스(Prairie Box)' 라고 불리기도 했다.

라이트의 프레리 주택은 넓게 펼쳐진 대평원의 수평선 이미지를 강조하기 위하여 아주 완만한 경사의 지붕 비례를 사용하여 과도한 스카이라인을 만들어내지 않았다. 또한 이러한 원칙에 준하여 당시 지붕 위로 돌출되었던 굴뚝 역시 최대한 억제된 형태를 취하고 있다. 반면에 테라스와 발코니는 수평적 요소를 더욱더 강조하는 건축 구성요소로 사용되었고 개인 정원을 규정하는 외부 벽 역시 길이에 비해 높이가 낮은 비례를 택함으로써 수평적 요소를 강조하였다. 이러한 수평적 요소의 강조는 외벽에 수평적으로 연이어져 있는 창문과 더불어 프레리 스타일의 가장 기본적인 건축적 특징 – 가장 대표적 주택건축으로는 로비하우스 – 이라 할 수 있다.

당시 시카고 오크 파크, 자신의 스튜디오에서 일하는 라이트와 그의 직원들은 그 당시 미국 건축에서 일반적으로 행해지고 있었던 역사적 리바이벌리즘에 대항하고 기능과 미가 조합되고 주변의 자연적 환경을 최대한 반영할 수 있는 새로운 미적 건축 공간을 창조

01 _ 라이트의 로비 하우스(Robie House, 1908) – 높이에 비해 낮은 담장, 길게 나온 처마, 수평적으로 연속된 창문 – 이 모든 것이 대평원의 수평선을 모티브로 한 것으로 수평적인 요소를 강하게 강조하고 있음

02 _ 정면부분 1, 2층에 밴드 형식으로 길게 연속되는 창문의 모습 – 프레리 건축의 특성 중 하나이다.

03 _ 길게 뻗은 캔틸레버 형식의 지붕과 낮은 담장으로 대평원의 수평선을 표현한 외형 – 수평선을 강조함

하고자 했다. 이런 과정에서 라이트는 미국의 주거 건축을 재정립할 수 있는 프레리 건축을 탄생시켰다.

라이트가 프레리 주택을 설계함에 있어 뚜렷한 원칙과 기준이 있었던 것은 아니다. 단지 건축주의 요구와 그 대지를 둘러싸고 있는 주변의 자연 경관과 상호 조화될 수 있도록 노력하는 과정에서 자연스럽게 스타일로 정착된 것이라 할 수 있다. 그리고 건축주의 경제적인 사정에 따라 3 종류의 프레리 주택 – 수입이 적은 사람들을 위한 기본적이고 표준화된 형식, 좀 더 좋은 재료와 좀 더 특별한 모습을 지닌 주택 모델을 감당할 수 있는 계층을 위한 주택, 비싸고 맞춤형 형태에 건축가의 개성과 독자적인 힘을 발휘하여 세련되게 디자인되고 완전한 세부장식까지 수세공(手細工)으로 시공하는 모델 – 을 설계하기도 했다.

그리고 그는 주택이 단순한 "박스(box)"형태가 되는 것을 강하게 거부했다. 그리고 방은 서로 불필요한 벽과 문을 제거하고 침실 공간 상호간에 유동성이 있어야 하며 부드러운 스크린과 같은 재료를 통해 빛과 공기가 흘러 들어올 수 있게 계획했다. 즉 라이트가 생각하는 벽은 상자를 둘러싸고 있는 한 면이 아니었다. 벽은 폭풍이나 혹서에 대피하여 거주자를 보호할 수 있는 기능을 가져야 하는 동시에 외부 세계를 주택 안으로 끌어들이고 또 주택 내부를 외부로 향하게 도와주는 매개체이어야 한다고 생각했다. 이런 의미에서 볼 때 라이트는 기존의 벽에 대한 개념을 완전히 파괴하고 그 대신 스크린(screen)과 같은 역할을 하는 벽을 생각하게 되었다고 한다.

이러한 전형적인 프레리 스타일의 주거 건축 특징을 외부적 요소와 내부적 요소로 구분하여 간략하게 요약하면, 외부적 요소로는 첫 번째, 주택은 인근 환경과 하나가 될 수 있어야 한다고 생각하고 주택의 여러 면이 지표와 평행하게 조화를 이루게 하기 위하여 아주 완만한 지붕에 의해 외부의 수평적 라인을 강조하였고, 두 번째, 밴드 형식으로 수평적으로 길게 연이어져 형성되는 창문들, 세 번째, 캔틸레버 형식으로 길게 뻗어 나온 처마, 네 번째, 벽돌 – 세로줄눈은 막아버리고 가로줄눈만 시공하는 방식과 목재 ㅁ 형태의 각목을 덧대는 방식 – 등 외장재로 세로줄(수평선)을 강조하는 수법을 사용하였고, 다섯 번째, 보기 흉한 지하실을 없애고 기초를 지상 위로 완전히 올려 거주 공간의 받침대로 만든다.

즉 기초 자체를 집이 들어 앉은 낮은 석조 승강대 형태로 만들었고, 여섯 번째, 내부와 외부로 소통하는 출입구를 인간적인 비례로 통일하고 건물의 전체적 구도에서 살펴볼 때,

자연스럽게 설치된 것처럼 조화시킨다. 이런 출입구는 벽이 아니라 빛의 스크린 형태로 만들고 그 위치는 주택 정면이 아닌 좌 · 우 측면에 또는 코너로 돌아가는 부분에 계획하여 살짝 숨기는 방식을 사용하였고, 마지막으로 여러 가지 자재를 조합하여 건축하는 방식을 버리고 가능한 한 하나의 자재만을 사용했다. 자재의 질감에서 비롯되지 않는 복잡한 장식 효과는 배제하였다. 마지막으로 건물 전체의 외관을 명확하게 규정해 주거 공간임을 뚜렷이 표현하고 건물의 주요 개념 – 인간의 평온함과 휴식의 공간 – 을 살리도록 했다.

내부적 요소로는 첫 번째, 주택에서 불필요한 요소를 줄이고 분리된 방의 숫자를 줄이면서 공간의 구분을 가능한 한 최소한으로 유지하며, 모든 것을 통합함으로써 내부를 자유로운 공간으로 구성하여 방을 상자 속의 상자로 여기는 기존의 사고 방식을 제거하였고, 두 번째, 열을 발산하는 벽난로를 내부 공간 중앙에 위치시켜 열을 평면적으로 확산시키며 주택 공간을 하나의 휴식 공간으로 인식시켰고, 세 번째, 가구의 경우 디자인의 주요 요소는 아니지만 내부 디자인과 통합된 구성 요소로 취급하며 실내 장식가를 배제했다.

여기에서 장식가란 〈판박이 장식가〉로 당시 유행했던 화려한 장식만을 답습할 뿐이며 유기적이지 않다고 생각하고 있었기 때문이다. 네 번째, 각종 설비를 유기적 건축의 일부로 편입시켜 건물 전체와 조화를 이루게 하려면, 그런 설비를 기계 작업에 알맞게 간단한 구조로 설계해야 한다면서 평면을 계획할 때 직선과 직선 형태와 같은 기하학적 패턴을 강조하였다. 마지막으로 건축 재료와 마감 재료는 자연적이며 종종 다양한 기하학적 문양이 가미된 스테인드글라스 – 아트 유리창 – 를 사용했는데, 이는 빛을 스크린하는 기능을 가지면서 내부와 외부 공간을 유기적으로 연결하여 빛, 공기, 조망이 내부 공간 전체에 스며들어 단일성이 살아나도록 계획하였다.

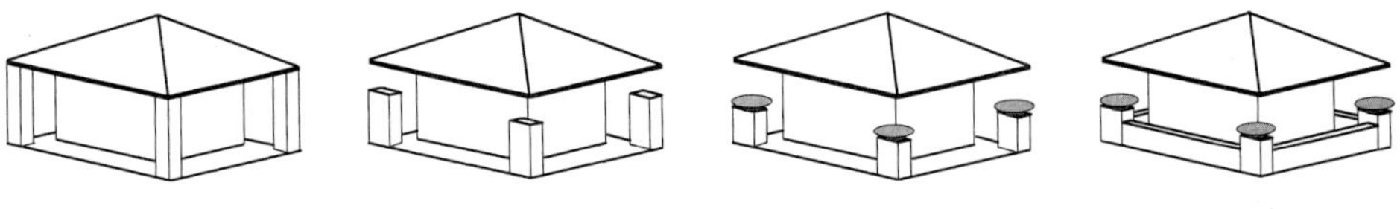

• 첫 번째 단계 – 캔틸레버 형식의 깊은 처마를 받치기 위해 지붕 모서리를 기둥이 지지함

• 두 번째 단계 – 각 지붕 처마의 모서리의 기둥의 약 2/3 부분에서 자르고 처마를 강조함

• 세 번째 단계 – 2번째 단계에서 느끼는 주택의 삭막한 분위기를 없애기 위하여 각 모서리 부분에 꽃화분을 위치시킴

• 네 번째 단계 – 3번째 단계에서 각 모서리를 잇는 낮은 담장을 설치함으로 프레리 스타일 캔틸레버 지붕처마가 완성된다.

• 프레리 스타일의 주택 외부형태의 변천과정 『The Frank Lloyd Wright Companion』 p.125 참조

로비 하우스는 1908년 오크 파크(Chicago) 스튜디오에서 설계한 것으로 프레리 스타일의 주택 가운데 가장 뛰어난 작품이라 할 수 있다.

이러한 프레리 스타일에 의해 자연에 순응한 라이트의 정신은 라이트의 삶과 일, 가족의 기쁨과 슬픔을 담고 있는 자신의 스튜디오 겸 작업실인 위스콘신 주의 탈리어신(Taliesin)에 응축되어 있다. 탈리어신의 의미는 그의 어머니 고향인 웨일스의 음유시인 이름이며 '빛나는 이마' 라는 뜻을 가지고 있다. 이곳은 라이트가 펠로쉽으로 많은 후학들과 함께 일하고 가르치며, 가족과 함께 생활한 공동체 공간이었다. 그래서 그의 자서전에서도 탈리어신 I, II, III으로 구분(화재로 인해 리노베이션 한 시기를 구분한 것임) 하여 그가 겪었던 인생의 희로애락을 구구절절하게 기술하고 있다. 그리고 이곳은 다른 어느 곳보다 자신이 태어나서 어린 시절을 보낸 장소이기도 하고 최초로 묻힌 장소인 만큼 가장 많은 애정이 담겨진 장소이기도 하다.

• 위스콘신 주 탈리어신 주변으로 펼쳐진 광활한 대평원(프레리)의 모습

2. 프레리 스타일 주택 사례

프레리 스타일의 주택의 경우 높이를 조금만 높게 시공하면 실제보다 거대하게 보인다. 따라서 높이와 관련된 세부 사항은 아주 민감한 반면에 폭과 관련된 것은 그렇지 않다. 당시 미국에서는 프레리라는 넓은 공간이 있음에도 불구하고 부동산 개발업자들에 의해 일률적으로 대지를 분할하여 한 곳에 여러 주택을 빼곡히 모아 두어 서로의 어깨를 마주하는 경향 등, 땅과 자연스럽게 소통할 수 없도록 개발하고 있는 상황에서 라이트의 프레리 스타일의 건축은 혁신적이었다고 할 수 있다.

여기서 잠깐 당시 시카고의 프레리에 세워진 주택들이 어떤 천편일률적 특징을 갖고 있는지 한번 살펴보면, 우선 집들은 하나같이 높이가 높다. 서로 누가 키가 큰지 내기라고 하듯이 서로 조밀하게 붙어 키 재기를 하고 있었다. 여기에 조금이라도 질세라 굴뚝이 지붕을 뚫고 하늘을 찌를듯이 솟아있는 형상이었다. 그 굴뚝 옆에는 그 못지않게 키가 큰 지붕 창이 지붕을 뚫고 나와 서로의 키 높이를 확인이라도 하듯이 얼굴을 내밀고 있었다. 이렇게 높은 경사 지붕에 자리 잡고 있는 지붕창은 지붕 속의 다락방에 거주하는 사람들이 바깥으로 머리를 내밀어 숨을 쉴 수 있도록 도와주는 형식으로 만들어졌다. 사실 라이트도 1900년 이전의 작품들에서는 높은 지붕과 경사가 급한 지붕면에 지붕 유리창을 만든 경우도 있었다. 이는 설리반 사무실에서 독립하여 건축 초년생인 라이트 개인의 힘으로 스튜디오를 운영하기에는 그렇게 쉬운 일이 아니었을 것이고 또한 초기에는 경제적인 삶의 문제를 해결하기 위하여 스튜디오를 운영해야 했기 때문이었을 것이다. 이런 초창기의 기간을 제외하고는 라이트 작품의 세계는 프레리 스타일, 공백기, 유소니언 스타일로 크게 나누어 질 만큼 그의 초기 작품 스타일은 대부분 프레리 스타일의 주택이라 할 수 있다.

라이트는 1900년 이전의 높은 지붕과 지붕창이 있는 초기 주택 작품에서 벗어나 새로운 주택을 지으면서 첫 번째로 한 것이 다락방과 지붕 창을 없애면서 쓸데없이 높았던 주택 지붕의 높이를 과감하게 제거한 것이다. 그 다음으로 보기 흉한 지하실을 완전히 없애는 것이었다. 대평원(프레리)에 짓는 집이라면 굳이 지하실이 불필요했다. 굴뚝도 약간 기울어진 지붕이나 평평한 지붕 위에 넓게 자리 잡은 굴뚝이 하나 정도이면 충분했을 것이고 꼭 필요하다면 두 개까지 허용할 수 있었다. 내부의 층고는 인간의 신체 치수를 제일 중요한 지표로 삼아 최대한 실내 공간을 옆으로 넓혀 펼치면서 가능한 한 공간을 구분하는 벽을 제거함으로써 시원하고 자연스럽게 공간과 공간이 연결되는 – 유기적 공간 – 느낌이 들도록 했다. 그리고 층고는 사람의 평균 키 5피트 8인치(약 173㎝)보다 과다하게 높거나 그렇다고 낮지 않게 맞추어 설계했다. 그러면서 라이트는 "만약 내 키가 3인치만 더 컸다면 내가 지은 집의 비례는 많이 달라졌을 것이다."라고 말했을 정도로 모든 것은 주택 내에 살고 있는 사람을 기준으로 하였다.

이러한 프레리라는 새로운 개념을 주택 건축에 적용하면서 라이트는 이전까지는 이루어진 주택과 다른 라이트만의 독특한 디자인의 개념이 묻어나는 새로운 많은 주택들을 설계하게 되는데 이것이 프레리 주택의 시작이다. 그러나 당시 건축계에서는 건축 업계에 막 진출한 라이트의 주택들이 당시의 주택 형태와 너무나 달랐기 때문에 라이트뿐 아니라 라이트의 주택 형태를 이단으로 몰았고 우스꽝스러운 돌연변이라고 부르면서 '수평 고딕', '절제 건축(경멸적인 뜻으로)' 다른 한편으로는 '르네상스 – 일본풍' 으로 까지 경멸적인 용어로 부르기까지 했었다. 이는 당시의 키가 크고(높이가 높은) 상자 형태의 주택에 익숙한 사람들에게는 당연히 '개혁' 처럼 보였을 것이기 때문이었다.

이런 개념들이 적용된 주택 중에 일리노이 주 하이랜드 파크(Highland Park, Illinois)에 있는 워드 윌레트 주택(Ward Willets House, 1902-본서 내용 참조)은 라이트의 프레리 개념이 고스란히 적용된 주택 작품으로 잘 알려져 있다.

이 주택의 위치는 도시 내의 주택지였지만 대평원 위에 자리한 것처럼 넓은 대지에 자리하고 있으며, 기본 평면 계획은 중앙의 벽난로(굴뚝)를 중심으로 십자 형태로 사방으로 넓게 펼쳐진 형태로 디자인되어 있다. 내부의 거실 공간은 남서 방향으로 주택 정면에 위치하고 있으며 거실과 연결된 데크는 거실의 프라이버시를 위하여 낮은 담장으로 둘러싸여져 있으며, 데크에서 전면에 펼쳐진 넓은 정원을 바라 볼 수 있게 계획되어 있다. 이 거실 공간은 중앙의 벽난로를 사이에 두고 다른 공간으로 동선흐름을 부드럽게 연결시키고 있다. 건물의 전체적인 이미지는 좌우 대칭으로 양팔을 길게 뻗어 대지 위에 펼쳐진 듯 자리하고 있어 프레리의 건축개념인 주택과 자연이 일체화된 느낌을 주고 있다.

뉴욕 주 버팔로에 있는 마틴 주택(Darwin Martin House,1903-1905)을 통해 그의 후기 프레리 주택들의 지배적인 특징이 되는 일종의 밴드 형식의 수평적으로 연결되는 창문 배열을 처음으로 적용하게 된다. 그는 이를 일리노이 주 리버사이드(Riverside)에 있는 토멕 주택(Emily Tomek house, 1904)에 하나의 지배적인 형태 요소로 사용했다. 리버사이드에 있는 쿤레이 주택(Avery Coonley house, 1907~11)은 실내 공간의 천정이 외부 지붕 경사와 같이 경사져 지붕의 물

매와 조화를 이루는 복합적인 이미지로 디자인되어 있다. 비록 라이트가 끝까지 공사를 마무리 하지 않았지만 시카고의 로비 주택(Robie 1907~9)은 대초원 주택 시리즈의 마지막 작품이자 절정을 이룬 작품으로 인정받고 있다.

01

02
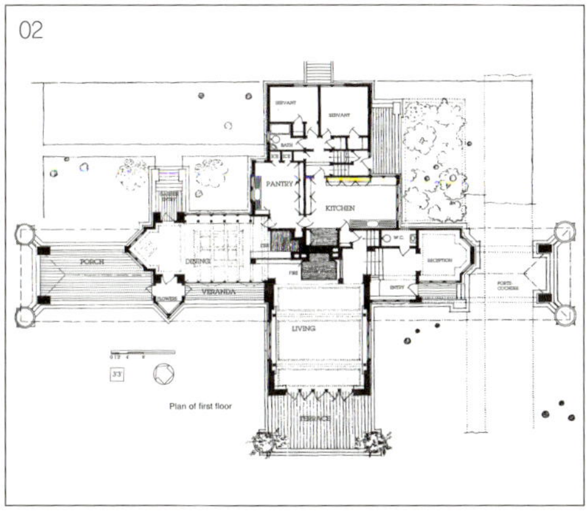

03

04

05

06

01 _ 워드 윌레트 주택 전경(1902), (2012. 12월 모습)
02 _ 워드 윌레트 주택(1902) – 1층 평면도
03 _ 다윈 마틴 주택(Darwin Martin House,1904)
04 _ 엠일리 토멕 주택(Emily Tomek house, 1904)
05 _ 아벨리 쿤레이 하우스(Avery Coonley house, 1907–11)
06 _ 유니티 교회(2011. 5월 모습)–(Unity Temple, 1905~7)

대초원(prairie) 주택들이 발표된 시기에 주택 외에 다른 용도의 건물도 디자인했는데 이 시대에 대표적인 건물이 라킨 빌딩과 유니테리언 교회이다. 그는 뉴욕 주 버펄로에 라킨 빌딩(1904~1905, 1949년 철거)을 설계했는데 형태적으로는 묵직한 분위기의 기념비적 성격을 나타내는 보강 콘크리트 건물로서 그 기법에 있어서는 어느 정도의 이집트식 표현 언어를 느낄 수 있다. 그리고 일리노이 주, 오크 파크의 유니테리언 교회(1905~8) 역시 라킨 빌딩에서 느낄 수 있는 콘크리트에 의한 묵직한 분위기와 기념성을 찾아 볼 수 있다. 유니테리언 교회를 설계하게 된 동기는 라이트 외가가 대부분 유니테리언 교인이었고, 특히 외삼촌은 유니테리언파 신도들의 지도자로서 시카고의 중요한 인물이었던 것이 어느 정도 인연이 된 것 같기도 하다.

• Lakin Building

• Unitarian Church 1905

3. 프레리 스타일에서 유소니언(Usonian) 스타일로의 변형

라이트의 초기 건축 스타일이 프레리 양식으로 대표된다면 1936년 이후 라이트의 건축은 유소니언 스타일로 대표된다고 할 수 있다. 4인 가족의 생활 공간으로서 적합한 기본 프레리 양식의 십자형 평면은 거실 정면 또는 한 쪽 벽면의 일부가 유리창으로 계획되고 넓은 대지에 최대한 평면으로 펼쳐지는 방식이 일반적이다. 이런 프레리 스타일의 주택 건축 양식은 미국의 경제적 공황을 겪으면서 미국의 중산층의 생활에 적합한 주택 스타일로 변화하게 되는데 이렇게 변화된 스타일을 유소니언 주택이라고 한다.

프레리 스타일의 평면에서 유소니언의 평면으로 변화라는 과정은 첫 번째로 거실 정면의 솔리드한 벽 또는 정원 방향으로 향한 벽 1면 이상을 유리 문 또는 유리 창으로 바꾸어 외부 공간을 최대한 내부로 유입하는 것이고, 두 번째, 부엌, 팬트리(pantry) 그리고 여성들의 작업공간 – 현대 미국 여성들이 가족의 식사를 준비할 수 있는 가장 알맞은 공간(workspace) – 을 넓히고 주택의 중간부 또는 다른 부분에 알차게 결집시키는 것이다. 그리고 벽으로 나누어진 식당 전용공간을 제거하고, 동선 등을 고려하여 'workspace'에 인접하면서 거실 공간과 오픈시켜 거실과 식당 공간을 같이 사용할 수 있는 편리한 공간(Living Dinning, L.D)으로 계획하여 거실 공간이 확장된 느낌을 줄 수 있도록 공간을 계획했다. 그리고 이들 공간의 동선은 상호간에 유기적으로 연결될 수 있게 계획하는 것이다.

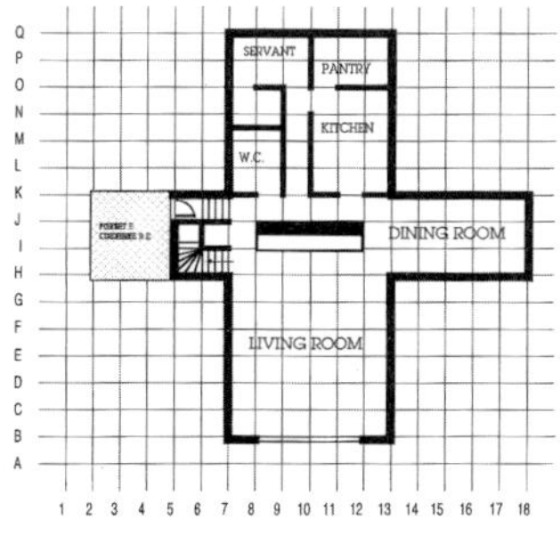

• 가장 기본적인 프레리스타일의 십자형 주택평면도

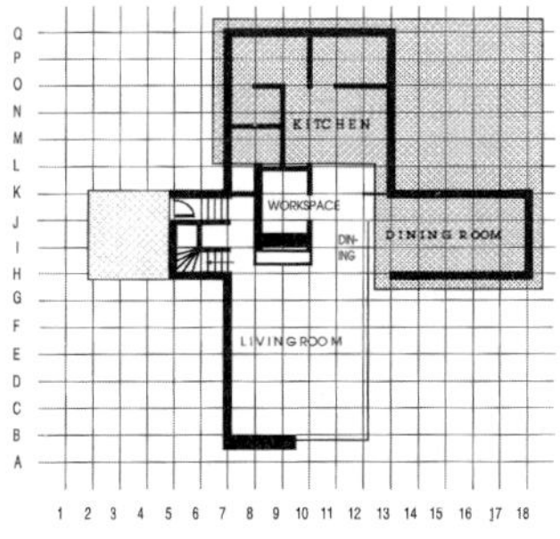

• 거실 벽을 유리벽으로 변경한 후 거실외의 공간을 제거하면서 'workspace' 공간을 계획한다.

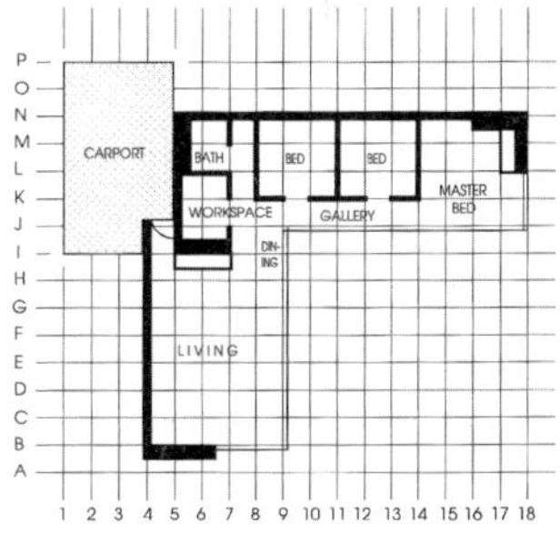

• 'workspace' 한쪽 면으로 프레리주택의 2층 공간을 정렬하고 차고 공간을 캔틸레버로 현관 앞으로 계획한다.

• 『The Frank Lloyd Wright Companion』 p.219 참조

다음 단계로 일반적인 프레리 스타일 주택의 2층에 계획되었던 공간들을 – 주로 침실 공간 – 1층으로 옮겨오면서 부엌(workspace)에서 하나의 날개처럼 일렬로 배치하는 것이다. 이는 여성들이 'workspace'에서 작업을 하는 동안 각 공간에서 일어나는 여러 행위들을 볼 수 있게 고려한 계획이라 할 수 있다. 그리고 그 당시뿐 아니라 현재에도 주택 측면에 문이 달려 있는 폐쇄된 차고 형식의 공간과 달리 차량 출입을 위한 출구와 벽을 제거하고 지붕만 남겨두는 극적인 캔틸레버 형식의 오픈된 공간으로 차고 및 현관 공간을 계획하였다. 프레리 주택은 대부분 2층 이상인데 1층에는 대부분 동적이고 공적 공간인 거실, 부엌, 식당 등이 계획되고 2층에는 사적이고 정적인 침실 위주로 계획되었다면 유소니언 주택은 대부분 1층 규모로 프레리 1, 2층의 기능을 1층 공간에 모두 수용하고 있는 계획적인 측면에서 프레리 주택 스타일보다 유소니언 주택 스타일이 공간적으로 좀 더 알차게 계획된 것이라 할 수 있다. 뿐만 아니라 유소니언 주택 계획에서는 어떠한 대지, 기후, 가족 수에 따라서 적절하게 대응할 수 있는 다양한 그리드 – 사각 등과 같은 – 유니트 모듈을 사용하고 있다.

좀 더 구체적으로 설명하면 중심 공간인 작업 공간(workplace)은 솔리드한 건축 재료인 벽돌로 시공되며 벽난로와 더불어 주택 공간의 중심공간으로서의 역할을 담당되게 된다는 것이다. 여기에서 작업 공간(workspace)이란 부엌, 세탁실, 유틸리티 공간 등과 같은 주택내 공적인 공간의 중심이 되는 공간을 의미한다. 식당 공간은 작업 공간과의 편리함 등을 고려하여 이들 공간과 인접시켜 위치시키고 동적 공간인 거실 공간은 작업 공간을 중심으로 한쪽 방향으로 계획한다. 그리고 정적 공간인 침실 공간과 거실 공간은 각각 다른 방향으로 일렬로 배치하여 계획한다.

4. 유소니언 스타일 (Usonian Style : 1937 ~ 1959)

이 시기는 라이트의 또 다른 왕성한 활동시기이다. 특히 라이트가 70세가 넘는 1943년부터 사망할 때까지(59년) 약 16년 동안 거의 인생에 있어 절반에 해당하는 500개의 프로젝트들을 설계하는 왕성한 활동을 보인 시기이기도 하다. 특히 그의 나이 90세가 넘었음에도 불구하고 1956년의 구겐하임 미술관을 시작으로 캘리포니아의 마린 카운티 시빅 센터(Marin County Civic Center, 1957년) 등에 이르기까지 정력적이고 창의적인 작품을 보여주었다.

• 마린 카운티 시빅 센터(Marin County Civic Center, 1957년)

그러나 1930년대는 세계 경제 대공황이 있었고 미국의 경우, 1923-25년경 평균 지수를 100으로 잡을 때, 1933년에는 공업 60, 건축 14, 고용 61, 노동자 임금 38이라는 처참한 상황이었다. 경제 공황은 국가로서의 가능성과 국가성을 재평가하게 했던 계기가 되었다. 이러한 어려운 시기임에도 불구하고 라이트의 주요 관심사는 도시 집중 현상을 해결하기 위한 계획의 수립과 미국 중산층 가정을 위한 주택을 제공하고자 하는 창의적인 아이디어를 쏟아내면서 자신의 어려운 상황을 헤쳐 나가기 위해 많은 노력을 한다. 그 해결책으로 브로드에이크 시티(Broadacre City)라는 분산형 도시계획과 유소니언 주택(Usonian House)을 제안하게 된다.

유소니아(Usonia)라는 단어는 1925년 라이트의 기록물에서 사용한 흔적을 찾아 볼 수 있다. 이는 미국을 위한 자신의 건축적 제안을 구체화하기 위하여 사용한 용어이며 큰 의미로는 미국을 의미하기도 한다. 1936년 당시 미국의 경제공황에 직면하자 라이트는 프레리 주택 평면 유형을 좀 더 단순화한 평면 유형인 '유소니언(Usonian)'을 개발하게 된다.

브로드 에이크 시티 (Broadacre City)

브로드 에이크 시티 프로젝트는 도시와 도시주변의 개발 개념으로 라이트에 의해 제안된 것이다. 그의 책 『사라져가는 도시(The Disappearing City, 1932)』에 발표한다. 몇 년 후에는 4 mile^2(1mile≒1.6㎞)의 크기의 가상 도시를 3.7m×3.7m 크기의 상세한 모형으로 만들어 순회전시를 가지기도 한다. 이 모형은 탈리어신 펠로쉽들에 의해 만들어 졌다. 솔직히 이 시기에는 라이트에게 의뢰된 프로젝트가 없는 시기였기 때문에 탈리어신 펠로쉽과 진행할 프로젝트가 없었다. 이런 상황에 좀 더 발전된 교육의 한 방안으로 브로드 에이크 시티를 계획하였다고 할 수 있다.

• 브로드 에이크 시티의 모형

유소니언 평면 스타일은 프레리 스타일에서 기본적인 공간만으로 구성된 것으로 미국의 민주적 이상을 최대한 잘 표현한 것이라 할 수 있다.

"Usonia"라는 단어는 새뮤얼 버틀러가 미국을 지칭하는 단어로 '일치'를 의미하는 Union에서 파생되었다고 하기도 하지만 다른 의미로는 United States Of North America를 줄인 말로서 i는 음절상 발음하기 편리하게 추가된 것으로 봐도 좋을 것이다. 이 단어의 의미는 미국의 북부지역과 다른 지역 주택들과 구분하기 위한 것이며 또한 민주국가인 미국 국민에서 경제적인 부담을 줄이면서 아름답고 질 높은 주택들을 보급하겠다는 라이트의 생각을 표현한 단어이기도 하다. 이는 1920년대 미국의 대공황을 겪으면서 모든 국민들에게 '높은 질의 주거공간을 저렴한 가격에 제공'하고자는 생각에서 이루어졌다.[1)]

이런 의미에서 이 시기(1937-1959)에 설계된 주택들을 '유소니언(Usonian)' 주택이라 부른다. 라이트의 초기 건축 스타일인, 프레리 스타일의 건축이 그의 제1의 황금시기였다면 이 기간을 라이트 제2의 황금시기라고도 할 수 있다.

라이트에 의하면 첫 번째 유소니언 주택은 1923년 캘리포니아의 블록 주택(block house) – John Storer House, Harriet and Samuel Freeman House를 의미 – 이라고 하지만

1) "The Frank Lloyd Wright Companion" William Allin Storrer, The University of Chicago Press, 1993 p.241

본격적인 '유소니언 시대'를 연 작품은 위스콘신 주의 자콥스 주택(Jacobs house, 1937)이라고 할 수 있다. 이는 유소니아의 기본 개념이 "공간적 개념"에 의한 것이지 시공 등에 따른 "구조적인 개념"이 아니라는 것이다. 이런 유소니언 주택 공간 계획은 앞에서도 언급되었듯이 이전의 라이트의 작품 스타일인 프레리 스타일 주택 공간을 기본으로 한 변형에서 이루어진 것이다.

01

02

03

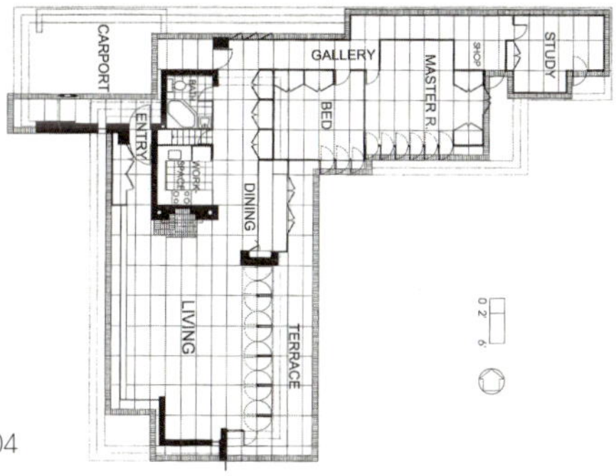

04

01 _ 자콥스 주택(Jacobs house)의 차고 및 현관의 캔틸레버의 모습
02 _ 자콥스 주택의 거실부분의 유리벽과 L자형으로 이루어진 외관의 모습
03 _ 자콥스 주택 앞에 새겨진 동판 – 준공시점 1937년과 첫 번째 유소니언 주택이라고 새겨져 있다.
04 _ L자형 자콥스 주택 평면도 *평면도 참조 『The Frank Lloyd Wright Companion』

특히 1930년대에 라이트는 매우 극적이고 독창적인 두 작품을 발표하게 된다. 하나는 1935~1939년 펜실베니아 주의 베이 런에 건축된 낙수장은 유기적 건축과 입체주의적 합리주의적 영향들을 하나의 창조물로 이끌어 낸 걸작이었다. 만약 낙수장이 라이트의 자연 속의 생활을 위한 이상적인 해결안이었다고 한다면, 일 년 후인 1936년 위스콘신 주 라킨에 지어진 S.C 존슨 & 선스 화학회사 본관 건물(1936~9)은 도시 속에서의 작품으로 어떠한 형태이어야 할 것인가에 대한 그의 개념이 잘 나타나는 작품이며 동시에 공간의 독창성과 새로운 콘크리트 기술 – 처음 시도되는 만큼 많은 사람들로 하여금 신뢰를 받지 못하자 버섯 모양의 기둥에 모래 주머니를 올려 하중을 테스트하는 장면을 방송기자들 앞에서 보여주기는 퍼포먼스를 시도했음 – 이라는 면에서 획기적인 작품이었다. 그는 모든 도시 계획안들의 경우처럼 이 건물 역시 내면을 향하는 이미지를 보여주고 있다.

한편, 1937년에는 애리조나 주 파라다이스 계곡의 사막 지역에 겨울 주거지 겸 작업실인 탈리어신 웨스트를 건설하였고, 1934년에는 유소니언 주택 시리즈의 출발점이라 할 수 있는 윌레이 주택이 미네아폴리스에 건설되었다. 프레리 주택들 이후 유소니언 스타일로 디자인 개념이 변화했지만 그의 주요 두 가지 원리는 '모든 개인들에 적합한 개성적인 스타일'과 '모든 장소에 적합, 적절한 건축 형태 언어'를 고수하였다. 그러나 프레리 주택보다 공간적으로 자유롭고, 경제적인 주택 계획을 위하여 주변에 공간들을 십자형으로 퍼져 나가는 평면 디자인 방법을 포기했다. 대신에 종래에 폐쇄된 부엌을 거실 공간에 이를 수 있는 작업 영역으로 대체했고 채광 창을 통한 전체 조명과 모든 실들의 결합을 통한 유기적인 연속성 공간을 특징으로 하는 유소니언 공간 계획으로 그의 주택 디자인 어휘를 변화시키게 된다.

1) 유소니언 주택의 평면계획

라이트가 유소니언 주택으로 처음 선보인 작품이 앞에서 언급된 L자 평면 형태의 자콥스 주택(Jacobs house, 1937)이고 이후 여러 평면 형태의 변형을 통하여 1939년 일리노이 주의 리버티빌러(Libertyville)에 처음으로 一자 형태(IN-LINE)의 유소니언 주택인 로이드 루이스 주택(Lloyd Lewis Residence)을 발표하게 된다.

유소니언 주택의 공간구성은 중심 공간인 부엌 공간(workplace)을 기준으로 식당은 부엌 공간과의 동선의 편리함을 등을 고려하여 이들 공간과 인접시켜 위치시키고 동적이며 공적 공간인 거실 공간과 정적이며 사적 공간인 침실 공간은 부엌 공간을 중심으로 양쪽에 분리하여 계획하는 것이 유소니언 평면 계획의 기본 개념이다. 즉 L자형인 경우에는 90°로 꺾이는 부분에 부엌을, 一자형은 중간부분에 부엌 공간을 두어 평면의 중심을 이루도록 계획하고 있다. 이때 벽난로는 부엌 공간에 접하여 설치함으로써 벽난로 역시 평면의 중심에 위치하게 된다. 특히 이 부분을 잘 기억해 두었다가 차후에 상세히 기술된 유소니언 주택과 평면도를 본다면 그 주택을 좀 더 쉽게 이해할 수 있을 것이다.

유소니언의 전형적이고 처음으로 시도된 평면 형태는 앞에서 언급하였듯이 90° 각도를 가진 L자 형태로 이루어지고 여기에 사각형 그리드 모듈을 적용시켜 계획하는데, 이는 프레리 주택의 평면 형태인 십자형과 같은 단순 기하학 형태로 디자인 된다. L자형의 기본적인 유소니언 평면 형태는 경우에 따라서 조금씩 변형되어 120°, 또는 180°(일자형)으로 변형되어 디자인되기도 한다. 그러나 다른 각도를 가지는 좀 더 복잡한 평면인 경우에는 육각형, 또는 이등변 삼각형 모듈이 사용되거나 원형부분이 추가되기도 한다.

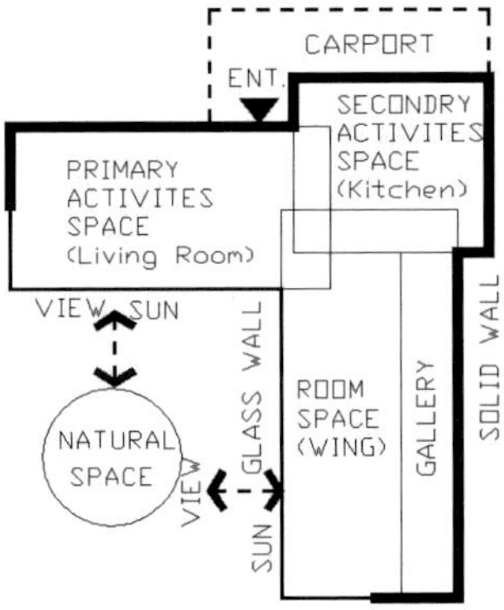

• 유소니언 L자형 평면의 공간 3분할도

그래서 유소니언 L자형 평면의 내부 공간은 크게 가족 활동의 중심 공간인 거실 공간, 그리고 가족의 생활을 보조하는 공간(부엌, 식당 등)과 침실로 크게 3개 부분으로 나눈다. 이 중 가족들이 같이 공유할 수 있는 거실 공간이 평면 공간 계획에서 약 절반 정도의 크기로 계획하는 것이 기본원칙이었다. 공간 계획 원칙 중 거실 공간은 가장 중요한 공간으로 모든 가족이 같이 사용할 수 있게 계획되어야 하고 거실의 면적은 해당 층 바닥 면적의 절반 정도의 면적으로 계획되는 것이 일반적이다.

거실에서 일정 부분의 벽은 바닥에서 천정까지 유리로 이루어지는 경우도 있어 “유리벽”이라고도 하며 극적인 공간을 연출하기도 한다. 그리고 캔틸레버 지붕을 위하여 지붕에 하중을 가하지 않는 경우도 있다. 침실의 경우는 “홀웨이(hallway)”는 라이트에 의해 “갤러리(gallery)”로 표현되는 복도에 의해 이어진다. ‘터널(tunnel)’과 같은 이곳의 끝부분에는 창고가 설치되는 경우가 대부분인데, 이 갤러리 부분은 항상 어둡기 때문에 천창이 계획되는 경우가 일반적이다. 그리고 라이트는 건축주의 자금 사정 등을 고려하여 차고의 경우 폐쇄된 공간으로 계획하지 않고 – 대부분 미국 주택의 차고는 폐쇄된 공간으로 만듦 – 캔틸레버로 지붕만 계획하여 수평성과 경제적 절감을 동시에 만족시키고 있다.

1935년부터 시작된 유소니언 주택의 구조적 특징은 콘크리트 평지붕과 바닥 난방, 벽돌 코어, 벽돌 기둥에 의해 확장되는 주택 평면인데 이 벽돌 기둥 내부에는 철을 삽입시켜 캔틸레버와 같은 다양한 지붕 형태를 지지하게끔 시공하기도 하였다. 초기 유소니언 공간에서는 이러한 공간이 유리벽 또는 드라이 월로 채워지기도 했다. 당시의 드라이 월은 플라스터와 같은 것이 아니라 얇은 합판을 3겹 정도 붙여 나사 등으로 고정하는 샌드위치 형식의 벽을 의미했다. 이런 저렴한 형식의 벽체 시공 방법은 당시 경제 공황을 경험하고 있는 상황에서는 필요했지만, 이러한 형식은 유소니언 주택 디자인에 처음부터 반영된 것은 아니었다. 라이트는 경제적으로 여유가 있는 건축주인 경우에는 주택의 모든 부분을 성형 벽돌 또는 블록으로 시공할 것을 권했다. 이는 2차 세계대전 이후 유소니언 주택의 표준형태가 되기도 한다.

마지막으로 바닥 난방(Gravity heating)에 관한 것인데 라이트는 일본의 동경 제국호텔의 건축주이기도 한 바론 오쿠라(Baron Okura)의 주택에서 '한국 침실(Korean Room)' 공간을 경험하게 된다. 이는 바닥 아래의 덕트를 통하여 열을 통과시켜 굴뚝으로 연결되는 형식이었다. 라이트는 마치 온천과 같은 환경을 만들어내기 위하여 가열된 물을 바닥 슬래브에 설치된 파이프를 통하여 이동하게 하는 방식, 즉 바닥 난방을 유소니언 주택에 설치하기도 했다.

2) 유소니언 주택 평면의 기본개념

첫 번째로 라이트 주택 디자인 원칙 중 가장 기본적이면서 중요하게 다루었던 것은 유니트 시스템(Unit system)을 이용한 '그리드'와 '캔틸레버'이다. 그의 유소니언 주택 평면은 사각형(4×4 피트(≒1.2×1.2m)) 단위 모듈을 기본으로 하고 있는데 이는 다른 건축적 요소에서 흔히 볼 수 있는 것이다. 그러나 유소니언 평면 유형이 개발되기 전 1920년 전의 그의 작품에서 그리드 모듈이 적용되긴 했지만 이것이 그의 실질적인 디자인 요소로서 적용되지 않은 것도 있다. 그러나 유소니언 주택의 평면 디자인에서는 명료하게 그리드 모듈이 적용되고 있음을 알 수 있다.

이는 1925년 라이트가 "규모가 크고 작음에 관계없이 내가 설계하는 모든 건물은 하나의 단위 모듈 시스템에 의해 디자인 된다."라고 선언했을 정도로 단위 모듈 시스템에 의한 그리드를 모든 평면 계획에 적용했음을 알 수 있다. 두 번째로 라이트의 유소니언 주택 평면의 기본형인 L자형 평면과 차후 一자형 평면에서는 공간을 기본적으로 3개 공간으로 나누고 있으며 이중 다른 어느 공간보다 거실 공간을 가장 중요시 했다.

거실의 한쪽 부분을 바닥에서 천장까지 "유리벽(window wall)"이라고 할 정도로 전면 유리창문을 계획하고, 이것은 주택을 둘러싸고 있는 자연 경관과 함께 주택 내부에서 가장 드라마틱한 광경을 연출하게끔 계획하였다. 세 번째, 유소니언 주택 평면도의 L자형과 차후 一자형(IN-LINE) 평면도에서 주택의 정면 부분의 – 전면도로와 접하거나 메인 출입구가 있는 방향 – 벽은 솔리드하게 표현되고 있다. 이 솔리드한 벽에 의해 형성되는 복도를 '갤러

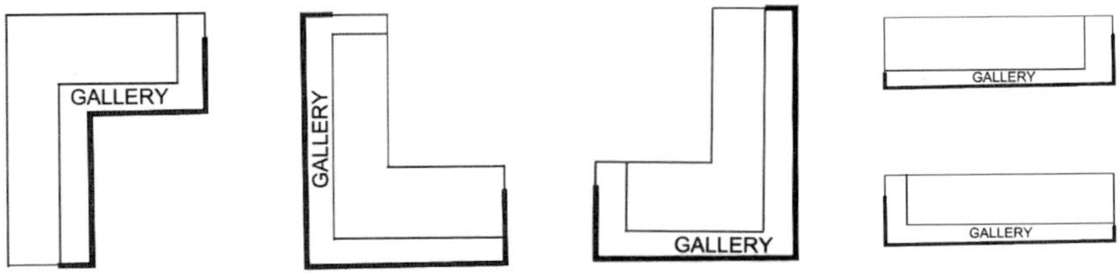

• 유소니아의 기본인 L자형, 一자형 평면도에서 어느 방향이 전면이 되던 전면을 향하는 부분은 솔리드한 벽(굵은 선 – 벽)으로 계획되었음.

리(Gallery)' 로 표현하고 이 복도는 일렬로 배치된 침실로 연결되도록 계획된다.

L자형 평면의 공간 구성은 앞에서 살펴보았고, 다음으로 一자형 평면(IN-LINE) 유형을 좀 더 구체적으로 살펴보면 다음과 같이 3가지 유형으로 나누어 볼 수 있다. 이 유형의 공통점은 부엌 공간(Workspace)이 평면 중심에 있다는 것과 솔리드한 벽이 언제나 주택의 정면 방향(전면 도로, 진입로가 있는 방향)쪽으로 배치된다는 것이고, 차이점은 갤러리가 전면에 위치해 있는 것과 후면에 위치해 있는 것이다. 부엌이 중심에 위치한 이유는 주부가 부엌에서 거실과 침실로의 시야를 확보하기 위해서라고 할 수 있다. 갤러리가 전면에 위치한 것과 후면에 위치한 경우의 차이점은 후면에 위치한 것보다 전면에 위치한 경우에는 침실이 솔리드한 벽으로 감싸고 있기 때문에 후면 갤러리 유형보다 개인의 프라이버시 확보에 유리하다고 할 수 있다. 반면에 후면 갤러리 방식은 여러 주택을 방문한 결과, 비록 솔리드한 벽에 아주 작은 창문(면적이 너무 작기 때문에 구멍이라고 표현하는 것이 옳을지 모르겠음)이 설치되어 있었지만 하루 종일 어두운 공간을 경험하게 된다는 것이 단점이라고 할 수 있다. 일부 주택에서는 천창(또는 톱라이트)을 만들어 갤러리로 햇빛을 받아들이는 경우도 있었다.

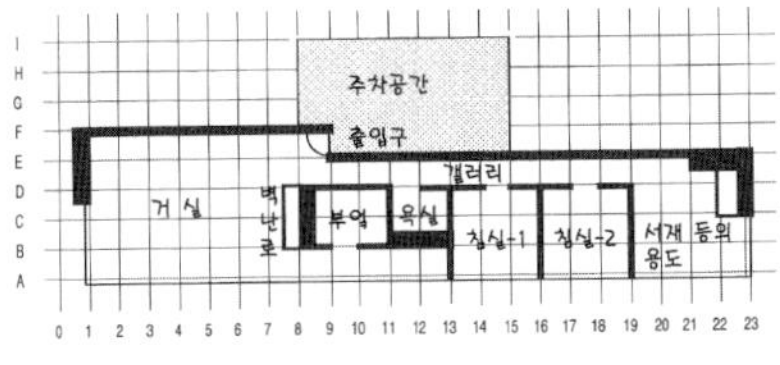

• IN-LINE 평면계획(후면 갤러리 방식)

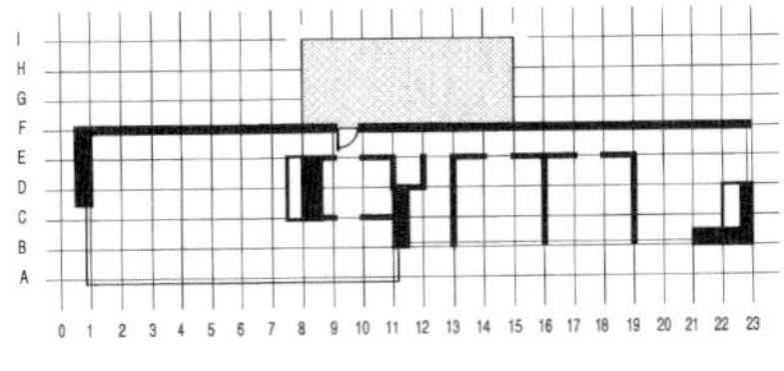

• IN-LINE 평면계획 – 서재 등의 공간이 동서축을 기준으로 바뀐 경우 (후면 갤러리 방식)

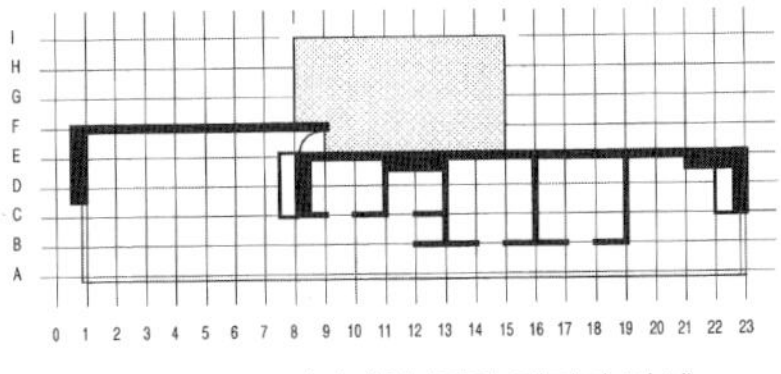

• 표준형 IN-LINE 평면계획 (전면 갤러리 방식)

• 『The Frank Lloyd Wright Companion』 p.281 참조

3) 유소니언 주택의 지붕타입

지붕의 형태는 아마도 그 주택에 거주하고 있는 거주자의 개성에 따라 달라질 수 있을 것이다. 그러나 유소니언 주택의 일반적인 지붕 형태는 거실, 침실, 앨코브 등 공간 층고를 달리하여 높이가 다른 평지붕(flat)을 설치하고 이들 지붕의 높이 차이에 의해 생겨나는 사이로 고측창(高側窓)을 설치하여 실내로 햇빛을 유입하는 경우가 대부분이다. 그러나 때때로 거주자의 특성과 주변 경관에 따라 실내 공간을 최대한 오픈시켜 주변의 아름다운 경관 등을 실내로 유입하기 위하여 버터플라이(butterfly) 또는 쉐드(shed, 오두막) 형태의 지붕으로 디자인되는 경우가 있었다. 대표적인 주택으로 본서에서도 설명하고 있는 사무엘과 도로시 엡스테인 주택(Samuel and Dorothy Eppstein Residence, MI), 로버트 레빈 주택(Robert Levin Residence, MI), 닥터 브래드포드와 모리스 할퍼 주택(Dr. R. Bradford and Moriss Harper Residence, MI) 등의 주택이 좋은 사례라고 할 수 있을 것이다.

프레리 스타일의 주택에서 일반적으로 사용되는 모임지붕(hipped-roof)은 주거지 보호라는 의미를 상징하면서 동굴과 같은 보호적인 의미를 강하게 표현하고 있기 때문에 이런 주택에 일반적으로 사용되고 있는 박공지붕, 모임지붕은 버터플라이 또는 쉐드 등과 같은 종류의 지붕보다는 외부 공간에 덜 개방적이라 할 수 있을 것이다. 반면에 평지붕은 중립적인 측면에서 대부분의 주택에 사용되고 있다. 버터플라이, 쉐드 또는 버터플라이 지붕이 조금 변형된 엔드 게이블(End-gabled) 지붕의 경우 거실 공간의 평면 형태가 일자형 평면 형태에서 어느 정도 변형되어 각도를 가지는 경우가 대부분인 반면에 평지붕, 모임지붕, 박공지붕 등은 일자형 평면 형태를 그대로 유지하는 경우가 일반적이라 할 수 있다.

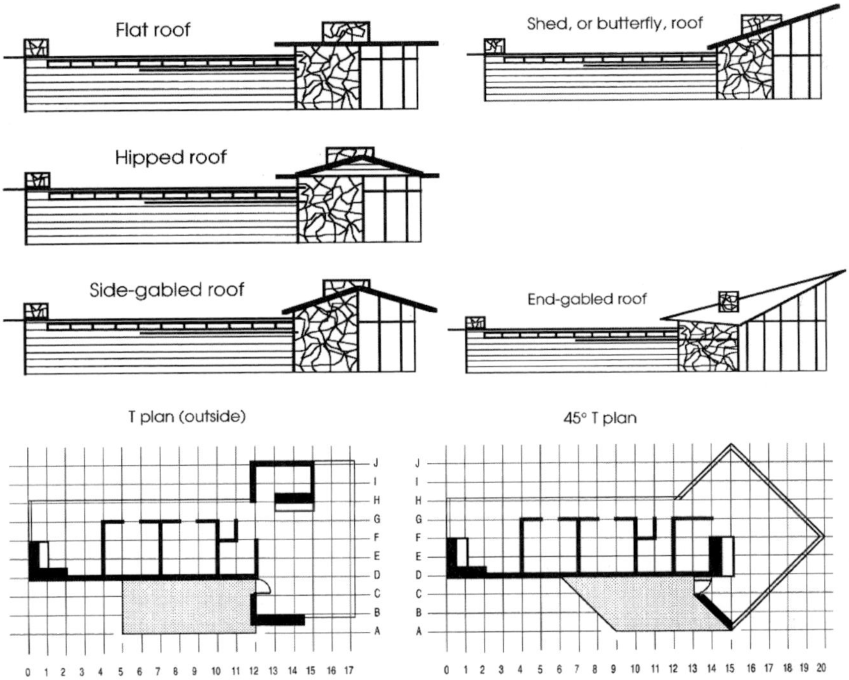

• 다양한 지붕형태와 그리드 모듈 유니트를 사용한 유소니언의 변형된 일자형 평면도 사례
『The Frank Lloyd Wright Companion』 p.361 참조

FRANK
LLOYD
WRIGHT

제 2 장

라이트의 초기 주택과 프레리 주택

(1887~1910)

I. 라이트 건축의 분포

라이트 나이 20세 초반, 위스콘신 대학을 중도에 그만두고 시카고에서 실스비, 그리고 아들러(Dankmar Adler)와 루이스 설리반(Louis Henri Sullivan) 사무실에서 일하기 시작하면서 약 70년간의 라이트의 위대한 건축인의 삶이 시작된다. 당시 시카고는 대화재 이후 고층 건축물과 같은 대형 오피스 빌딩 위주로 한창 도시 개발 붐이 일어나고 있었지만, 불미스러운 일로 인하여 라이트는 설리반 사무실에서 나오면서 시카고 인근의 오크 파크에 개인 스튜디오를 개설하고 자신만의 사무실을 운영하게 된다. 그리고 도시의 오피스 건물이 아닌 시카고 주변 지역을 기반으로 주택 설계 위주로 그의 위대한 건축세계를 시작하게 된다. 그래서인지 시카고 주변 지역인 오크 파크와 리버 포레스트 지역 등에는 우리에게 잘 알려진 작품 외에도 라이트의 많은 주택작품을 접할 수 있다.

이 후 라이트는 좀 더 구체적이고 체계적인 작품 활동을 위해 오크 파크에 자신의 작업 스튜디오 외에 위스콘신 주의 탈리어신, 아리조나 주 피닉스의 탈리어진 웨스트 등 몇 군데 자신의 설계 작업실을 두고 미국 전역에 걸쳐 왕성한 작품 활동을 하게 된다. 그리고 일본에 많은 관심을 가지고 있었던 라이트는 1905년 첫 번째 일본을 방문하게 된다. 그곳에서 일본 제국 호텔을 설계하면서 일본에도 작업실을 두어 장기적으로 머물면서 일본의 젊은 건축가 지망생들을 가르치면서 함께 작업을 하고, 제국호텔 외에도 일본 내에 자신의 작품 - Aisaku Hayashi 주택(도쿄, 1917), Arinobu Fukuhara 주택(하코네, 1918), Tazaemon Yamamura(Yodoko Guest House, 1918) 등 12개 작품 - 을 남기기도 한다. 그러나 우리가 생각하고 있는 것보다 의외로 근대 건축가의 거장으로서 라이트의 작품은 여러 나라에 작품을 남기지 못했다. 라이트가 외국에서 설계한 작품은 모두 30여 작품 정도 된다고 하지만 대부분 계획안으로 끝나고 실현된 것은 그리 많지 않다. 이중에 절반 이상이 일본에 국한되어 있고 나머지는 미국과 인접한 캐나다 정도이지 다른 나라에는 작품을 남기지 못했다. 사실 제국호텔 설계 역시, 이전까지 대부분 주택만 설계하던 라이트에게 호텔 건축은 전무했기 때문에 호텔 건축을 수행한 사실이 오히려 불가사의할 정도였다. 그리고 이 호텔이 당시의 동경에 큰 피해를 준 지진을 견뎌내면서 그의 명성은 일본 내에 알려지게 된다.

사실 자기 나라에서는 설계조차 해보지 못하는 대형 건축물을 다른 나라에서 설계하는 경우는 흔치 않다. 그런데 우리나라에서도 이런 경우가 있었다. 가장 대표적인 건축물이 강남의 교보생명 건물이다. 이 건물은 여러분도 잘 알고 있는 유명한 건축가 마리오 보타가 설계한 것을 우리나라에서 시공한 사례이다. 마리오 보타 역시 이전까지는 붉은 벽돌을 이용하여 주로 주택과 같은 소규모 건축물을 설계하였고 대규모 건축물에는 많은 경험이 없었던 건축가이었지만, 우리나라는 그에게 고층 건축물의 설계를 의뢰했다는 것이다. 그것도 우리나라에서는 거의 시도도 해보지 않은 초고층건물의 외벽재료를 그가 즐겨 사용하는 붉은 벽돌로 마감했다는 것이다. 그리고 지하에는 대형 서점이 입점함으로써 남녀노소 누구나 쉽게 찾아가고 강남의 유명건축물로 자리하고 있는 경우와 비슷하다는 생각을 하게 된다. 아무튼, 그가 설계한 제국호텔이 지진에 무너지지 않자, 그의 명성이 일본에서도 알려지고 이것이 인연이 되어 일본의 젊은 건축가들이 라이트에게 건축을 배우겠다고 위스콘신 주의 탈리어신이 위치한 그 먼 곳까지 찾아 오기도 했다.

또한 로스앤젤레스, 헐리우드의 반스달러 아트 파크(Barnsdallar Art Park) 프로젝트 진행 중에는 로스앤젤레스에도 임시 작업장을 두기도 했고 이것이 탈리어신 웨스트를 설계하게 되는 계기가 되기도 했다. 그리고 구겐하임 박물관을 설계할 당시에는 뉴욕 센츄럴 파크 인근의 프라자 호텔에 자신의 작업실을 만들어 프로젝트를 수행하기도 했다. 라이트가 큰 규모의 프로젝트를 수행하는 경우에는 인근에 단순히 임시로 사용할 정도의 작업공간을 만드는 것이 아니라 자신의 좋아하는 소품 – 그랜드 피아노, 동양의 예술품 등 – 등을 옮겨놓았을

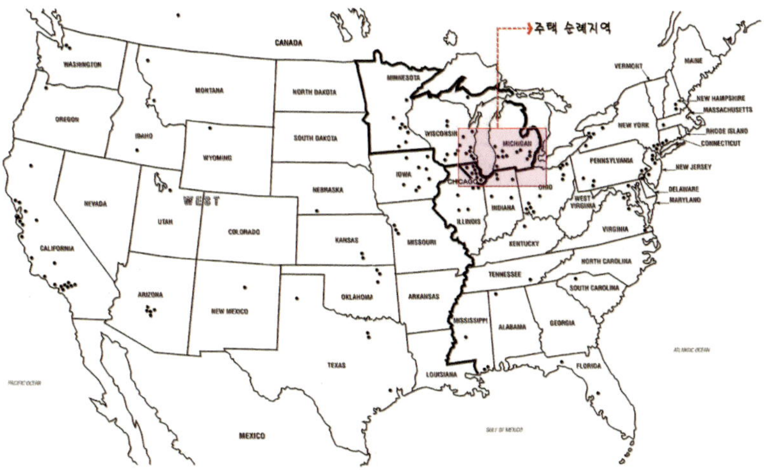

• 미국 내 라이트의 작품 분포도

뿐 아니라 자신의 작업환경을 최대한 만족시킬 수 있는 작업공간으로 만든 후에야 프로젝트 작업을 수행할 만큼 열정이 넘치는 건축가이기도 했다.

앞의 지도는 라이트의 작품이 분포된 곳을 마크한 지도(Frank Lloyd Wright FIELD GUIDE, Thomas A. Heize, 2005를 참조하였음)이며 미국 전역에 걸쳐 거의 작품이 분포되어 있음을 알 수 있다. 특히 그가 태어난 위스콘신 주와 그가 건축 생활을 시작한 시카고 지역(일리노이 주)에 가장 많은 작품이 분포되어 있음을 알 수 있다. 그리고 두 번째 작업장인 탈리어신 웨스트를 중심으로 한 미국 서부 캘리포니아 지역에도 많은 작품들이 분포되어 있음을 볼 수 있다. 이 중에 그가 처음 개설한 스튜디오 공간이 있는 시카고의 오크 파크와 인접한 리버 포레스터(River Forest)에는 우리에게 잘 알려진 윈슬러(Winslow) 주택 외에 약 35동의 라이트

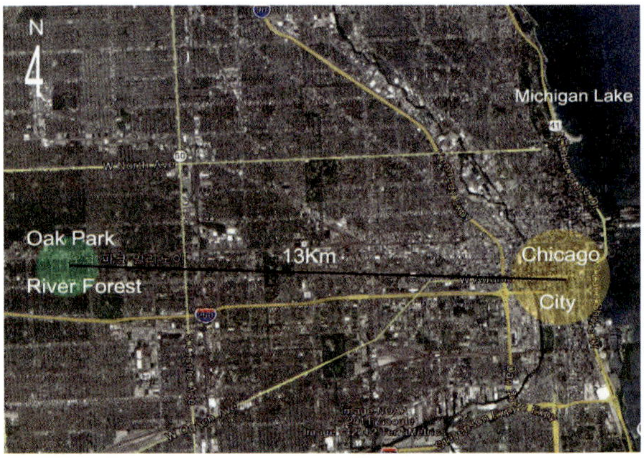

• 오크파크와 리버 포레스트는 시카고에서 약 13km의 거리에 위치하고 있다.

• 필자가 거주하였던 오케모스 지역을 중심으로 라이트 주택을 순례하였던 지역의 위치도

초기 주택 작품들이 분포되어 있어, 이 두 지역은 미국에서 현존하고 있는 라이트 작품이 가장 많이 분포되어 있는 곳이기도 하다.

그리고 시카고 시티에서 해안선을 따라 약 33km 올라가면 그렌코(Glencoe)시티와 다시 남쪽으로 10km 내려오면 하이랜드 파크(Highland Park)에도 라이트의 많은 주택작품이 위치하고 있으며, 오크 파크에서 남서쪽으로 약 8.5km 내려오면 리버사이드(Riverside)에는 우리에게 잘 알려진 쿤레이 주택(Coonley House-본서 내용 참조)이 위치하고 있다. 그리고 의외로 미시건 주에도 그의 작품이 많이 분포되어 있음을 알 수 있는데, 이 지역의 주택 대부분은 그의 초기 작품 스타일인 프레리 스타일 주택이 아니라 그의 후기 작품 스타일인 유소니언 작품들이 주를 이루고 있다.

『The Frank Lloyd Wright Companion』에는 라이트의 초기 작품에서부터 마지막 작품까지 모든 작품을 평면도와 함께 간략하게 설명하고 있다. 이 책에 수록된 라이트의 작품에 의하면 현재 미국 50개 주에 위치하고 있는 라이트의 400여개의 작품 중 대부분이 주택 작품이며, 그가 활동한 시카고를 중심으로 일리노이 주에 약 115개 작품(약 29%)이 위치하고 있어 가장 많은 작품이 분포되어 있었고, 다음으로 그의 고향인 위스콘신 주에 약 46개 작품(약 12%)이 분포되어 있어 이 두 개의 주에 약 40% 이상의 작품이 위치하고 있다. 본 책에서는 라이트 작품이 가장 많이 분포되어 있는 3개 주 - 위스콘신 주, 일리노이 주, 미시건 주 - 를 중심으로 그의 작품을 순례하고 설명하였다. 라이트는 20세가 되던 해부터 조셉 리만 실스비(Joseph Lyman Silsbee) 사무실에서 건축을 시작하여 93세로 사망할 때까지 약 70여 년간에 약 1,100여 작품에 달하는 많은 작품을 설계했고 실제적으로 시공된 작품은 약 500여 작품에 달하지만 철거된 것 등을 제외하면 현재 약 400여 작품이 남아 있다. 그는 종교건축, 박물관, 오피스건물, 대학교 캠퍼스(Florida Southern Collage Campus) 등 일반 건축물도 설계했지만 대부분 그의 작품들은 주택작품이라 할 수 있다. 현재 그의 작품 중 일부분은 프랭크 로이드 라이트 재단에서 관리되는 것도 있지만 나머지 대부분의 주택 작품은 일반인들의 사유재산으로 귀속되어 있어 개인에 의해 관리되고 있다. 특히 놀라운 것은 많은 그의 초기 주택작품들은 대부분 목조로 시공된 주택이지만 100년이 넘은 현재까지도 사람이 생활하기에 아무런 불편함이 없이 사용되고 있다는 것은 아직까지 그의 영향력이 건재함을 보여주는 듯했다. 반면에 우리나라와 같이 나무보다 단단하다고 생각하는 콘크리트로 지은 공동주택을 20년이 지났다는 이유에서 모든 것을 철거하고 재개발하는 건설행위는 다시 한 번 더 되돌아 봐야 할 것 같다.

Ⅱ. 초기 주택과 프레리 주택

1. 오크 파크(Oak Park) 지역의 라이트 건축

1) 오크 파크 지역의 개요

오크 파크와 리버 포레스트(River Forest)는 일리노이 주의 시카고 다운타운에서 동쪽으로 약 8mile (약 13km) 정도 떨어진 거리에 위치하며, 쿡 카운티(Cook County)[1]에 속하는 교외지역이다. 두 지역은 서로 인접하고 있으며 라이트의 초기 주택 작품이 가장 많이 남아 있는 지역이며 시카고의 대중교통인 전철을 이용하면 쉽게 찾을 수 있는 곳이기도 하다.

또한 이 두 지역은 라이트의 작품들이 세계적으로 알려지면서 최근 들어 여러 나라에서 많은 방문객들이 찾아오는 곳이기도 하다. 이 지역에는 라이트 외에 동료이면서 프레리(Prairie)학파의 건축가인 George W. Maher, Thomas Tallmadge, John S. Van Bergen, 그리고 Vernon Spencer Watson 등 다른 건축가들의 주택 작품들도 현존하고 있다. 한마디로 이 곳은 거대한 건축 박람회장과 같은 곳이다.

특히 오크 파크 지역의 시카고 에비뉴(Chicago Ave.)와 포레스트 에비뉴(Forest Ave.)에서 온타리오 스트리트(Ontario St.)까지 라이트의 작품이 집중되어 위치하고 있기 때문에 이 지역을 라이트와 프레리 건축학파의 건축 특구로 지정되어 보전되고 있다. 그러나 대부분 주택들이 현재까지 개인적인 주거공간으로 사용하고 있기 때문에 실내공간을 보지 못하고 외관 형태만 볼 수 있어 조금은 아쉬움이 생기지만 짧은 시간에 많은 훌륭한 주택 작품을 감상할 수 있는 곳이기도 하다. 또한 라이트의 주택 작품 외에 포레스트 에비뉴(Forest Ave.)와 만나는 레이크 스트리트(Lake St.)에는 라이트의 유명한 종교 건축물이자 세계 최초의 콘크리트 단일 건물인 유니티 교회(Unity Temple, 1905, 종교건축)도 직접 감상할 수 있는 곳이다.

이 교회는 당시 교회의 전형적인 고딕형식 전통에서 벗어나 새로운 사회와 신학을 접목시킨 혁신적인 교회 건축물이었다. 사실 고딕의 전통에서 완전히 벗어나 새로운 교회건축

1) 미국의 행정단위는 시티(City) → 카운티(County) → 주(State) → 미연방(U.S.A)으로 이루어져 있다.

이 나타나기 시작한 것은 1차 세계대전 이후인 1920년대부터 이었지만 라이트는 그보다 훨씬 전에, 아직은 교회건축이 고딕의 영향에서 벗어나지 못하고 있을 때, 이미 과거와 전혀 다른 새로운 개념의 유니티 교회를 완성함으로써 세계를 놀라게 하였다. 특히 이 교회가 하늘을 찌르는 듯한 종탑 등과 같은 고딕양식의 건축 구성 요소를 배제하였다는 것은 당시로서는 생각할 수 없었던 일이었다. 이와 관련하여 라이트는 다음과 같이 이야기를 했다고 한다.

'한 성직자가 하느님을 너무 보고 싶어 한 나머지 높은 산을 계속 걸어 올라갔다. 산꼭대기에 이른 후 가장 높은 나무 꼭대기까지 타고 올라갔다. 그는 수척하고 피곤에 젖어 땀이 흐르는 얼굴을 하늘 높이 쳐들고 소리쳤다. "주여" 그러나 한 목소리가 들려왔는데 "어서 내려가라, 어서 돌아가라"는 것이었다. 정말로 하느님의 얼굴을 보고자 하는가? 그렇다면 그 분의 신자들이 살고 있는 저 아래로 다시 내려가라. 그곳에서 비로소 하느님의 얼굴을 볼 수 있을 것이다. 교회의 첨탑은 그분을 보기 위해 산꼭대기까지 올라간 그 성직자를 너무 닮지 않았는가? 그 첨탑은 뭔가 잘못된 상징이 아닌가? 순수한 감정을 왜곡시키는 감상주의가 아닌가? 그렇다면 하느님을 위한 신전 – 이성적이라기보다는 감상에 불과한 생각 – 보다는 신자들을 위한 교회를 짓는 것이 좋지 않을까? 신자들이 편안하게 모여서 하느님을 위한 인간 자신을 연구하는 공간을 만드는 것이 더 유익하지 않을까? 현대적인 만남의 장소이면서 오락실의 역할도 하는 그런 공간을 …'

그리고 많은 시공업자들이 이 교회 시공을 거절했지만 – 당시로서 건물 전체를 철근콘크리트로 시공한다는 것은 처음 시도되는 공법이었기 때문(1961년 석회모르타르로 마감 처리함) – 뮬러라는 시공업자를 만나게 된다. 뮬러는 다른 시공업자와 달리 유니티 교회의 시공을 잘 마무리했을 뿐 아니라 라이트의 아이디어를 도면대로 잘 구현해 주었다. 이후 뮬러는 라이트와 많은 공사를 같이 하게 된다. 특히 교회의 내부 디자인 기법은 네덜란드의 데 스틸(De Stijl)예술 운동[2]에 대단히 중요한 의미를 부여했던 작품이기도 하다.

이 작품은 라이트의 다른 주택들과 달리 예배시간을 제외하고 일정한 요금만 내면 직접 내부를 둘러보고 사진도 자유롭게 촬영할 수 있다.

---

2) 테 스틸 (네덜란드어, 네덜란드어로 '양식' 이라는 의미) : 신조형주의로도 불리며, 1917년 시작한 네덜란드의 예술 운동이다. 좁은 의미에서 'De Stijl' 이라는 단어는 1917년에서 1931년 네덜란드에서 만들어진 작품들의 모임을 가리키기도 한다. 이 모임의 작품들의 기초를 이루는 예술철학은 '신조형주의'(혹은 네덜란드어 Nieuwe Beelding)로 알려져 있다.

01

02

03

04

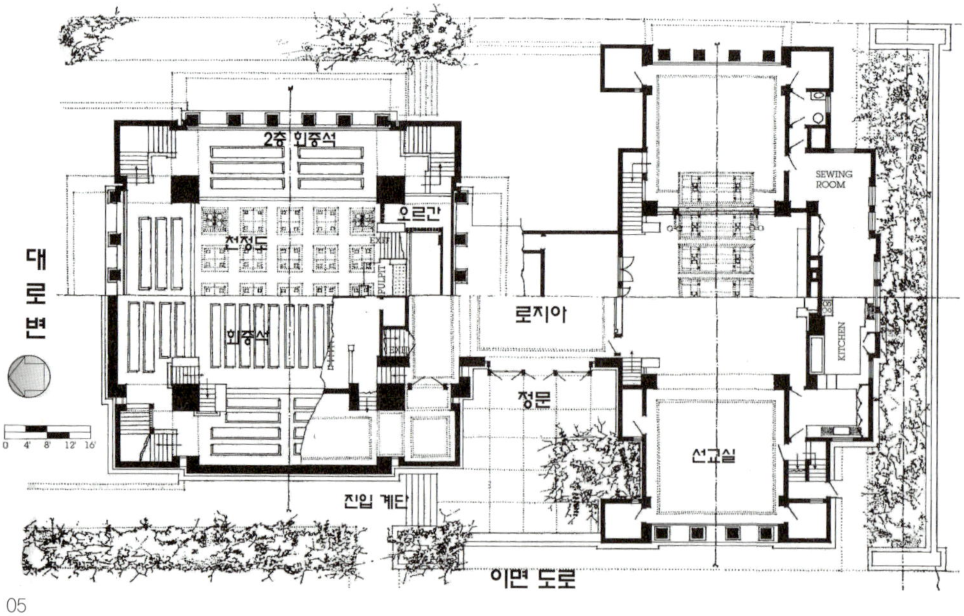
2층 회중석
오르간
천정등
EXIT
PULPIT
회중석
로지아
정문
선교실
SEWING ROOM
KITCHEN
진입 계단
이면 도로
대로변
0 4' 8' 12' 16'
05

01 _ 1층 예배공간의 좌측을 바라본 모습
02 _ 1층 예배공간에서 제단부분을 바라본 모습
03 _ Unity Temple의 이면도로 서쪽 파사드 부분으로 중간의 높은 부분이 제단 공간이다.
04 _ 북쪽의 대로변에서 바라본 모습 – 대로변의 소음 등을 막기 위해 열린(창문 등) 공간을 최소화하였다.
05 _ 유니티 교회의 평면도 – 중앙에 로지아를 두어 성격이 다른 좌 · 우로 공간을 구분하고 있다.
06 _ 천정에서 내려온 전등의 모습

리버 포레스트(River Forest)는 1880년, 오크 파크(Oak Park)는 1902년부터 어느 정도 마을이 형성되면서 서서히 인구가 유입되었고 이로 인하여 그 곳에서 이미 작업실을 운영하고 있었던 라이트로서는 많은 설계를 할 수 있는 기회를 얻을 수 있었던 곳이기도 하다. 이로 인하여 이 지역에는 라이트의 초기 주택이 많이 분포되어 있을 뿐 아니라 지금은 주변의 울창한 나무들로 인하여 산책 겸 쉬엄쉬엄 다니면서 주변의 다른 건축가의 주택 작품들과 같이 감상하기 좋은 코스이다.

특히 이 지역에는 라이트가 루이스 설리반(Louis Sullivan: 1856~1924)사무실에서 독립하면서 처음 자리를 잡고 작품 활동을 시작한 주택 겸 스튜디오도 – 주택 겸 스튜디오 내부에 있는 기념품 판매점에서 요금을 지불하고 일정한 시간대에 예약하고 기다리면 된다. 기다리는 동안 기념품 판매점에서 오크 파크와 리버 포레스트 지역의 주택 안내지도를 구입하고 주변의 주택을 구경한 후, 예약 시간대에 안내원에 따라 약 1시간 정도 설명과 함께 주택 내부를 둘러보면 된다. – 이 지역에서 일반인에게 공개된 유일한 작품이기 때문에 매일 많은 관광객들이 붐빈다.

01

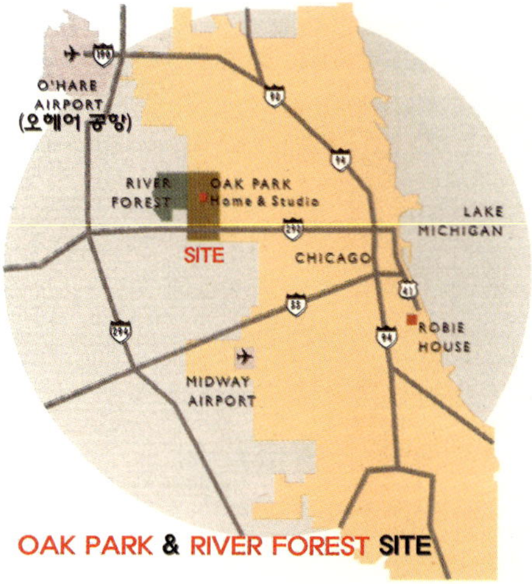

02

03

04

05

06

07

01 _ 오크파크와 리버포레스트 위치도
02 _ 오크 파크: 라이트 특구를 알리는 안내판
03 _ 포레스트 도로 표지판과 라이트 역사지구를 알리는 안내판
04 _ 오크 파크의 포레스트 에비뉴(Forest Ave.) 북쪽(라이트 작업실)에서 서쪽으로 바라본 모습으로 오른쪽의 노란 벽이 보이는 주택은 네이선 무어 주택(Nathan G. Moore House, 1895)이다.
05 _ 리버 포레스트로 들어가는 Edward C. Waller Gate로 라이트가 Edward C. Waller를 위하여 계획한 것이지만 지금의 모습은 1980년대에 리노베이션한 것이다.
06 _ 아래 오크 파크 지도 포레스트 거리에서 13번 – 오크 파크 내에 프랭크 토마스 주택과 마주보는 삼거리 모서리에 위치하고 있는 프랭크 로이드 라이트의 머리 부분을 만든 조각상의 모습 (오크 파크 배치도 13번)
07 _ 오크파크의 스코빌러 공원 분수(Scoville Park Fountain, 1903) 라이트와 리차드 보크(Richard Bock)과 같이 작업한 것이지만 오리지널 작품은 없어지고 현재의 모습은 복원된 것이다.

2) 오크 파크 지역 내의 라이트 주택 작품들

• 여기에 표기된 주택 외에도 오크파크 내에는 라이트의 작품이 많이 분포되어 있다.

• 오크 파크 지역 중에 시카고 대로와 포레스터 대로에 접해 있는 라이트의 주택 작품들의 위치

1. F.L.W House & Studio(1889/1898)
2. William H. Copeland (1883/1909)
3. Arthur B. Heurtley (1902)
4. Laura Gale House–Oak Park (1909)
5. Peter A. Beachy (1906)
6. Frank W. Thomas (1901)
7. Walter H. Gale (1893)
8. Thomas H. Gale (1892)
9. Robert P. Parker (1892)
10. Francis J. Woolley (1893)
11. Nathan G. Moore (1895/1923)
12. Edward R. Hills (1900/1906)
13. Frank Lloyd Wright 조각상

위의 지도는 오크파크 지역의 일부로서 동서를 가로지르는 시카고 대로와 남북을 가로지르는 포레스트 대로에 접하여 위치하고 있는 지역 내에 라이트 주택 작품을 표시한 것으로 이 지역 외에도 오크파크 지역에는 라이트 작품들이 많이 분포되어 있다. 여기에 소개된 주택들은 라이트의 초기 스튜디오 시절에 지어진 것이 대부분이며 지어진 년도에서

도 알 수 있듯이 라이트의 초기 주택 작품으로 몇몇 작품을 제외하고는 대부분 당시에 유행한 주택 스타일(콜로니얼, 빅토리안, 퀸 앤 스타일 등)의 영향을 받아 절충적으로 설계된 것으로 우리에게 익숙한 라이트 스타일의 작품은 아니다. 이는 라이트가 설계를 시작한지 몇 년 되지 않아 건축설계에 대한 다양한 경험도 없었을 뿐 아니라 자신만의 스타일을 형성하기 위한 과정의 작품들이기 때문에 몇몇 작품을 제외하고는 그의 건축 스타일인 프레리, 유소니언과 같은 주택의 건축적 구성요소를 찾아보기는 힘들다. 그러나 이러한 작품 활동에서 자신만의 스타일을 찾아가고 있음을 느낄 수 있었다.

오크 파크에 있는 모든 작품을 소개하지 못하고 이들 작품 중에 몇몇 작품만 상세히 소개(위성사진에서 1, 3, 6, 11번)하게 된 것이 조금 아쉽게 생각한다. 나머지 초기 작품들은 간단하게 소개하기로 하겠다.

(1) 위치도 2번 : 윌리암 H. 코퍼랜드(William H. Copeland, 1883/1909)

- 위치 : 400 Forest Ave. Oak Park

• 전면도로에서 바라본 모습

• 측면의 모습

이 주택은 포레스트 에비뉴에 위치하고 있다. 현재 주택에는 거주자가 생활하고 있으며, 1875년 맨 처음 거주자인 코퍼랜드가 박스 형태로 자신이 직접 나무로 지었다고 한다. 그 후 1908년에 주택의 창고를 증축하기 위하여 같은 지역에 살고 있는 라이트를 찾아가게 되면서 다음 해인 1909년 라이트에 의해 본채 일부와 실내공간을 리모델링하게된 주택이라고 한다. 1909년이면 라이트가 프레리 주택의 절정기에 이르는 시기이다. 그러나 이 주택은 초기 주택 형태를 유지하면서 라이트가 리모델링한 주택이므로 1909년 프레리 스타일 절정기에서 볼 수 없는 여러 건축 구성요소들을 볼 수 있는 주택이다. 이와 같이 오크 파크에는 라이트가 직접 주택을 설계한 것도 있지만 기존의 주택을 리모델링한 주택들도 많이 있다.

주택은 전면도로 레벨보다 조금 높은 곳에 위치하고 있으며 전체적인 주택 형태는 현관 앞에 포치의 지붕을 지지하기 위하여 고대 그리스 신전 등에서 볼 수 있는 엔타시스 기둥을 세우는 등 당시 유행하고 있었던 콜로니얼 스타일의 주택형태로 보인다. 지붕에는 라이트가 1900년 이후에 잘 사용하지 않았던 지붕면에 설치된 창이 보이고 초기에는 지붕 높이가 현재보다 훨씬 높았지만 라이트가 리모델링하면서 지붕 높이를 낮추었다고 한다. 이는 아마도 맨 처음 코퍼랜드가 만들어 놓은 상태인 것으로 추측된다. 그리고 베이 창문도 대칭적으로 오른쪽에도 있었지만 현재는 한 쪽이 철거되고 일반 창문으로 대체된 상태이다.

전체적으로 지붕내부의 다락방까지 3층으로 구성되어 있다. 1층에서 진입은 전면의 넓은 포치를 통하여 이루어지며 평면의 중앙에 위치한 주출입구를 통하여 진입하게 된다. 평면구성은 중앙부에 계단실이 위치하고 있기 때문에 라이트의 설계방식대로 평면 중앙부에 벽난로가 위치하지 않았고 – 기존 주택을 리노베이션했기에 – 좌측 벽에 면하여 위치하고 있다. 전체적인 형태나 건축 구성요소에서 성숙된 라이트의 건축적 어휘가 보이지 않기 때문에 포레스트 거리를 지나가면서 주의를 기울이지 않으면 스쳐지나갈 수 있는 주택이기도 하다. 솔직히 필자도 2번이나 방문하면서 이 주택이 라이트 작품이라는 것에 의아심을 가졌으니 말이다.

(2) 위치도 4번 : 로라 게일 주택(Laura Gale House, 1909)

– 위치 : 6 Elizabeth Court Oak Park

• 전면도로에서 바라본 모습

• 후면의 모습

로라 게일 주택은 오크 파크 주택 배치도에서도 알 수 있듯이 포레스트 에비뉴 도로변에 위치하지 않고 5번 Peter A. Beachy(1906)주택을 끼고 동쪽으로 연결되는 이면도로로 조금 걸어 들어가야 볼 수 있는 주택이다. 필자 역시 두 번째 오크 파크 방문 때까지도 보지 못했고, 3번째 방문 때 찾아간 주택이다.

이 주택은 라이트가 오크 파크에 정착하게 되면서 오크 파크 지역에 마을을 만들기 시작한 토마스 게일과 로라 남편과는 여러 해 동안 잘 알고 지내는 사이였다. 그래서 토마스가 라이트에게 주택(Thomas H. Gale, 1892)을 의뢰하여 설계하게 되었고 1907년 3월에 사망한 후 로라 역시 라이트에게 설계를 의뢰하게 되면서 지어진 주택이다.

외형적인 특징은 오크 파크에 있는 다른 주택들과 달리 평지붕으로 라이트의 특유의 발코니와 진한 아이보리 플라스터 색깔, 밴드식으로 연속되는 창문 등 프레리 스타일의 건축 구성을 보여주고 있다는 것이다. 언뜻 보기에는 정면에서 대칭성을 느낄 수 있지만 미묘하게 비대칭적인 입면으로 구성되어 있다. 방문 당시에는 아무도 거주하지 않아 1층 부분의 거실 앞 테라스 난간을 뛰어넘어 내부를 보기도 했다. 솔직히 가슴 한 구석에서 밀려올라오는 건축에 대한 열정 때문이라고나 할까(?) 아무튼 주변에 라이트 건축 탐방객들이 필자의 행동을 보고 조금은 눈살을 찌푸리는 느낌을 받아 행동을 자제했지만 …, 전면도로에서 바라본 2층의 캔틸레버 방식으로 계획된 발코니의 경우, 일부 건축가들은, 30년 뒤에 불후의 명작으로 인정되고 있는 라이트가 낙수장의 길게 뻗은 캔틸레버 발코니의 전신이라고 평가했을 정도로 당시의 주택구조로서는 실험적 작품이라 평가하고 있다. 형태적인 면 등에서 주변의 다른 주택들 - 대부분 박공지붕 - 과 확연히 차별화된 수평적인 구성요소가 강한 건축이라 할 수 있다. 그리고 프레리 주택[3] 서적에서는 1905년에 지어진 유니티 교회의 주택 버전이라고 평가하기도 한다.

당시 라이트 자신은 이 주택을 시공할 때 인근에 위치한 유니티 교회에 사용한 콘크리트를 좀 더 과감하게 채용하여 설계하고 싶었지만, 실제적으로 목재를 사용하여 시공하였다. 평면 형태는 장방형이며 규모는 2층으로 1층에는 거실과 식당으로 구성되어 있고 식당과 거실 사이에 벽난로가 위치하고 있으며, 2층에 도우미 침실까지 합하여 5개의 침실과 화장실로 구성되어 있다.

그리고 『In the Nature of Materials: The Buildings of Frank Lloyd Wright, 1887

3) Frank Lloyd Wright Prairie House, Photographs by Alan Weintraub(Text by Alan Hess), Rizzoli International Publications, Inc. p.17

~1941』책에서는 "규모면에서는 작지만 라이트의 걸작이다. … 20세기 초 라이트가 설계한 작품 중에 유럽 사람들이 가장 영감을 많이 받은 작품이다."라고 소개할 정도로 형태적인 측면 등에서 당시로는 획기적인 작품이기도 했다.

(3) 위치도 5번 : 피터 A. 비치 주택(Peter A. Beachy-Oak Park, 1906)

- 위치 : 238 N. Forest Ave. Oak Park

• 전면도로에서 바라본 모습 – 주 출입구가 보이지 않는다.

• 사진의 좌측에 돌출된 박공지붕이 주 출입구이다.

이 주택은 비록 박공지붕으로 이루어졌지만 형태적으로 오크 파크 주변의 주택들과 확연히 다른 형태를 가지고 있고 또한 전면도로에서 넓은 잔디밭 뒤로 깔끔하게 단정된 모습을 하고 있었기 때문에 길을 가던 사람들도 한번쯤은 고개를 돌려 볼만한 주택이다.

주택의 형태는 이보다 먼저 지어진 스프링 그린(위스콘신)의 도나 토마스(Dona- Thomas, 1902) 주택과 다소 비슷하게 설계되었다. 필자가 방문할 당시(2011. 5) 외형적으로 주변에 잘 정리된 잔디밭과 어울려 안내 지도에 나온 것처럼 100년 이상된 주택으로는 도저히 믿어지지 않을 정도로 너무나 깔끔했다. 그리고 2층의 노란색 외장재와 1층의 주재료인 붉은 벽돌이 주택 전체를 든든히 받치고 있는 것과 더불어 잔디와 나무의 초록색과 노란색, 붉은색의 조화는 주택을 더욱더 깔끔하게 느껴지게 만들었다.

그러나 이렇게 깔끔하게 단장된 외형은 1990년에 화재의 피해로 파괴된 주택을 다시 복원한 것이었다. 외형의 형태에서 전체적으로 풍기는 굵은 직선적인 이미지가 흡사 고딕적인 이미지도 가미된 듯 보이기도 했다. 주택 정면에는 주 출입구가 없고 정면의 우측(보는 사람 기준)에 박공지붕이 덮인 포치 형식으로 돌출되어 있는 곳에 위치하고 있다.

저층 외관에는 붉은 벽돌을 사용하여 전체적으로 안정적인 느낌을 주고 있다. 비록 복원된 주택이라고는 하지만 이 주택에서 프레리 주택의 전형적인 건축구성 요소들이 곳곳에 눈에 들어온다. 대표적인 것으로 눈에 확 들어오는 창문 아래의 두꺼운 시멘트 상 · 하인방, 낮은 담장 위 끝부분을 시멘트로 마감한 두겁돌(copping) 등이다. 이와 같은 구성요소는 절제된 묵직한 수직적(벽돌) 구성요소인 기둥과 상호 균형을 이루면서 조화되고 있다.

지붕의 형태는 이전에 볼 수 없었던 꺾인 박공지붕으로 이전의 것보다 지붕의 높이가 많이 낮아졌기 때문에 지붕의 다락방에 설치된 지붕창이 없어지고 2층의 돌출창으로 인하여 수평적으로 이어지는 지붕의 처마선이 변형되어 나타나고 있다. 평면은 2층으로 1층에는 주로 공용 공간(거실, 부엌, 식당 등)으로 구성되어 있고 2층에는 사적 공간인 4개의 침실로 구성되어 있다. 이렇게 공적 공간과 사적 공간을 층별로 구분하는 계획방식은 대부분의 라이트 주택에 적용되고 있다.

(4) 위치도 7, 8, 9번 :

⑦ 월트 H. 게일(Walter M. Gale, 1893)
 - 위치 : 1031 Chicago Ave. Oak Park

⑧ 토마스 H. 게일(Thomas H. Gale, 1892)
 - 위치 : 1027 Chicago Ave. Oak Park

• 전면도로에서 바라본 모습

• 전면도로에서 바라본 모습

⑨ 로버트 P. 파커(Robert P. Parker-Oak Park, 1892)
- 위치 : 1019 Chicago Ave. Oak Park

• 전면도로에서 바라본 모습

• 정면부 현관의 모습

게일(Gale) 집안은 유럽에서 1837년에 시카고로 이주해왔고, 오크 파크에서 뛰어난 가문을 자랑하는 가족들로 오크 파크를 만들기 시작한 가족들이라 할 수 있다. 월트 H. 게일(Walter H. Gale)과 토마스 H. 게일(Thomas H. Gale)은 형제이고 그의 아버지는 에드윈 오스카 게일(Edwin Oscar Gale)이다. 토마스 게일 주택은 라이트의 의도된 디자인에 의해 설계되었다기보다, 부동산업자, 개발자, 투자자 등의 취향에 따라 당시 유럽에서 유행하고 있었던 가파른 지붕 등의 특징을 가지고 있는 퀸 앤 스타일(Queen Anne Style)로 지어졌다. 9번의 로버트 P. 파커 역시 거의 동일한 양식으로 설계되었다.

월트 H. 게일 (Walter M. Gale)은 라이트와 교회에서 만난 친구이기도 했다. 월트 게일 주택의 경우에는 1983년 라이트가 설리반과 5년 계약이 파기되고 처음으로 자신의 사무실을 오픈했을 때 설계한 건물 중 하나이지만 원래 이 주택은 솔론 벌만(Solon S. Berman)에 의해 디자인된 최초 주택의 기초 위에 세워진 것이다. 이 주택 외관의 특징은 이후 라이트 건축의 특징이 되는 숨겨진 현관(출입구)이 이 주택에서 실험되었다. 그리고 라이트 주택에서 자주 볼 수 있는 지붕이 덮여 있는 포치 대신에 오픈된 방식으로 주택 전면에 포치가 위치하고 있는 것 또한 눈 여겨볼 만하다. 뿐만 아니라 원형, 직사각형 등 다양한 매스들이 상호작용하고, 퀸 앤 스타일의 박공지붕 안에는 팔라디오 스타일의 창문이 설치되어 있다. 그렇지만 원형타워 2층의 연속되는 창문이라든지 좁고 긴 지붕창 - 1900이후에는 거의 사용하지 않음 - 등 자신만의 건축 구성요소들을 사용하고 있었다.

토마스 게일은 대지의 일부분을 1860년 벌몬트 출신의 변호사이면서 1863년 그의 가족과 함께 시카고로 이사 오게된 로버트 P. 파커(Robert P. Parker)에게 매도하게 되면서 그곳에 그의 주택을 지은 것이다.

3개 주택 모두 당시에 유행한 퀸 앤 스타일의 주택으로 모두 1층까지 연장되는 과도한 지붕과 그리고 가파른 지붕 내부의 공간을 이용한 다락방 설치 등은 1900년 이후 라이트 건축에서 볼 수 없는 건축 구성요소들이다. 토마스 게일과 파커 주택은 매우 기하학적이며 대부분의 면이 넉넉한 창문으로 이루어지고 직선적인 요소가 많이 사용된 팔각형 베이가 디자인되어 있다.

월트 H. 게일, 로버트 P. 파커 2주택은 설리반 사무실에 있는 동안 설계한 것이고 월트 H. 게일은 자신의 사무실을 오픈한 후 설계한 것이다.

(5) 위치도 10번 : 프랜시스 J. 울레이(Francis J. Woolley, 1893)

- 위치 : 1019 Chicago Ave. Oak Park

• 전면도로에서 바라본 모습

• 측면의 모습

필자는 오크 파크 지역에 위치한 주택 안내 지도를 라이트의 주택 겸 스튜디오에 부속되어 있는 기념품 가게에서 구입했다. 안내지도 크기는 A2 크기(A3 용지 크기를 2장 붙인 사이즈)였으며 당시(2011. 5) 기준으로 $3.95(당시 환율로 4,500원)를 주고 구입하여 주변을 돌아다녔다. 그러나 조금 시간이 흐르고 난 후에는 지도 보는 것마저 귀찮아 이리 저리 돌아다니면서, 주변 주택들과 조금 다른 형태인 것처럼 느껴지면 그때야 지도를 체크하는 정도였다. 이 주택의 경우 필자가 유심히 보게 된 이유는 정면 출입구 부분의 계단 양쪽에 놓인 둥근 화분때문이었다. 라이트의 전형적인 프레리 주택을 상징하기도 하는 넓게 퍼진 둥근 화분과는 형태적으로 차이는 있었지만 나름 라이트 주택이라고 외치고 있는 듯 했다.

이 주택은 파커 주택(위치도 ⑨번)의 뒷마당과 등지고 있는 대지에 위치하고 있으며 당시에 유행하고 있었던 퀸 앤 스타일의 주택이다. 전체적인 외형은 토마스 H. 게일(Thomas H. Gale, 1892), 로버트 P. 파커(Robert P. Parker-Oak Park, 1892)의 형태를 응용한 것 – 두 주택의 코너 타워 베이가 별도의 매스(mass)로 이루어지지 않고, 지붕 아래 하나의 매스(타워베이가 아닌 베이윈도로 처리)로 처리되고 있다. – 그리고 이후 주택의 설계 방향에 대한 암시를 보여주는 주택이라고 평가되고 있다.

맨 처음 주택이 지어졌을 때에는 외벽이 통나무 사이딩과 아스팔트 쉉글로 마감 처리되었으나 1987년 주택 구조의 복원과 함께 비닐 사이딩으로 교체되었다. 현관 입구 계단 양쪽에는 라이트 특유의 건축적 구성요소인 둥근 화분이 있다. 그리고 급한 경사 지붕에 다락방 유리창이 계획되어 있다. 1900년 이후 라이트의 건축 스타일이 프레리 스타일로 변화하면서 지붕의 높이가 낮아지기 이전의 모습이다. 이 주택 입면에서도 2층 창문틀 아래까지 다른 색깔로 외벽을 처리하여 목조 띠를 돌렸을 뿐 아니라 출입구 계단높이만큼 지상에서 올라간 상태였기 때문에 1층 부분이 조금은 과장된 듯한 느낌을 주고 있었다. 그리고 프레리 스타일의 연속된 창문 등은 볼 수 없고 조금 크다고 생각되는 오르내림창은 옛것 그대로이지만 라이트에 의해 최초의 디자인된 인테리어는 거의 사라진 상태라고 한다. 전체 규모는 다락방까지 3층 규모이며 1층은 동시대의 다른 주택들과 동일하게 부엌, 식당, 거실, 접객실 등으로 이루어졌고 2, 3층은 침실로 구성되어 있다.

여기서 잠깐, 우리나라 전원주택에 가장 많이 사용하는 외벽재료 사이딩은 18세기 미국에서는 벽돌벽보다 더 많이 사용된 가장 일반적인 외장재로서 3세기 이상 지속적으로 사용되고 있다. 이런 방식은 당시 영국에서 장식없는 농가에서만 사용되어 왔지만, 미국에서는 18~19세기에 오두막집에서부터 주택, 교회당 등 거의 모든 건축물에 건축재료로 사용했던 시기이기도 하다.

(6) 위치도 12번 : 에드워드 R. 힐즈(Edward R. Hills-Oak Park, 1900/1906)

– 위치 : 313 Forest. Oak Park

• 전면도로 우측에서 바라본 모습

• 전면도로 좌측에서 바라본 모습 – 우측에 네이션 주택이 보인다.

원래 이 주택의 위치는 뒤에 자세히 설명할 네이션 G. 모어 주택의 뒷 정원이었다. 네이션 G. 모어는 그의 딸 Mary와 그의 사위가 될 변호사 Edward R. Hills에게 결혼 선물로 이 주택을 짓게 되었다. 그리고 45년 동안 이 주택에서 살았다고 한다. 그 후 두 번의 주인이 바뀌었고 1975년에 톰(Tom)과 디카로(Irene DeCaro)가 구입하여 리모델링하게 되면서 지역에서는 Hills-DeCaro 주택으로 알려져 있다.

1년 후인 1976년 1월 3일 디카로가 오래된 칠을 제거하고 재단장을 하는 도중 휘발성에 발화되어 피터 A. 비치 주택처럼 1976년 화재로 인하여 전소되었지만 디카로가 라이트의 초기 주택 형태로 복구를 원하여 다음 해인 1977년에 복원을 완료한 주택이다.

복원을 주도한 한 건축가는 John D. Tilton이며 최초 디자인된 것으로 최대한 복원하려 했으나 일부 모르타르 등이 파괴되는 등 어려움도 많이 있었다고 한다. 전체적인 주택 규모는 외형상 2층이지만 지붕 내에 침실이 하나 더 구성되어 있어 총 3층의 규모로 이루어져 있다. 2층 창틀아래는 목재로 띠돌림을 함으로써 1층의 높이가 조금 과장된 듯한 느낌을 주는데 이런 방식의 입면 구성은 당시 라이트가 설계한 윈슬로나 허슬레이 주택 등에서도 볼 수 있다. 주출입구는 북서쪽(전면도로 방향)에 포치 형식으로 이루어져 있고 1층에는 다른 주택들과 같이 공용 공간(거실, 부엌, 식당 등)으로 구성되어 있으며, 2층에는 서재, 침실 2개, 3층 침실 1개로 구성되어 있다. 1977년 리모델링하여 지역 AIA 단체로부터 Orchid Award를 수상하기도 했으며, 오크 파크 랜드마크 위원회에서 Edward R. Hills 주택보다 Hills-DeCaro 주택으로 명칭을 변경하기로 했다.

3) 오크 파크 지역 내의 라이트 주택 작품 경향

여기에 소개된 주택 외에도 오크 파크 내에는 많은 라이트 주택이 다수 위치하고 있으며 또한 프레리 학파 건축가들의 다른 주택 건축들도 많이 분포되어 있다. 한마디로 말하면 오크 파크 지역과 인접한 리버 포레스트 지역은 라이트 주택 건축의 전시장이라 할 수 있을 정도로 다양한 시대적 주택들이 위치하고 있다.

오크 파크 내에 위치하고 있는 라이트의 몇몇 주택들을 외형적으로 살펴보면 라이트의 초기 주택에서는 당시에 유행하고 있는 콜로니얼, 빅토리안, 퀸 앤 스타일 등 유럽대륙에서 유행하고 있는 스타일 – 높은 지붕, 지붕위의 창, 정문 앞의 기둥 열주 등 – 을 보여 주고 있는 듯 했다. 이는 당시 라이트가 건축에 입문한 지 얼마 되지 않은 초년생이었을 뿐 아니라 자기 스스로 처음 스튜디오를 운영하게 되면서 생활을 위한 경제적인 여건을 생각해야 하는 상황이었기 때문에 건축적 경험이 적고 이름이 그리 알려진 건축가가 아닌 라이트로서는 자신의 스타일만을 고집할 수 없었을 것이다. 솔직히 당시에는 파격적인 스타일인 리버 포레스트에 위치한 윈슬로 주택을 지으면서 그의 주택 건축의 새로운 장이 열렸다고는 하지만, 윈슬로 주택 역시 당시로는 받아들일 수 없었던 형태였고 일반 건축가뿐 아니라 주변 사람으로부터 많은 비판 –그만큼 당시에 관심이 쏠리는 작품이었음을 의미한다. – 을 받기도 했다.

위에서 살펴본 몇몇의 오크 파크 내의 주택을 연도 별로 살펴보면 1900년 이전의 것과 이후의 것이 형태적으로 확연한 차이가 있음을 알 수 있다. 1900년 이전의 주택들에서는 라이트 특유 디자인 구성요소들보다 당시 미국에서 유행하고 있었던 콜로니얼, 빅토리안 스타일(퀸 앤 스타일 등)[4]과 같은 스타일에서에서 벗어나지 못했음을 알 수 있다. 반면에 1900년 이후의 주택의 형태를 보면 이전에는 볼 수 없었던 경사가 낮은 지붕과 평지붕 그리고 3~4개 이상 연속되는 창문 등 프레리 스타일에서만 볼 수 있는 디자인 구성요소들이 시험되고 있음을 알 수 있었다. 그리고 입면에서도 1층과 2층의 외벽 재료와 색깔을 다르게 사용함으로써 1층과 2층을 구분하고 있었고, 특히 1층의 층고 부분을 좀 더 과장되게 표현함으로써 전체적인 주택의 외형에서 1층 부분이 주택을 든든하게 받치고 있는 듯한 안정된 기단 역할을 하고 있는 느낌을 주고 있었다.

---

4) '3. 프랭크 로이드 라이트 건축의 위대한 시작' 의 설명 참조.

2. 라이트의 주택 겸 스튜디오 (Frank Lloyd Wright's Home and Studio)

- 위치 : 951 W. Chicago, Oak Park, Illinois(오크 파크 위치도 1번)
- 건립 : 1889년 ~ 1898년(3번의 증축 포함)

1) 라이트의 위대한 건축 세계가 시작된 곳

라이트는 미국 중북부의 위스콘신 주에서 태어났고, 위스콘신 대학교에서 토목 공부를 중도에 그만두고 시카고로 옮겨 실제적인 건축실무를 시작하게 된다. 그가 실스비 사무실을 거쳐 1887년 시카고에서 가장 유명 건축가인 루이스 설리반과 단크마르 아들러 사무소에서 오디토리움 빌딩 설계에 참여하면서 본격적인 라이트의 건축세계가 시작된다. 자신의 주택 겸 스튜디오는 설리반 사무실에서 독립하여 라이트가 1889년부터 1909년까지 20년간 주택과 작업실의 용도로 사용한 곳으로 약 70여년 라이트의 건축세계가 시작된 곳이기도 하다. 특히 이 작업실에서 이루어진 라이트의 초기 주택 작품들은 스튜디오가 위치하고 있는 오크 파크(Oak Park) 지역뿐 아니라 바로 인접한 리버 포레스트(River Forest)지역에서도 감상할 수 있다. 현재 라이트의 주택 겸 스튜디오는 1974년에 설립된 「프랭크 로이드 라이트의 주택과 스튜디오 재단」에 의해 관리되고 있으며, 국가적 역사유물(National Historic Landmark)로 국가재산으로 등록되어 관리되고 있다.

01 _ 스튜디오 앞에 '라이트 건축'이라고 새겨져 있는 석판
02 _ 국가지정 역사유물 건축물(National Historic Landmark)임을 알리는 동판과 라이트의 주택 겸 스튜디오라는 동판이 벽에 붙어 있다.

본 건물의 내부 공간은 라이트 자신의 주택과 작업실인 스튜디오의 내부 공간을 유기적으로 연결하여 설계한 것으로, 전체적인 공간은 크게 4개의 공간(주택, 놀이, 스튜디오, 창고)으로 나누어져 있다. 이런 구분은 증축에 따른 구분으로 1889년 착공되어 1895년 부엌, 식당, 침실이 1층에 증축되고, 2층에 자녀를 위한 놀이방 겸 넓은 공간이 증축되었다. 그리고 1898년 자신의 작업실 겸 스튜디오를 시카고 에비뉴(Chicago Avenue) 도로변과 접하여 서쪽방향으로 증축하였고, 1911년에는 자신의 주택 뒤쪽으로 창고가 증축되는 등 3번의 리노베이션을 거쳐 이루어진 작품이다. 그러나 이는 우리가 잘 알고 있는 라이트의 디자인 접근방식인 넓은 자연의 대지를 최대한 활용한 프레리 스타일(Prairie style)이라고 하기보다는 당시에 유행했던 싱글 스타일에 가깝다. 주택과 스튜디오 내부의 조명, 가구 등은 모두 라이트에 의해 직접 디자인된 것으로 라이트의 인테리어 디자인에 대한 다양한 시도가 이루어진 작품이기도 하다.

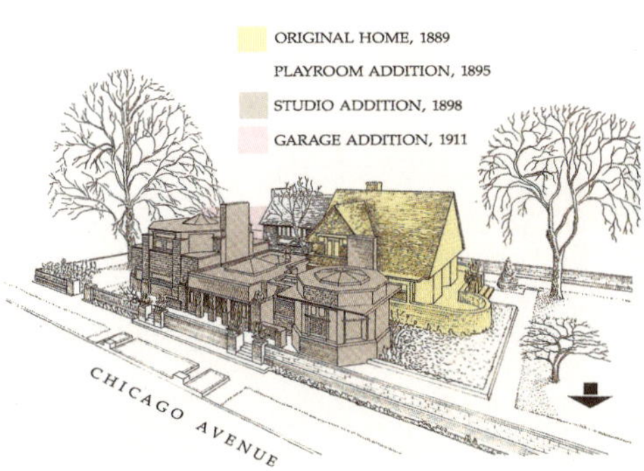

• 연도별 증축과 공간별 구분

• 주택과 스튜디오 입구 안내판과 시카고 에비뉴를 따라 길게 이어진 낮은 담장이 주택 겸 스튜디오의 영역을 확실히 구분시키고 있다.

2) 하나의 건물에 두 개의 공간

라이트의 주택 겸 스튜디오는 외관상 하나의 건물로 이루어져 있지만, 주택과 스튜디오 두 공간은 완전히 분리된 공간으로 계획되어 있다. 주택은 출입구를 기준으로 서향으로 배치되어 있으며, 작업실의 입구는 시카고 에비뉴의 간선도로 방향인 북향으로 계획되어 있다. 작업실의 출입구가 주택 출입구와 완전히 구분되어 있기때문에 굳이 주택을 통하지 않고도 작업실로 곧장 들어갈 수 있다. 주택 부지는 시카고 에비뉴와 연결되는 포레스트 에비뉴(Forest Avenue)에 면하고, 주택은 도로경계선에서 10m 이상 뒤로 물러서 자리하고 있으며, 주택 앞에는 넓은 정원이 자리잡고 있다. 이 정원을 가로질러 현관 앞의 테라스 공간의 우측 계단을 통하여 주택 출입구로 접근하도록 되어 있다. 작업실인 스튜디오와 주택의 동선은 완전히 분리되어 있었고, 시카고 에비뉴에 면한 작업실 정면에서는 주택의 분위기를 전혀 느낄 수 없다. 또한 주택의 정면에서도 작업실의 분위기를 전혀 느낄 수 없을 정도로 형태, 배치 그리고 사용재료의 구분으로 두 공간을 확실히 구분하고 있다. 이는 위성사진과 배치도에서도 스튜디오의 건물은 대부분 팔각형의 지붕으로 이루어진 반면(좌측)에 주택의 경우는 박공지붕으로 계획되어 있어(우측) 두 공간을 확연히 구분할 수 있다.

건축물 후면(동쪽)에는 세월의 흐름을 짐작할 수 있는 거목이 자리 잡고 있으며 이 나무의 그늘로 인하여 아늑한 분위기를 느낄 수 있는 후원 공간이 마련되어 있었다(배치도의 EAST). 이 후원 공간은 시카고 에비뉴에서도 진입할 수 있지만 대부분 포레스트 에비뉴에서 주택 우측 진입로를 통하여 주택건물의 동쪽 우측에 위치하고 있는 라이트의 기념품 가게에서 기념품과 방문티켓을 구매한 후 이 곳으로 진입하는 경우가 대부분이다. 이곳은 라이트의 주택 겸 스튜디오의 내부를 관람하기 전에 가이드로부터 건물에 관한 여러 이야기와 입장 전 주의 사항을 듣는 1차 모임 장소이기도 하다.

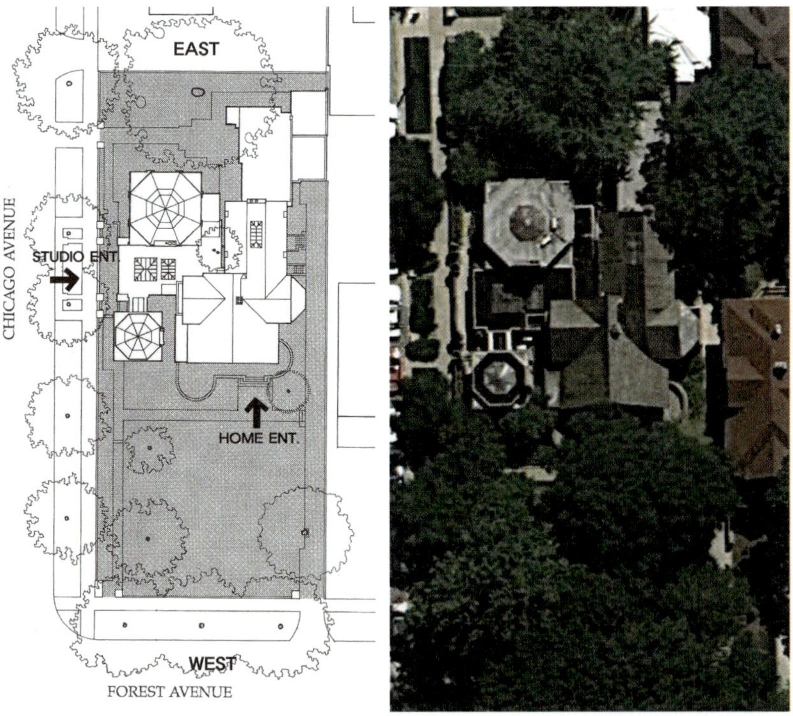

• 위성사진과 배치도(참조: 구글지도)

3) 신전과 주택이 합쳐진 공간

배치도에서는 다양한 지붕형태들이 조합되어 이루어져 있지만 지면상에서 주택의 외관은 다양한 지붕형태보다도 주택정면의 거대한 박공지붕과 뒷부분의 박공면이 먼저 시야에 들어온다. 간단히 설명하면 사각형 위에 삼각형을 얹어 놓은 듯한 가장 기본적이고 단순한 기하학적인 형태의 조합에 의해 이루어진 느낌을 준다. 주택외관의 색깔도 전체적으로 어둡게 칠해져 무게감이 있는 분위기가 느껴지고, 지상부에는 적벽돌을 사용한 이유에서인지 지반 위의 든든한 기단 위에 주택이 자리 잡고 있는 듯했다. 작업실의 외관은 적벽돌을 사용하였고 주택 외관은 목재 사이딩을 사용하여 작업실과 주택의 특성을 외관상으로도 확연히 구분시키고 있었다. 주택은 포레스트 에비뉴의 전면도로에서 10m이상 후퇴하여 자리하고 있음에도 불구하고, 주택의 전면부 테라스 부분에 적벽돌로 나지막한 담장을 쌓아 도로면의 개방된 공간에서 사적인 공간으로 진입하기 위한 완충적 공간을 만들어냄으로써 주택 내부의 개인적 공간을 보호하겠다는 의미가 담겨져 있는 듯 했다. 이는 포레스트 에비뉴에서 개방된 면과 달리, 시카고 에비뉴의 경계선에도 낮은 담장을 설치하여 주택의 영역을 명확히 구분하고 있는 것처럼 느껴졌다. 그리고 주택 남쪽부분의 2층 창문은 대부분의 라이트 주택 건축에서 자주 사용하고 있는 디자인 구성요소로서 돌출된 창으로 계획되어 있어 차후 라이트의 디자인 수법이 실험적으로 사용되고 있음을 알 수 있었다.

작업실의 외관은 주택의 외관과는 확연히 구분된다. 첫째, 외장재도 나무가 아닌 적벽돌을 사용하였고 두 번째, 주택에서는 사용하지 않은 다양한 조각과 더불어 입구부분의 기둥은 고대 신전건축에서 자주 사용한 방식과 같이 기둥간격이 좁게 배치되어 있었다. 그리고 기둥의 상부에는 화려한 조각이 첨가되어 있어 첫 인상은 서양의 고대 신전과 같은 느낌을 주는 듯했다.

주택 겸 스튜디오의 서측에서 주택 입구를 바라 본 모습 - 전면에 개방된 공간과 주택 현관 바로 앞 테라스 부분에는 낮게 둘러싼 경계 벽. 그리고 우측에는 진입계단과 현관문이 보인다.

01 _ 시카고 에비뉴에서 본 스튜디오 전면부분은 낮은 담장과 기둥상부에 장식된 부조 그리고 입구 양쪽 상부에 조각상 등 다양한 장식으로 신전과 같은 분위기를 느낄 수 있다.

02 _ 주택에 사용한 돌출 창은 차후 라이트의 주택건축에 자주 사용하는 디자인 구성 요소이기도 하다.

03 _ 스튜디오 부분의 적벽돌 벽의 외장과 시카고 에비뉴와의 경계부분에 길게 설치된 낮은 담장이 보인다.

4) 성장 · 변화하는 내부 공간

내부 공간을 개략적으로 살펴보면 대부분 공간이 개방된 느낌과 함께 서로 흘러가는 듯 유기적으로 연결되어 있다. 그리고 이렇게 흐르는 듯한 공간들은 중앙에 위치한 벽난로를 중심으로 다시 모이게 되면서 중심적 공간으로 재생되고 있다. 현재 보존된 주택 겸 스튜디오의 모습은 3번의 증축에 의해 이루진 모습이므로 초기 단계부터 평면이 변화하는 모습을 살펴보면 좀 더 쉽게 이해 할 수 있을 것이다.

1889년 이 주택이 처음 지어질 당시의 평면도를 보면 스튜디오 공간보다 주택 용도에 많은 비중을 두고 있음을 알 수 있다. 내부 공간은 평면도에서도 알 수 있듯이 매우 단순하면서도 간결하다. 그리고 라이트의 건축적 경험이 많지 않은 시기였으므로 그의 건축 작품에서 보이는 다양한 디자인 구성 요소들보다 자신의 디자인을 실험하는 단계의 작품이기도 하다. 현관은 넓고 부엌과 2층으로 올라가는 계단실이 바로 연결되어 있으며, 왼쪽으로는 거실과 식당으로 연결되어 있다. 평면 전체 중심에는 벽난로(앞에서 기술하였듯이 당시 벽난로는 대부분 외벽에 붙여 위치시키는 것이 일반적이었다.)가 자리하고 있다. 2층에는 침실 1개와 아기 침실 1개(Nursery Room)그리고 자신의 건축 작업을 위한 스튜디오 공간을 계획하여 1층의 공적 공간과 2층의 사적 공간을 구분하고 있다. 이런 건축방식 역시 차후 라이트의 전형적인 평면계획 방식으로 발전하게 된다.

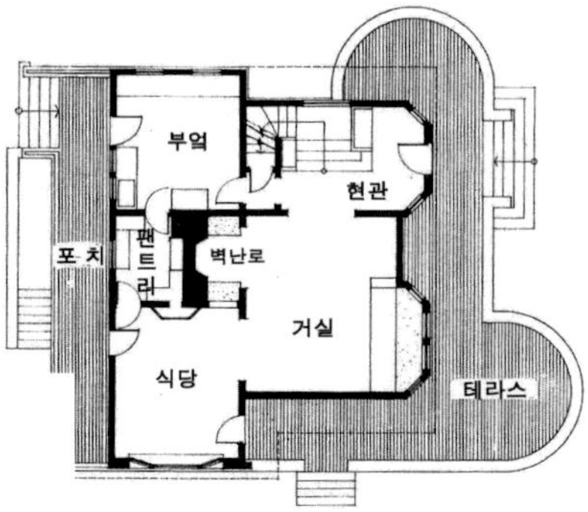

• 1889년 1층 평면도

• 1889년 2층 평면도

6년 후인 1895년 1차 증축에서는 1층 부분의 부엌과 식당이 넓어지는데, 북쪽부분에 자리한 식당 공간이 남쪽으로 확장되어 옮겨지고, 남쪽에 있는 부엌이 동쪽으로 이동했으며 식당 공간에는 벽난로가 추가되었다. 그리고 예전에 밋밋하게 처리된 외벽도 베이 창문으로 개조하였다. 예전에 식당으로 사용한 공간은 거실과 연결한 서재 공간으로 새롭게 계획되었고, 1층의 도우미 침실과 부엌 공간을 증축하였다. 2층에는 놀이방이 추가되면서 놀이방으로 올라가기 위한 계단도 추가되었다. 그리고 2층에는 예전에 스튜디오로 사용하던 공간을 아이들을 위하여 작은 침실 2개로 분할하는 등 건축면적과 연면적이 늘어났다. 그리고 면적이 넓어지면서 부엌과 음식물 등 저장고인 팬트리가 분리되었다. 그러나 부엌과 식당공간의 동선이 길어지는 단점이 보이기도 한다.

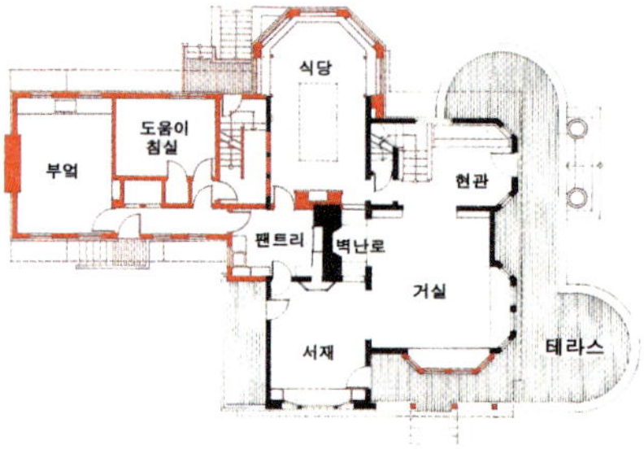

• 1895년 1층 평면도

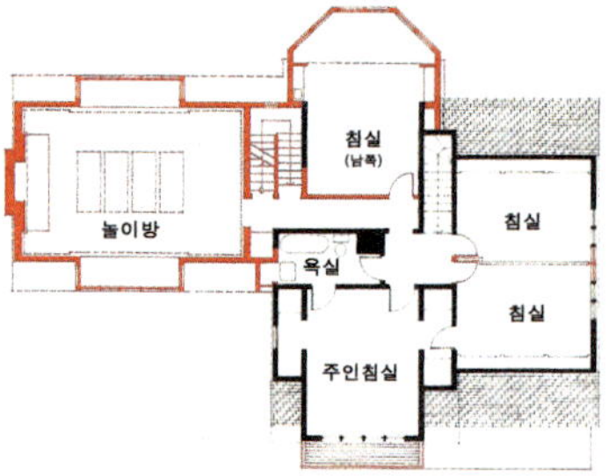

• 1895년 2층 평면도

그리고 3년 후인 1898년부터 1909년에 이르기까지 2차 증축이 이루어진다. 이 시기는 라이트의 프레리 건축 스타일이 완성된 단계로 그의 작업실 규모가 커지면서 시카고 에비뉴에 면하여 사무실과 본격적인 작업실 공간이 추가되고 현재 모습의 기본 형태를 갖추게 된다.

반면에 기존의 주택 평면에는 큰 변화가 없었다. 주택과 거의 같은 크기의 작업실 공간이 북쪽의 시카고 에비뉴 도로에 면하여 증축되고 서재에서 작업실로 연결되는 통로가 새롭게 계획되면서 주택과 작업실이 하나의 공간으로 통합된다. 비록 주택공간과 작업공간이 1층 공간에서 연결되어 하나의 공간으로 통합되었지만 주택 바닥과 작업실 바닥 레벨을 달리 계획하여 두 공간의 경계부분을 명확히 구분하고 있다. 그리고 주택공간과 달리 작업 공간(스튜디오 공간)의 평면 형태는 1층이 4각형의 형태이고 2층은 8각형의 형태로 2층 바닥의 가운데 부분을 사각형의 오픈된 공간으로 계획하였다. 특히 2층의 팔각형 2면을 제외하고 설치된 창문에서 들어오는 빛이 1층 부분을 밝게 비추는 역할도 겸하고 있었다. 접객 공간(리셉션 홀)을 기준으로 오른쪽에 계획되어 있는 팔각형 도서관 부분 역시 작업실 공간의 팔각형 지붕 형태와 같은 형태를 취하면서 외관뿐 아니라 전체적인 평면 계획에 형태적인 조화를 꾀하고 있다.

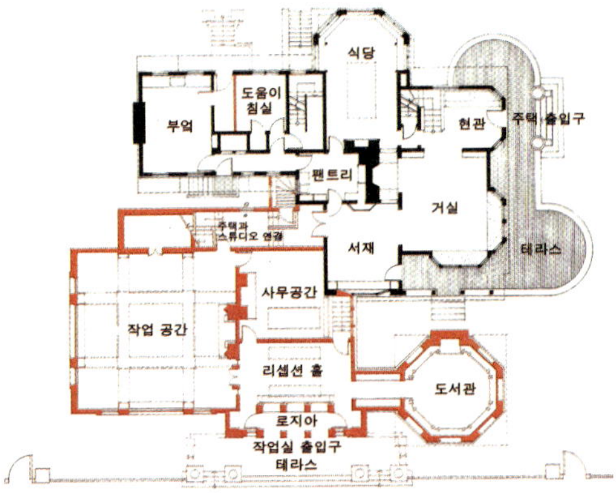

• 1898~1909년 1층 평면도

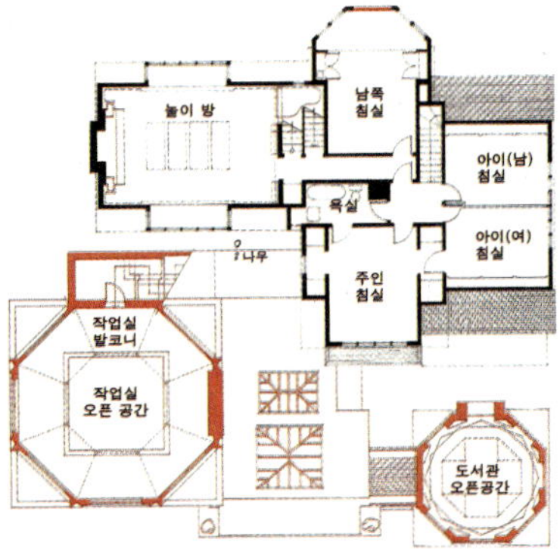

• 1898~1909년 2층 평면도

1911년에는 1909년 이전의 스튜디오 공간이 모두 주거 공간으로 변하면서 라이트의 주택 겸 스튜디오 공간구조가 사라지는 시기이다. 1909년 평면에서 주택 공간 후면에 창고 공간이 증축되고 증축된 창고 공간 2층에는 부엌과 화장실 등이 계획되면서 외부에서 별도의 동선으로 출입이 가능한 독립적인 주거공간으로 바뀌게 된다. 그리고 1909년까지 사용된 작업실 공간이 거실공간으로 바뀌면서 작업 공간과 바로 인접하여 출입구를 다시 만들게 된다. 그러면서 주택의 출입동선은 예전의 서쪽에서의 진입(포레스트 에비뉴)이 북쪽(시카고 에비뉴)에서의 진입으로 변해버린다.

뿐만 아니라 작업공간의 상층부에 오픈된 부분을 막고 팔각형의 2층 평면 형태를 사각형으로 변형시키면서 그곳을 가족들의 침실로 개조하는 등 라이트가 자신의 작업공간으로 사용하던 공간들이 대부분 주거공간으로 변하게 된다. 이렇게 작업공간이 없어지고 완전히 주거공간으로 변하게 된 계기는 이 시기가 뒤에 설명하게 될 위스콘신 주의 스프링 그린의 탈리어신 작업실 겸 주택이 지어진 시기와 같다는 것에서 설명될 수 있다. 그리고 이 시기에 라이트는 자신의 가족을 떠나 다른 여인과 유럽을 갔다온 후 탈리어신에서 생활하고 있었기 때문에 라이트의 첫 번째 부인, 캐서린에게는 라이트의 작업실 공간이 아무런 의미가 없어 이 공간을 자신의 아이들 침실로 바꾸게 된다.

그러나 현재 우리가 볼 수 있는 주택 겸 스튜디오는 1911년의 변경된 모습이 아니다. 1898~1909년까지 사용한 스튜디오 공간에 속하는 사무공간, 작업공간, 그리고 서재와 작업공간으로 연결되는 통로 등은 1911년에 계획된 부엌, 팬트리, 식당 공간을 철거하고 다시 복원된 것으로 1909년 즈음 원래 작업공간(스튜디오) 모습으로 바꾸어 놓은 모습이다. 주택공간에 추가된 창고공간은 현재 라이트 주택 겸 스튜디오의 방문객을 위한 기념품 가게와 라이트의 주택 겸 스튜디오를 견학하기 위한 예약 장소로 사용되고 있다.

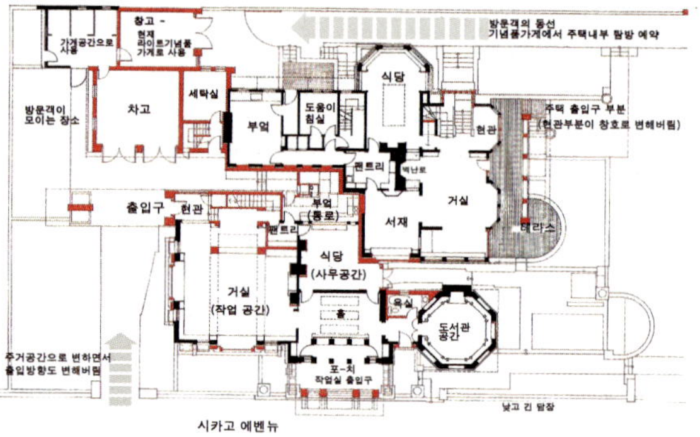

• 1911년 1층 평면도

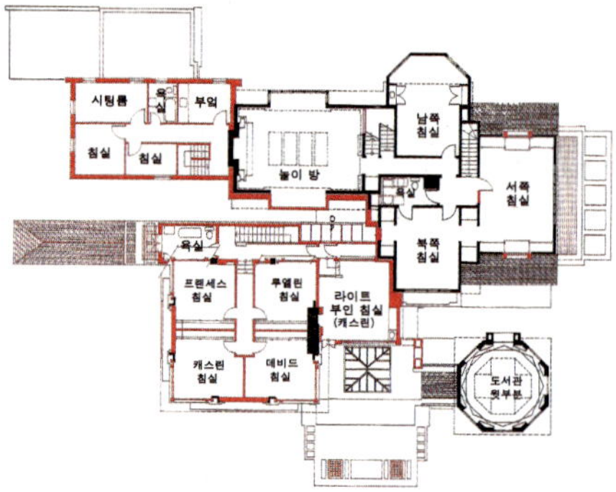

• 1911년 2층 평면도

5) 잉글눅(inglenook)[5] – 주택 공간

지면에서 5단의 계단으로 진입한 후 완충적 공간인 테라스를 지나 현관에 들어서면 2층으로 올라가는 공간과 공유하여 사용하는 개방된 넓은 현관이 방문객을 맞이한다. 현관의 천정과 벽이 만나는 부분에는 고대 그리스 신전의 프리즈 부분에서 볼 수 있는 장식(뮤틀 mutule: 도리아식에서의 처마장식)[6]이 설치되어 있고 거실의 벽난로는 거실벽보다 조금 삽입되어 아담한 공간을 형성하고 있다. 거실창이 설치되어 있는 벽면 아래 부분에는 소파가 거실 벽에 접하여 거실 창과 등지고 계획되어 있어 거실 창을 통하여 주택 앞의 정원과 외부의 공간을 조망할 수 없게 계획된 점은 아쉽게 느껴지기도 하지만, 거실의 큰 베이 창문으로 들어오는 빛으로 인하여 거실이 밝게 비추어진다. 특히 베이 창문은 외부에서 직접 내부를 보기에는 조금 높은 위치에 계획되어 있을 뿐 아니라 거실 천정과 높이를 달리하여 안정감을 느낄 수 있었고 외부로부터 프라이버시도 확보되게끔 계획되어 있었다.

라이트의 주택건축 평면계획에서 구심적인 역할을 담당하는 벽난로는 거실과 팬트리

---

5) 벽난로 주변을 좀 더 아늑한 느낌을 주기 위해 천장을 낮게 만들거나 주변의 벽면을 오목하게 삽입시켜 붙박이 의자를 위치시킨 공간으로, 라이트의 주택건축에서 자주 볼 수 있는 공간계획이기도 하지만, 벽난로 문화권인 유럽과 미국 등에서 자주 볼 수 있는 공간계획이다.

6) 뮤틀은 그리스의 건축양식으로 라이트 스스로 고전주의적 건축양식을 거부하고 있었지만 건축적 경험이 부족한 당시로서는 시대적 상황을 완전히 무시하기에는 무리가 있는 듯 보이는 부분이기도 하다.

사이 벽에서 일부 삽입되어 위치하고 있으며, 벽난로 좌우에는 긴 의자가 계획되어 있어 아늑하고 분위기있는 잉글눅 공간을 연출하고 있다. 삽입된 벽난로의 양쪽 벽에는 휴식을 취할 수 있는 의자가 마련되어 있었고 의자 위쪽 벽 상부에는 식당과 서재 공간으로 따뜻한 공기가 흘러 들어갈 수 있고 의사소통이 가능한 창호 같은 것이 계획되어 있어(평면도 참조) 라이트의 공간계획의 섬세함을 엿볼 수 있는 부분이기도 하다.

• 2층 계단부분에서 현관을 바라본 모습 – 개방된 현관. 천정과 벽이 만나는 부분에 장식된 뮤틀 – 고대 신전 건축 등에 자주 사용한 건축양식처럼 보인다.

• 서재부분에서 거실을 바라본 모습 – 거실 벽에 설치된 소파가 다각형의 거실형태를 다각형으로 느끼지 않게 하면서 천정 높이를 달리하여 안정감을 느끼게 한다.

거실의 화로공간 – 벽에서 일부분이 삽입되고 의자가 설치(inglenook)되어 있어 아늑함을 느끼게 한다. 그리고 벽과 천정이 만나는 부분에는 뮤틀이 보이고 벽난로 위쪽 벽면에 새겨진 글자도 보인다.

특히 벽난로 위에는 "진리는 생명이다(Truth is life)"라는 글이 새겨져 있다. 이는 당시의 시대적 흐름인 감상주의에 대한 도전을 의미했다. 또한 이 글의 의미에는 라이트가 그의 스승인 설리반을 존경했지만 한편으로는 그의 감상주의적인 면을 싫어했다는 내용이 포함되어 있기도 하다.

6) 자연과 같이하는 신전 – 스튜디오 공간

스튜디오와 주거공간은 하나의 건물로 연결되어 있고 주택내부의 복도로 두 공간의 동선은 연결되어 있지만 각 공간의 주출입구는 엄격하게 구분되어 있다. 스튜디오 공간은 크

01 _ 정면 중앙부분에 사각열주로 형성된 입구로 진입하면 접하는 접객공간의 내부모습이다. 왼쪽 벽 끝에 문은 사무공간으로 들어가는 문이고 사진 가운데 열려 있는 문은 도서관으로 들어가는 문으로 도서관 내부가 보인다.

02 _ 작업실 내부 공간으로 위층까지 오픈되어 측창으로 들어오는 햇빛 덕분에 내부공간은 활기차 보였다.

03 _ 시카고 에비뉴에서 바라본 스튜디오의 모습으로 낮은 담장 좌우에 입구가 보이고 좌측의 팔각형으로 이루어진 작업실 공간, 우측의 단층 팔각형의 도서관이 보인다. 그리고 뒤쪽으로 라이트의 주택 지붕이 보인다. 정면 중앙부 열주로 된 부분이 스튜디오 출입구이고 이쪽으로 들어가면 접객공간이 나오고 접객공간에서 사무공간으로 들어갈 수 있다.

게 네 개의 공간 영역 – 스튜디오 공간에서 가장 중요한 작업실(Drafting room), 도서실(Library), 접객 공간(Reception Hall) 그리고 사무공간(Office) – 으로 크게 구분되어 있다. 작업실은 전면 도로에서 보는 경우 좌측의 2층 규모의 팔각형으로 구성된 곳이 작업실 공간이고, 우측단층의 팔각형 형태의 건물이 도서관이며, 정면 중앙부에 사각 열주에 의해 형성된 공간이 스튜디오 출입공간이며, 그 뒤쪽 공간은 접객 및 사무공간이다.

전면도로에서 작업실로 접근하는 동선은 좌 · 우 두개의 좁은 입구를 통하여 이루어지며 스튜디오 정문 앞 기둥 상부에 장식된 부조 그리고 입구 양쪽 끝 상부에 사람이 웅크리고 앉아 있는 조각상 등 다양한 장식이 보인다. 그리고 내부로 레벨이 다운되면서 접객 공간으로 진입하게 되고 접객 공간 뒷부분은 사무공간이다. 이곳에서 왼쪽은 작업공간으로, 오른쪽은 도서관으로 연결된다.(평면도 참조)

01 _ 작업실 입구 우측 끝 상부에 웅크리고 있는 사람의 모습 02 _ 작업실 입구 사각기둥 상부에 장식한 부조의 모습
03 _ 스튜디오 작업실과 주택 내부를 연결하는 통로에 나뭇가지가 벽과 천정을 관통하고 있다.
04 _ 기존의 나무를 자르지 않고 캐노피 보를 곡선으로 시공하여 나무를 피하고 있다. – 낙수장 입구 부분

작업공간의 경우 외부에서의 형태는 2층 8각형으로 이루어진 공간으로 보이지만 내부에서는 2층에 좁은 발코니를 제외하고는 1층에서 2층까지 오픈된 공간으로 이루어져 있고, 1층의 평면 형태는 사각형 공간으로 이루어져 있다.

작업대는 1층의 사각형 공간 사면의 가장자리에 배치되어 있고 작업실 왼쪽 모서리 문으로 나가면 주택으로 연결되는 복도가 있다. 이 연결 복도에서 나무의 일부분이 벽과 천정을 관통하고 있는 모습과 벽면에는 나무졸대에 의해 장식된 모습을 볼 수 있는데, 이런 분위기는 일본 전통건축의 다실에서 느낄 수 있는 공간을 연상시키기도 했다. 사실 라이트는 1893년 시카고 만국 박람회에서 일본건축을 처음 접하게 되면서 일본뿐 아니라 동양건축에 많은 관심을 가지게 되고, 실제 그의 몇몇 작품에서는 일본건축 분위기를 엿볼 수 있다. 그리고 1905년 일본을 처음 방문하게 되고, 그 후 여러 번 일본을 재방문하게 된다. 특히 일본 제국호텔 설계 때에는 장기간 일본에 머물면서 일본뿐 아니라 동양적 예술품 등을 모으고 이를 자신의 주택 작품 등의 실내 장식에 많이 사용하기도 했다. 대표적으로 위스콘신 주의 탈리어신에는 일본 병풍이며, 불상, 도자기 등 다양한 동양 예술품으로 장식되어 있다.

라이트의 건축의 특징은 자연과 건축물을 절묘하게 조화시키기 위하여 자연적 요소를 파괴하지 않고 자신의 작품에 그대로 반영하는 것 역시 라이트의 가장 큰 건축적 매력이기도 하다.

그 사례로 낙수장 현관 앞부분에 설치된 상부 콘크리트 캐노피 보가 기존 나무로 인하여 직선으로 설치할 수 없게 되자 나무를 자르지 않고 콘크리트 캐노피 보를 둥글게 만들어 나무를 그대로 자라게 한 경우라든지 낙수장 내부에 설치된 벽난로 앞에 자연석을 그대로 노출시켜 내부공간으로 계획한 것이 대표적이라 할 수 있다.

작업실 1층과 2층 외벽에는 창문이 많아 작업실은 언제든지 밝은 햇빛으로 내부공간을 활기찬 분위기로 연출하고자 한 듯했다. 반면에 도서관 공간은 조용하고 산만한 분위기를 억제하기 위한 공간적 특성을 고려하여 2.2~2.4m까지는 창문 없이 벽으로 이루어져 있고 그 윗부분에는 고창으로 계획되어 있어 외부와 시선을 차단하는 한편 외부의 햇빛을 그대로 받아들임으로써 빛으로 충만한 공간으로 연출하고 있었다.

01 _ 뒤뜰 공간에서 바라본 스튜디오의 작업실 모습 - 외부는 2층 건물처럼 느껴지지만 내부는 1, 2층이 오픈된 형식으로 공간계획이 이루어져 있다.

02 _ 주택 정원부분에서 바라본 스튜디오의 도서관 건물 - 비록 창문의 형태는 크게 계획되었지만 아랫부분은 목재로 가려져 있고 윗부분은 유리로 계획되어 있다.

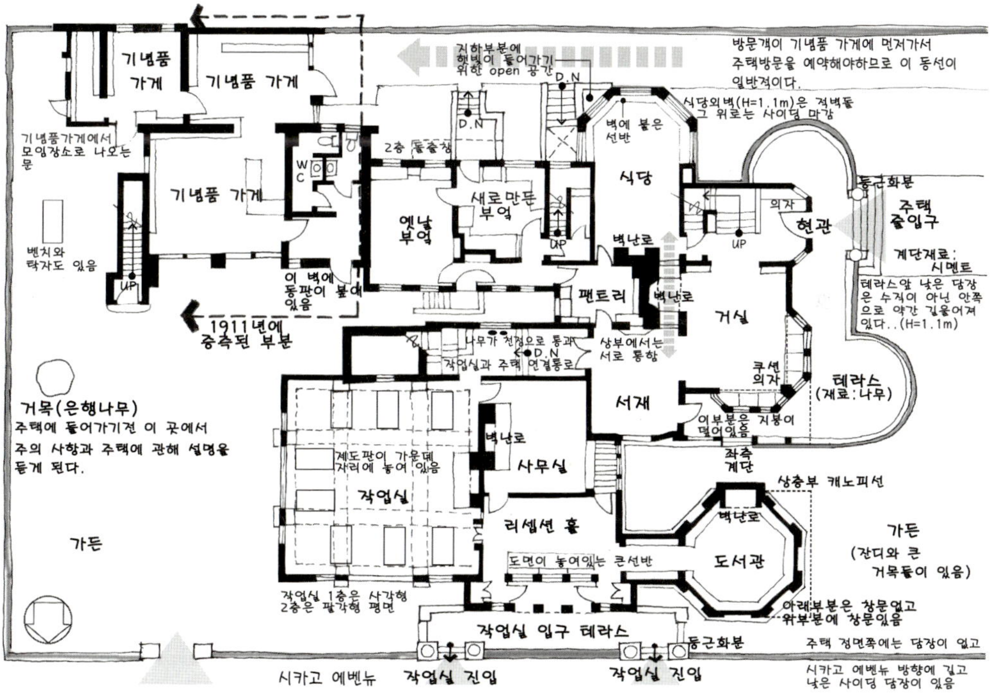

• 현재 라이트 주택 겸 스튜디오의 1층 평면도

3. 네이선 G. 무어 주택(Nathan G. Moore House)

- 위치 : 333 Forest Avenue Oak park, Illinois(오크 파크 위치도 11번)
- 건립 : 1895년
- 건축스타일 : 초기 디자인 – 튜더 스타일(Tudor Style)

• 화려한 디테일과 밝은 색감은 이웃한 라이트의 주택 겸 스튜디오와는 전혀 다른 느낌을 보여 주고 있는 네이선 G. 모어 주택의 외관 모습

1) 오크 파크에서의 첫 작품

오크 파크에 위치하고 있는 네이선 무어 주택은 라이트의 주택 겸 스튜디오의 남쪽 대각선으로 마주보는 333번지 포레스트 에비뉴에 위치하고 있다. 주택의 이름에서도 알 수 있듯이 이 주택은 변호사인 무어를 위하여 설계한 주택이다. 이 주택은 1889년 라이트가 자신의 주택 겸 스튜디오를 설계한 뒤 6년이 지난 후에 설계한 작품이지만 라이트의 주택 겸 스튜디오가 있는 오크 파크 지역에서는 첫 작품이기도 하다. 그리고 외형에서도 느낄 수 있겠지만 오크 파크 지역에서뿐 아니라 라이트가 설계한 주택 중 외관이 가장 화려해 보이는 주택이기도 하다. 맨 처음 오크 파크에 관한 아무런 정보도 없이 단순히 라이트의 주

택 겸 스튜디오만 보러 왔을 때에는 너무나 화려하고 내가 생각하고 있는 라이트 스타일의 주택과는 너무나 다른 모습이었기에 당연히 라이트가 설계한 작품이 아닐 것이다 라고 생각하고 그냥 스쳐 지나갔을 정도였다. 단지 외관상 너무 화려함에 눈길만 한 번 주었을 뿐이었다. 분명 라이트의 주택 겸 스튜디오와는 삼각형 지붕 형태가 비슷하다고 할 수 있지만, 외관에서 보이는 장식과 전체적인 분위기는 완전히 달랐다. 라이트의 주택 겸 스튜디오가 전체적으로 어두운 색 계통의 목재를 사용하여 무거운 표정을 짓고 있는 주택이라고 한다면 무어의 주택은 밝은 색 벽돌과 고딕 스타일의 창문 등으로 너무나 화려하게 장식된 밝은 표정을 가진 모습이라 할 수 있을 것이다. 원래 이 주택은 1895년에 건축주인 무어 변호사의 요구에 의해 튜더 스타일(Tudor Style)로 디자인된 주택이다. 당시 역사가 깊지 않은 미국에는 영국뿐 아니라 유럽의 이주민으로 이루어진 나라인 만큼 건축분야 외의 많은 분야에서도 영국을 비롯한 유럽 문화에 많은 영향을 받고 있었기 때문에 주택의 양식 역시 예외일 수도 없었을 것이다.

뒤에서 설명하겠지만 윈슬로 주택이 터키 스타일이라면 이 주택은 튜더 스타일로 설계된 것으로 보아 라이트는 이때까지 자신만의 뚜렷한 건축스타일을 지향하기 이전이었던 것으로 보이며, 주택 건축에서도 일반적인 젊은 건축가에 불과해서, 이 시기에는 건축을 배워가는 과정이었다고 할 수 있었을 것이다. 다시 말해 당시에 유행하고 있던 여러 주택 스타일에서 자신만의 건축 디자인을 찾아가는 과정이었을 것으로 짐작된다. 그리고 이 주택은 라이트의 의지에 의해 설계된 주택이라기보다, 건축주인 무어씨가 이전에 설계된 윈슬로와 같이 당시로서는 파격적인 스타일의 주택을 거절하고 잉글랜드 스타일의 하프팀버 주택의 스케치를 라이트에게 전해 주면서 비슷한 형태의 주택을 요구한 결과이다. 사실 이 때는 라이트가 처음 사무실을 운영하는 시기인 만큼 경제적인 어려움이 있었기 때문에 비록 라이트의 취향은 아니었지만 일을 맡아야 했다. 그리고 완공 후에 라이트를 제외한 다른 사람들은 주택 형태에 만족했다고 한다.[1]

이 주택의 경우는 라이트의 오랜 경력동안에 자신의 의지보다도 자신의 가족을 위해 그리고 그 가족이 사람답게 살아야 한다는 사실 때문에 '굴복한' 유일한 경우였다라고 회고하고 있다.

1) 당시에 유행하는 스타일로 지어진 주택이었기 때문에 대부분의 사람들이 좋아했던 것은 당연했다.

튜더 건축양식(Tudor architectural style)

중세건축의 마지막 스타일로 엘리자베스 건축(Elizabethan architecture)과 고딕 스타일의 한 종류인 퍼펜디큘러 스타일(Perpendicular style)에 뒤이어 나온 스타일로 15세기 튜더 기간(Tudor period, 1485~1603)동안 또는 그 이상 기간동안 유행한 전통적인 영국의 보수적인 건축스타일로 건축뿐 아니라 가구 디자인에도 많은 영향을 주었다. 튜더 스타일의 건축은 영국에 여전히 남아있는데 캠브리지와 옥스퍼드 대학교 건물에 사용되었고 고딕의 리바이벌에서 생겨난 스타일이라 할 수 있다. 튜더 스타일의 주택은 치장벽돌과 실내 · 외에 노출된 목조로 장식되고 가파른 박공지붕, 테라스와 긴 띠 형식의 여닫이 창문으로 이루어지는 것이 일반적이다.

본 주택 앞에 설치된 동판에 새긴 설명에 의하면 '라이트가 오크 파크 지역에서 처음 수행한 프로젝트이다. 그러나 1923년 12월 크리스마스 이브 전날 23일 대형화재로 3, 4층이 전소되었고, 라이트는 곧바로 다시 디자인하여 3, 4층을 복구하게 되면서 초기 형태가 다소 변형되었고 내부도 일부 변경되었다.' 라고 설명하고 있다

• 왼쪽은 주택 앞에 동판으로 화재 전 · 후의 모습과 주택에 관한 설명이 씌여 있다. 오른쪽은 화재 전에 디자인되어 시공된 모습이다.

2) 고딕과 튜더 건축 양식의 무어 주택

1923년 이후의 모습과 주택 앞 동판에 새겨진 초기 디자인을 비교했을 경우 전체적으로 초기 디자인에서 볼 수 있는 외벽의 노출형 수평 목조 띠가 거의 사라지고 벽돌로 교체되었고, 현재에는 삼각형 박공면에 노출형 수직 목조만이 남아 있다. 그리고 전면에 두 개의 박공지붕면의 창문이 초기에는 층별로 구분되어 있었지만 현재는 전체적으로 연결된 창문으로 변경되었다. 굴뚝의 경우도 초기에는 일반적인 굴뚝 형태인 사각이었지만 현재는

• 왼쪽은 도로면에 면한 부분(북향)이고 오른쪽은 측면부분이다. 두 방향 모두 거대한 삼각형 박공면에 연속되는 창문으로 디자인되어 라이트 주택 겸 스튜디오 정면성과 유사함을 느낄 수 있으며 또한 박공지붕 폭과 거의 같은 굴뚝의 모습이 보인다.

박공지붕의 폭 넓이로 폭이 넓은 굴뚝으로 변경되어 외형상으로는 굴뚝인지 아니면 외형적 장식을 위한 가벽 처리인지 확실히 구분되지 않는다.

주택의 전체적인 외관은 도로에 면한 경우와 정원 방향으로 면한 두 개의 다른 입면으로 디자인되어 있다. 정원 방향(남향)으로 면하는 경우에는 거대한 삼각형 박공지붕에 두 개의 작은 박공지붕이 교차하는 형태로 디자인되어 있지만 도로면에 접하는 입면의 경우에는 큰 박공지붕 하나에 하나의 또 다른 박공지붕이 직각으로 교차하는 형태로 시공되어 있으며, 이는 초기 박공형태보다 좀 더 가파르게 변경되었다. 외벽은 대부분 로만벽돌로 시공되어 있다. 도로에 면하는 측면의 경우 라이트의 주택과 같이 큰 기하학 형태인 삼각형 박공지붕과 박공면에 연속되는 창문으로 디자인하는 수법으로 싱글 스타일을 크게 벗어나지 못한 느낌을 주고 있었다.

창문 디자인 역시 초기 디자인과 많은 차이를 보인다. 초기 디자인에서는 외벽의 수평 목재띠로 인하여 층별로 창문이 구분되어 계획되었다면 화재 후 디자인에서는 정면방향의 경우 1층에서 3층까지 하나로 연결된 수직적 창문으로 디자인 되었고, 창문을 둘러싸고 있는 문양 등은 라이트가 이 주택보다 조금 일찍 설계한 1894년 리버 포레스트(River Forest)의 윈슬로 주택(William Herman Winslow)의 정면 현관문과 창문 외곽부를 감싸는 테두리 디자인 수법을 사용하고 있다. 창살의 경우에는 튜더건축 양식의 영향인지 고딕시대의 종교건축의 트레이서리(Tracery)에 사용한 문양인, 커습(cusp)과 포일(foil)을 사용하였고, 테두리 디자인 등을 사용하여 벽면을 화려하게 장식하는 등 고딕 리바이벌 경향이 보이기도 한다. 이런 고딕 리바이벌 형식은 1860~1870년 사이 건축가들에게 한 때 유행한 건축 어휘이기도 하다.

트레이서리(Tracery)

고딕 건축의 창문에서 전체 첨두아치와 세부 첨두아치 사이의 공간을 장식하고 유리를 지탱하기 위해 디자인된 창살 장식으로 주로 원이나 호가 서로 교차하여 문양이 이루어지며, 패널 또는 칸막이 등에서도 자주 사용되었다. 고딕가구에서는 3잎 장식(trefoil)이나 4잎 장식(quatrefoil) 등의 잎이나 추상 형태로 상감, 채색, 구멍을 뚫는 방법 등으로 표현되었다.

– foil(포일) : 커습에 의해 분리된 고딕식 창 사이의 잎사귀 모양의 장식

– cusp(커습) : 장식의 교차점에 의해 형성되는 첨단

• 일반적으로 전체외관에서 가파른 박공지붕으로 고딕적인 분위기가 느껴지며 왼쪽 사진의 경우 창문이 1층에서 3층까지 연장되고, 오른쪽 사진은 1층 부분의 bay window로서 고딕양식에서 사용한 창의 문양 커습과 포일이 보인다.

서쪽 부분에 있는 별채와 같은 건물은 초기에 가든 하우스로 계획된 것이고 가든 하우스와 본채 사이에는 차고가 계획되어 있었다.

비록 새롭게 단장하기는 했지만 가든 하우스의 초기 디자인이었던 어두운 색감의 노출형 목재[2], 창문 등은 튜더 건축 스타일 그대로 보존한 것으로 보인다. 1층 입구부분에는 치장 벽돌과 다양하게 장식된 낮은 난간 등으로 치장되어 있다. 특히 라이트 주택의 특징인 테라스 난간 윗부분은 흰색 시멘트 가로대로 마감 처리한 난갑두겁대(copping)를 사용하였고 난간 모서리 부분에는 라이트 주택에서만 볼 수 있는 둥근 화분으로 장식하여 마무리하고 있다.

2) 근대 교외 주택의 특징으로, 외부 벽들은 일반적으로 밝은 색으로 칠해지고 외벽의 장식재로 사용된 나무는 어두운 색을 띠고 있다.

01 _ 입구 부분의 모습으로 낮은 난간, 시멘트 난간 두겁대 그리고 둥근 화분이 보인다.
02 _ 튜더 스타일의 별채와 본채 사이의 차고를 모습을 볼 수 있다.
03 _ 지붕면의 창문에 덧 된 특이한 모양의 장식
04 _ 남쪽의 포치와 정반대의 북쪽의 출입구부분의 모습 - 초기에는 출입문이 없었던 것으로 보인다.

3) 화재 전 · 후의 변화

화재가 나기 전의 최초의 평면과 현재 평면과의 공간 구성을 전체적으로 비교해보면, 1층, 2층 공간의 위치 등은 거의 변한 것이 없지만 실 명칭 등이 조금 변경되었고, 2층의 경우에는 각 실의 수납장들이 좀 더 많이 만들어졌을 뿐, 크게 변한 것은 없고 화재 전에 비해 공간이 좀 더 세분화되었다고 것을 볼 수 있다. 그리고 전체적으로는 외벽에서 화재 전에는 대부분 절곡이 없고 직선으로 이루어진 반면에 화재 후에는 절곡이 많은 외벽으로 변경되면서 외벽의 형태가 복잡해지고 디테일하게 처리되었다. 또한 화재 전에 작은 서재와 같은 공간으로 계획된 컨저버토리(conservatory, 일종의 선룸)가 화재 후에는 1층 건물 좌측의 다각형으로 돌출되어 증축되었고, 화재 전 컨저버토리 공간은 식당으로 변경되었다. 그리고 1층 리셉션 룸에서는 일반적인 창을 위에서 기술한 트레이서리가 추가되어 외부로 창을 돌출시켰고 거실의 벽난로 위치가 변경되었다. 그리고 초기 1층 평면도에서는 현관을 통해 진입하게 되면 윌리암 허만 윈슬로 주택(William Herman Winslow House)과는 반대로 확 트인 2층으로 올라가는 계단과 마주하게 되는 반면에 윈슬로 주택과 같은 방식의 미닫이문을 설치하여 현관홀, 좌우의 식당과 서재 공간을 공간적으로 완전한 분리와 오픈을 조절하여 유기적인 공간으로 계획하고 있다.

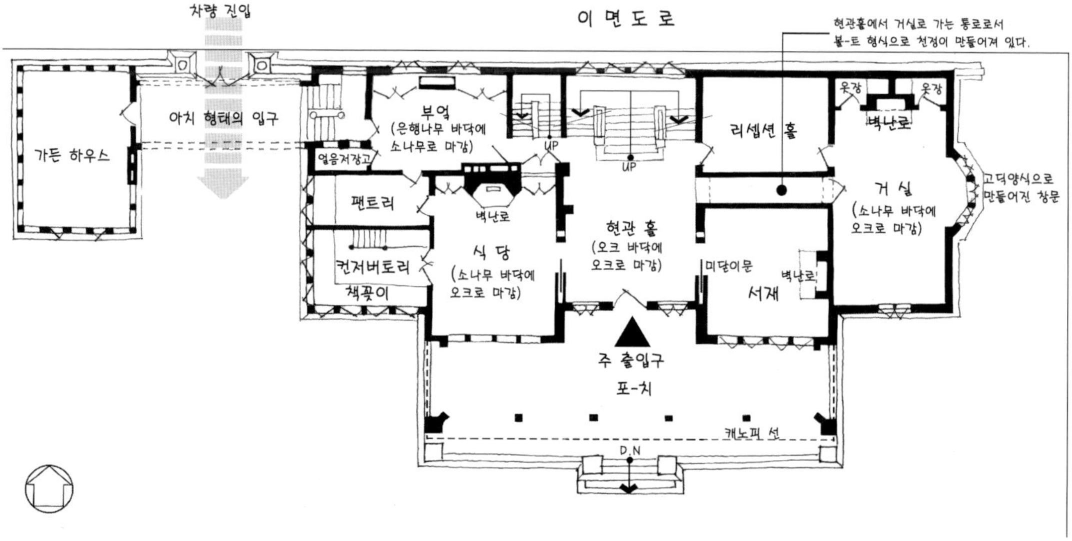

• 1895년 최초 무어 주택의 1층 평면도

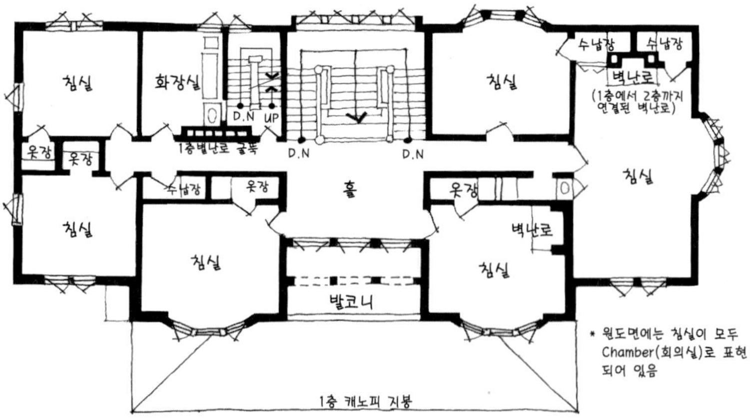

• 1895년 최초 무어 주택의 2층 평면도

4. 프랭크 라이트 토마스 주택(Frank Wright Thomas House)

- 위치 : 210 Forest Avenue Oak park, Illinois(오크 파크 위치도 6번)
- 건립 : 1901년
- 건축스타일 : 프레리(Prairie Style)

• 전형적인 프레리 스타일인 낮은 지붕과 밴드식으로 연결된 창문으로 계획된 프랭크 토마스 주택의 외관 모습

1) 오크 파크의 첫 번째 프레리 스타일 주택

토마스 하우스는 오크 파크의 안내센터에서 포레스트 거리로 조금만 내려가면 처음 만나는 삼거리 지점에 위치하고 있다. 이 주택은 시카고 지역에서 첫 번째 프레리 스타일의 주택으로 평가되는 작품이다. 현재의 토마스 주택은 1922년 프레리 학파인 톨매지(Tallmadge)와 와트슨(Watson)이 2층으로 증축하였고, 1972년 국가의 역사적인 장소(National Register of Historic Places, NRHO)로 등록되었으며, 1975년에는 외부를 보수하였고, 1980년에 추가적으로 보수가 이루어진 모습이다.

맨 처음 이 주택은 시카고의 상공회의소에 근무하고 있던 제임스 로저스(James C. Rogers)

가 당시 라이트의 친구이고 자신과 가깝게 지내고 있으면서 리버 포레스트(River Forest)지역의 부동산업에 종사하고 있었던 에드워드 C. 월러(Edward C. Waller)로부터 라이트를 소개받고 그의 딸(Susan)과 그녀의 남편(Frank W. Thomas)을 위한 주택 설계를 의뢰하였던 것이다.

원래 이 주택 대지에는 교회(Grace Episcopal Church)가 위치하고 있었지만 교회가 인근의 레이크 스트리트(Lake Street)로 이전하게 되면서 교회를 헐고 그 자리에 본 주택을 짓게 된 것이다. 설계의뢰는 제임스 C. 로저스(James C. Rogers)가 했지만 주택이 완공된 후에는 그의 딸 부부(Frank Thomas)가 거주하게 되면서 프랭크 토마스(Frank Thomas)주택으로 알려지게 되었다. 프랭크 토마스 역시 로저스의 딸(Susan)과 결혼한 1900년에 시카고 상공회의소와 주식거래소에 근무하고 있었다. 사실 이 주택을 설계 의뢰할 당시 로저스는 1881년 오크 파크에 대저택을 가지고 있었지만 결혼하여 자신의 곁을 떠나게 되는 사랑하는 딸과 가깝게 살고 싶었기 때문에 주택설계를 의뢰하게 된 것이다.

2) 프레리 스타일의 외관

이 주택은 *Ladies' Home Journal*, 1901년 2월호에 “A Home in a Prairie Town”이라는 제목으로 소개되기도 했으며, 건물의 규모는 외관상 2층으로 인지될 수 있지만 반지하층 형식으로 이루어진 것을 고려하면 전체적으로는 3층 규모로 구성되어 있다고 볼 수 있다. 대부분의 라이트 주택은 전통적인 미국 주택들과 달리 지하층을 설계하지 않았다. 그러나 이 주택의 경우 반 지하 형식의 3층으로 계획되었다.

비록 3층 규모이지만 1개 층이 반지하 형식으로 계획되었기 때문에 주변의 3층 규모 집들 보다는 훨씬 낮게 디자인되어 있다. 초기에 주택 외벽은 목재(Shingle)로 이루어져 있었지만 1975년에 현재의 플라스터로 리노베이션 되었다고 한다. 전체적인 외관은 잡지에서 소개한 프레리 스타일로 양식적 특징이 외관에 뚜렷이 보인다. 단지 프레리 스타일의 완성단계에서 볼 수 있는 기둥을 받치지 않고 캔틸레버 식으로 길게 뻗어 나오는 포치 지붕과 달리 낮고 길게 뻗어 나온 지붕을 기둥이 받치고 있다. 반면에 1층의 창문에서는 프레리 스타일의 특징인 밴드 형식으로 길게 연결되는 창문으로 계획되어 있고 앨코브 부분에 내민 공간의 창문에는 라이트 특유의 문양으로 디자인한 스테인드글라스 유리를 사용하고 있다. 이 창문에 디자인 된 문양은 미국의 원주민(인디안)의 화살을 컨셉(concept)으로 디자인하였다고 한다. 반면에 2층 창문은 각 침실별로 위치하고 있고 창문의 형태는 당시 시카고 건축에서 유행한 시카고 창문(3개의 창문으로 나누어져 가운데 창문은 넓게 좌 · 우 창문은 좁게 만드는 방식)으로 계획되어 있다.

01 _ 북서방향에서 바라본 모습 – 전체적으로 L자형 평면 형태와 차후에 증축된 2층 부분을 볼 수 있다.
02 _ 2층 창문은 시카고 창문형태처럼 3개로 분할되어 각 침실에 계획되어 있고 1층은 밴드형식으로 이어져 있다.
03 _ 1층(Main floor)의 식당 앨코브부분의 창문 – 창문의 문양은 미국의 원주민(인디안)의 화살을 컨셉으로 디자인하였다고 한다.
04 _ 1층(Main floor)의 포치 공간 – 대부분의 프레리 주택과 달리 길게 내민 지붕에 기둥을 받치고 있는 모습이 특이하다.
05 _ 전체적으로 3층의 규모이지만 주변의 주택과는 높이가 낮고, 낮은 경사지붕, 밴드형식의 창문 등 프레리 주택의 특징을 볼 수 있다.
06 _ 허슬레이 주택과 같이 아치 형태의 입구로 실제 공간으로 진입하는 현관으로 들어가지 전에 전이공간의 역할을 하는 공간이라 할 수 있다.

3) 아치(Arch)와 전이 공간

평면도 형태는 전형적인 프레리 스타일의 평면 형태인 十자형, 풍차 형태가 아닌 L자형으로 이루어져 있으며, L자의 직각 부분에는 부엌, 작업공간과 계단 등 공용공간으로 계획되어 있다. 이와 같이 L자형 평면의 직각으로 꺾이는 부분에 부엌과 같은 작업공간을 배치하는 기법과 2층과 같이 침실을 일렬로 배치하는 방식은 1936년 이후 유소니언 스타일의 L자형 평면구성에서 표준처럼 적용되는 라이트의 공간 계획방법이라 할 수 있다.

이 주택의 경우 다른 평면도와 달리 평면도에서 차고(Garage)는 계획되어 있지 않다. 사실 1901년 당시에는 자동차가 거의 없었기 때문이었을 것이다. 그리고 프랭크 토마스(Frank Thomas)부부의 딸에 의하면 주택에 딸린 차고가 없었기 때문에 1961년 자동차를 소유하게 되었을 때 인근의 공용주차장을 이용하였다고 한다.

맨 처음 계획에서 반지하층은 주택에서 일하는 사람들을 위한 공간으로 계획되었지만 후에 가족들을 위한 놀이공간으로 변경되었다. 사실 주택 외관 정면에서 보이는 아치문은 반지하층으로 통하는 문이라 할 수 있다. 아치문을 통하여 왼쪽의 계단을 통하여 올라가면 1층에 도달할 수 있다. 이 아치문은 내부공간으로 직접 들어가는 입구라기보다는 내부공간으로 들어가지 전의 전이공간으로서의 기능을 담당하는 것으로 같은 지역의 아서 허슬레이 주택(Heurtley House)의 입구와 같은 아치 형태를 취하고 있다.

• 1층의 식당부분과 앨코브공간의 모습

• 1층의 모습 – 오른쪽 부분의 입구와 벽난로, 2층으로 올라가는 계단실 통로를 볼 수 있다.

맨 뒷쪽의 평면도를 보면, 1층으로 들어가는 출입구는 총 3곳이 있다. 첫 번째, 전면의 아치를 거쳐 계단으로 가는 방법, 두 번째, 뒤쪽의 정원 공간에서 파티오를 거쳐 거실로 직접 진입하는 방법, 세 번째는 현재 도면에서는 표현되지 않았지만 1층 맨 뒤쪽의 팬트리 공간(식품 저장고) 아래의 반지하 형식의 공간에서 계단을 통하여 1층으로 올라오는 방법이 있다.

1층 평면은 ㄱ자형으로 부엌공간과 계단과 같은 공용공간을 ㄱ자가 꺾이는 부분에 위치시키고 좌측에는 거실, 벽난로를 중심으로 한 잉글눅 공간, 그리고 벽에 책 선반 등을 마련하여 책을 읽을 수 있는 공간(Book Alcove)을, 우측에는 부엌과 연결되는 식당 공간을 위치시키고 있다. 거실에는 벽난로(잉글눅 공간)를, 식당에는 아침식사 후 차를 마시며 휴식을 취할 수 있는 앨코브 공간과 벽을 등받이로 이용한 의자 등 부속 공간으로 계획하여 공간의 유용성을 높이고 있다. 반면에 2층으로 올라갈 수 있는 계단실은 L자형으로 뒷쪽에 숨겨져 있어 정문으로 들어오는 손님 등은 찾기 힘들 정도이다. 즉 가족들이 아니면 들어가기 힘든 깊숙한 곳에 위치시키고 있다.

2층의 경우는 앞에서도 설명하였지만 1922년 프레리 건축학파인 토마스 E. 톨매지(Thomas E. Tallmadge)와 벌몬 S. 와트슨 (Vermon S. Watson)에 의해 증축된 것이다. 평면은 단순하게 일렬로 침실 4개가 서쪽에 전면으로 배치되어 있고 욕실과 계단은 뒤쪽으로 배치하였다. 필자의 얕은 생각으로는 2층 평면계획에서 아쉽게 느껴지는 점이 있는데, 전면 도로에 접하는 대지의 방향 때문인지 주택이 동쪽 또는 남쪽 방향이 아닌 서쪽 방향으로 배치되어 있어 2층 침실이 모두 서향으로 배치되어 있다는 점이다. 특이한 점은 북쪽에 배치한 침실 2개의 경우에는 전실을 통하여 침실로 들어가게끔 계획되어 있다는 것이다. 또한 햇빛이 잘 드는 동쪽은 계단실, 욕실과 같은 공용공간과 침실의 옷장 등이 가리고 있기 때문에 좌 · 우측의 침실에는 햇빛이 드는 동쪽과 남쪽에 면한 외부 공간에 발코니가 배치되어 있다.

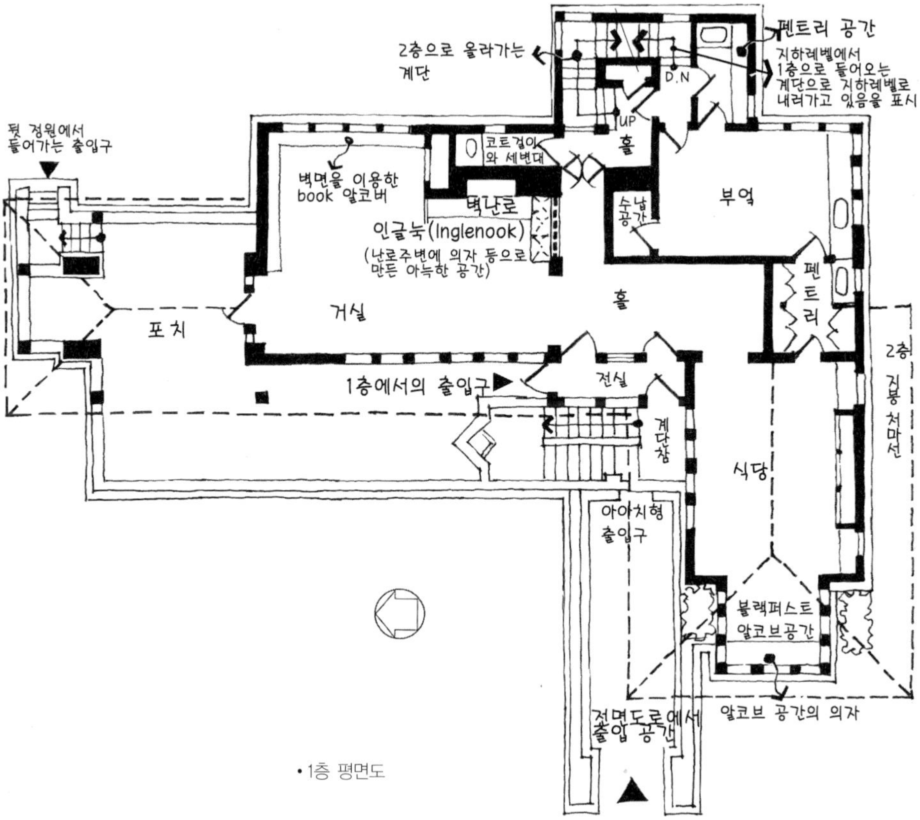

2층으로 올라가는 계단
펜트리 공간
지하레벨에서 1층으로 들어오는 계단으로 지하레벨로 내려가고 있음을 표시
뒷 정원에서 들어가는 출입구
D.N
UP
홀
코트걸이와 세면대
벽면을 이용한 book 알코브
벽난로
인글눅(Inglenook)
(난로주변에 의자 등으로 만든 아늑한 공간)
수납공간
부엌
펜트리
거실
홀
포치
1층에서의 출입구
전실
계단참
식당
2층 지붕 처마선
아아치형 출입구
블랙퍼스트 알코브공간
알코브 공간의 의자
전면도로에서 출입 공간

•1층 평면도

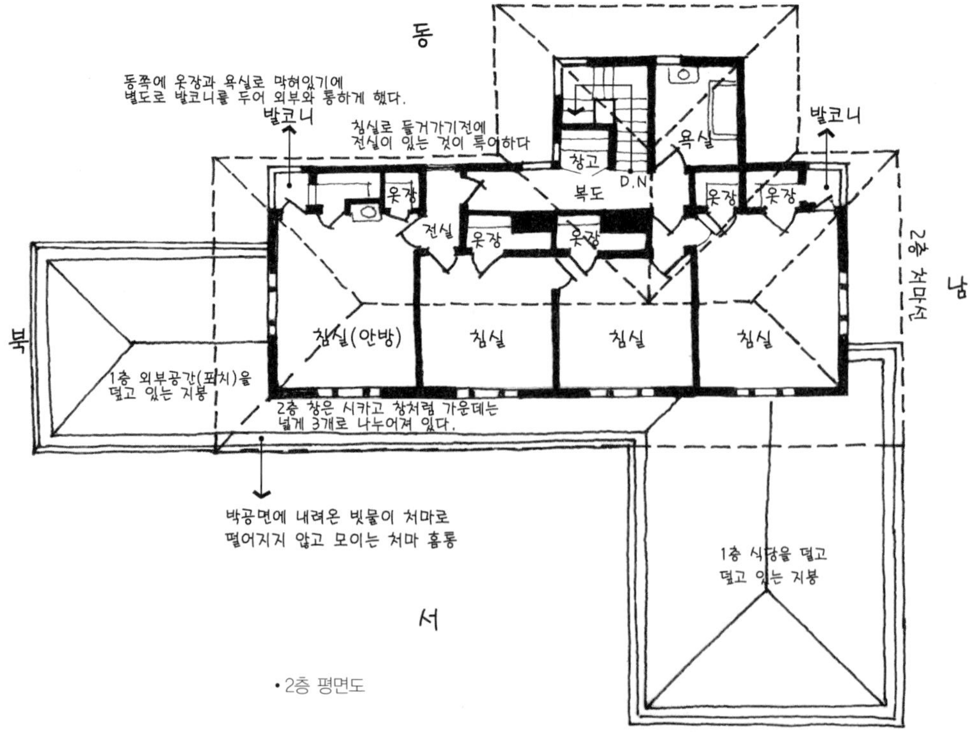

동
동쪽에 옷장과 욕실로 막혀있기에 별도로 발코니를 두어 외부와 통하게 했다.
발코니
침실로 들어가기전에 전실이 있는 것이 특이하다
창고
D.N
욕실
발코니
복도
옷장
전실
옷장
옷장
옷장
옷장
2층 처마선
남
북
침실(안방)
침실
침실
침실
1층 외부공간(포치)을 덮고 있는 지붕
2층 창은 시카고 창처럼 가운데는 넓게 3개로 나누어져 있다.
박공면에 내려온 빗물이 처마로 떨어지지 않고 모이는 처마 홈통
1층 식당을 덮고 덮고 있는 지붕
서

•2층 평면도

5. 아서 허슬레이 주택(Arthur Heurtley House)

- 위치 : 318 Forest Avenue Oak park, Illinois(오크 파크 위치도 3번)
- 건립 : 1902년
- 건축스타일 : 프레리(Prairie Style)

• 아서 허슬레이 주택의 전체 외관의 모습 – 푸른 초원 위의 거대한 붉은 성처럼 보인다.

1) 미국의 역사적 랜드마크

음악가이면서 금융업에 종사하는 아서 허슬레이(Arthur Heurtley)가 미시건의 마르퀘트 섬(Marquette Island)에 있는 오두막집(Cottage)을 리모델링하는 것과 오크 파크에 자신의 가족을 위한 주택 설계를 라이트에게 의뢰하여 1902년에 완공된 주택이다.

이 주택은 라이트의 프레리 스타일 주택을 본격적으로 설계하기 전 초기작품으로 평면 형태는 프레리 주택의 전형적인 풍차형, 十자형 형태가 아닌 초기의 사각형 형태이며, 프레리 주택의 실험적인 버전이라 할 수 있는 주택으로 세 번이나 주택 주인이 바뀌기도 했다. 본서에 자세하게 기술된 일리노이 주의 A. W. 그리드레이 주택(A. W. Gridley Residence,

1906), 워드 윈필드 윌리츠 주택(Ward Winfield Willits House, 1901)이 일반적인 프레리 주택으로 외벽 재료가 목재와 플라스터로 이루어져 주택 외벽이 얇은 피막의 느낌과 벽면이 평평하게 이루어진 이 주택의 외피는 솔리드한 블록으로 뚜렷한 수평선을 만들어 냄으로써 벽체를 입체감 있게 살려낸 작품이라 할 수 있다.

이 주택은 2000년 2월 16일 국가의 역사적 랜드마크로 지정되면서 미국 역사적인 장소 등록원(U.S. National Register of Historic Places)에 등록되어 있지만 현재는 개인이 거주하고 있기 때문에 내부 공간의 촬영은 허용되지 않았다. 오크 파크 지역은 많은 라이트의 초기 주택 작품이 위치하고 있고 세계 여러 나라에서 매년 수만 명의 방문객들이 찾아올 때마다 내부 촬영을 허용할 경우 개인생활을 제대로 할 수 없기 때문이기도 할 것이다. 필자 역시 사진 촬영을 위해 주택 주변을 서성이면서 이쪽저쪽 여러 방향에서 다가가려 했지만 미국이라는 나라는 우리나라와 정서가 다른 까닭에 남의 집을 허락도 없이 촬영한다는 것 자체가 겁이 났다.

허슬레이 주택은 1920년 라이트의 여동생(Jane Porter)과 그의 남편(Andow)이 매입하여 거주하다가 1930년에 듀플렉스로 수리하였고 그리고 각 층을 분리하였다. 여동생 부부는 이 주택에서 약 26년간 거주한 이후 2명의 다른 주인이 거쳐 가면서 주택 내부 공간은 조금씩 개조되어 현재상태에 이르고 있다. 세월이 흘러가면서 주택 내부공간에서 가장 먼저 바뀌는 것은 부엌일 것이다. 이 주택 역시 부엌이 현대화로 많이 변경되었고 1층의 오픈된 로지아에 유리문이 설치되기도 했지만 현재는 철거되었고, 플레이 룸(놀이 방)에 창문이 본래 모습으로 복원되어 있다. 현재의 모습은 1997년과 2002의 집 주인이 120만 달러를 투자하여 주택을 완전히 복원한 것이다. 주인은 당시 엄청난 돈을 투자하여 수리한 비용을 조금이라도 보태기 위하여 복원 작업과정 등을 비디오로 촬영하여 판매하기도 했다고 한다. 이 주택 외관의 첫 인상은 전체적으로 강한 붉은 색 벽돌과 이 벽돌이 그것들을 든든히 받치고 있다는 콘크리트 기단 위에 세워져 있는 느낌 때문에 안정적이며 무게감을 느낄 수 있었다.

2) 초원 위의 거대한 붉은 성(城)

이 주택은 라이트의 주택 겸 스튜디오가 위치한 오크 파크의 포레스트 에비뉴(Forest Avenue)를 따라 북쪽으로 약 170m 정도 북쪽으로 걸어 올라가다 보면 도로 좌측에 서향으로 배치되어 있다. 지면에는 단단하게 만들어진 콘크리트 기단이 주택을 지탱하고 있으며, 도로와 전면도로 사이에는 넓은 잔디밭이 있어 전체적으로는 초록색 초원 위에 거대한 붉은 성처럼 웅장한 외관을 자랑하면서 거만하게 서 있는 듯 했다. 그리고 전면도로인 포레스트 에비뉴와 면한 정면은 좌측으로 조금 치우친 아치형 입구가 있으며 이 입구는 주택의 영역을 확실히 구분 짓고 있는 길고 낮은 담장으로 살짝 가려져 있어, 보는 이로 하여금 내부로 들어가고 싶은 욕망을 자극하는 듯했다.

전체적인 규모는 2층으로 계획되어 있으며 리버 포레스트의 윈슬로 주택과 같이 어느 정도 절제되고 제어된 기하학 형태의 입면으로 구성되어 있으며 크게 3부분으로 구분된다. 외벽을 붉은 벽돌로 치장한 사각형 형태의 1층 부분과, 1층 부분의 사각형 형태가 위로 올려 지면서 수정된 사각형으로 변화되어 나타나는 2층, 그리고 기하학의 가장 기본적인 삼각형 형태의 지붕으로 구성되어 있다고 할 수 있다. 2층에는 프레리 주택의 외형적 특징인 밴드형식의 유리창문이 연이어 계획되어 있고, 지붕은 두 개의 사각형을 마무리시켜 주듯 그 위를 덮고 있다. 이렇듯 윈슬리 주택은 명확하게 3개의 입면 구성요소로 구분되어 있다. 즉 1층이 솔리드한 외벽으로 계획되어 있어, 창문이 거의 없어 더욱더 닫힌 공간으로 구성된 반면, 2층은 밴드형식으로 가로 방향으로 길게 이어진 창문과 외부로 오픈된 로지아 등 외부와의 유기적 연계를 꾀하여 1층과는 다른 열려진 공간으로 계획되어 있다는 것을 확연히 느낄 수 있다.

• 1층 출입구 앞 낮은 담장에 설치된 화단으로 인하여 정면진입을 할 수 없고 좌우 계단을 통하여 진입이 가능한 1층 현관 앞 테라스의 모습

• 남서방향에서 바라본 모습으로 일층의 놀이방 창문과 이층의 로지아 모습을 볼 수 있고 길고 낮은 담장으로 주택의 영역을 명확히 한정하고 있는 듯하다.

입면 구성요소 중에서 가장 먼저 눈에 들어오는 것은 수직과 수평적인 요소보다 정면의 반원형 아치 형태로 이루어진 입구일 것이다. 이 아름다운 아치 형태의 입구는 1893년 시카고 만국 박람회에서 설리반이 설계한 교통관 입구(Golden Doorway)를 연상하게끔 하고 동시에 그의 스승인 설리반의 영향을 벗어나지 못한 듯한 느낌도 들게 한다.

01 _ 멀리서 보면 외벽이 보드로 만들어졌고 여기에 졸대를 가로 방향으로 댄 듯한 느낌을 준다.

02 _ 아서 허슬레이 주택의 배면 모습 - 정면의 1층 정면에서 볼 수 없는 많은 창문을 볼 수 있다.

외벽에 사용한 붉은 색 벽돌을 원 거리에서 보면 졸대를 가로방향으로 댄 듯한 모양이다. 사용된 벽돌은 황갈색 표준벽돌(8과 1/4×2와 1/4 인치)로 3켜 고르게 쌓고 다음 켜는 돌출시키고, 다음 켜는 고르게, 다음 켜는 돌출시키는 방식을 반복하여 사용하고 있어 멀리서 보면 외벽이 보드로 만들어졌고, 여기에 졸대를 가로 방향으로 댄 것처럼 보인다. 이러한 표현은 자신의 자서전에서 "건축에서 표면을 표현적으로 바꾸는 것, 선을 강조하는 것, 자재의 결을 높이는 것, 상상력의 패턴을 만들어 내는 것 등은 건축적 진술(陳述)을 더욱 웅변적으로 만들고, 건축형태를 더욱 의미심장한 것으로 만든다"라고 이야기 했듯이 그의 의지를 그대로 실현한 것은 아닐까 생각한다.

1893년 시카고(콜럼버스)만국 박람회에서 선보인 설리반의 교통관의 아치 입구(Golden Doorway)의 모습이다. 이 작품은 설리반의 마지막 작품이기도 하다. 그러나 당시로서는 파격적인 디자인으로 인하여 큰 호응을 얻지 못했다.

3) 프레리 스타일의 건축 언어

허슬레이 주택은 2층으로 계획되었고, 1층은 다른 주택들과 유사한 공간계획 수법으로 주로 놀이 공간(당시 영국에서는 주택 내부공간에 놀이공간을 두는 것이 유행하였고, 이런 경향은 미국에도 영향을 미침), 게스트 룸, 창고, 유틸리티 공간 등 공용공간으로 계획되어 있었지만 2층의 경우 대부분 침실로만 계획하였던 방법과 달리 가족을 위한 공간, 거실, 식당 등이 침실과 같이 가족들의 생활에 필요한 공간이 배치되어 있었다. 2층에 세 개의 침실은 모두 동쪽으로 배치되어 있고 서쪽의 전면도로와는 정반대로 배치시켜 대로변의 소음방지 및 프라이버시를 확보하였다. 햇빛이 들어오는 남쪽에는 로지아를, 거실은 남 · 서 방향으로, 식당은 서쪽 방향을 향하게 계획되어 있다. 여기에서 잠깐 살펴볼 것은 나중에 기술될 – 그리드레이 주택, 윌리츠 주택 – 십자형 프레리 주택의 각 날개에 위치시키는 식당과 거실공간이 사각형 프레리 스타일보다 좀 더 유연하게 연결되고 있다는 것이다. 2층의 침실에서 아이들 침실이 연결되어 있고, 1층과 2층을 연결하는 계단의 경우에도 도우미 방에서 부엌으로 곧바로 연결되는 계단과 1층 로비에서 2층 복도로 연결되는 계단이 계획되어 있다.

전체적인 평면 형태는 윈슬로와 같은 사각 형태이다. 내부의 벽난로는 1, 2층으로 연결되어 평면의 중심부에 위치하고 있으며 벽난로의 아치 형태는 입구와 일치시켜 내 · 외 형태의 일치성을 느낄 수 있다. 전체적으로 거대한 합각지붕 형태를 취하고 있지만 실내에서는 각 실마다 또 다른 지붕 형태로 공간을 구성하고 있다는 점도 특이하다.

사각형의 평면 형태에 전형적인 프레리 스타일의 건축어휘인 평면 중심부에 벽난로를 위치시키고 있다. 전반적인 공간배치 수법인 경우, 1층에는 주로 공적인 공간을 2층에는 사적인 침실 위주의 공간으로 계획하는 건축계획 수법 또한 프레리 스타일의 건축 구성요소들이다. 다른 프레리 주택들도 마찬가지겠지만 프레리 주택의 거실 공간은 지면에 면하는 1층에 두지 않고 2층에 위치시키는 것이 일반적이다. 이것 외에도 외부의 경우 지붕의 처마가 일반적인 주택보다 좀 많이 돌출되었다는 것, 수평적 요소인 밴드 형식으로 길게 이어지는 창문과 정면의 낮은 담장 및 외부 벽돌벽의 상부를 시멘트로 수평대를 만들어 마무리하는 난갑두겁대(coping) 그리고 원형의 넓은 화분으로 장식하는 등의 프레리 스타일의 건축어휘를 보이고 있다. 내부 공간에 마련된 가구들은 당시 유럽에 유행했던 고전적이면서 장식적인 요소가 많이 가미된 것과는 달리 간단하고 심플하게 디자인되어 라이트의 미래지향적인 디자인 감각을 볼 수 있다. 가구 디자인에서뿐만 아니라 내부의 전반적인 디자인 감각은 당시 유행하던 유럽의 장식적 수법을 답습하기보다 라이트 자신만의 스타일을 구축하고자 했던 노력을 엿볼 수 있는 것이라 할 수 있다.

• 2층 식당공간의 모습 (평면도에 천정 리브가 표현되어 있음)

• 1층의 아치입구와 같은 모습인 2층 거실 아치형태의 벽난로 모습

실내 벽은 벽지를 사용하지 않았고 벽 표면에 질감을 표현하기 위하여 모래 플라스터를 사용하여 질감이 그대로 표현되고 있다. 또한 수직과 수평적인 선적인 요소를 가미하여 당시에 유행했던 자유로운 곡선에 의한 고전적인 장식 문양을 전혀 사용하지 않았는데 이는 라이트가 고전적 양식에 반감을 가지고 있다는 것을 간접적으로 표현하고 있는 듯했다. 2층 거실에는 합각지붕 형태의 천정으로, 또 다른 천정 형태로 계획하여 거실공간을 하나의 독립된 공간으로 인식시키고 있다. 그리고 벽난로 벽에 바짝 붙인 장식장을 계획하여 넓은 거실 속에 또 다른 아늑한 공간인 잉글눅 공간을 만들어 내고 있다. 특이한 점은 벽난로의 아치와 주택 정면의 아치와 같은 이미지 형태로 계획되어 있는 점이 재미있다.

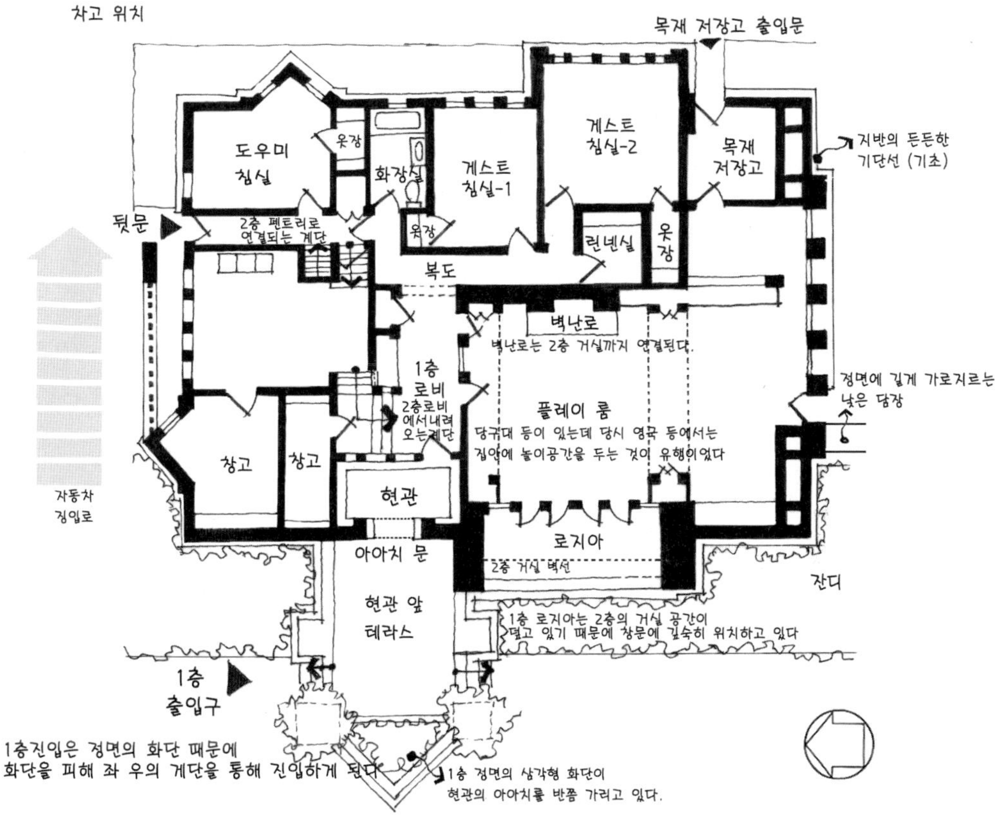
차고 위치
목재 저장고 출입문
도우미 침실
옷장
화장실
게스트 침실-1
게스트 침실-2
목재 저장고
지반의 든든한 기단선 (기초)
뒷문
2층 펜트리로 연결되는 계단
옷장
린넨실
옷장
복도
벽난로
벽난로는 2층 거실까지 연결된다.
1층 로비
2층로비에서 내려오는 계단
플레이 룸
당구대 등이 있는데 당시 영국 등에서는 집안에 놀이공간을 두는 것이 유행이었다
정면에 길게 가로지르는 낮은 담장
창고
창고
현관
자동차 진입로
로지아
아아치 문
2층 거실 벽선
잔디
현관 앞 테라스
1층 로지아는 2층의 거실 공간이 덮고 있기 때문에 창문에 깊숙히 위치하고 있다
1층 출입구
1층진입은 정면의 화단 때문에 화단을 피해 좌 우의 계단을 통해 진입하게 된다
1층 정면의 삼각형 화단이 현관의 아아치를 반쯤 가리고 있다.

•1층 평면도

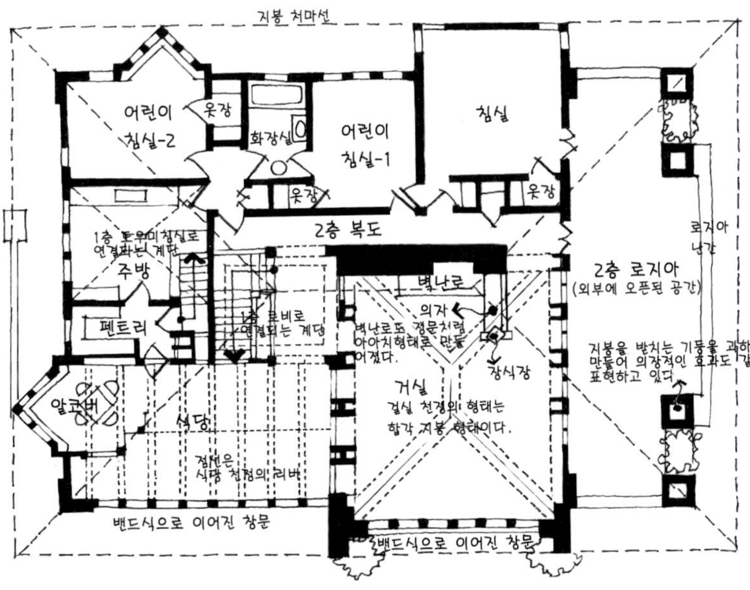
지붕 처마선
어린이 침실-2
옷장
화장실
어린이 침실-1
침실
옷장
옷장
2층 복도
1층 도우미침실로 연결되는 계단
주방
펜트리
1층 로비로 연결되는 계단
벽난로
의자
벽난로도 정문처럼 아아치형태로 만들어졌다.
장식장
2층 로지아 (외부에 오픈된 공간)
로지아 난간
지붕을 받치는 기둥을 과하게 만들어 의장적인 효과도 같이 표현하고 있다.
알코브
식당
거실
거실 천정의 형태는 합각 지붕 형태이다.
점선은 식당 천정의 러버
밴드식으로 이어진 창문
밴드식으로 이어진 창문

•2층 평면도

6. 리버 포레스트(River Forest) 지역의 라이트 건축

이곳은 1880년경부터 마을로 형성되기 시작하면서 인구들이 유입되기 시작한 곳으로 주변의 컨커디아 대학교(Concordia University Chicago)와 도미니컨 대학교(Dominican University)에 재직 중인 교직원들이 이곳에 집을 많이 지었다고 한다.

오크 파크 지역을 소개하면서 잠깐 리버 포레스트 지역에 관하여 언급하였고 오크 파크와 리버 포레스트 위치도에서도 알 수 있듯이, 두 지역은 서로 인접하여 위치하고 있으며 동쪽에는 오크 파크, 서쪽에는 리버 포레스트가 위치하고 있다. 아마도 이 두 지역은 라이트의 초기 작품을 볼 수 있는 곳이기도 하지만 가장 많은 라이트 작품이 밀집된 곳이기도 하다. 그래서 이 두 곳에서는 남녀노소에 관계없이 건축에 관심이 있는 카메라를 들고 다니는 방문객들을 흔하게 볼 수 있는 곳이기도 하다. 오크 파크에서도 보았듯 이곳 역시 전통적인 프레리 주택이라기보다 프레리 주택이 본격적으로 설계되기 전의 주택 모습을 많이 볼 수 있는 곳이기도 하다. 그리고 건축학과 학생이라면 서양 근대건축 책에서 많이 보아온 윈슬로 주택이 위치하고 있는 곳이다. 그러나 이곳도 역시 오크 파크처럼 현재 사람들이 거주하고 있기 때문에 내부를 본다는 것은 어렵고 주택 외형만을 조심스럽게 볼 수 있다. 특히 필자가 윌리암 허만 윈슬로 주택을 방문했을 당시에는 주택 앞에서 화초를 가꾸는 주인에게 사진촬영을 한다고 엄청난 꾸중을 들었고 도망치듯 몸을 피한 경험이 있다.

윈슬로 주택은 워낙 유명한 주택인 만큼 많은 사람들이 왔을 것이고 그만큼 주인아저씨를 괴롭혔을 것으로 생각된다. 비록 주인이 없는 틈을 봐서 몇 컷을 촬영하기는 했지만 관련사진이 많지 않음을 독자 여러분이 이해해 주기 바란다.

이 주택 외에도 한 블록 떨어진 인근에는 라이트가 설계한 리버 포레스트 테니스 클럽도 있다.

• Pl.=Place / St.=Street

• 리버 포레스트 지역 내에 위치하고 있는 라이트의 주택 작품들이 위치

(1) Edward C. Waller Gate (1901)
(2) William Herman Winslow House (1893)
(3) Chauncey Williams (1895)
(4) Isabel Roberts House (1908)

이외에도 리버 포레스트 지역 인근에는 Lake Delavan Yacht Club(1902), River Forest Tennis Club(1906), J. Kibben Ingails 주택(1909) 등이 있다.

7. 윌리암 허만 윈슬로 주택(William Herman Winslow House)

- 위치 : 515 Auvergne River Forest, Illinois(리버 포레스트 위치도 2번)
- 건립 : 1893년
- 건축스타일 : 초기 프레리(Prairie Style)

• 주택의 전체적인 외관 형태는 너무나 단순하다. 1층, 2층 그리고 지붕으로 뚜렷이 구분되는 입면은 블록을 쌓아 만든 것처럼 3개의 블록이 확연하게 구분되면서 절묘한 균형감을 이루고 있어, 라이트의 뛰어난 디자인 감각을 엿볼 수 있다.

1) 라이트가 최초로 의뢰받은 주택설계

라이트는 설리반 사무실을 나온 직후 실스비 사무실에서 일할 당시 가장 친하게 지낸 세실 코윈과 함께 시카고 실러 빌딩의 꼭대기 층에 사무실을 열었다. 실러 빌딩은 설리반 사무실에서 일할 당시 거의 라이트가 설계한 빌딩이기도 하다. 비록 오크 파크에 자신의 주택 겸 작업실이 있기는 했지만 본격적으로 설계 사무실로 사용하기에는 조금 부족한 상태였기에(앞서 기술한 라이트의 주택 겸 스튜디오의 평면도 참조)별도의 사무실을 마련하였다. 이렇게 처음 개인 설계 작업을 시작한 후 최초로 의뢰 받아 설계한 주택이 바로 윈슬로 주택이다. 이 주택의 주인인 윌리암 허만 윈슬로(William Herman Winslow)는 1857년 브루크리(Brookly)에서 태어나 당시 철로 공예품을 만들어 국가에 공급하는 회사, Winslow Bros.의 대표였다. 초기에는 뉴욕에서 일하다가 시카고 대화재 후 거대한 상업도시로 개발이 진행되면서 철을 이용한 고층 상업건축물이 곳곳에 세워지는 건축적 붐으로 인하여 많은 철이 건축자재로서 필요했기 때문에 시카고로 이주하여 정착하게 된다. 라이트와의 인연은 윈슬로가 시카고로 이주하여 설리반이 설계한 빌딩 '카슨 피리 스코트(Carson Pirie Scott)' 백화점 이전부터 건축에 관련된 다양한 철 공예품을 제공하는 과정에서 설리반 사무소를 자주 방문하게 되고 이것이 인연이 되어 지속적으로 관계를 유지하게 된다. 두 사람의 관계가 지속적으로 이어지는 이유 중에 하나는 윈슬로가 철 공예 사업뿐 아니라 음악, 바이올린 연주 등 다양한 취미 활동을 좋아했고 라이트 역시 어릴때부터 아버지의 영향으로 음악에 많은 관심이 있었기 때문이었다. 그래서 사업적인 일이 아닌 취미와 성향이 비슷한 두 사람의 관계는 남달랐다고 할 수 있다. 이 외에도 윈슬로는 "The Auvergne Press"라고 하는 출판사도 운영할 정도로 그의 사업영역은 다양했다. 이 출판사는 라이트의 삼촌 친구인 윌리암 가넬트(William Gannelt)에 의해 집필된 라이트의 첫 번째 작품집인 『The House Beautiful』(라이트의 유기적 건축에 관한 이론 등, 초기 작품을 윈슬로 주택을 포함하여 라이트의 초기작품 등을 소개한 책)을 출판하는데 많은 도움을 주었다. 이런 여러 인연 때문에 라이트가 설리반 사무실을 나온 후 윈슬로는 자신의 주택 설계를 당시 24세의 나이로 경험도 많지 않은 젊은 건축가, 라이트에게 그 당시 약 2만 불이라는 비싼 설계비를 지불하고 주택 설계를 의뢰하게 되고 그가 1930년에 죽을 때까지 여기에서 생활할 정도로 애착을 가진 주택이었다. 뿐만 아니라 19세기말 시카고의 유명 건축가 다니엘 번함은 이 주택을 고전주의를 현대화로 가장 잘 표현한 작품이라 극찬하면서 라이트에 대한 지속적인 후원과 유럽으로 유학을 제안하기도 했지만, 당시 유럽의 고전주의 자체를 거부하고 자신만의 창의적인 디자인을 추구하겠다고 생각했던 라이트는 그의 제안을 – 당시 많은 미국 건축가들은 유럽에서 건축 공부하는 것을 원했다. 그의 스승 설리반도 프랑스에서 건축 공부를 했다. – 단호히 거절한다.

2) 극적인 반전의 주택 외형

윈슬로 주택은 라이트의 주택 겸 스튜디오가 위치하고 있는 오크 파크와 접한 리버 포레스트 지역의 레이크 스트리트(Lake St.)에서 서쪽으로 가다보면 리버 레이크 드라이브(River Lake Dr.)로 진입하는 월러 게이트(Waller Gate : 초기에는 라이트가 설계했지만 지금은 많은 부분이 변경되었다.)를 만나게 된다. 이 문을 통하여 진입하자마자 오른쪽 두 번째 대지에 위치하고 있다.

이 작품은 라이트의 초기 작품인 만큼 프레리 스타일의 주택이라기보다 다니엘 번햄이 이야기 했듯이 정면형태가 하나의 중심축인 출입구를 중심으로 좌우 커다란 창문을 대칭적으로 배치 · 계획한 고전적 스타일을 현대적으로 표현한 주택이라 할 수 있을 것이다. 그리고 주택에 사용된 오렌지색의 벽돌은 빛을 발하는 듯, 보는 이로 하여금 따뜻함을 주고 정면에 조금은 넓게 느껴지는 현관문은 주택을 견고하면서 안정감을 더해 주는 듯하다. 그러나 이 주택 이후 라이트는 현관을 중심축으로 하는 대칭적인 고전적 디자인 수법을 거의 사용하지 않았다.[3)]

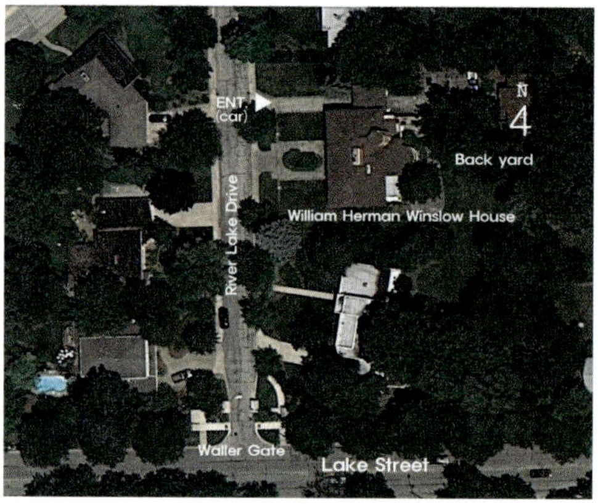

• 윈슬로 주택의 항공사진(Google Earth 참조)

이 주택은 1893년 시카고에서 개최된 시카고(콜럼버스) 만국 박람회에서 터키식 이미지로 설계해줄 것을 제안받게 되면서 외형상 당시 유행한 전형적인 미국 스타일의 주택과는 구별되는 입면 형태와 터키식 이미지가 절묘하게 조합된 작품이라 할 수 있을 것이다. 주택의 정면은 서향으로 배치되어 있으며, 주택 규모는 지하 1층과 지상 2층으로 계획되어 있다. 차량 접근은 주택 좌측의 접근로를 통하여 주택 후면으로 이어지고, 주택의 출입구는 라이트가 설계하는 주택들과 달리 정면 중앙에 위치하여 전면도로를 직접 면하고 있지만 도로와 접근로 사이의 단차이로 인하여 차량이 출입구로 직접 접근하지 못하도록 계획되어 있다. 사실 라이트가 설계한 대부분 주택의 특징 중의 하나는 주택의 출입구가 전면도로와 직접 면하지 않고 측면의 접근로를 통하여 접근한 다음 출입구로 접근하거나,

3) 앞부분에서 잠깐 언급했듯이 대칭적인 건축수법은 당시 유행한 고전주의 건축의 전형적인 입면 디자인 수법으로 라이트는 이러한 고전주의적 건축수법을 거부했고 미국이라는 지역에 알맞은 건축스타일을 찾아내려 했기 때문에, 형태적인 대칭수법을 사용하여 현관문을 주택 중심에 위치시키는 전형적인 대칭수법은 거의 사용하지 않았다.
4) 설리반을 건축적인 측면에서 아르누보 운동의 창시자라고도 한다.

대부분 출입구가 전면도로에서 보이지 않게 숨겨져 있게끔 계획하는 방법을 택하고 있다는 것이다. 당시에 라이트는 건축에 많은 경험이 없었을 뿐 아니라 자신만의 건축적 언어를 만들어가기 위한 시작 단계였고, 당시 유행했던 고전적인 형태에서 새로운 모티브를 창조하려고 했던 시기였기 때문에 입면 디자인의 경우 당시 유럽에서 유행하던 고전적인 형태의 미를 많이 벗어나지는 못했을 것으로 생각된다.

전면도로에서 바라본 윈슬로 주택의 전체적인 외관 형태는 누구나 쉽게 이해할 정도로 너무나 단순하다. 1층, 2층 그리고 지붕으로 뚜렷이 구분되는 입면은 3개의 블록을 쌓아 만든 것처럼 확연하게 구분되고 절묘한 균형감을 이루고 있어 라이트의 뛰어난 디자인 감각을 느낄 수 있다. 그러나 초기 프레리 스타일인 만큼 완성단계의 프레리 스타일(윌리츠, 로비 등)에서 느낄 수 있는 수평성보다 거대한 박공지붕 때문인지 수직성이 더욱 강하게 느껴지는 것은 필자만의 느낌은 아닐 것이다.

특히 2층 외벽의 경우, 윈슬로 자신이 운영하는 철 공예품을 적극적으로 자신의 주택에 반영하기를 원했었고 라이트 역시 설리반 사무실에서 경험한 디테일과 건축주의 의도를 최대한 반영하여 설계하게 된다. 이미 라이트는 설리반 사무실에서 시카고 증권거래소 빌딩, 오디토리움 빌딩 설계 당시 철 공예품에 대한 것을 경험했기 때문에 윈슬로 주택 2층 외벽부분을 공예품적인 디테일로 벽면을 처리하는 것은 어려운 작업이 아니었을 것이다. 이런 형식은 이후 설리반의 카슨 피리 스코트백화점(Carson Pirie Scott 1903~ 1904, 시카고)의 저층부의 철 공예로 처리한 문양과 비슷한 것으로 아르누보 방식[4]의 완성된 형태로 발전한다. 비록 목조로 이루어진 부분이긴 하지만 주택 현관문 윗부분에 조각된 식물문양은 카슨 피리 스코트 백화점의 철 공예와 거의 흡사한 식물 문양으로 이루어져 있는 것도 우연은 아닐 것이다.

• 카슨피리 백화점 2층 외벽의 식물 문양 디테일

• 윈슬로 주택 현관문 위부분의 식물 문양 디테일

정문과 창문은 화려하게 장식된 다양한 식물 잎사귀 등 장식적인 문양이 새겨진 돌(石) 프레임에 의해 둘러싸여져 있는데, 이것 역시 설리반의 영향이라 할 수 있을 것이다. 사실 이 주택을 설계할 당시는 설리반 사무실에서 독립한지 몇 주 되지 않았기 때문에 설리반의 영향을 떨쳐버리지는 못했을 것이라 짐작된다. 전체적으로 1층이 2층보다 과장되어 표현되어 있고 모임지붕은 1층의 벽돌색과 같은 색 계통으로 마무리되어 단순한 입면을 형성하고 있다. 그러나 배면은 정면의 단순한 형태와 완전히 다른 입면으로 설계되어 있는데, 배면을 보는 순간은 드라마에서 예상치 못한 극적인 반전을 보는 순간과 똑같았다. 1층 부분에 컨저버토리(conservatory: 햇볕을 쬐기 위한 공간-선룸을 의미)의 원형 베이 창문과 지붕보다 높이 솟아 고딕 스타일의 멋을 느낄 수 있게 계획된 다각형의 계단실 등 – 필자의 얕은 건축적 지식으로는 고딕 양식의 대표적 건축물인 노틀담 성당의 종탑과 비슷한 이미지로 보인다. 이렇게 생각하는 이유는 앞에서 라이트가 노틀담 성당에 관한 책을 즐겨 읽었다는 것 때문이기도 하다. 배면의 외벽은 정면의 단순한 외벽과 달리 오목 · 볼록면이 많아 복잡한 형태로 계획되어 있어 정면의 형태로만으로는 상상할 수 없는 배면의 형태를 보여주고 있다. 정면과 배면은 완전 반전이다.

이 주택이 완공되었을 때는 단연 사람들의 시선을 끌었다. 완공 즉시 사람들의 탄성을 자아냈으나 동시에 조롱의 대상이 되기도 했다. 다행스러운 점은 조롱하는 사람이 있으면 반드시 그 반대편에는 존경하는 사람이 있다는 사실이다.

• 정면의 모습과는 완전히 다른 복잡한 배면으로 계단실과 1층의 원형알코브 등을 볼 수 있다.

01 _ 현관을 중심으로 한 대칭적 창문과 이를 둘러싸고 있는 하얀 벽 그리고 창문을 둘러싸고 있는 테두리 장식의 모습
02 _ 설리반이 1893년 시카고(콜럼버스) 만국 박람회에 설계한 교통관의 입구 – 원형아치와 아치를 둘러싼 테두리 장식의 모습
03 _ 윈슬로 주택의 장식적인 문양으로 처리된 2층 외벽과 1층 벽면을 하얀 코니스로 확연히 구분시키고 있다.
04 _ 카슨 피리 스코트(Carson Pirie Scott) 빌딩 1, 2층 외벽면을 철 공예로 장식한 모습

3) 인생의 방향을 결정짓는 두 개의 문

윈슬로의 주택 외관은 당시 미국의 일반주택들과는 완전히 다른 새로운 형태로 이루어졌기 때문에 일반인들이 받아들이기 힘든 형태로 취급되었다. 그래서 윈슬로 주택 이후 몇몇 건축주들에게는 윈슬로와 같은 형태를 거부당하는 경우가 있었다고 한다.

평면의 형태는 전체적으로 사각형이지만 식당 부분의 반원형이 사각형의 단조로운 공간을 새로운 공간으로 느껴지게 만든다. 내부 공간은 벽난로를 중심으로 배치되어 있고 1층은 거실, 서재, 식당, 부엌, 포치 등과 같은 공적인 개념의 공간으로 계획되어 있다. 주택의 왼쪽 외벽에는 지붕이 길게 이어져 있는 아치 형태의 문이 있는데 이곳으로 차량이(porte cochere) 주택 후면에 위치한 차고로 이동하게 된다. 2층에는 네 개의 침실과 'Sitting' 이라고 표현된 가족실 그리고 침실과 침실 사이에는 옷장과 수납장으로 계획되어져 있다.

2층에 네 개의 침실 중에 세 개의 침실은 대지의 위치 때문인지 서향으로 배치되어 있고 다른 하나는 북향으로 배치되어 있어 조금 아쉽기도 하지만 가족실은 남향으로 배치되어 개인 침실보다 가족의 화목함을 좀 더 중요시한 것 같다. 1층에서도 가족이 모이는 식당을 남향으로 배치하여 계획한 것도 같은 의도인 것 같다.

이처럼 1층에는 공적 공간 위주의 공간계획을, 2층에는 사적 공간 중심으로 배치하는 계획방식은 라이트가 설계한 초기 대부분의 주택공간에 적용한 방식이기도 하다. 특히 벽난로의 경우, 당시 미국의 일반적인 주택들은 벽난로를 외벽에 위치시키는 것이(전술된 내용 참조) 당연한 것으로 생각했음에도 불구하고 라이트는 벽난로를 과감하게 평면 중앙에 위치시켜 벽난로를 앞 · 뒤 모두 사용할 수 있게 계획하였다. 이렇게 벽난로를 평면의 중앙에 위치시키는 계획 방법은 이후 설계한 십자형 프레리 주택뿐 아니라 라이트가 설계한 거의 모든 주택에 사용한 디자인 방식이기도 하다.

외관은 당시 유행했던 고전적인 이미지를 탈피하여 현대적 감각으로 새로운 주택외관을 선보였다고는 하지만 내부의 인테리어는 고전적인 형태를 완전히 벗어나지 못한 느낌이다. 주택 내부 장식은 대부분 목재로 이루어져 있고, 식당과 연결된 컨저버토리(conservatory, 햇볕을 쬐기 위한 공간을 의미)공간의 원형 베이 창문은 연속적으로 이어져, 여러 개의 자연풍경화를 그린 액자로 둘러싸인 듯한 느낌을 주고 있다. 그리고 식사를 마친 가족이 자연을 배경삼아 여유롭게 '한 잔의 차를' 마시면서 서로의 이야기를 주고받는 모습이 자연스럽게 연상되기도 한다.

특히 주택 출입구로 들어오면서 마주치는 벽난로의 잉글눅(Inglenook, 난로주변에 앉을 수 있는 공간으로 구획된 공간을 의미)공간은 고전의 페르시아 건축을 연상시키는 아치형 열주로 장식하여 잉글눅 공간을 확실히 구분하고 있으며 또한 지면보다 2단 높게 형성되어 있어 다른 공간과 확연히 분리시키고 있다. 그리고 잉글눅 공간 좌우로 모양이 똑같은 아치형 문이 계획되어 있고 이 문을 통하여 1층의 부엌과 식당으로 그리고 2층으로 올라갈 수 있게 계획되어 있다. 방문객들은 출입구를 들어온 후 마치 인생의 방향을 선택하듯 2개의 문 앞에서 상당한 고민을 해야 할 것 같다. 그리고 마지막 부분에 첨부된 평면도를 보면 거실 홀 공간 좌우로 계획된 서재와 거실은 주택 내부의 공간임에도 불구하고 주택 내부에서 별개의 공간으로 구분된 느낌을 주고 있는데 이는 경우에 따라 미닫이문을 이용하여 현관홀과 하나의 공간으로 또는 분리된 공간으로 분리할 수 있도록 계획하였다는 점이다.

• 주택 출입구로 들어오면 마주치는 잉글눅 – 페르시아 건축을 연상시키는 열주로 이루어진 잉글눅(Inglenook) 공간 좌우에 상부가 아치로 이루어진 똑같은 문을 통하여 1층의 식당과 2층의 침실로 연결된다.

• 반원형의 컨저버토리(conservatory) 공간의 연속된 창문은 자연을 그린 액자가 연이어져 있는 모습처럼 보인다. 식사를 끝낸 가족들이 차를 한잔하면서 서로 정다운 이야기를 나누는 모습이 자연스럽게 연상된다.

한편으로 라이트의 건축공간 특징이 유기적인 공간이라고는 하지만 프레리 스타일의 완성단계인 십자형(풍차형도 포함)과 같이 사방으로 자연스럽게 펼쳐지는 유기적인 공간보다는 사각형이라는 경직된 공간에서는 그의 유기적인 공간 구성에 한계가 느껴지기도 한다.

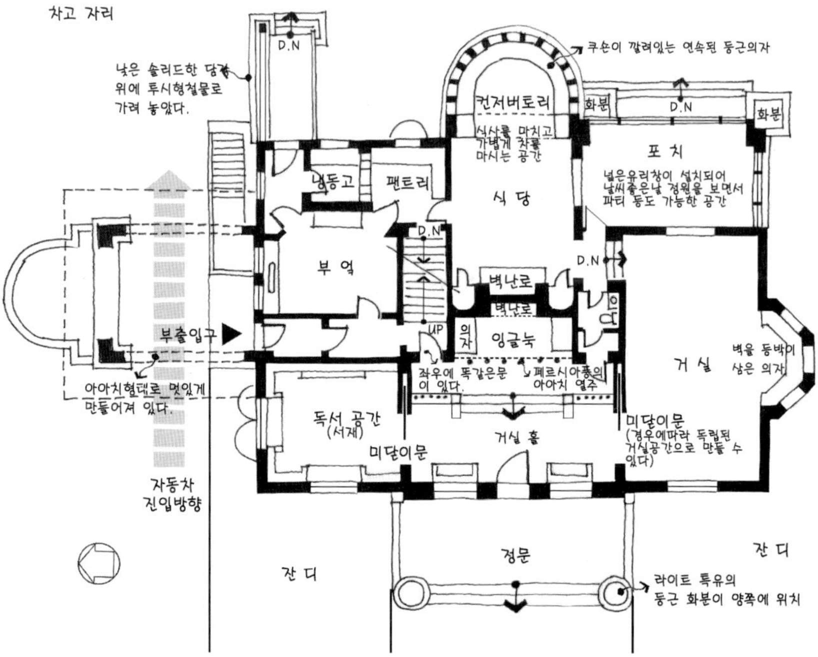
차고 자리
낮은 솔리드한 담장 위에 투시형철물로 가려 놓았다.
D.N
쿠숀이 깔려있는 연속된 둥근의자
컨저버토리
화분
식사를 마치고 가볍게 차를 마시는 공간
포 치
넓은유리창이 설치되어 날씨좋은날 정원을 보면서 파티 등도 가능한 공간
냉동고
팬트리
식 당
부 엌
벽난로
부출입구
UP
의자
잉글눅
거 실
벽을 둥박이 삼은 의자
아아치형태로 멋있게 만들어져 있다.
좌우에 똑같은문이 있다.
페르시아풍의 아아치 열주
독서 공간 (서재)
미닫이문
거실 홀
미닫이문 (경우에따라 독립된 거실공간으로 만들 수 있다)
자동차 진입방향
잔 디
정문
라이트 특유의 둥근 화분이 양쪽에 위치

• 1층 평면도

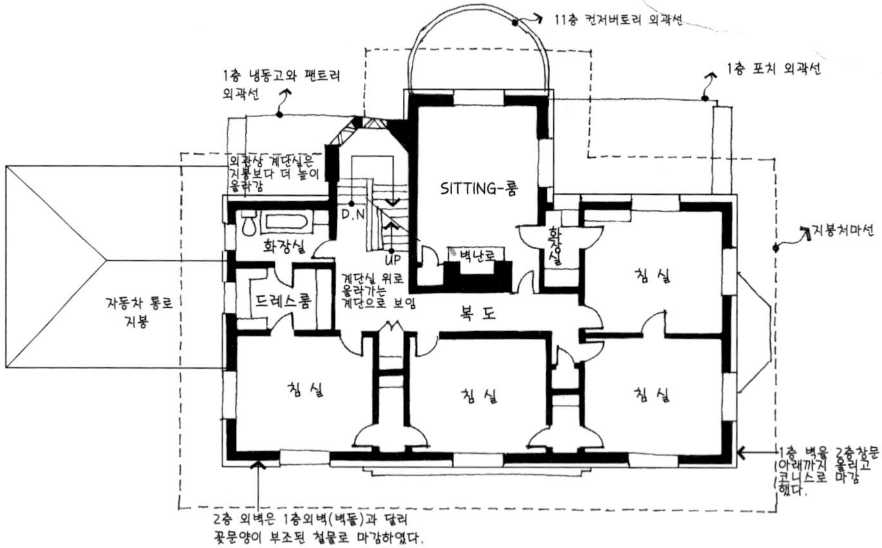
1층 컨저버토리 외곽선
1층 냉동고와 팬트리 외곽선
1층 포치 외곽선
외관상 계단실은 지붕보다 더 높이 올라감
SITTING-룸
D.N
UP
화장실
벽난로
지붕처마선
드레스룸
계단실 위로 올라가는 계단으로 보임
복 도
자동차 통로 지붕
침 실
1층 벽을 2층창문 아래까지 올리고 코니스로 마감했다.
2층 외벽은 1층외벽(벽돌)과 달리 꽃문양이 부조된 철물로 마감하였다.

• 2층 평면도

8. 이자벨 로버트 주택(Isabel Roberts House)

- 위치 : 603 Edgewood Pl. River Forest, Illinois(리버 포레스트 위치도 4번)
- 건립 : 1908년(1955년에 라이트에 의해 리모델링이 이루어졌음)
- 건축스타일 : 프레리(Prairie Style)

• 외관의 형태는 1층처럼 보이지만 실제적으로 내부 공간은 3개의 다른 레벨로 나누져 있는데 이런 방식은 그 당시로서는 혁신적인 공간계획이었다.

1) 감춰진 현관

이 주택은 윌리츠 주택(Willits house, 1901, Highland Park, Illinois)이 널리 알려진 후 십자형 평면 형태인 프레리 주택 타입의 가장 성숙한 단계에서 설계된 것으로 평가되는 주택으로 오크 파크에 인접한 리버 포레스터 지역에 위치하고 있다.

원래는 메리 로버트(Mary Robert)가 그의 딸인 이자벨(Isabel Robert 1871~1955)을 위하여 설계를 의뢰했던 주택인데, 설계를 의뢰하기 이전부터 이자벨은 라이트의 오크 파크 작업실에서 도서와 사무실 등을 관리하면서 라이트와 인연을 맺고 있었다고 한다. 그러나 주택이 완성된 후 이자벨은 이 주택에서 오래 살지 못하고 플로리다 주로 이사를 가게 된다. 원래 이 주택은 라이트의 설계에 의해 1908년에 시공되었지만, 1922년에 프레리 학파인 윌리암 드루몬드(William Drummond)에 의해 첫 번째 수선이 이루어지면서 초기 계획안이 일부 변경 되었지만, 1958년 2번째 수선에서는 라이트가 직접 다시 디자인하면서 새롭게 태어난 주택이다.

1922년 드루몬드는 초기에 나무와 스투코(stucco)[5]로 이루어진 벽면을 벽돌로 교체하였고, 또한 전면도로에서 현관을 살짝 감춰주는 담장을 제거해 버렸다. 그래서 라이트 특유의 디자인 수법인 '감춰진 현관(path of discovery)' 개념이 사라져 버리기도 했다. 그러나 1958년 라이트가 다시 디자인하면서 현관을 가려주는 낮은 담장을 복원시켜 현재의 모습으로 유지되고 있다.

건설 당시에는 필요하지 않았던 차고는 2000년에 주택의 뒤쪽 부분에 증축되었는데 그 형태와 디자인 수법은 주택 본래의 형태를 최대한 반영하여 증축되었기 때문에 주택을 건설할 당시에 설계된 것처럼 착각을 일으키기도 한다.

• 주택 좌측의 모습 – 계단 진입로에 나무와 낮은 벽으로 살짝 가려진 현관

• 정면에서 가려진 모습과 달리 넓은 포치가 있는 현관의 모습

2) 전형적인 프레리 스타일의 십자형 평면

이자벨 주택은 사방으로 낮게 퍼지는 듯한 십자형 평면 계획으로 전형적인 프레리 스타일의 주택으로 설계되었다. 1층은 십자형 평면으로 가장 앞쪽에 계획된 거실이 상층부까지 오픈되어 전면 유리 역시 상층부까지 이어져 있다. 오픈된 거실의 2층 부분에는 발코니로 처리하여 거실의 오픈된 느낌을 충분히 느낄 수 있게 층고를 높게 만들었다. 1층의 십자형 평면 중심에는 라이트 프레리 주택의 전형적인 디자인 기법인 벽난로를 거실 중심에 위치

5) 스타코(이탈리아어: stucco)는 골재나 분말, 물 등을 섞어 벽돌, 콘크리트, 어도비나 목조 건축물 벽면에 바르는 미장 재료를 말한다. 굳고 나면 딱딱해져서 건물의 방화성과 내구성을 높이고 아름답게 만든다.

시키고, 2층까지 벽난로를 연결시켜 2층에서는 1층 거실의 벽난로 방향과 반대방향인 침실(안방)로 향하게 하고 있다. 1층 좌측 날개 부분에는 부엌을 통하여 식당으로 연결되도록 계획되어 있다. 가족의 경우에는 대부분 정문보다 주택 안쪽(동쪽)에 위치한 차고에 자동차를 주차시키고 차고와 가까운 곳에 위치한 뒷문을 주로 이용하게 될 것이라 추측된다. 이곳으로 들어오면 곧 바로 식당과 연결되어 있기 때문에 미국의 일반 주택들에서 흔히 볼 수 있는 동선과 같이 부 출입구로 부식 및 식품자재 등을 곧바로 부엌으로 가져갈 수 있는 생활의 편리함을 고려한 것으로 보인다.

• 전면도로에서 차고로 들어가는 주택 좌측의 진입로. 우측으로는 정문 출입구가 낮은 담으로 가려져 있다.

• 주택 남측의 포치와 낮은 담장과 외부에서 들어갈 수 있게 만들어 놓은 키 낮은 문이 보인다.

이와 관련하여 주택의 가장 뒤쪽 공간에는 식료품 저장실(pantry)도 계획되어 있고 주부의 동선을 고려한 세탁실(laundry)도 계획되어 있어 주부의 주 공간을 한 곳으로 집중시켜 하나의 코어(core)로 계획하였다. 반대편 날개 방향은 남향으로 하루 종일 햇빛을 받을 수 있는 포치로 계획되어 있다. 포치 역시 삼면이 모두 유리창으로 이루어져 있기 때문에 하루 종일 햇빛을 받을 수 있다. 중심부에는 선룸과 같은 히팅(heating) 공간을 계획하고 남쪽방향으로 창문을 계획하여 충분한 일조를 고려하였다.

2층은 뒷문으로 부엌과 식당을 거쳐 2층으로 통하는 계단으로 올라가게 된다. 2층의 평면 형태는 1층의 십자형과 달리 동서로 긴 사각형 평면 형태로 계획되어 있다. 서쪽은 거실의 상부로 오픈되어 있고 발코니 공간을 계획하였고 동쪽부분은 세 개의 침실과 도우미 침실로 계획되어 있다. 도우미 침실은 동선의 편리함을 고려하여 1층의 식당과 연결되는 계단 바로 옆에 위치시키고 있으며 도우미 침실과 연결된 남쪽부분에는 외부에 오픈된 발코니 공간으로 계획되어 있었다. 주택 주위에는 영국 느릅나무들이 있었지만 현재는 모두 벽으로 폐쇄된 공간으로 변경되었다. 주택의 중심인 거실을 서향으로 배치함에 따라, 향이 좋은 동향에 세탁실과 팬트리를 배치하는 등 향을 고려한 실 배치에 모호한 점이 아쉽다고 느껴지지만, 2층의 침실은 동향과 남향으로 배치되어 충분한 일조를 고려하여 계획한 것으로 보인다.

내부의 바닥과 지붕골조는 1955년 와렌 스코트(Warren Scott)를 위해 리모델링되었고 1980년대에 다시 한 번 더 리모델링되었다.

• 1층 식당의 모습 서 · 북면에는 연속창문으로 계획되어 있다.

• 2층 발코니 부분에서 남쪽 창문을 바로 본 모습

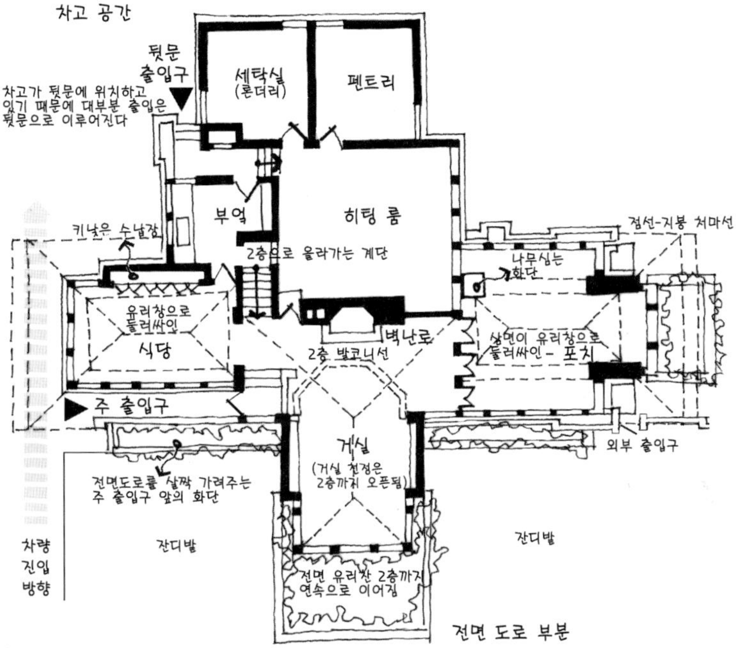
차고 공간
뒷문 출입구
차고가 뒷문에 위치하고 있기 때문에 대부분 출입은 뒷문으로 이루어진다
세탁실 (론더리)
펜트리
부엌
히팅 룸
키낮은 수납장
2층으로 올라가는 계단
점선-지붕 처마선
나무심는 화단
유리창으로 둘러싸인 식당
벽난로
2층 발코니선
삼면이 유리창으로 둘러싸인 - 포치
주 출입구
거실 (거실 천정은 2층까지 오픈됨)
외부 출입구
전면도로를 살짝 가려주는 주 출입구 앞의 화단
차량 진입 방향
잔디밭
잔디밭
전면 유리창 2층까지 연속으로 이어짐
전면 도로 부분

• 1층 평면도

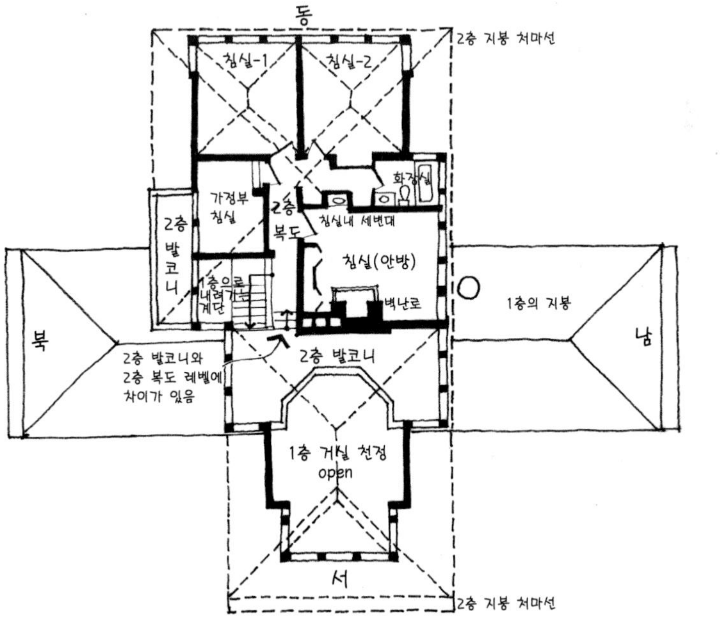
동
2층 지붕 처마선
침실-1
침실-2
화장실
가정부 침실
2층 복도
침실내 세면대
2층 발코니
침실(안방)
1층으로 내려가는 계단
벽난로
1층의 지붕
북
남
2층 발코니와 2층 복도 레벨에 차이가 있음
2층 발코니
1층 거실 천정 open
서
2층 지붕 처마선

• 2층 평면도

9. 그 외 리버 포레스트 지역의 건축물들

1) 에드워드 C. 월러 게이트(Edward C. Waller Gate, 1901)와 챈시 윌리암 주택(Chauncey Williams, 1895)

- 위치 : 530 Edgewood Pl. River Forest, Illinois(Chauncey Williams House, 1895)

01 _ Edward C. Waller Gate – Lake Street에서 River Lake Dr.로 들어가는 문으로 라이트가 Edward C. Waller를 위하여 계획한 것이지만 지금의 모습은 1980년대에 리노베이션한 것이라 변형되었다.

02 _ 챈시 주택 – 집 전체가 나무들로 가려져 전체적인 형태는 볼 수 없지만 주택의 전체적인 형태에서 급경사의 지붕이 입면의 2/3 이상을 차지하고 있는 모습을 볼 수 있다.

03 _ 출입구의 형태는 윈슬로 주택과 달리 원형으로 처리되었지만 가운데 자리를 부조로 띠를 돌린 수법은 윈슬로와 동일하다.

04 _ 정문은 전면도로를 바라보고 있지만 전면도로와 정문사이에 넓은 잔디밭으로 인하여 진입이 힘들고 측면으로 진입동선을 유도하고 있다.

에드워드 C. 월러 게이트는 윈슬로 주택을 들어가기 위하여 거쳐야 하는 문으로 라이트가 월러를 위하여 설계하였다고 하는데 현재의 모습은 1980년에 리노베이션한 것이라 초기의 모습은 찾아볼 수 없다.

챈시 주택의 주인인 챈시 윌리암은 출판업에 종사하는 사람으로 위스콘신 주의 주도인 메디슨 출신으로 리버 포레스트에 정착했다. 챈시 윌리암이 라이트를 알게된 것도 포레스트에서가 아니라 라이트가 자란 위스콘신 주의 메디슨에서였다.

현재의 챈시 윌리암 주택 모습은 초기의 것과는 조금 달라졌지만 이 주택의 경우 동양적인 영향을 받은 것으로 알려져 있다. 사실 이 시기에는 라이트가 시카고(콜럼버스) 만국박람회에서 일본건축을 접하게 되면서 동양 건축의 신비감에 빠져 있을 시점으로 윈슬로 역시 터키문화의 영향이 많았다면 이 주택은 일본주택 구성요소의 영향을 보이고 있다. 특히 경사가 심한 지붕의 형태와 몸채보다 과다한 지붕의 모습은 일본 전통 주택에서 볼 수 있는 건축구성요소라고 할 수 있을 것이다.(초기 흑백사진에서는 지붕에 사용한 재료가 현재의 나무 조각(너와지붕과 비슷함)이 아니라 일본 전통주택에 사용한 짚과 비슷한 것으로 보였다.)

윈슬로와 비슷한 시점에 설계된 것인지 전체적인 입면 형태는 윈슬로 주택과 비슷한 느낌을 주고 있다. 비록 평면의 형태는 윈슬로 주택과 다르지만 전체적인 입면의 형태는 윈슬로 주택과 같이 세 개의 뚜렷한 부분으로 나누어진다. 먼저 1층 창문 아래까지 로만벽돌로 처리한 부분과 그리고 창문 아래에서 처마까지 플라스터로 마감한 부분, 나머지 지붕으로 뚜렷이 구분되는 입면을 가지고 있다. 또한 정문의 형태 역시 윈슬로와 달리 원형으로 처리되었지만 정문 윗부분을 흰색 테두리를 두껍게 돌리면서 그 면을 조각으로 처리하는 수법은 윈슬로 주택과 거의 흡사하다. 단지 입면에서 차지하는 지붕의 비율은 비교되지 않을 만큼 챈시 윌리암 주택이 높다.

지붕에 설치된 창의 모습은 초기의 것에서 변형된 것이다. 이 지붕 위의 창문은 라이트가 몇 번씩 디자인한 후에 결정한 것이라고 한다. 그리고 이런 지붕 위의 창문은 다음 해 오크 파크에 지어지는 해리 굿리치 주택(Harry C. Goodrich, 오크파크, 1896 ~ 2011. 6 방문당시에는 내부수리 중)에도 적용하게 되었다고 한다. 굿 리치 주택의 경우에도 초기에는 정면지붕에 지붕창이 설치되었지만 현재는 제거된 상태이며 뒷면 지붕에만 2개 그대로 남아 있다. 이 주택 역시 지붕이 급경사를 이루면서 지붕 제일 아래쪽의 처마부분을 살짝 꺾은 방식과 1층 포치를 덮고 있는 팔작지붕의 하얀 삼각형 박공면(정면 사진 참고)은 동양의 전통적인 건축형식을 충분히 느낄 수 있다.

01 _ 과도한 지붕으로 이루어진 일본 전통주택의 모습 (오사카 박물관)
02 _ 굿리치 주택의 지붕창이 없어지기 전의 모습 (http://www.gowright.org/참조)
03 _ 굿리치 주택의 정면의 모습 – 지붕 중앙부분에 지붕창이 제거된 모습 (2011. 7월의 모습).
04 _ 굿리치의 주택 후면의 모습에는 예전 그대로 지붕창이 두 개 설치되어 있는 것을 볼 수 있다.

2) E. 아서 데븐포트 주택(E. Arthur Davenport House, 1901)

- 위치 : 559 Ashland Ave. River Forest, Illinois
- 건축스타일 : 절충주의 양식

• 전면 도로에서 바라본 주택의 모습

• 좌측면에서 바라본 주택의 모습

집주인인 E. 아서 데븐포트는 풀만 회사(Pullman Company)에서 52년이나 일할 정도로 열정적인 사람이었다. 그리고 리버 포레스트 지역의 타운쉽 감독감(township supervisor)으로서 시에 관련된 일에 굉장히 적극적으로 참여하였다. 뿐만 아니라 그의 아내인 수잔 데븐포트(Susan Davenport)도 리버 포레스트 지역의 여성 클럽의 회장을 맡았고 이들 부부는 이 지역에서 모르는 사람이 없을 정도로 많은 활동을 했다고 한다.

이 주택은 1901년 7월에 발간된 「The Ladies Home Journal」에서 "Small House with 'Lots of Room in it'"이라는 것으로 최초로 지어진 주택이다. 맨 처음에는 정면에 베란다도 있었고 – 그 후 주인이 바뀌면서 베란다는 철거되고 현재는 없는 상태이며 방문 당시에도 내부 수리 중이라 아무도 거주하지 않았다. – 거실창문(Bay window)을 특이하게 디자인하였고 대신 차량 진입로는 별도로 계획되어 있지 않았다. 이 시기는 라이트의 작품이 절충식에서 프레리로 넘어가는 시기로 경사진 지붕이라든지, 납으로 만들어진 리본 형식의 창문, 검게 얼룩진 널판으로 만들어진 사이딩 등과 같은 주택의 특징을 보여준다.

이 주택은 전면 도로를 기준으로 북쪽 대지에 위치하고 있기 때문에 전면 도로를 정면으로 처리하여 거실을 배치하다보니 서향으로 향해 있다. 전체적인 외형은 1층에는 검은색 사이딩 목재를 사용하였고, 2층에는 아이보리색의 플라스터를 사용하여 마감하였기에 1층과 2층이 확연히 구분되었다. 그리고 동시대에 리버 포레스트나 오크 파크 지역에 지어진 다른 라이트 작품들에 비해 장식적인 요소가 배제되어 굉장히 깔끔하고 단순화된 외관으로 느껴졌다. 경사진 지붕에는 지붕창이 없어지고, 거실 앞의 베이 창문은 오크 파크의 네이선 G. 무어 주택(Nathan G. Moore House, 1895)의 베이 창문처럼 창문살 등에 새겨진 화려한 장식들이 완전히 배제되어 있는 등 라이트의 작품이 절충적인 양식에서 프레리로 넘어가는 단계의 주택임을 절실히 느끼게 하는 작품이기도 했다. 그리고 외벽에서는 사이딩에 각재를 돌출되게 가로로 덧붙임으로써 프레리 건축 구성요소인 수평적인 느낌을 강조하려고 하는 시도가 보이기도 한다.

이 주택은 프레리 스타일로 넘어가는 과도기적인 작품인지 정형화된 십자형과 풍차날개 형태가 아닌 좌우 날개부분과 위쪽이 짧은 십자형 평면으로 구성되어 있다. 십자형 중앙에는 프레리 스타일의 전형적인 방식으로 벽난로가 중앙에 위치하고 주택공간의 중심축을 이루며 이를 기준으로 좌측 날개(북쪽)에는 현관과 계단실, 우측 날개(남쪽)에는 식당, 위쪽 날개(동쪽)에는 식당, 다른 날개와 달리 긴 아래쪽부분에는 거실이 배치되어 있다. 2층에는 위쪽 날개부분에 화장실을 계획하고 다른 날개부분은 모두 침실로 이루어져 있다. 이런 배치 방식은 라이트가 이전부터 가능한한 침실공간을 지면 위(2층)에 배치하는 평면을 고집하고 있었기 때문에 이 주택 역시 1층에는 침실이 없고 2층에 모두 배치되어 있다.

주 출입구는 북쪽 날개에 전면 도로와 마주보고 계획되어 있지만 전면 도로의 시야를 차단하기 위하여 작은 각목으로 현관을 전면 도로에 노출시키지 않고 앞에서 살펴본 이자벨 로버트 주택의 현관과 같이 살짝 가려주고 있다.

이렇게 전면 도로에서 현관을 숨기는 설계방식은 이후 라이트의 주택에서 즐겨 사용되게 된다.

• 지하층 창문과 1층 창문의 모습 – 외벽에 수평 목재 졸대로 수평성을 강조하고 있다.

• 좌측 짧은 날개 부분으로 주출입구와 계단실로 이루어진 부분 – 숨겨진 출입구 모습 – 각목으로 현관을 가림

• 베이 창문 앞에 베란다가 있었지만 현재는 철거된 상태이며 2층의 연속창문의 모습

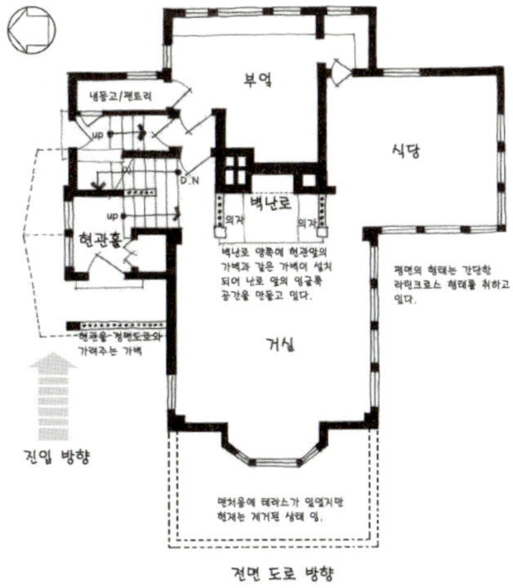

• 1층 평면도

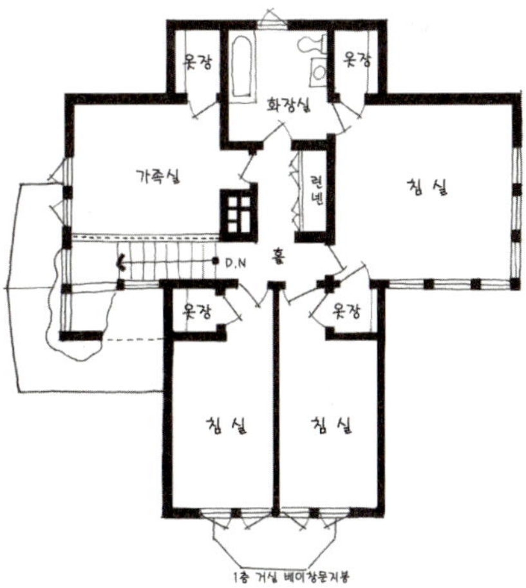

• 2층 평면도

3) J. 키번 인겔즈 주택(J. Kibben Ingails House, 1909)

- 위치 : 562 Keystone Ave. River Forest, Illinois
- 건축스타일 : 프레리(Prairie Style)

• 전면도로에서 바라 본 모습

• 주택 뒤쪽 증축된 테라스 부분을 바라본 모습

필자가 이 주택을 찾아간 시점에는 날씨가 좋았을 뿐 아니라 주변의 잔디와 나무들이 너무 정리가 잘 되어 있어 한 눈에 주택의 형태가 다 들어왔으며 주택을 감싸고 있는 붉은색 꽃(이름은 잘 모르겠음)또한 매우 아름다웠다.

여기에서 잠깐 미국 사람들의 생활을 이야기 해보면, 1년간 미국에서 생활하다보니 한국의 복잡한 도시에서 바쁘게 생활한 필자로서는 이들의 생활이 너무나 단순하다는 것을 느끼게 된다.(뉴욕, LA, 샌프란시스코 등 몇몇 복잡한 대도시를 제외하고) 특히 미국 중부 또는 북부지역의 전원적인 주택에서 생활하는 거주자들은 우리가 일반적으로 생각하고 있는것 보다 더 단순한 생활로 시간을 보내고 있었다. 봄을 제외하고 여름에는 일주일을 멀다하고 잔디기계로 잔디를 깎으면서 시간을 보내고, 가을에는 떨어진 낙엽을 치우고, 겨울에는 눈을 치우면서 시간을 보내고 있으니 정말 단순하기 짝이 없을 정도이다. 자기 집주변의 잔디를 정리하지 않고 그냥 방치하게 되면 벌금을 낸다나(?) 아무튼 내가 방문한 시점은 잔디 깎기가 막 끝난 시점이라 주변의 잘 정리된 초록색 잔디와 주택 외벽의 아이보리색, 그리고 주택을 감싸고 있는 붉은 꽃들이 정말 프레리(Prairie 대초원)를 느끼게 만들었다. 특히 주택 전체를 휘감고 있는 녹색의 테두리 띠는 주택 앞의 잔디 색과 어우러지면서 프레리에 넓게 펼쳐진 지평선을 표현하는 듯했다.

필자가 방문할 당시(2011. 7)의 모습은 1981년 이후 윌리암 드루몬드(William Drummond, 앞에서 기술한 이자벨 로버트 주택도 수선했음)와 존 틸톤(John D. Tilton)에 의해 1층 후면부의 테라스와 가족실은 식당 후면부로 가족실을 증축하면서 이것과 연결된 테라스를 추가한 형태였다. 2층에도 서재와 창고를 추가하는 등 여러번 수리된 모습이다. 그리고 1917년에는 주택 후면에 별도로 차고가 증축되었고 1926에는 부엌 주변으로 외부공간을 확장하여 꾸미기도 하였다.

주택 초기의 전체적인 규모는 2층이며, 평면 형태는 그린 크로스(+) 십자형으로 계획되어 있었다. 1층의 경우 언제나 그랬듯이 십자형의 중심에 벽난로가 위치하고 거실, 부엌, 현관, 식당이 십자형 4개의 날개 각 공간에 배치되어 있다. 거실(동)과 부엌(서)이 동서 축을 이루고 이 축을 중심으로 식당(북)과 현관(남)이 대칭을 이루고 있는 전형적인 프레리 스타일의 평면 형태이다. 그러나 현재 1층은 동쪽에 있는 야외 테라스에 창문이 설치되어 테라스 앞 화단까지 확장되었고 서쪽의 부엌도 야외 테라스가 확장되어 동서로 확장된 십자형 형태로 이루어져 있다. 그리고 현관홀이 십자형 날개 1개 부분을 차지할 만큼 널찍하게 계획되어 있다.

01

02

03

01 _ 녹색의 테두리 띠와 2층 침실에 계획된 캔틸레버의 발코니
02 _ 정면 2층 주인부부 침실의 창문이 밴드식으로 연속적으로 이어져 있는 모습과 유리에는 라이트 특위의 직선으로 디자인된 문양이 보인다.
03 _ 출입구 부분의 모습 - 붉은 꽃의 화분과 낮은 담장이 전면 도로에서 시선을 살짝 가려주고 있다.

2층의 경우 중심부에는 화장실과 계단 홀이 그리고 동서 축을 이루는 1층 거실 바로 위 공간은 주인 침실을 배치하였다. 그리고 도우미 동선 등을 고려하여 식당 위 공간은 도우미 침실을 배치하여 인접한 계단을 통하여 곧바로 부엌으로 연결될 수 있게 계획하였다. 그리고 나머지 남, 북 공간에는 침실로 배치되어 있고 각 침실에는 캔틸레버 방식의 발코니가 계획되어 있어 언제나 외부 공간과 연결할 수 있게 배치하였다. 비록 주택 내부에는 들어가지 못했지만 필자의 생각으로는 2층 도우미 침실이 서재와 창고 등으로 변경된 것으로 보인다. 이런 변화는 우리나라에서도 마찬가지 변화과정을 거쳤다. 다시 말해 하인과 노비가 법적으로 허용되는 시기에는 이들을 위한 공간이 주택 내부에 필요했지만 신분차별제도가 사라지게 되면서 이제까지 노비나 하인이 하던 일을 직접 주인 가족들이 해야 했기 때문에 주택공간의 변화는 당연할 수 밖에 없는 것이다.

그리고 여러 부분이 초기와는 다르게 변경되었지만 거실 부분과 거실 앞 테라스 그리고 2층 주인 침실 부분은 거의 초기 계획안의 모습 그대로 유지하고 있다고 한다. 거실 좌측(정면에서 보았을 때)에 위치한 출입구는 전면 도로와 마주보고 있지만 가슴까지 오는 높이의 낮은 담장과 화분으로 전면 도로에서의 시선을 살짝 가려주는 센스도 엿보인다.

주택의 진입의 경우에는 차량과 방문객들이 같은 방향으로 진입하다가 차량은 계속 진입하여 주택 후면부에 증축된 차고로 이동하고, 방문객들은 현관 앞 공간에서 우측으로 돌아 현관으로 진입하게 된다.

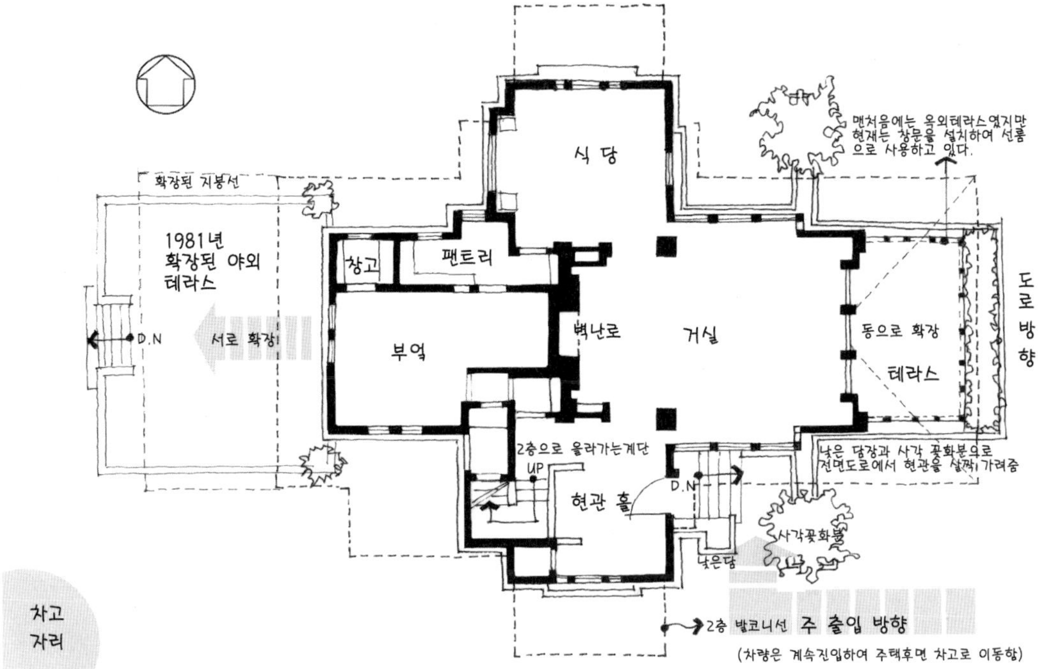
확장된 지붕선
1981년 확장된 야외 테라스
창고
팬트리
식 당
맨처음에는 옥외테라스였지만 현재는 창문을 설치하여 선룸으로 사용하고 있다.
D.N
서로 확장
부엌
벽난로
거실
동으로 확장
테라스
도로 방향
2층으로 올라가는계단
UP
D.N
현관 홀
낮은 담장과 사각 꽃화분으로 전면도로에서 현관을 살짝 가려줌
사각꽃화분
낮은담
차고 자리
2층 발코니선 주 출입 방향
(차량은 계속진입하여 주택후면 차고로 이동함)

• 1층 평면도

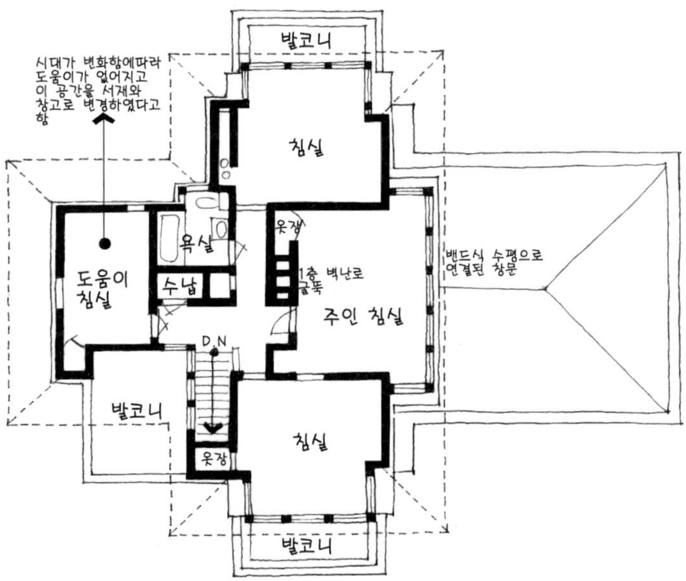
발코니
시대가 변화함에따라 도움이가 없어지고 이 공간을 서재와 창고로 변경하였다고 함
침실
욕실
옷장
1층 벽난로 굴뚝
밴드식 수평으로 연결된 창문
도움이 침실
수납
주인 침실
D.N
발코니
침실
옷장
발코니

• 2층 평면도

10. 워드 윈필드 윌리츠 주택(Ward Winfield Willits House)

- 위치 : 1445 Sheridan Rd. Highland Park, Illinois
- 건립 : 1901년(1980년에 리모델링이 이루어졌음)
- 건축스타일 : 프레리(Prairie Style)

• 십자형 평면과 넓은 평지에 자리한 전형적인 프레리 주택인 윌리츠 주택의 전경

1) 윌리츠와 라이트와의 인연

워드 윌리츠는 미국 북부에 위치한 일리노이 주의 미시시피 강 주변의 뉴 보스톤(New Boston)에서 1859년에 태어나났다. 그의 부모는 워드 윌리츠에게 좀 더 좋은 교육 환경을 만들어 주기 위하여 시카고로 이사오게 된다. 시카고에서 교육을 받고 20대 초반에 황동 제조소 회사인 아담스와 웨스트레이크 회사(Adams and Westlake Company)에 취직하게 된다. 그 후 계속적인 승진으로 1891년에 부사장이 되었고 마침내 1904년에는 사장에 취임하게 된다. 그리고 1887년경에 이 회사에 올란도 지안니니(Orlando Giannini)라는 사람도 일을 하게 되는데 이 사람은 라이트가 주택에 사용하는 유리를 공급하기도 하고 주변에 주택을 짓고

자하는 건축주와 건축가를 연결시켜주는 중개일까지 하게 된다. 이로 인하여 자연스럽게 라이트와 윌리츠는 연결되었고 이 주택뿐 아니라 인근에 있는 윌리츠 정원 오두막집(Willits Gardener's Cottage, 1901)도 설계하게 된다.

이런 인연으로 1905년 윌리츠와 그의 부인 세실리아 메리 베리(Cecelia Mary Berry)가 일본을 여행하면서 라이트를 동반하게 되고 그 이후 계속적으로 교류하면서 서로 간에 흥미를 가지게 된 것으로 보인다. 윌리츠는 92세로 죽을 때까지 이 주택에 살았다고 전해진다.

2) 하이랜드의 윌리츠 주택과 또 다른 라이트의 주택

• 남서방향으로 배치된 윌리츠 주택의 위성사진(참조: 구글 어스)

이 주택은 일리노이 주의 하이랜드 파크(highland park)의 셀이댄 로드(sherldan Rd.)를 전면도로로 남서 방향으로 약 45도 정도 방향을 돌려 배치되어 있고, 건물 좌측의 지붕 아래 자동차 진입로(porte-cochere)를 통하여 차고로 진입하게 된다. 비록 필자가 겨울에 방문했지만 다른 주택을 방문할 때마다 느끼는 것은 우리나라처럼 빼곡히 이어져 있는 주택가의 모습과는 달리 주택가 주변에 우거진 많은 푸른 거목들과 넓고 여유 있는 정원이 어우러진 모습은 참 부럽기도 했다. 솔직히 미국에서는 우리에게 잘 알려진 뉴욕, LA, 시카고, 샌프란시스코와 같은 몇몇 도시를 제외하고는 우리나라와 같은 초고층 아파트를 찾아보기란 그리 흔하지 않고 대부분 단독주택으로 주위에는 담장도 없고 주변의 푸른 정원과 어우러져 있다.

하이랜드 파크에는 이 주택 외에도 라이트가 설계한 주택이 3동(Willits Gardener's Cottage(1901), Mary M W. Adams 주택(1905), George Madison Millard 주택(1906)이 더 있다. 조지 메디슨 밀워드 주택은 T자형 평면형식이며, 아담스 주택은 일자형에 포치가 좌측에 붙은 형식의 평면으로 이루어졌다.

이곳을 탐방한 시점은 12월이라 비록 많은 눈은 왔지만 인근에 위치하고 있는 3동의 주택을 볼 수 있다는 기대감으로 벅차 있었다. 그러나 방문한 모든 주택이 실제 거주자가 없이 비어있는 상태였기에 내부는 볼 수 없었다. 윌리츠 주택과 아담스 주택은 수리 중에 있었으며 밀워드 주택은 매도를 위해 부동산 회사가 관리 중에 있었다. 특히 조지 메디슨 밀워드 주택의 외벽은 목재로 시공되었는데 오크 파크의 아서 허슬레이 주택(1902)의 외장재 벽돌을 가로 방향으로 내어 쌓기 하여 졸대를 댄 느낌을 준 것과 같이 목재 외벽에 졸대 나무를 덧붙어 수평선을 강조하고 있었다.

• 메리 아담스 주택, 1905

• 조지 메디슨 밀워드 주택, 1906

반면에 윌리츠 주택과 아담스 주택은 외벽의 플라스트와 목재 두겁으로 마무리 하였다. 이 중 윌리츠 주택은 1902-3년에 지어진 대표적인 건축물로서 라이트의 가장 성숙한 단계에서 이루어진 프레리 스타일의 주택이라 할 수 있다. 이 주택이 자리한 대지는 굉장히 넓었고 언제나 그랬듯이 라이트가 설계한 주택은 주변의 다른 주택들과 형태가 다르기 때문에 셀이댄 로드를 운전하면서 한눈에 들어왔다. 그러나 방문 당시 많은 눈으로 인하여 주변의 넓은 초목과 어우러진 프레리 스타일의 주택을 느끼기 보다는 주택이 위치한 넓은 대지의 하얀 눈 때문인지 건축을 가르치는 교수로서의 느낌은 하얀 우드락 위에 잘 만들어진 모형처럼 보였다. 이런 느낌 때문인지 주택에는 아무도 거주하지 않았고, 유리창을 통해 본 내부 공간은 어수선하게 물건들이 흩어져 있을 뿐, 주택 부속 차고를 수리하고 있는 인부만이 보였다.

이 주택은 시공 당시에 라이트의 계획 도면과 공사 중 수정 도면들이 공기를 맞추어 제때 현장에 전달되지 않아 공기가 매번 지연되면서 공사를 담당하고 있는 월트 불레이 그리핀(Walter Burley Griffin)을 화나게 만들기도 했다. 그리고 이로 인하여 공기가 길어지고 또한 라이트의 작품에 대한 고집으로 인하여 건설 비용이 증가하자 건축주인 윌리츠가 라이트에게 건축 비용 축소를 애원까지 해봤지만 아무런 효과가 없었다고 한다.

사실 라이트의 초기 작품은 당시 유행하고 있었던 퀸 앤 스타일 등과 같은 방식으로 라이트의 특유의 디자인을 볼 수 없었는데 그 이유는 설계를 독립적으로 처음 시작하는 입장에서 자신만의 고집을 부리기보다는 좀 더 잘 팔리고 누구나 쉽게 접근할 수 있는 주택을 설계함으로써 생활비를 벌어야 했기 때문이었다. 그러나 라이트 특유의 디자인과 디자인에 대한 자신감 그리고 그만이 가지고 있는 독선적인 성격(?), 욕심때문에 라이트의 주택은 대부분의 초기 예상했던 금액보다 증가하는 경우가 다반사였다. 자신의 디자인에 대한 일화로 라이트가 설계한 주택에서 생활하고있던 건축주가 라이트에게 주택 지붕에서 비가 새고 있다고 불평을 이야기 하자, 라이트는 다시 시공하기보다는 “비가 새고 있는 곳에 양동이를 받치면 되지 않느냐” 라고 반문했다고 할 정도로 자신의 디자인에 대한 자부심이 대단했다고 한다.

3) 전형적인 프레리 스타일의 윌리츠 주택

이 주택이 전면 도로에서 라이트의 작품임을 알아 볼 수 있는 특징은 주변의 다른 주택들과 확연히 다른 형태를 하고 있다는 이유도 있었겠지만, 주택 정면의 테라스를 둘러싸고 있는 낮은 담장 모서리에 놓인 라이트 특유의 디자인으로 만들어진 둥근 화분이 틀림없는 라이트 주택 작품임을 증명하는 듯했다.

• 거실 정면 테라스를 감싸는 낮은 담장 모서리의 둥근 화분의 모습과 담장 아래에 낮은 시멘트 기단이 보인다. (정면)

• 후면부 – 1층의 도우미 방 뒤쪽으로 평지붕으로 증축된 차고가 보인다.

월리츠 주택은 비록 전체적으로 생활공간이 지면에서 기초와 같은 낮은 시멘트 기단 위에 살짝 올려진 모습이지만, 주택의 높이보다 좌 · 우로 넓게 퍼진 형태 때문인지 주택이 대지 아래에서 솟아오른 듯 대지와 하나같이 느껴지면서 진정한 의미에서의 프레리 스타일의 주택임을 몸으로 느낄 수 있었다. 반면에 주택을 떠받치고 있는 시멘트 기단과 거실 테라스 앞의 낮은 담장은 인간이 만든 구조체와 신이 만든 자연을 확연히 구분시켜주는 듯했다. 또한 도로와 면하고 있는 2층 높이의 거실 유리면은 이 주택을 좀 더 두드러지게 만들고 있을 뿐 아니라 주택의 품위를 한 층 높여주고 있었다.

전면 도로와 마주하고 있는 유리면은 1층에는 거실 공간, 2층에는 주인침실로서 거주자 생활의 중심이 되는 공간인 동시에 가족의 프라이버시가 보장되어야 하는 공간이다. 이런 이유 때문에 전면 도로와 마주하고 있는 거실 벽의 유리는 1층 바닥에서 천정까지 이어져 있지만, 보이는 곳은 주변의 이웃집도 아니고 땅도 아닌 넓고 푸른 하늘을 향하게 된다. 또한 정원을 향해 오픈되어 있는 유리창은 거실 외부의 테라스 건너 펼쳐진 자연(프레리)을 담을 수 있게 계획되어 있다. 이런 설계 개념은 프레리 주택의 개념 중 하나로서 주택 내부공간의 좀 더 많은 곳을 외부에 오픈시킨다는 개념에서 나온 것이라 할 수 있고 또한 내부의 각 공간이 유기적으로 상호 연계되어 있다는 것이다.

주택의 외벽에 사용된 주재료가 플라스터와 목재로 이루어져 있지만 내부에는 철구조가 숨겨져 있다. 목재는 소나무를 사용하였고 그 위에 오크 나무를 사용했다. 그리고 1, 2층 모든 외벽에는 시멘트 두겹돌(coping, 아서 허슬레이 주택, 네이선 G 무어 주택 등과 같이)을 사용하는 대신 오크 나무을 사용하여 돌림띠로 사용하고 있다. 앞의 프레리 주택부분에서도 기술하였듯이 프레리 주택 초기에는 수평적인 요소를 강조하기 위하여 외부 벽면에 목재 사이딩을 사용하기도 했다.

이 주택은 외형상으로 프레리 주택의 특징을 잘 보여 주고 있는데, 십자형 평면 형태에서 가로와 세로가 만나는 주택의 중심에 로만블록으로 만든 벽난로를 계획하여 주택 내의 중심성을 확고히 한 다음 생활공간을 좌 · 우 · 상 · 하로 배치하였다. 벽난로의 굴뚝은 지붕선을 넘지 않게 억제하여 수평선을 파괴하지 않았고 지붕 또한 대평원의 지평선을 강조하기 위하여 아주 완만한 경사의 지붕 비례를 사용해 십자형 평면에 잘 어울리게 처리하였다. 전체적으로는 건축물의 높이보다 외벽의 길이를 낮고 길게 처리함으로써 수평적 요소를 강조하고 있다. 그리고 1층의 거실 창문은 수직적이었지만 2층에서 수직적으로 올라오는 1층의 창문을 높이보다 길이를 길게 연결한 밴드형식의 창문을 만들어냄으로써 1층 창문에서 느껴지는 수직성을 억제, 감소시키고 있는 것 또한 프레리 주택의 특징이라 할 수 있을 것이다. 그리고 주택 내부에서 공간적인 프레리 주택의 특징을 살펴보면 일련의 확 트인 공간을 상호 교차시키면서 – 차의 출입구 → 계단실 → 그리고 → 4~5단의 계단실을 거쳐 좌회전하면서 거실에 도달하게 하는 동선의 흐름은 유기적 공간의 표현이라고 할 수 있을 것이다. 이런 공간의 유기적 복합성은 다른 어느 공간보다도 실내 공간을 확장시키는 것처럼 느껴 질 수 있게 만들어 준다.

• 현관이 있는 우측면의 모습으로 2층 서재의 다각형 창문이 보인다.

• 좌측면의 모습으로 1층 테라스의 낮은 담장의 돌림띠가 식당 외벽까지 길게 연장된 느낌을 주고 있다.

라이트는 십자형 프레리 주택을 선보이기 이전에 몇몇 프레리 주택에서 비규칙적인 풍차형 형태를 차용하기도 했고 조금씩 그의 불규칙적인 규칙을 수정하게 되면서 규칙적인 십자형 프레리 주택에 이르게 된다. 그리고 라이트는 이런 십자형 평면 형태와 사각형이나 직사각형의 레이아웃보다 더 많은 공간을 제공할 수 있을 뿐 아니라 거주자들이 주택

공간에 압도되지 않는다고 생각했다.

윌리츠 주택은 30인치 유니트 모듈을 사용하였다. 그러나 식당은 41인치 유니트를 간단히 변형시킨 방법으로 확대되어 사용되고 있다. 그래서 라이트는 일반적인 주택의 식당에서 사용되고 있는 포치의 길이를 파괴하면서 길게 연장하게 된다. 또한 거실도 최초의 계획에서 확대하고 계단 공간도 변경하였다. 이렇게 확대된 식당 공간이 십자형 평면에서 좌 · 우측의 대칭을 파괴하고 있다고 볼 수 있을 것이다. 그러나 이렇게 파괴된 대칭선은 우측 차로의 캐노피 지붕으로 보완하고 있다. 또한 식당 공간을 크게 보이기 위한 경향은 유소니언 주택에서도 볼 수 있다. 유소니언 평면은 십자형보다 넓지 않고 좁기 때문에 유소니언 L-평면 형태(유소니언 주택 부분을 참조하기 바람)에서는 식당 공간을 정확히 확정짓지 않고 거실공간과 공동으로 사용할 수 있게 거실 코너에 위치시킴으로써 식당 공간을 크게 느낄 수 있도록 계획하고 있다.

• 거실에서 벽난로를 바라본 모습

• 벽난로 좌측으로 들어와 식당을 바라본 모습

1층에는 가족들이 사용하는 식당, 부엌, 거실 그리고 도우미를 위한 침실만이 배치되어 있고 현관에서 연결된 계단을 통해 2층으로 올라가면 가족들을 위한 침실이 모두 배치되어 있다. 1층 현관 옆에는 손님 접대 공간을 별도로 구획하여 굳이 짧은 시간동안 머물고 갈 손님을 집 안으로 유도하지 않고 손님접대 공간에서 일을 처리할 수 있게 만들어 가족들의 프라이버시를 보장하고 있다.

그리고 2층의 아이들 침실에서는 곧바로 부엌과 식당으로 연결되는 계단이 있고 이 계단참에는 2층 옷장과 계단참 사이의 공간을 옷장으로 처리하여 데드 스페이스(dead-space)가 될 수 있는 공간을 최대한 살려내고 있는 치밀함도 보여주고 있다. 2층 공간에서 눈여겨 볼만한 것은 톱라이트다. 2층 평면 형태는 십자형 평면에 각 실(침실, 서재 등)이 가운데 자리에 위치함에 따라 중복도 형태를 이루게 됨에 따라 복도는 좌우의 각 실에 막혀 햇빛을 받지 못해 하루 종일 어두운 공간이 될 수 있는 것을 감안하여 중복도 천정에 톱라이트를 2개 설치하고, 북서 향의 침실로 들어가기 전의 전실에 1개를 더 추가적으로 설치하여 총 3개의 톱라이트를 설치하여 중복도가 낮 시간에는 톱라이트를 통해 들어오는 햇빛으로 항상 밝게 유지될 수 있도록 처리하였다. 평면상에서 필자의 상식으로 이해하기 어려웠던 점은 부엌에서 팬트리를 통하여 식당으로 연결되는 동선이다. 팬트리와 부엌의 위치가 바뀐다면 주부의 동선이 좀 더 짧아지지 않았을까 하는 생각도 해보게 된다.

윌리츠가 죽은 후, 밀튼 로빈슨(Milton Robinson)은 이 주택을 구입한 후에 1층 팬트리 좌측에 화단이었던 곳에 데크를 추가하였다. 즉 외부 계단을 통해 식당으로 곧바로 들어가지 않고 데크를 통해 팬트리로 연결될 수 있게 변경하였다. 또한 1층의 도우미 침실 뒤쪽(지하로 내려가는 계단이 있는 방향)으로 기존에 없었던 차고가 증축되었다. 그리고 식당 옆의 오픈된 포치공간은 3면에 창문을 설치하여 내부공간으로 수선하였다. 1989년대에는 로빈슨(Robinson) 위원회의 건축가인 존 에프럴(John A. Eifler)은 이 주택을 리노베이션 하게 된다.

한마디로 윌리츠 주택은 거주 공간의 새로운 본보기로서 프레리 주택을 완벽하게 실현시킨 주택이라 할 수 있다. 역사적으로 어느 스타일과도 연관되지 않은 신선한 공간구성을 보여주었을 뿐 아니라 자연을 품에 안은 듯 느긋한 생활 방식을 그대로 보여주는 듯한 주택이다.

• 식당 포치 부분은 수선 중에 있다. 안쪽에 보이는 문이 식당에서 나오는 문이다.

• 자동차 출입구(porte-cochere)모습과 지붕아래 좌측에 오목 들어간 곳이 현관부분이다.

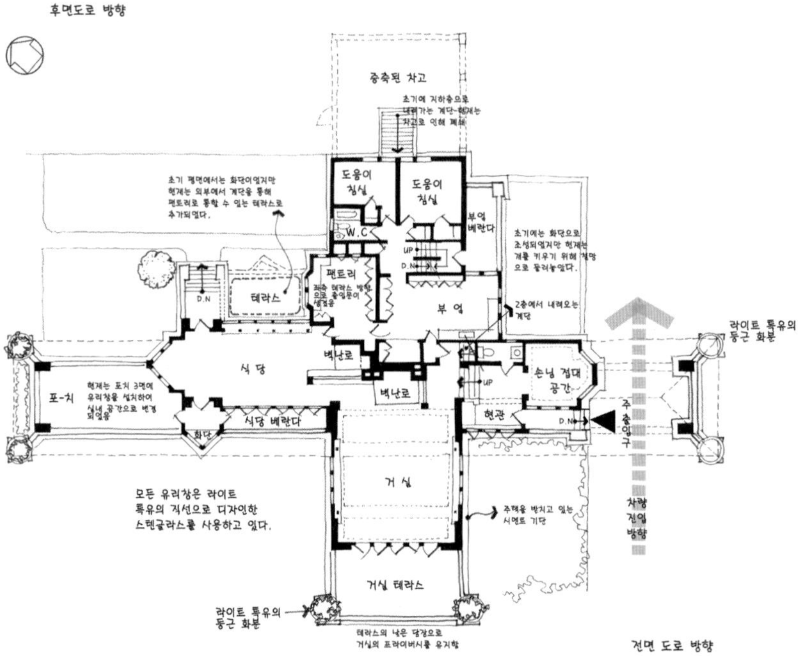

•1층 평면도 – 전형적인 +자형 프레리 주택 평면도

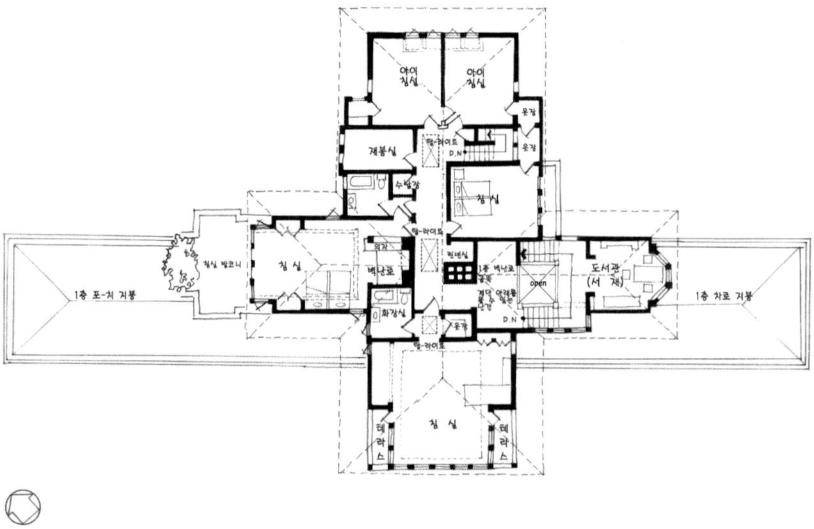

•2층 평면도

11. A. W. 그리드레이 주택(A. W. Gridley Residence)

- 위치 : 637 N. Batavia Ave. Batavia Illinois
- 건립 : 1906년
- 건축스타일 : 프레리(Prairie Style)

• 전면도로에서 바라 본 모습 – 넓고 넓은 푸른 초원 위에 한 폭의 그림같이 자리 잡고 있는 그리드레이 주택의 모습

1) 저 푸른 초원 위에 그림 같은 주택

이 부근을 지나가는 사람이면 누구나 이 주택을 쉽게 찾을 수 있을 것이다. 바타비아 도로(Batavia Ave.)를 운전하다보면 주변에 위치한 주택들은 거의 보이지 않고 그리드레이 주택만이 보이는데, 이는 위의 사진에서도 볼 수 있듯이 나지막한 언덕에 너무나 멋있게 자리하고 있기 때문이다. 그리고 도로 옆에는 라이트가 설계한 주택이라고 커다란 안내판이 위치하고 있다. 필자가 방문할 당시에는 10월쯤으로 주변의 단풍과 정원의 초록색 잔디 위에 자리한 주택의 모습을 보는 순간, 순간적으로 우리나라 유명한 노래 한 구절 '…저 푸른 초원 위에 그림 같은 집을 짓고 사랑하는 우리 님과 한 백년 살고 싶네…' 이 생각 날 정

도로 한 폭의 풍경화로 달력 속에서만 볼 수 있는 그림같은 집으로 보였다. 그러나 아쉽게도 이 주택의 맨 처음 주인인 그리드레이는 재정적인 문제 등으로 인하여 이 주택에서 오래 거주하지 못했다고 한다. 농담이지만, 필자의 생각으로는 아마도 라이트의 고집으로 주택 시공에 초기에 예상했던 자금보다 많은 자금이 소요되어 건축주의 재정사정이 악화되지 않았나 하는 생각을 해보게 된다.

이 주택이 자리한 곳은 필자가 앞에서 기술한 것처럼 어느 누가 보아도 멋있다고 할 정도로 프레리 스타일에 어울리게 넓은 대지 위에 자리하고 있다. 그리고 전면 도로와도 상당한 거리가 이격되어 있고, 도로 레벨보다 조금 높은 언덕 위에 위치하고 있기 때문에 개인의 프라이버시를 보장하기 위해 굳이 거실의 유리창을 스크린(스테인드 글라스 등)으로 처리하지 않았을 뿐 아니라, 다른 프레리 주택들처럼 거실 유리창 앞에 테라스를 만들고 테라스를 둘러싸는 낮은 담장(난간)을 설치하지 않은 것 같았다. 그래서 거실 유리창 문을 통해 곧바로 주택 앞의 정원으로 연결될 수 있도록 그대로 노출시켜놓고 있다.

• 거실 앞 테라스 부분에 낮은 담장이 제거되고 넓은 잔디밭으로 그대로 연결되게 계단이 설치된 모습

• 저 푸른 초원 위에 그림 같은 집 – 넓은 대지에 단풍과 같이 어우러져 한 폭의 그림 같이 보이는 주택의 모습

그리고 거실과 정원을 연결하는 계단 양쪽에는 라이트가 설계한 주택이라는 것을 강조라도 하듯이 둥글고 넓은 화분이 놓여 있었다. 반면에 테라스 부분을 제외한 좌우로 낮은 담장(난간)을 설치하여 식당부분과 서재, 현관 부분을 감싸고 있었던 부분은 조금 이해하기 힘든 부분이기도 했다. 어떻게 생각하면 주택에서 가장 중심이 되는 거실부분을 노출시킴으로써 느껴지는 불안한 심정을 다른 공간을 살짝 가려 줌으로써 생기는 안도감으로 대신하지는 않았나 하는 느낌도 들었다. 그러나 주택 앞에 설치된 안내판의 주택 설명을 읽고 난 후에는 낮은 담장이 주택 정면에서 지면 위로 노출될 수 있는 지하실의 일부분을 가리기 위한 것일 수도 있겠다는 생각이 들었다. 주택 앞에 설치된 주택 안내문의 내용을 살펴

보면 – 이 주택은 집을 지을 당시 15에이크 넓이(100m×100m≒1acre)의 나지막이 경사진 야생화 언덕이었다는 이유에서 라이트는 '언덕위의 집(Ravine House)' 라고 이름을 붙였다고 한다. 굳이 우리나라 말로 해석하자면 '협곡' 이나 '계곡' 이지만 현장을 직접 방문한 필자로서는 협곡, 계곡보다도 언덕이라고 하는 것이 훨씬 더 어울리는 해석인 것 같아 필자 나름대로 언덕이라 해석하였다. 그리고 이 주택의 외형에서 나타나는 건축 구성요소 – 낮은 경사지붕, 연속되는 향나무 트림, 그리고 수평적으로 연속되는 여닫이 창문, 스타코로 마감된 목조주택 – 는 라이트의 프레리 주택의 전형적인 구성요소라고 할 수 있다. 초기 라이트의 계획에서는 스타코로 마감된 낮은 담장이 주택 정면부분 – 거실 앞 테라스를 포함해서 – 을 모두 감싸고 있었지만 현재는 거실 앞 테라스 부분의 낮은 담은 제거된 상태이다. 그리고 추가적인 마구간 등은 계획하지 않았다고 한다.

1912년 바타비아(Batavia)시(市)의 'Challenge Feed Mill and Wind Mill' 회사의 사장인 프랭크 스노우(Frank Snow)에게 매도되었고, 1981년에는 국가 역사지구 등록원에 등록되었다. 차후 원래 모습을 최대한 보존하는 범위 내에서 부엌이 추가적으로 복원되기도 했다. 「참고로 주택의 가격은 2004년경에 $980,000 정도였고 2009년에는 $1,575,000(1달러 1,100원이면 약 우리나라 돈으로 17억 정도)에 달한다고 설명하고 있다.

• 주택 앞 전면도로변에 설치된 주택 설명 안내판

• 동쪽에서 1층 포치부분을 바라본 모습 – 포치 상층부에는 다른 공간이 계획되지 않았다.

• 주택 후면의 남서 방향에서 바라본 주택의 모습 – 지하실 부분이 지면으로 올라왔기 때문에 잘못 보면 3층으로 보일 수 있다.

2) 프레리 스타일의 전형적인 십자형 평면

주택의 규모는 2층이다. 그러나 라이트의 일반적인 2층 프레리 주택보다 전체적으로 조금 높게 느껴진다. 그 이유는 지하층 부분이 지면으로 조금 올라온 상태이기 때문에 주택의 전체적인 높이가 다른 프레리 주택보다 높게 보기 때문일 것이다. 특히 정면에서는 1층 부분을 감싸고 있는 낮은 담장 때문에 지하층의 유무를 확인할 수 없는 상태에서 2층 창틀아래 목재 돌림띠를 기준으로 1층과 2층을 구분하게 되면 1층이 유난히 높게 보이는 데 그 이유도 지하실 때문이다. 이런 이유 때문에 낮은 담장이 없는 남서 방향(사진참조)에서 주택을 바라보게 되면 지하실이 내민 창문들 때문에 전체 주택이 3층으로 보이기도 한다.

주택에 사용된 주재료는 목재를 다듬어 시공되었고 평면 형태는 지면과 접하고 있는 1층이 +(십자형)모양으로 그리고 2층은 1층의 오픈된 포치 부분 상부에 발코니 등과 같은 공간을 계획하지 않은 T자 – 북쪽의 익랑을 제거한 – 형태로 구성되어 있다. 1층에는 오크나무로 바닥이 마감되어 있고 2층에는 가문비나무(전나무)로 마감되어 있다고 한다. 전체적인 평면 형태는 앞에서 설명한 워드 윈필드 윌리츠 주택(Ward Winfield Willits House)과 비슷한 전형적인 프레리 스타일의 주택 모습이다. 그러나 윌리츠 주택과 형태적인 차이점은 전면에서 보면 우측으로 넓게 날개를 펴고 있는 자동차가 진행할 수 있는 차로(porte-cochere)와 차로를 덮고 있는 지붕이 없다는 것이다. 다시 말해 주택 후면에 주차를 위한 공간이 있다고 하더라도 굳이 넓은 대지에 주택 내부로 차로를 계획할 필요가 없었던 것 같았다. 그냥 주변의 넓은 대지를 이용하여 주택을 돌아 주택 뒤에 진입할 수 있기 때문에 애써 주택 내에 차로를 필요로 하지 않았고, 방문할 당시에는 그마저 출입 동선이 편리한 주 출입구 바로 앞에 자동차를 주차하고 있었다. 이는 주택의 출입구가 1층에 동쪽, 북쪽 날개 모서리에

• 남쪽 날개에 위치한 식당 – 뒤쪽 창문너머로 포치가 살짝 보인다.

• 1층 거실(동)과 서재(북) 사이에 설치된 주출입구 – 동선의 편리함 때문에 현관 앞에 주차한 모습

현관이 위치하고 있고 다른 곳에는 주택으로 들어갈 수 있는 출입구가 없는 이유이기도 할 것이다.

1층의 십자형 평면 중심에는 프레리 주택의 전형적인 건축 구성요소인 벽난로와 계단이 위치하고 있고 각 방향으로 펼쳐진 날개부분의 공간에는 동 –거실, 서 – 도우미 침실과 계단, 남 – 식당과 포치, 북 – 서재 등으로 나누어져 있다. 서쪽 날개공간에는 도우미 침실과 연결되는 계단으로 계획되어 있다. 반면에 서쪽 날개에는 외부에서 팬트리로 출입할 수 있는 출입구가 계획되어 있다. 다른 주택과 달리 이 주택의 경우에는 주인이 출입하는 현관과 주로 집안일을 하는 도우미와의 출입을 완전히 분리하여 설계한 듯한 느낌을 받게 된다. (다음 페이지 도면 참조)

2층으로 올라가면 동 · 서 · 남(북은 제외)의 각 방향으로 펼쳐진 날개에는 도우미 침실까지 합하여 6개의 침실로만 구성되어 있다. 2층으로 올라가면 조금 특이한 부분이 있는데, 서쪽 날개부분이다. 평면도를 자세히 보면 중심부에 위치한 2층으로 올라가는 계단참에서 도우미 침실 화장실로 출입하고 다시 몇 단의 계단을 통하여 도우미 침실로 출입하게끔 계획되어 있다는 것이다.

주택의 넓이는 5,000feet^2(약 450㎡, 136평)로 다른 어느 누구도 부럽지 않게 계획되었지만, 부엌 뒤쪽에 지하실로 내려가는 계단이 있는데 현재 지하실의 상태는 그리 좋지는 않다고 한다.

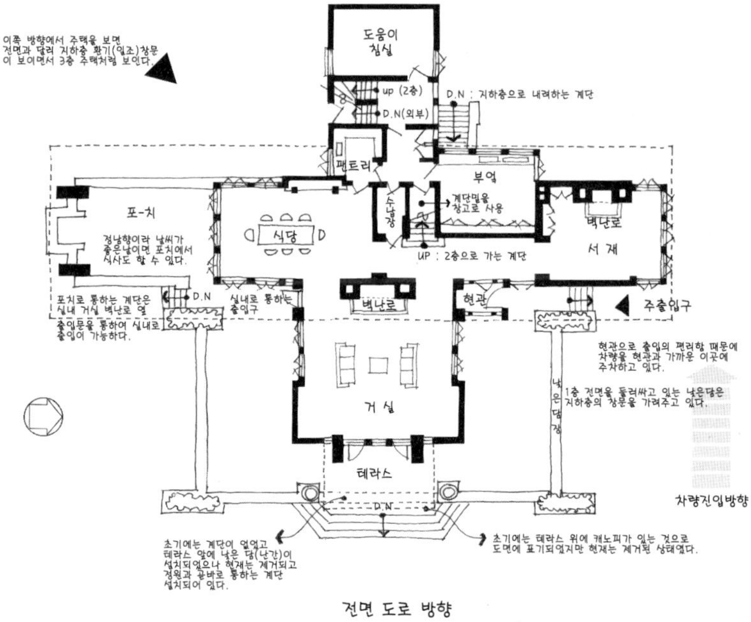
이쪽 방향에서 주택을 보면 전면과 달리 지하층 환기(일조)창문이 보이면서 3층 주택처럼 보인다.
도움이 침실
up (2층)
D.N(외부)
D.N : 지하층으로 내려가는 계단
팬트리
부엌
수납장
계단밑을 창고로 사용
벽난로
서재
포-치
정남향이라 날씨가 좋은날이면 포치에서 식사도 할 수 있다.
식당
UP : 2층으로 가는 계단
포치로 통하는 계단은 실내 거실 벽난로 옆 출입문을 통하여 실내로 출입이 가능하다.
D.N
실내로 통하는 출입구
벽난로
현관
주출입구
현관으로 출입의 편리함 때문에 차량을 현관과 가까운 이곳에 주차하고 있다.
1층 전면을 둘러싸고 있는 낮은담은 지하층의 창문을 가려주고 있다.
낮은담장
거실
테라스
D.N
차량진입방향
초기에는 계단이 없었고 테라스 앞에 낮은 담(난간)이 설치되었으나 현재는 제거되고 정원과 공원로 통하는 계단 설치되어 있다.
초기에는 테라스 위에 캐노피가 있는 것으로 도면에 표기되었지만 현재는 제거된 상태였다.
전면 도로 방향

• 1층 평면도

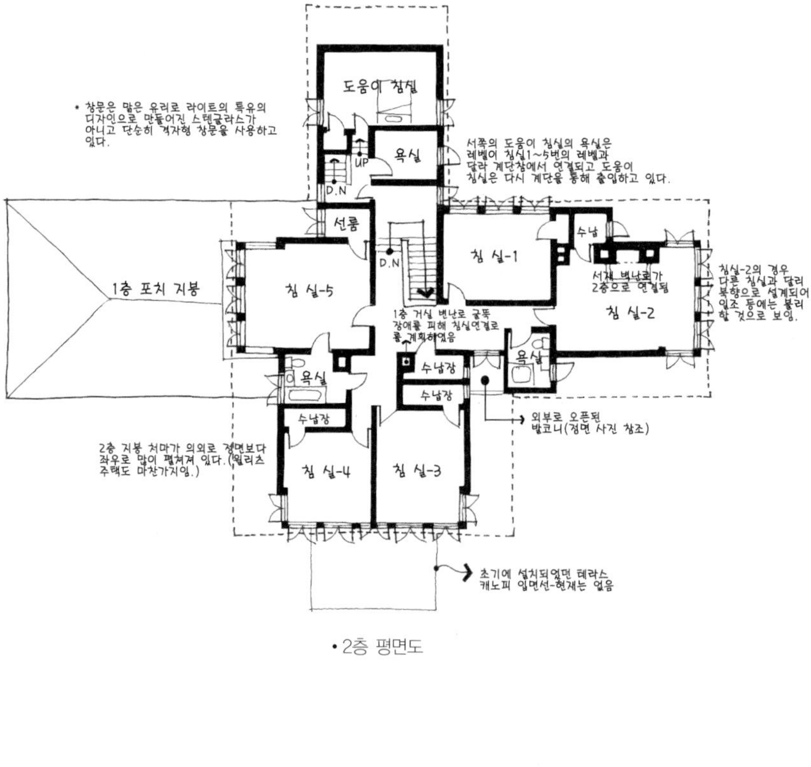
• 창문은 많은 유리로 라이트의 특유의 디자인으로 만들어진 스텐글라스가 아니고 단순히 격자형 창문을 사용하고 있다.
도움이 침실
욕실
UP
D.N
서쪽의 도움이 침실의 욕실은 레벨이 침실1~5번의 레벨과 달라 계단참에서 연결되고 도움이 침실은 다시 계단을 통해 출입하고 있다.
선룸
수납
침 실-1
D.N
서재 벽난로가 2층으로 연결됨
침실-2의 경우 다른 침실과 달리 북향으로 설계되어 일조 등에는 불리 할 것으로 보임.
1층 포치 지붕
침 실-5
1층 거실 벽난로 굴뚝 장애를 피해 침실연결로 를 계획하였음
침 실-2
욕실
수납장
수납장
욕실
외부로 오픈된 발코니(정면 사진 참조)
수납장
2층 지붕 처마가 의외로 정면보다 좌우로 많이 펼쳐져 있다. (윌리츠 주택도 마찬가지임.)
침 실-4
침 실-3
초기에 설치되었던 테라스 캐노피 입면선-현재는 없음

• 2층 평면도

12. 쿤레이 주택(Avery Coonely Residence)

- 위치 : 281 Bloomingbank Riverside Illinois
- 건립 : 1907년
- 건축스타일 : 프레리(Prairie Style)

• 쿤레이 주택의 정면거실 앞의 풀(pool)이 있는 모습인데, 눈으로 풀 부분이 덮여 있어 구분할 수 없다.(쿤레이 주택 배치도 위성사진 (1)번에서 바라본 모습)

이 주택은 시카고의 중심지역인 루프(loop) 지역에서 서북 방향으로 약 15마일(24㎞) 정도 떨어진 곳으로 자동차로 약 30~40분 정도 소요되는 곳에 위치하고 있다. 주택이 위치하고 있는 곳은 위성사진(구글 어스 참조)에서 보는 것과 같이 우리나라 전통 집성촌인 안동 하회마을처럼 강(Des Plaines River-영문으로는 강이지만 직접 방문한 필자가 생각하기로는 하천 규모 정도였다.)이 휘감아 돌아가는 명당자리에 위치하고 있다. 시카고 방향에서 이 주택을 찾아가려면 위성사진 우측 위쪽 모서리에 보이는 진입 다리를 건너야 한다. 이 주택은 우리나라 서양 근대 건축사 책과 여러 책에서 자주 소개되는 주택인 만큼 이 주택을 보러 가는 필자의 가슴은 낙수장을 보러가는 순간만큼이나 벅찼다. 그리고 건축평론가들에 의해 '쿤레이 주택은 라이트가 주택 설계에 사용하는 건축 구성요소를 총체적으로 사용한 하나의 결정체이며 가장 뛰어난 주택이다.' 라고 평가하고 있기 때문이다. 당시 「The House Beautiful」에서는 기차와 자동차로 1시간 30분 내에(당시의 교통수단이 오늘날처럼 빨리 달릴 수 있는 것은 아니기 때문)위치하고 있다고 하면서 미국에서 가장 아름다운 주택의 특징을 가진 것으로 소개하기도 했다. 여러 번 시카고를 방문했지만 매번 이 곳을 방문하지 못하고 그냥 돌아간 것이 마냥 아쉽고, 한국으로 돌아가면 다시 오기 힘들 것 같아 비록 눈이 많이 온 겨울철이었지만 찾아가게 되었다.

THE HOUSE BEAUTIFUL 109

Very Unusual Home

THIS home is without a doubt one of the most beautiful and distinctive in America—both in architecture and natural surroundings. A comfortable, moderate size all-year-round suburban home, within a half hour by rail or motor from CHICAGO.

It consists of about four acres oval shaped. The landscape work has been so carefully combined with nature in its primitive form, that it is impossible to distinguish one from the other. It is located right on the water's edge in a beautiful suburb, that resembles a magnificent, well-kept park.

Here the architect—an acknowledged master—who has created a truly American style—has realized his dream. With the successful co-operation of the owners, he designed the furniture, draperies and rugs throughout the house.

This place will be sold—completely furnished—and for one reason only—the owner's business has taken him east. He is unwilling to have the home commercialized and is particularly desirous of having it fall into appreciative hands.

Although no expense was spared to make this a perfect thing of its kind, the owner expects to discount his pleasure of enjoying this home at a liberal rate. The selling price will be only a part of the original cost.

The undersigned has been left in charge of the property and is pleased at all times to furnish really interested parties with plans, photos and other information. This house is so exquisite a thing of its kind, that to see it is an educational experience, which is sure to include entirely new ideas in home building. Make arrangements to view this home by addressing—H. A. MILLER, 109 North Dearborn Street, Chicago, Illinois.

Sunken Garden

Sitting Garden

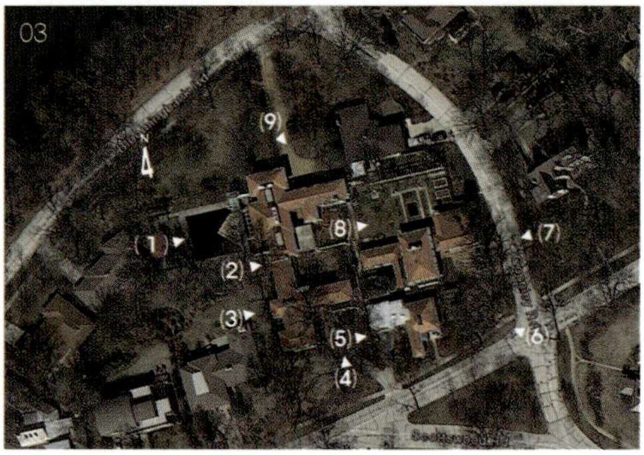

01 _ 「The House Beautiful」에 실린 쿤레이 주택에 관한 내용 '매우 독특한 주택'이라는 제목과 함께 본문 시작하기 전 큰 텍스트에는 '가장 아름다운 특징을 가진 주택'으로 소개하고 있다.

02 _ 한국의 안동 하회마을처럼 강(하천)이 휘돌아가고 있다.

03 _ 쿤레리 주택의 배치도 (구글어스 참조)

시카고는 한국에 있을 때부터 방송을 통해 겨울이면 눈이 많이 오기로 유명한 도시로 알려져 있기 때문에 겨울에 시카고 오헤어 국제공항을 경유하여 미국의 다른 지역으로 가야하는 경우에는 많은 시간적 여유를 가지고 계획을 잡아야 한다. 그렇지 않으면 다른 공항을 경유하는 것이 좋을 것이다. 공항이 워낙 넓고 복잡할 뿐 아니라 국제공항 건물과 미국 각 지역으로 이어지는 국내공항 건물까지 이동거리도 만만치 않다. 그리고 잦은 눈 때문에 항공기의 연착륙이 흔하기 때문에 경유 시간을 넉넉하게 잡아두는 것이 좋다. 필자 역시 2011년 1월에 시카고를 거쳐 미시건 주의 주도인 랜싱으로 가야하는데 시카고에서 눈 때문에 비행기를 제때 타지 못해 미시건 랜싱 공항에서 필자를 마중 나와 있는 교수님을 약속시간보다 4시간 이상 더 기다리시게 한 큰 실례를 범한 기억이 아직도 남아 있다. 이 주택을 방문할 당시에도 너무나 많은 눈이 온 2011년 12월경이라 독자 여러분에게 전체적인 아름다움을 상세히 소개하지 못하고 눈 덮인 쿤레이 주택을 소개하게 된 것이 못내 아쉽다.

이 주택은 위성지도에서도 보면 알 수 있듯이 워낙 넓은 대지에 자리하고 있기 때문에 현재는 5명이 공동으로 소유한 것으로 알려져 있다. 주택 동은 1907년에 지어진 주인과 하인들을 위한 주거 공간으로 이루어진 서쪽 주거동과 1911년에 지어진 정원사와 차고 등으로 이루어진 동쪽 주거 동으로 크게 두 개의 영역으로 나누어져 있다. 또한 중심이 되는 주택은 1978년 화재로 인하여 훼손된 것을 복원한 것이고, 마구간 등도 시대에 맞게 자동차 주차 공간으로 리모델링되어 있다. 현재 평면도에서 표기된 공간들은 그 당시에 사용된 용도에 따라 붙여진 공간 명칭들이며, 당시에는 자동차보다 말들을 주요 교통수단으로 이용한 탓인지 마구간이라든지 마부(Coachman)를 위한 침실, 하인들 침실 등과 같이 당시의 시대 상황을 알 수 있는 공간들로 구성된 것을 알 수 있다. 이런 시대적 상황과 생활문화의 차이 때문인지 필자가 방문할 당시(2011. 12)의 모습과 맨 처음 평면사이에는 상이한 부분이 많이 보였다. 한 눈에 알아볼 수 있는 대표적인 부분이 남쪽 프레리 주택의 끝부분의 부모침실 부분이다. 평면도에서는 외부에서 곧바로 올라가는 계단이 없고 북쪽방향으로 테라스가 계획되어 있었지만 현재는 외부에서 곧바로 올라가는 계단이 추가되었고 테라스는 제거되고 없었다. 그리고 같은 동 오른쪽 손님 침실 아랫부분에 예전에는 없었던 차고 2개가 추가적으로 증축된 것도 확인할 수 있었다.

주택 외관의 모습은 외벽에서 뚜렷하게 1층과 2층을 구분하고 있었는데, 1층의 경우는 아이보리 색의 플라스터로 마감되었다면 2층 벽면은 단순히 시멘트 벽면에 격자형으로 선을 만들고 만들어진 사각형 유니트 모듈이 반복되면서 사각형에 다양한 색깔을 칠한 것으로 보이는 타일 같은 것(타일은 아니고 플라스터에 선을 만들고 색을 칠한 것임)으로 마감 처리되어 있었다. 이러한 디자인은 다른 주택에서 흔히 볼 수 없는 라이트 특유의 디자인 센스가 돋보이는 부분이다. 그리고 이 주택에 사용한 모든 유리창 또한 라이트가 디자인한 스테인드 글라스로 이루어져 라이트의 다양한 디자인 감각을 엿볼 수 있었다.

01

02

03

04

05

06

07

08

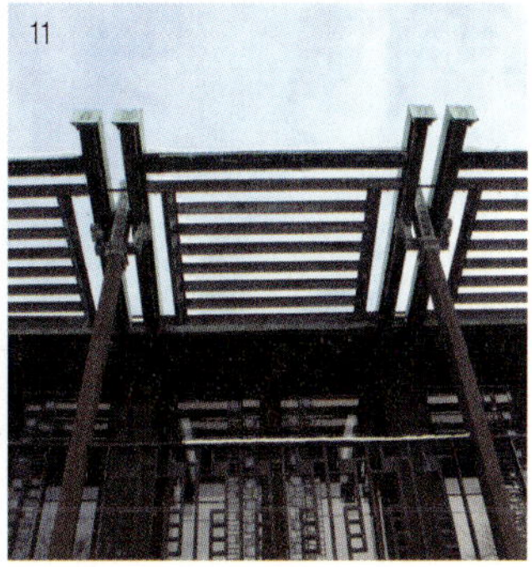

01 _ 쿤레리 주택의 배치도 (2)번에서 바라본 모습 – 남북 프레리 주택 동을 이어주는 부분이다.
02 _ 쿤레리 주택의 배치도 (3)번에서 바라본 침실동의 모습 – 평면에는 침실로 올라가는 계단이 없었다.
03 _ 쿤레리 주택의 배치도 (4)번에 바라본 모습 – 남쪽 프레리 주택의 부모침실 끝부분으로 평면도에 있는 테라스가 없었다. 피로티 오른쪽 나무 뒤쪽의 큰문이 차고이다.
04 _ 쿤레리 주택의 배치도 (5)번에서 바라본 모습 – 정원사의 주택 모습이다.
05 _ 쿤레리 주택의 배치도 (6)번에서 바라본 모습
06 _ 쿤레리 주택의 배치도 (7)번에서 바라본 모습 – 초기에는 마굿간 공간으로 사용한 곳, 평면도의 차고공간도 현재는 주거공간으로 수리되어 사용되고 있었다.
07 _ 쿤레리 주택의 배치도 (8)번에 바라본 모습 – 눈이 쌓여서 분위기를 느끼지는 못했다.
08 _ 쿤레리 주택의 배치도 (9)번에 바라본 모습 – 캐노피 안쪽으로 차고가 보이고 2층 벽면에 디자인된 문양들이 아름답다.
09 _ 디자인 된 외벽의 디테일
10 _ 놀이공간과 거실의 유리창 디테일
11 _ 거실 앞 테라스 지붕의 디테일

이 주택은 시카고에서 성공한 사업가 쿤레이와 그의 부인 퀸너 페리(Queene Ferry)을 위하여 라이트가 설계한 주택이다. 이 주택을 설계한 시점은 오크 파크의 유니티 교회를 완공한 후의 시점으로 쿤레이 부부는 라이트를 주택 설계를 의뢰하기 전에 라이트가 이전에 설계한 주택들을 둘러보았을 정도로 라이트에 대해 많은 기대와 관심을 가지고 있었다. 당시로서 라이트의 프레리 스타일 주택은 주택형태의 외형적 파괴뿐 아니라 내부공간의 혁신이었기 때문에 라이트에게 설계를 의뢰하는 것은 조심스러웠을 것으로 보인다. 그러나 주택이 완공되고 라이트의 스타일을 알게 되면서 쿤레이는 라이트의 적극적인 후원자가 된다. 그 사례로 당시 라이트가 탈리어신의 화재와 이혼과 관련된 재판 비용 등으로 회생의 여력이 없을 정도로 어려움을 겪고 있을 시기에 기꺼이 탈리어신 펠로쉽의 제안을 받아들이고 라이트를 적극적으로 도와주기도 했다.

비록 우리에게 가장 잘 알려진 낙수장이 있지만 라이트의 주택 작품들 중에서 아마도 이 주택만큼 성공적이며 훌륭한 주택 작품은 없다고 할 만큼 라이트의 주택 작품 중 대표적인 주택 작품이라 할 수 있다. 그리고 현재 이 주택은 국가의 역사적 랜드마크(National

• 쿤레이 주택 외벽에 '국가 역사지구' 라는 동판이 붙어 있다.

• '리버사이드 쿤레이' 라는 표지판이 보인다.

Historic Landmark)로 지정되어 있다.

이 주택의 평면을 유심히 살펴보면 풍차형 형태의 프레리 스타일의 주택(북쪽)과 남쪽으로 확장되어 설계된 두 번째 프레리 주택(남쪽)과 이어져 전체적인 구성을 이룬 주택이라는 것을 알 수 있을 것이다. 그리고 이들 주택들은 중앙에는 넓은 가든을 둘러싸고 있다. 솔직히 배치도를 보면 한 눈에 주택의 규모가 보이지만 직접 방문했던 필자의 경우에는 주택의 규모가 너무 넓어 어디까지 쿤레이 주택인지 정확히 감잡을 수 없어 허둥지둥 사진 찍기 바빴다. 분명하게 서쪽 주거동(평면도 참조) 2동의 건물에는 사람이 거주하고 있는 것이 확인되었지만 동쪽 주거동에는 사진을 촬영하는 동안 아무런 거주의 흔적을 찾을 수 없었다. 동쪽 주거동의 메인 주택동의 풀(pool) 앞쪽에 조그마한 주택(평면도에 표시되지 않았음)이 있었고, 혹시나 쿤레이 주택을 관리하는 관리동이 아닐까 하는 생각에 거주하는 할머니에게 주택 내부를 볼 수 있는지 여부를 문의했지만 묵묵부답이었다.

북쪽 주택의 메인 층(Upper Level) 공간에 거실을 넓게 배치하고 주로 하인들과 식당, 부엌, 거실과 같은 공적인 공간으로 구성되어 있다면 메인 층의 거실 상 · 하에 위치한 계단을 따라 거실 아래에 위치한 그라운드 레벨로 내려가면 어린이 놀이 공간으로 연결된다. 남쪽 주택은 2층에 길게 연결된 복도를 통하여 서재와 침실, 주인 침실과 같은 주로 개인의 사적공간인 침실공간으로 이어지고 있다.(평면도 참조)

이와 같이 1층에는 놀이 공간과 같은 공용 공간을 배치하고 개인 공간인 침실은 모두 2층에 배치하는 라이트의 계획 방식은 후에 르 꼬르뷔제가 인간의 안락한 생활공간을 일체 지면에서 떨어진 상층에 두는 원칙(피로티)과 유사한 계획 방법이라 할 수 있다. 실내는 재료를 노출시킨 평탄한 면으로 구성하고 이 소박한 재료의 평탄한 면은 톱라이트(top-light)와 측면에 밴드식으로 연속되는 측창들에 의해 다양한 색깔로 변화하기도 한다고 한다. 이와 관련하여 라이트는 "벽, 천정, 바닥은 각각 다른 부분이면서 서로 교류하여 연속성을 유지하여야 한다. 이제 기능에 충실할 뿐만이 아니고, 어느 건축보다도 표현이 풍부한 건물에 대한 센스가 요구된다." 라고 언급하기도 했다.

앞에서 잠깐 언급되었듯이 이 주택은 1952년과 1957년에 5명의 소유자에게 소유권이 나누어졌고, 남쪽 주택에 계획된 서재를 제외한 5개의 침실 등은 또 다른 소유권으로 분리되어 있는 상태이며 정원사의 주택 또한 그 자체로 또 다른 소유권으로 분리되어 있다. 그리고 북쪽 주택은 니케타스 살라스 부부(Mr. Mrs. Niketas Sahlas)가 구입한 뒤 18개월 정도 지난 1978년 6월 11에 거실은 화재로 파괴되어 두 사람은 다시 18개월 동안 거실을 복구하면서 시간을 보냈다고 한다.

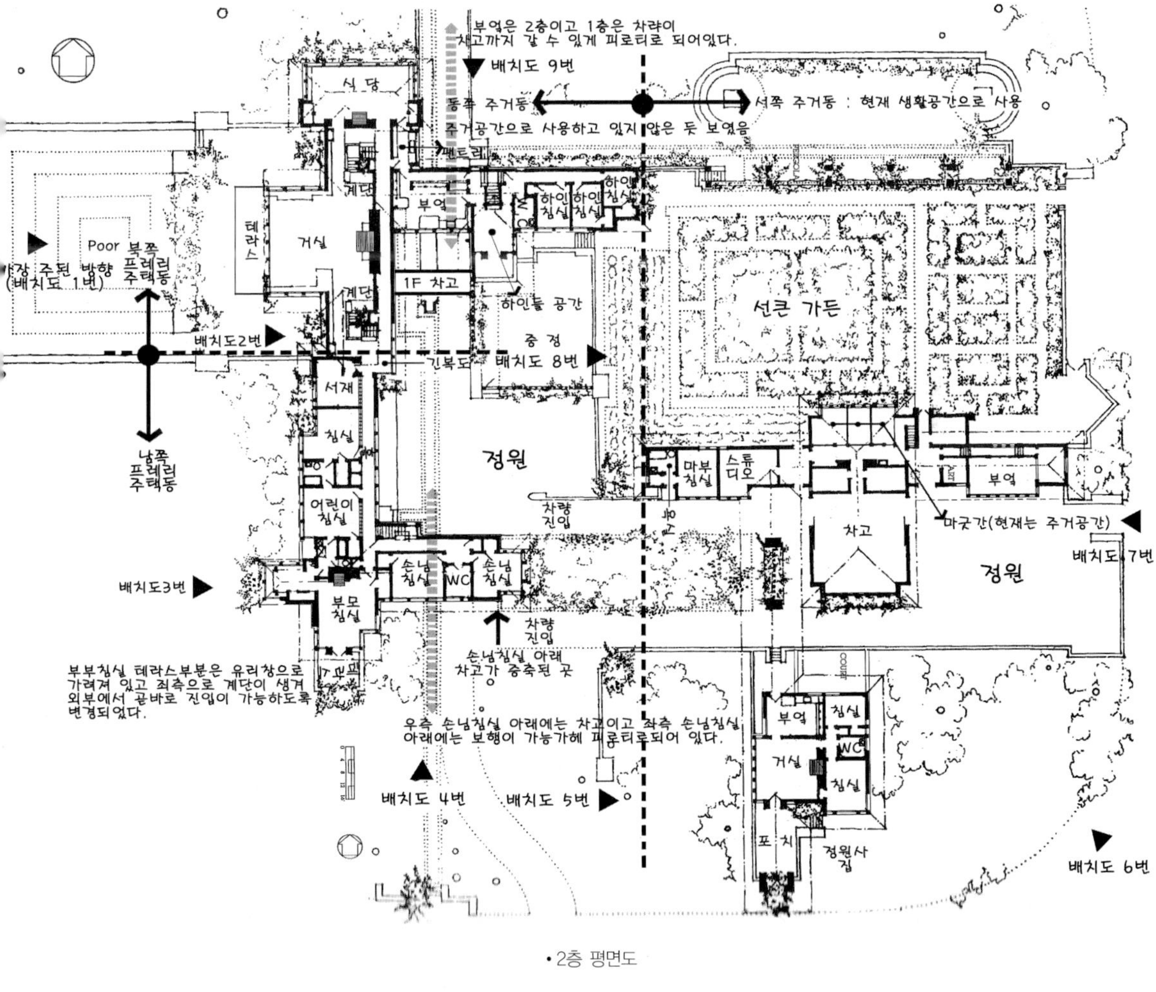

• 2층 평면도

13. 로비 하우스(Robie House)

- 위치 : 5757 Woodlawn Ave. Chicago, Illinois
- 건립 : 1910년
- 건축스타일 : 프레리(Prairie Style)

• 2층의 뱃머리 형태의 외관과 길게 뻗은 캔틸레버 지붕이 건물전체로 연결되어 있어, 프레리 주택의 특징인 수평선을 강조하고 있다.
– 남 · 서 방향에서 바라본 모습이며 커다란 배가 정박한 모습을 연상시키기도 한다.

1) 미국 건축 역사에서 가장 중요한 건축물

로비 하우스는 근대건축에서 라이트의 명작으로 너무나 잘 알려진 건축물일 뿐 아니라 1956년 「The Architectural Record」에서 미국에 지어진 주거 건축 중 가장 주목할 만한 것 중 하나라고 했을 정도로 미국 건축 역사에서 가장 중요한 건축물로 인정받고 있다. 그리고 2008년 「U.S National Park Service」에서는 로비 하우스를 잠정적으로 세계문화유산 후보 리스트에 포함시켜 놓았을 정도이다.

1957년의 「Home and Home」 잡지에서는 로비 하우스를 다음과 같이 표현하기도 했다.

"로비 하우스는 거대한 예술 작품이다. 뿐만 아니라 로비 하우스는 다가올 세대에 얼마 만큼 영향을 미칠지는 정확히 예측할 수 없을 만큼 계획과 시공에 관한 수많은 새로운 개념을 보여주었다. 만약 로비 하우스가 없었다면 오늘날 우리가 알고 있는 수많은 현대 건축물은 존재 하지 않았을 것이다."

현재 로비 하우스는 일리노이 주의 시카고 대학교 캠퍼스 내에 사우스 우드론 에비뉴(S. Woodlawn Avenue)와 이스트 58가(E. 58th St.)와 만나는 모서리 부지에 위치하고 있다. 이 주택은 젊은 사업가인 프레드릭 로비(Frederick C. Robie)를 위한 주택으로 프레리 스타일의 석조건축물로 가장 잘 표현된 대표적 작품으로 인정받고 있으며, 1908년 시카고의 오크 파크 라이트의 작업실 시절에 마지막으로 설계된 주택으로 1910년에 완성된 작품이다. 라이트를 연구하는 학자 네일 레빈(Neil Levine)은 로비 하우스를 평가하기를 프레리 주택 중에서 "가장 정교하고 극단적이고 결론적인 표상"이라고 했을 정도로 이 주택은 프레리 주택의 가장 대표적인 주택이며 프레리 주택의 완성을 보여주는 작품이라 할 수 있다.

현재 이 주택은 1963년 11월 27일 국가의 역사적 랜드마크로 지정되었으며, 1966년 10월에는 처음으로 국가 문화유산 장소(National Trust Historic Places)[1]로 등재되었다. 현재는 「프랭크 로이드 라이트 건축물 보존 재단(Frank Lloyd Wright Preservation Trust)」에서 관리하고, 다양한 프로그램을 운영하면서 일반인에게 공개하고 있다.

로비 하우스의 형태는 라이트가 이전(1907-08)에 설계한 페르디난드 토멕(Ferdinand F. Tomek) 주택(Riverside, Illinois)을 기본으로 주택 형태를 발전시켜 완성된 것으로 프레리 주택의 최절

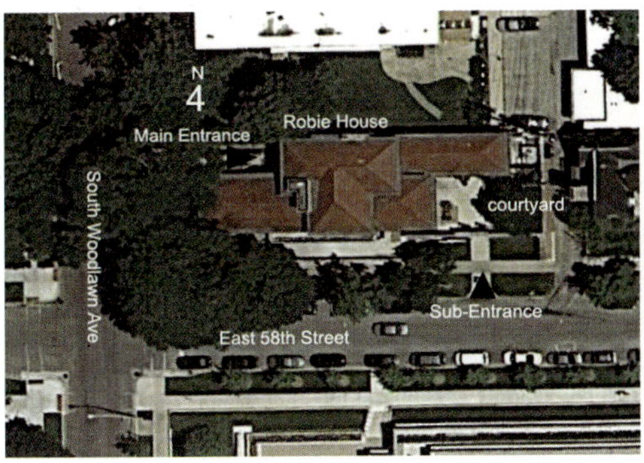

• 로비 하우스의 위성사진 – 구글어스

• 로비 하우스 형태의 기본이 된 Ferdinand F. Tomek House (1907–08), 리버사이드, 일리노이 주

1) 국가의 역사적 장소 등록원(The National Register of Historic Places (NRHP))은 역사적으로 보존의 가치가 있는 지역, 위치, 건물, 구조물 그리고 여러 오브제 등을 정부의 공식적인 명부에 등재하는 곳이다. 국가 등록원에 등재된 재산 또는 국가의 역사적 지역 내에 위치하고 있는 것은 그것을 보존하기 위하여 소요된 여러 비용에 대하여 세금 등에 대한 인센티브를 부여하고 있다.

정 단계에서 이루어진 작품으로 평가되고 있다. 당시 프레드릭 C. 로비는 28세의 젊은 나이로 자전거 제조업자 겸 자동차 부품을 공급하는 성공한 사업가였고, 그와 그의 부인 로라 히어로니무스 로비(Lora Hieronymus Robie)는 1900년 같은 시카고 대학교를 졸업했다. 대학 시절의 여러 추억 등을 간직하면서 자신의 모교인 시카고 대학교 인근에 계속 머물고 싶어 이곳을 선택하여 주택을 지었다고 한다. 이곳은 하이드 파크(Hyde Park)지역 내에 위치하고 있는 전형적인 도시 지역으로 건물의 전체 연면적은 9,062ft²으로 약 841.9m²정도이다.

사실 로비 하우스는 1906년에 초기 계획안이 완료되었지만 이보다 훨씬 늦은 1908년 5월에서야 주택을 짓기 위한 부지를 구입했기 때문에 실제로는 1908년 5월부터 본격적인 설계가 시작되었다고 할 수 있다. 공사는 시카고의 바르나드(H.B. Barnard Co.) 회사에 의해 1909년 4월 15일부터 본격적으로 시작되었다. 라이트는 공사 초기에만 잠깐 공사를 감독한 것을 제외하고는 거의 공사 감독을 하지 못했다. 그 이유는 이 당시 라이트에게는 개인적인 슬럼프와 사랑하는 애인이 생겨 많은 고민에 빠져 있을 시기여서 미국을 벗어나 자신의 에너지를 충전하고 이제까지 완성된 자신의 작품을 하나의 작품집으로 출판하기 위하여 유럽으로 떠났기 때문이다.

그렇지만 자신의 설계 의도를 충분히 전달하기 위해 자신의 사무실에서 근무하고 있던 건축가인 매리온 마호니(Marion Mahony)를 공사감독으로 맡겼고, 인테리어 공사는 자신의 고향 위스콘신 주 밀워키 출신인 조지 만 니데컨(George Mann Niedecken)이 담당하게 했다. 조지 만 니데컨은 이 공사 외에 미시건 주의 그랜 래피드에 메이어 메이 주택(Meyer May House), 일리노이 주의 리버사이드에 위치한 쿤레이 주택(Avery Coonley House), 일리노이 주 스프링필드(Springfield)의 수잔 로렌스 다나 주택(Susan Lawrence Dana House) 등, 라이트와 많은 작업을 같이 일한 경험을 가지고 있었기 때문에 라이트의 의도를 충분히 실현할 수 있는 인물이었다.

로비의 가족은 자신과 부인 그리고 두 아이가 있었고, 이들은 1910년 5월에 이 주택으로 이사오게 된다. 그러나 그때까지도 공사는 완전히 끝난 상태가 아니었고 바닥의 카펫 공사, 가구 공사 등 일부 공사는 1911년 1월까지 계속 진행되었다. 이 주택에 소요된 비용은 당시로서 대지 구입비 13,500달러, 설계와 시공비용 35,000달러 그리고 내부 가구 등 마무리 공사에 10,000달러로 총 58,000달러(현재 비용으로는 약 1,300,000달러 정도(13~14억원)의 가치임) 정도 소요된 것으로 알려져 있다. 그러나 라이트는 초기 계획안에서는 60,000달러 정도를 예상했는데 이보다 적게 지출되었다. 이러한 막대한 거금을 지출하여 완공한 로비 하우스에 이사한 로비는 이 주택에서 거주한 기간은 그리 길지 않았다. 1909년 로비의 든든한 후원자이던 아버지가 작고하면서 재정적인 문제가 발생하게 되었고 이로 인하여 부인과 관계도 악화되면서 로비 하우스를 처리하지 않으면 안 되는 상황이었다. 결국 로비는 14개월 거주 후 주택을 매도하게 된다.

두 번째 주인은 광고 대행사인 테일러-크리치필드 회사(Taylor-Critchfield Company)의 대표인 데비드 리 테일러(David Lee Taylor)로서 로비 하우스를 매입하게 되고, 1911년 12월에 이르러 라이트가 설계한 모든 작업이 완성된다. 그러나 테일러 역시 이 주택을 구입한지 1년도 되지 않아 죽게 되고 그 후 그의 부인 엘런 테일러(Ellen Taylor)는 1912년 11월에 마샬 D. 윌버(Marshall D. Wilber)에게 매도하게 된다. 그리고 윌버는 약 14년 동안 이 주택에서 생활한 후, 1926년 시카고 신학대학(Chicago Theological Seminary)에게 매도하게 된다. 그러나 1941년 신학대학이 다른 곳으로 이전하게 되면서 로비 하우스 철거 계획을 추진하게 된다. 우연히 이 소식을 전해들은 시카고 I.I.T.(Illinois Institute of Technology)졸업생이 그의 지도교수에게 알리게 되고, 당시 I.I.T.교수인 미스 반 데르 로에(Ludwig Mies van der Rohe)에게도 알려지게 되면서 철거 반대 운동을 확산시킨다. 이에 철거에 대한 계획은 보존하자는 여론에 의해 잠정적으로 연기되었고 그리고 때마침 세계 2차 대전 등 어려운 시국으로 인하여 철거에 대한 계획이 계속 연기되게 된다. 그러나 16년 후인 1957년 보존에 대한 가장 어려운 상황에 직면하게 된다. 그 해 9월 15일 신학대학은 로비 하우스를 철거하고 여기에 신학대학교 기숙사를 짓겠다는 계획을 전격적으로 발표하게 된다.

그러자 국제적으로 격렬한 반대 항의가 일어났고, 당시 90세인 라이트는 로비하우스 철거를 막겠다는 의도에서 본인이 직접 방송 매체와 학생들 그리고 반대 저항 운동 단체들과 같이 그 해 3월 18일 로비 하우스를 방문하게 되고 여기서 그는 "It all goes to show the danger of entrusting anything spiritual to the clergy."(성직자에게 정신적인 무언가를 맡긴다는 것은 얼마나 위험한 것인지를 단적으로 보여주고 있다.)라고 이야기한다. 다행스럽게도 몇 주 일찍 시카고 시의회 부시장인 레온 데스프레스(Leon Despres)에 의해 시카고의 랜드마크를 재정하기 위한 위원회 구성을 위해 시 조례가 정해졌고, 1957년 9월 15일 새롭게 구성된 위원회와 철거 반대를 적극적으로 지지한 시장 리차드 J. 데일리(Richard J. Daley)가 로비 하우스를 시카고의 랜드마크로 지정하게 되면서 철거의 위험에서 벗어나게 된다. 여기에 시카고대학에 있었던 두 개의 단체는 신학대학에 로비 하우스 철거에 대한 실제적인 대안을 제시하게 된다. 라이트는 위스콘신 대학시설 피 델타(Phi Delta) 단체에 회원이었고 시카고 피 델타 단체의 회의장이 로비 하우스 북쪽 방향(5737 Woodlawn Avenue)에 위치하고 있었는데 신학대학은 이 회의장을 이미 소유하고 있었다. 피 델타 단체는 이 회의장을 비워주겠다고 했을 뿐 아니라 바로 옆에 위치하고 있는 제타 베타 토(Zeta Beta Tau) 단체 역시 자신의 공간을 비워주겠다고 제안한다. 이런 여러 노력과 두 단체의 공간 제공으로 인하여 로비 하우스를 철거의 위험에서 구하게 된다. 신학대학교의 기숙사 신축에 필요로 하는 부족한 공간 역시 다른 단체에서 공간을 제공함으로써 철거에 대한 계획은 완전히 철회된다.

그 후 1958년 라이트의 친구이자 뉴욕의 부동산 개발업자인 윌리암 제컨도르프(William Zeckendorf)는 시카고의 남쪽지역에 몇 개의 프로젝트를 시행하게 되면서 라이트의 부탁에 의해 신학대학교로부터 회사(Webb & Knapp) 명의로 로비 하우스를 매입하게 되고 5년 후인 1963년 2월 시카고 대학교에 기부하게 된다. 시카고 대학교는 로비 하우스를 아드라이 E. 스티븐슨 국제사무기구(Adlai E. Stevenson Institute of International Affairs)로 사용하다가 이후에 대학교 동창회 본부로 사용하기도 했다. 1997년 1월에 대학교 동창회가 다른 곳으로 이전하게 되면서 로비 하우스는 「라이트 작품 보존회」에서 위탁 운영하게 된다. 그리고 로비 하우스의 노후화된 부분을 수리 · 복원하기 위한 자금에 보탬을 주기 위하여 일반인에게 공개하게 되면서 다양한 프로그램이 제공되고 있다. 비록 로비가 14개월 밖에 머물지 않았고 다른 소유자의 경우 더 많은 기간 동안 거주했음에도 불구하고 로비 하우스(Robie House)라고 불리는 이유는 라이트가 로비 하우스를 거의 완성되었을 무렵 독일에서 그의 작품집 『Ausgefuhrte Bauten und Entwurfe von Frank Lloyd Wright』에서 로비 하우스로 소개 한 것이 인연이 되어 현재까지 우리에게 '로비 하우스' 로 불리어 지고 있는 것이다. 그리고 지금의 로비 하우스는 근대 건축사에 있어 가장 유명한 작품의 하나로 인정받고 있다.

여기서 우리는 하나의 건축물이 사회적 · 문화적으로 얼마나 큰 영향을 미치고 있는지 알아야 한다. 좋은 사례로 파리의 상징인 에펠탑을 들 수 있는데, 에펠탑은 1889년 세계박람회를 위하여 구스타프 에펠에 의해 세워진 조형물로 당시에 많은 사람들로부터 '철 사다리로 만든 깡마른 피라미드' 라는 비아냥을 받았을 뿐 아니라 20년 뒤에는 철거해야 한다는 조건 때문에 건축이 허용되었다는 사실을 아는 사람은 많지 않을 것이다. 그러나 파리시 당국은 허가 기간이 끝난 뒤에도 언젠가는 파리의 랜드마크가 될 것이라는 판단 하에 에펠탑을 그대로 보존했다. 그리고 현재는 프랑스 국민은 물론 매년 1,000만명 이상의 사람들이 찾아오는 세계의 상징물이 된 것이다. 반면에 우리나라에는 이런 조형물이든 건축물이 없다는 것이 너무 아쉽기도 하다. 이런 상황에도 불구하고 최근 제주 특별자치도에서는 멕시코 출신의 세계적인 건축의 거장인 리카르도 레고레타(1931~2011)[2]의 유작인 서귀포시 중문 관광 단지의 '카사 델 아구아' (Casa del Agua, 스페인어로 물의 집이란 뜻, 2009년 3월 준공)를 단지 해안선에서 100m 이내에는 영구 건물을 지을 수 없다는 규정에 따라 2013년 3월 6일 건설 중장비 포클레인을 동원해 산산이 부서지면서 자욱한 먼지와 함께 허공에 묻히고 말았다. '카사 델 아구아' 가 에펠탑처럼 부정적인 평가를 받은 것도 아니고 시민 단체와 문화계 인사들의 극열한 반대와 법적인 조치의 조정을 요구하였음에도 불구하고 모든 것이 무시되고 철거되어 버렸다. 로비 하우스와 에펠탑에 대한 좋은 사례가 있었지만 우리는 우리가 몸 담고 있는 사회와 문화에 지울 수 없는 죄를 지었고 우리 후손들에게 과연 어떻게 설명해야 할지 스스로 자문해봐야 할 것이다.

2) 정박하고 있는 거대한 선박

로비 하우스의 첫 인상은 수평으로 길게 늘어진 모습과 연속되어 이어진 창문 때문인지 거대한 선박이 항구에 정박해 있는 듯한 모습을 연상케 한다. 전체적으로는 두 개의 직육면체가 상 · 하로 서로의 면을 맞대고 있는 평면형태이며(2층 평면도 참조) 마지막으로 3층 부분에서 이 두 개의 직육면체가 만나는 부분을 묶어주는 형태로 구성되어 있다.(구글 위성사진 참조)

외부에는 라이트 건축의 상징처럼 느껴지는 둥근 석조 화분, 석회석으로 만들어진 난간 두겁대(coping), 수평으로 길게 연결된 창문의 상 · 하인방, 낮은 경사로, 길게 뻗은 캔틸레버 지붕 등으로 이루어져 있고, 외부에 사용된 여러 석재들은 베드포드(영국 주 이름)에서 생산되는 석회석이다. 이 주택의 외관상 특징을 3가지로 압축한다면, 첫 번째 극적으로 뻗어 나온 캔틸레버의 낮은 경사지붕, 두 번째는 낮은 담장의 윗부분에 연속되는 회색의 시멘트 가로대(난간 두겁돌)로 마무리하면서 수평선을 강조한 것, 세 번째는 각 유리창에 장식된 174개에 달하는 아트유리(스테인드글라스) 창과 문을 꼽을 수 있다.

캔틸레버 지붕은 당시 자금이 넉넉한 오너인 로비의 후원에 의해 라이트는 철을 이용한 구조물을 사용하게 되었고, 지붕 내부 역시 캔틸레버가 견딜 수 있게 넉넉한 철을 사용할 수 있었다고 하며, 이 주택이 라이트의 주택 작품 중 철제를 사용한 최초의 주택이기도 하다. 지붕의 경사 높이는 당시의 일반 주택보다 훨씬 낮게 계획되어 있으며 지지대 없이 캔

2) 멕시코 국립대학에서 건축을 공부하고 멕시코의 근대 건축의 아버지라 불리는 호세 비야그란 가르시아 밑에서 설계 실무 경험을 쌓았고, 그 후 미국, 브라질, 일본, 자카르타 등지로 영역을 넓혀 대형프로젝트에 참여하면서 세계적인 건축가 반열에 오르게 된 인물이다.

틸레버 방식으로 길게 뻗어 나옴으로써 수평적인 요소가 더욱 강조되고 있다. 1층의 남쪽 방향을 살짝 가려주는 낮은 담장과 담장 윗부분을 수평적으로 길게 마무리한 두꺼운 난간 두겁대, 그리고 외부 벽과 발코니 등을 마무리하는 석회석 두겁대 등은 지붕선과 더불어 더욱더 수평선을 강조하고 있다. 여기에 외벽에 사용한 벽돌 줄눈의 경우 세로줄눈은 간격을 좁게하여 벽돌색과 거의 같은 모르타르로 메움으로써 가로 줄눈만이 확연히 눈에 보이도록 시공하였다. 이런 가로 줄눈은 수평으로 길게 이어지는 난간 두겁돌과 상 · 하인방, 지붕과 어우러져 프레리 주택의 특징인 수평적인 요소를 더욱더 강조하고 있다.

• 창문 상 · 하 석회석 인방, 밴드형식의 창문, 낮은 담장, 경사가 낮은 지붕 등 수평적인 요소가 강조되고 있다.

• 길게 이어진 지붕선, 벽돌의 가로줄눈, 외벽의 두꺼운 두겁돌이 어우러져 수평선이 강조되고 있음을 알 수 있다.

외부에 사용한 창문은 예술적인 스테인드글라스를 유리면 전부에 사용하지 않고 부분적으로 사용하여 외부의 햇빛을 직접 받을 수 있도록 계획하였고 여기에 중세시대 사용한 테피스트리(tapestries)[3]와 같은 문양 등을 응용하여 문 주변 등 외부 공간에도 사용하였다. 사용한 색깔과 문양은 추상적 형태이면서 주로 30° 와 60° 의 사선을 사용하여 구성되어 있다.

2층의 창문이 밴드 형식의 수평적 요소로 길게 형성할 수 있게 된 것은 앞에서도 기술하였듯이 지붕 내부를 철구조로 시공함으로써 가능했다고 할 수 있다. 이뿐 아니라 내부에도 거의 기둥이 없는 넓은 오픈 스페이스로 계획할 수 있었던 것 역시 지붕 내에 철구조 때문이라 할 수 있다. 창문과 창문 사이의 기둥은 거의 구조적인 기능을 하지 않는 비내력 기둥이다. 이 주택에 사용한 아트 유리창은 174개이며 여기에 다른 문양으로 디자인된 아트 유리문 29개가 추가적으로 디자인되어 있으며, 문양의 대부분은 라이트 특유의 기하학적이며 추상적인 형태로 디자인되어 있다.

3) 여러 가지 색실로 그림을 짜 넣은 직물 또는 그런 직물을 제작하는 기술

• 30°, 60°의 사선에 의한 기하학 문양으로 이루어진 아트 유리창의 모습과 유남히 강조되어 보이는 가로줄눈

• 2층 거실에서 바라본 아트 유리문의 모습 – 외부 발코니의 낮은 난간으로 외부의 시선이 차단되면서 거실에서는 외부의 경관을 감상할 수 있다.

3) 햇빛으로 가득한 내부 공간계획

로비 하우스의 규모는 3층으로 이루어져 있으며 평면 형태는 두 개의 큰 직사각형 평면이 위 · 아래 변이 미끄러지듯 만나는 형태로 구성되어 있다. 1층은 게임 공간(당구장 등)과 놀이 공간 및 창고 등의 부속 공간으로 구성되어 있다. 1층의 경우 층고가 낮아 차분한 분위기가 나고 플레이 룸에는 햇빛이 조금 들어오는 듯 했지만 당구장까지 깊숙이 들어오지 않아 조금은 차가운 느낌도 들었다. 여기에 가구도 없고 바닥 또한 다른 재료로 마감되어 있지 않고 시멘트 마감 그대로 노출된 것이 차가운 느낌을 더 하고 있는 듯 했다.

주요 층인 2층의 경우에는 아래 직사각형(남쪽에 면한 공간) 공간은 거실과 식당 같은 주요 공간으로 계획되어 있고, 위쪽의 직사각형(북쪽에 면한 공간)은 부엌 등 서비스 공간으로 구성

• 1층의 놀이 공간 내부공간의 모습 – 조금은 층고가 낮게 느껴지기도 한다.

• 1층의 플레이룸 창을 등지고 벽난로를 바라본 모습

되어 있다. 3층은 두 개의 직사각형이 서로 마주 면하는 부분을 꼭 잡아주듯 두 직사각형 끝 부분을 합한 크기로 침실 공간이 계획되어 있다.

1층과 2층 모두 남쪽에 면한 직사각형은 계단실과 벽난로에 의해 크기 두 개의 공간으로 구분되고 있다. 1층은 게임 공간(당구장 등)과 놀이 공간으로, 2층은 거실과 식당으로 구분시키고 있으며, 이 두 공간은 필요에 따라 서로 유기적으로 연계되어 있으며 벽난로 상부에는 벽이 오픈되어 각 공간은 상호 연계될 수 있게 계획되어 있다. 그리고 1층의 놀이 공간에서는 동쪽의 실외 공간인 코트 야드로 연계될 수 있게 출입문이 계획되어 있다.

특히 1층의 서쪽에 있는 현관은 가족들의 프라이버시 보호를 위하여 전면 도로에서 쉽게 보이지 않도록 전면 도로에서 많이 후퇴되어 위치하고 있을 뿐 아니라 낮은 담장으로 인하여 1층에서는 전혀 외부에 노출되지 않았다. 그리고 1층 현관의 경우에는 2층 손님 침실(게스트 룸)의 발코니로 가려져 있고, 현관 앞의 캐노피가 생각보다 낮게 형성되어 있었다. 그리고 현관이 발코니 아래쪽 깊숙이 삽입되어 위치하고 있었기 때문에 조금은 어두운 느낌이 들기도 했다. 현관 홀을 거쳐 메인 층인 2층의 계단으로 올라가면 14개의 창문으로 들어오는 햇빛으로 가득한 오픈된 공간을 만나면서 공간의 전이를 극대화하고 있다.

라이트의 다른 주택에서도 마찬가지겠지만 전면 도로에 면하도록 출입구를 설치하지 않고 언제나 측면 도로 또는 전면도로에서 쉽게 눈에 띄지 않는 곳에 출입구를 살짝 감추듯 계획하는 건축 언어 사용은 라이트의 다른 주택 작품에서도 볼 수 있는 라이트의 전형적인 계획 방식이다.

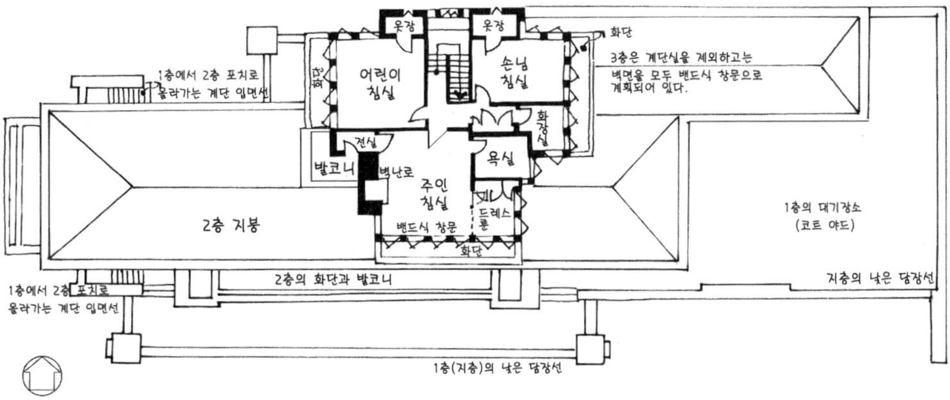

• 3층 평면도

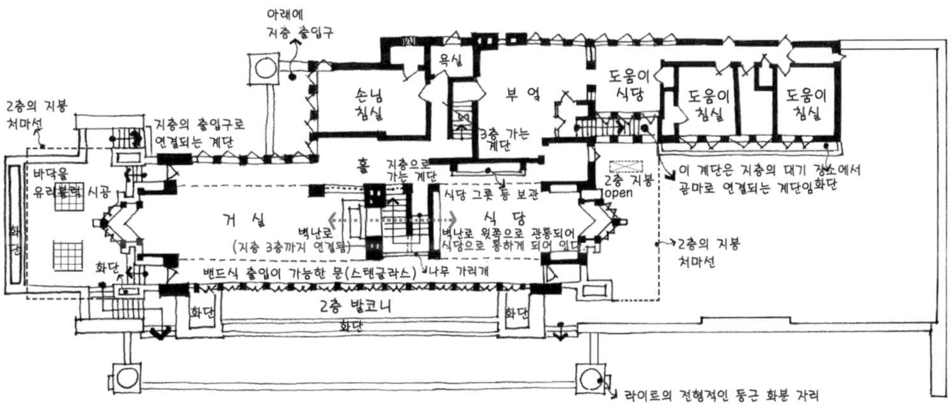

• 2층 평면도

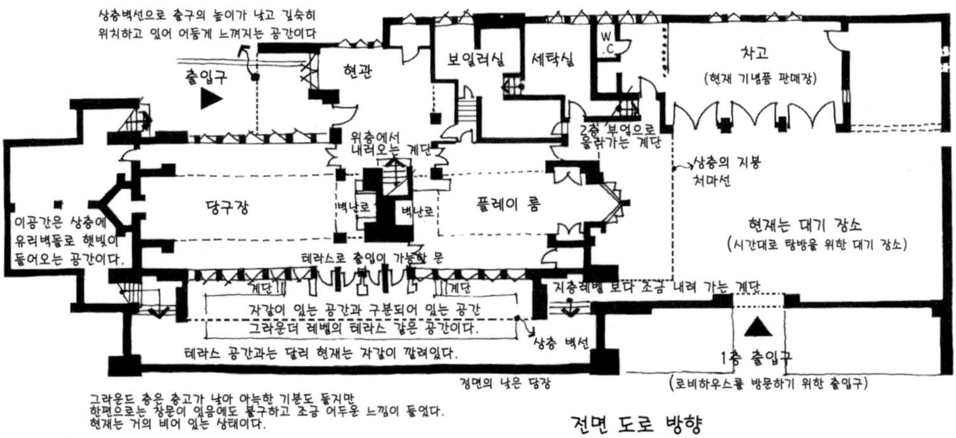

• 1층 평면도

• 1층의 게임 룸의 채광을 고려하여 포치 공간바닥의 일부를 유리블록으로 시공하였다.

• 1층의 메인 출입구 모습 – 층고가 낮고 2층의 게스트 룸 발코니로 인하여 조금은 어두워 전면도로에서 쉽게 알아볼 수 없다.

2층의 거실과 식당은 남쪽 방향의 14개 아트 유리문 중 12개의 문을 통하여 외부 공간인 발코니로 연결되고, 이 아트 유리문을 통하여 하루 종일 햇빛이 가득한 공간으로 계획되어 있다. 두 개의 공간은 평면 중앙부에 위치하고 있는 벽난로에 의해 구분되고, 거실의 서쪽 끝 부분은 뱃머리 모양처럼 예각을 이루면서 두 외벽이 만난다. 이 외벽의 창문과 포치로 연결되는 문 역시 아트 유리로 이루어져 있다. 이 포치는 길게 뻗어 나온 낮은 지붕으로 상부가 감싸져 있기 때문에 외부와 내부의 중간 공간(전이 공간)으로 느껴지게끔 계획되어 있다. 즉, 내부의 거주자가 언제든지 자유롭게 외부 공간과 접할 수 있는 공간을 제공하겠다는 라이트의 계획 의도가 엿보인다.

특히 포치의 바닥은 포치 아래의 1층 공간의 채광을 고려하여 바닥 일부를 유리블록으로 시공하는 배려도 엿볼 수 있으며 이곳에서 외부로 연결되는 계단도 계획되어 있어 1층 현관과 2층의 거실로 들어가기 전의 전이 공간 기능을 겸하기도 하는 듯 했다.

• 2층 포치의 아트 유리창과 좌측으로 내려가면 1층의 메인 현관으로 연결된다.

• 2층 거실에서 식당방향으로 바라본 모습 – 벽난로 좌 · 우로 식당과 연결되는 통로가 보인다.

01

02

03

04

05

01 _ 1층 놀이공간과 2층의 식당공간 외관의 모습과 우측에 놀이공간에서 코트 야드로 통하는 문이 보인다.

02 _ 우측이 식당에서 코트 야드(대기공간)로 통하는 계단이다. 사람이 내려오는 모습이 보인다.

03 _ 2층 서쪽 끝 거실공간의 외부 포치공간을 연결하는 좌우 2개의 아트유리문이 보인다.

04 _ 메인 층인 2층의 거실 내부에서 포치방향으로 본 모습 - 좌 · 우 방향에 아트 유리문이 보인다.

05 _ 코트야드에서 부엌으로 통하는 계단의 내부 모습

북쪽에 면한 직사각형 평면의 경우, 1층은 주 출입구를 비롯하여 창고, 세탁실, 보일러실 등으로 구성되어 있고, 주 출입구의 현관 홀 오른쪽에 있는 계단실을 통하여 2층으로 올라가면 손님을 위한 공간, 부엌, 도우미를 위한 공간 등으로 연결되며 주로 로비 하우스의 서비스 공간으로 구성되어 있다. 부엌은 비록 2층에 위치하고 있지만 코트 야드(차고, 현재 로비 하우스를 보기 위해 오는 방문객을 위한 대기 장소)로 직접 연결되는 계단이 계획되어 있다. 맨 처음 계획에는 차고 옆에 기계실 피트 공간과 차를 세차할 수 있는 공간도 있었다고 한다.

3층 평면은 1층과 2층 두 개의 직사각형이 겹쳐진 부분에 계획되어 있고 전망이 제일 좋은 위치이다. 1층 현관 홀에서 곧바로 연결된 계단을 통하여 2층의 거실 등 주요공간을 거치지 않고 3층까지 곧바로 연결된다. 3층 공간은 주인 침실, 어린이 침실, 게스트 침실 3개의 침실, 2개의 욕실과 옷장으로만 이루어져 있고 그 외 다른 공간은 없다. 3층의 침실 벽면은 북쪽을 제외하고는 3면 모두 밴드식 창문으로 길게 이어져 있기 때문에 주변 경관을 감상하는데 유리하다. 하루 종일 동, 남, 서 3방향으로 햇빛을 받을 수 있으며, 주인 침실은 벽난로가 설치되어 있고 3개 침실 중 가장 넓다. 그리고, 남향의 따뜻한 햇볕을 충분히 받아 낮 동안 전등이 필요없을 정도로 밝다. 굴뚝은 주택 공간의 중심에 위치하고 있는데 이는 1층부터 3층까지 벽난로가 연결되어 있기 때문이다. 즉 4개의 벽난로(1층의 당구장, 놀이 공간, 2층의 거실, 3층의 주인침실)가 하나의 굴뚝으로 연결되어 있으며, 외벽에 사용한 같은 종류의 벽돌과 석회석으로 시공되어 있다. 즉 3개의 레이어 중심부에 벽난로의 굴뚝이 위치하여 레이어를 높이 별로 흔들림 없이 고정시켜주고 있다.

라이트는 자신이 설계한 대부분의 주택에는 본인이 직접 디자인한 가구를 설치하는 것으로 알려져 있다. 로비 하우스의 경우는 다른 주택들 보다 라이트가 디자인한 가구를 많이 볼 수 없는데, 그 첫 번째 이유는 로비 하우스의 경우 로비의 아버지가 죽으면서 주택 시공 비용에 많은 어려움을 겪게 되었고 이로 인하여 추가적인 가구를 디자인하지 않았다고 한다.(솔직히 내부에는 거의 가구가 비치되어 있지 않아 조금은 허한 느낌을 받기도 했다.) 두 번째 라이트가 디자인한 몇 개 되지 않은 가구는 시카고 대학 내의 스마트 아트 박물관(Smart Museum of Art)에 보관 중이며 현재는 식탁과 의자만이 전시되어 있을 뿐이다.

사실, 필자의 대학시절(1983학번) 근대건축사 강의시간에 로비 하우스에 대한 교수님의 극찬 때문인지(관련사진 등은 전혀 보지 못하고 상상만 했다.) 엄청난 기대를 했었다. 그러나 외부형태에서 느껴지는 느낌과 달리 막상 내부 공간을 경험한 필자는 큰 감동을 받지 못했다. 아마도 다른 방문객들은 나와 같은 느낌을 받지 않을 수도 있겠지만 …, 그 이유는 거대한 선박과 같은 주택 공간의 가장 중심이 되는 2층인 경우에는 너무나 낭비적일 정도의 넓이로 이루어진 거실 그리고 식당, 주방이 대부분 공간을 차지하고 있었고, 1층의 경우에는 당구장과 놀이공간이라니 너무 황당한 공간계획이라는 생각이 들었기 때문이다. 그러나 이런 주택공간 계획에 대한 나의 생각이 그 시대의 문화를 이해하지 못한 필자의 짧은 생각임을 알게 될 때까지 시간은 오래 걸리지 않았다.

미국의 문화는 유럽 문화에서 발생되었고, 18세기의 영국 타운 하우스들에서는 이전까지 있었던 무기고 등이 없어지고 드로잉–룸, 팔러, 식당 등 접대를 위한 공적 공간들이 많이 생기게 되면서, 사교를 위한 하나의 공간으로 당구장이 계획되는 특이한 주택 공간들이 나타나기 시작한다. 비록 프랑스를 배경으로 했지만 당시의 소설『적과 흑』에서 젊은 친구들이 모여 당구장에서 서로 이야기를 나누면서 시간을 보내고 있는 내용이 나오기도 한다. 다시 말해 유럽 문화를 모태로 하고 있는 미국의 경우 유럽에서 나타나는 상류 사회의 주택 문화가 미국으로 건너오는 데에는 어느 정도 시간이 걸렸을 것으로 생각된다. 그리고 당시 이 정도 주택의 주인이었다면 미국에서도 상류 사회에 속했을 것이고 같은 계층 간의 정보 교류와 결속을 위해서는 정기적인 방문과 접대를 위한 공간 즉 응접실, 식당, 당구장 등 당시의 미국 문화의 모태인 유럽의 상류사회 문화를 받아들이는 것은 당연했을 것이라 생각한다. 이러한 주거 공간의 변화는 우리나라 조선 중 · 후기를 지나면서 점차 접대와 교류의 공간이었던 사랑, 별채, 정자 등의 건축이 두드러지는 경향과 동일하다는 생각을 하게 된다.

우리나라의 경우에도 대부분의 사극 드라마를 보면 많은 선비와 중신들이 나라의 중대사한 일 또는 다른 여러 일들을 논의 할 때는 사랑채에 모여 이야기를 나누면서 자신들의 연대를 결속하는 장면이 많이 나오는 것과 동일하다고 생각된다.

로비 하우스의 방문을 계기로 한 번 더 확인할 수 있었던 것은, 주택이란 우리의 삶을 담는 단순한 공간으로서의 이해보다 그 당시의 사회의 문화를 담고 확대 재생산하는 매개체로서 우리 일상의 모습을 기존의 사회체제 안에 순응시키려는 또 하나의 사회 제도가 아닌가 하는 생각을 해보게 된다.

14. 메이어 메이 주택(Meyer May House)

- 위치 : 450 Madison Avenue S.E. Grand Rapids, MI.
- 건립 : 1909년
- 건축스타일 : 프레리(Prairie Style)

• 전면도로에서 본 메이어 메이 주택의 모습 – 낮은 지붕, 길게 뻗어 나온 처마, 2층의 연속된 창문 등 프레리 주택의 특징이 보인다.

1) 돈 잘 버는 회사 – 무료 입장

메이어 메이 주택은 미시건의 주도인 랜싱(Lansing)에서 약 70마일(약 112Km) 정도 떨어진 그랜드 래피드(Grand Rapids-미국에서 가구로 유명한 도시)의 주택 지역에 위치하고 있다. 주소(The Frank Lloyd Wright Companion, William Allin Storrer, The University of Chicago Press, 1993에 라이트 작품들의 주소들이 Zip 코드에 따라 주(state)별로 정리되어 있다.– 본 책 부록에서는 알파벳 순서대로 그리고 주택의 시공연도를 추가하여 재정리 하였음)를 보고 메이 주택을 찾아가기란 생각보다 어렵지 않았다. 주택은 메디슨 에비뉴(Madison Avenue)사거리 도로의 한 모서리에 위치하고 있으며 주변의 다른 주택들과는 뚜렷이 구분되는 스타일로 지어졌기 때문에 누구나 쉽게 찾을 수 있다. 주택 앞에는 메이어 메이 주택에 관한 설명이 동판으로 새겨져 있기 때문에 주택을 둘러보기 전에 한번쯤 읽어 두면 주택을 이해하는 데 어느 정도 도움이 될 것이다.

사실 이 주택은 두 번이나 방문했었다. 이 주택의 경우 일정한 요일과 시간을 정해놓고 무료로 주택 내부를 일반인에게 공개하기 때문에 첫 번째 방문처럼 공휴일에 무작정 찾아가면 허탕치기 다반사이다.(관리자도 일요일은 쉬어야 하기 때문) 이 주택의 내부를 보기 위해서는 메이어 메이 주택과 이웃한 주택(사무실)에서 등록을 한 후, 메이어 메이 주택 관리사무실에서 상영하는 메이어 주택의 변천 과정 등 역사에 관한 동영상을 시청하는 과정을 거치게 된다. 그래야 가이드를 따라 내부로 들어갈 수 있다.

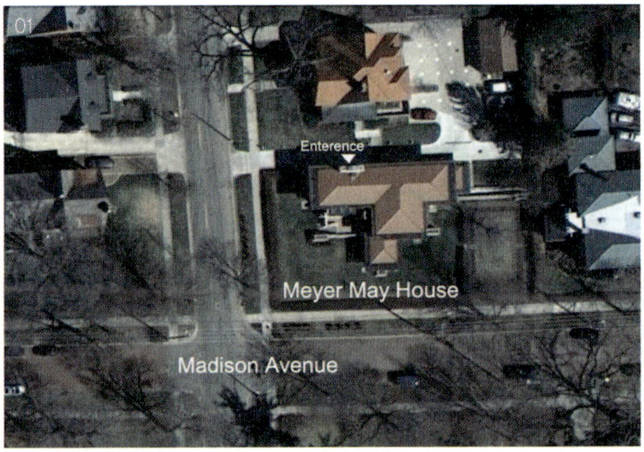

01 _ 메디슨 에비뉴 사거리의 동북쪽 모서리에 위치하고 있는 메이 하우스의 배치(사진: 구글 어스)

02 _ 주택 앞에 메이 하우스에 관한 설명이 새겨진 동판

필자의 첫 번째 방문에는 어머니의 날(Mother' s day-한국과 달리 어버이날이 아니고 어머니날은 공식 공휴일이다.)[4] 공휴일이기 때문에 헛걸음을 했지만 두 번째 방문 때에는 관리사무소 앞에 제시된 방문 요일과 시간에 맞추어 방문했기 때문에 내부를 구경할 수 있었다. 이상하게도 라이트 작품을 관리하는 곳의 휴관일은 작품마다, 지역마다 다르기 때문에 방문 전에 인터넷 또는 유선상으로 꼭 확인 후에 방문해야 헛걸음치지 않는다. 이 주택의 경우는 돈 잘 버는 회사 스틸케이스(Steelcase-가구회사로 유명하다) 회사 소유로 되어 있었기 때문인지 다른 주택과 달리 관람료가 없었다. 오히려 장바구니 같은 기념 가방과 주택 설명서를 무료로 선물받았다. 현재 개인 소유로 된 주택 외에 낙수장, 로비 하우스, 시카고의 라이트 주택 겸

4) 미국의 어머니날은 5월14일이고 아버지날은 6월18일로 따로 정하고 있다.

스튜디오, 탈리어신 등은 적게는 $20에서 많게는 $50이상의 입장료를 내야 1시간 관람이 가능하다. 그리고 이런 주택들의 입장 비용은 한화로 계산하면 2만4천원에서 6만에 이르는 비싼 관람료이며 또한 탈리어신, 낙수장 등과 같은 건축물의 경우는 입장료도 고가인데다가 도시 지역과 먼 곳에 위치하고 있음에도 불구하고 건축을 전공한 사람뿐 아니라 건축에 관련된 일을 하지 않는 남녀노소 많은 사람들이 방문하고 있다. 이처럼 라이트의 작품을 직접 방문하는 모습을 경험한다면 라이트가 미국에서 어떤 인물인지 몸으로 느낄 수 있을 것이다.

2) 사랑하는 첫 번째 부인 소피에의 죽음

이 주택은 라이트가 메이어 메이와 그의 부인 소피에(Sophie)를 위해 설계한 집으로 당시 미시건 지역과 미국의 주택 형태나 평면 유형 등의 건축 스타일과는 전혀 다른 혁신적인 주택이었으며, 동시에 라이트가 미시건 지역에 설계한 최초의 주택이기도 했다. 이 주택과 이웃하고 있는 주택 대부분은 당시 미국의 전형적인 주택 형태로 급한 박공지붕과 첨탑 형태가 포함된 전체적으로 수직적인 형태를 취하고 있다. 반면에 메이 주택은 주변 주택에서 보기 드문 벽돌로 치장된 외벽과 하늘을 향해 솟아오르는 경사가 급한 지붕을 최대한 수평적인 요소로 과감히 낮추고 또한 지붕면에 우뚝 삐져나온 수직적 요소인 굴뚝은 어디에 있는지 알 수 없을 정도로 지붕과 일체화시켜 전체적으로 수평적인 요소를 강조하고 있었다.

이 주택은 그랜드 래피드(Grand Rapid)에서 옷 공장을 경영하는 메이어의 아버지인 아브라함 메이(Abraham May)가 갑자기 죽으면서 당시 대학교에 재학 중인 메이어 메이가 대학을 중퇴하고 옷가게 경영을 물려받으면서 기존에 가지고 있는 부지에 주택을 건설한 것이다. 이 주택은 1908-9년에 라이트의 설계에 의해 완성되었지만 공사가 완료될 무렵 라이트가 유럽으로 가는 바람에 실내 인테리어는 완성되지 못한 상태였다. 그러나 완성되지 않은 일부 인테리어 디자인은 라이트와 같이 작업한 경험이 있는 조지 니데컨(George Niedecken)에 의해 일부 완성되었다.

메이 주택에서는 메이어 메이와 그 부인 소피에(Sophie) 그리고 두 아이들과 같이 생활했다. 그러나 그의 부인 소피에(Sophie)가 1917년 갑작스럽게 죽고, 4년 후인 1921년 래(Rae)와 두 번째 결혼을 하면서 래의 두 아이들과 메이어의 두 아이가 같이 생활하게 되면서 늘어난 가족들을 위하여 1922년 기존 주택의 동쪽 방향에 같은 스타일로 주택을 확장하기도 하였다. 두 번째 부인과의 결혼생활은 그렇게 순탄하지 않았는지, 1920년대 말에 이혼을 하게 된다. 이렇게 평범하지 않은 두 번의 결혼 생활 등으로 인하여 메이어도 1936년 죽게 된다. 이후 메이어 주택은 약 6년 동안 빈 집으로 방치되어 있다가 1942년 초에는 두 번째 주인에 의해 침실을 대여하기 위한 아파트로 많은 부분이 개조되는 등 1985년까지 일반 주택으로 사용되었다.

01 _ 첫 번째 부인 소피 사이에서 태어난 아이들과 같이 시간을 보내는 메이의 모습. 뒤쪽으로 라이트가 디자인한 메이 주택의 창문이 보인다.

02 _ 두 번째 부인 래와 그녀의 아이(뒷줄)들 그리고 메이와 그의 아이들(앞줄)이 같이 찍은 모습

03 _ 초기 주택의 모습 - 오른쪽 부분이 증축되기 전의 모습

04 _ 오른쪽 끝부분의 확장된 부분이다.- 왼쪽의 초기 주택과 비교해 보면 오른쪽 부분이 증축되었음을 쉽게 알 수 있을 것이다.

그러나 당시 라이트가 설계한 존슨 왁스(Johnson Wax, 위스콘신 주) 빌딩의 가구들을 만들었던 "스틸케이스(Steelcase)"라는 회사에서 1985년 메이어 주택을 구입하게 되면서 1922년 동쪽으로 확장된 부분과 아파트로서 개조된 부분들을 제거하고, 지붕의 기와(red Belgian tile roof)도 당시의 것과 같은 붉은색으로 그리고 기와 모양 역시 최초의 것과 같은 것으로 복원하면서 최초의 메이어 주택 모습으로 완벽하게 복원이 이루어진다. - 주택 내부를 방문하기

전 보여주는 동영상에서 주택을 다시 개보수하는 모습 등을 자세히 볼 수 있다.

그리고 마침내 1987년 일반인들을 위하여 메이어 주택을 개방하게 되었지만, 주방은 최초의 것과 달리 현대식으로 개조되었는데 이는 스틸케이스 회사가 메이어 주택을 복원한 후 몇 년간 회사에서 이루어지는 각종 행사의 리셉션 장소로 사용하기 위하여 주방을 현대식으로 개조할 필요가 있었기 때문이었다.

3) 수평적 구성요소의 강조

앞에서 잠깐 언급되었듯이 메이어 주택은 2층임에도 불구하고 주변의 다른 건물보다 높지 않다. 그리고 또 다른 점은 주택의 입구가 전면도로에 접하여 계획되어 있는 주변의 주택들과는 달리 동서 방향으로 길게 배치되어 있고 주택으로 들어가는 현관은 북쪽의 좁은 접근로를 통하여 접근할 수 있게 계획되어 있기 때문에 양쪽 도로방향에서는 입구를 쉽게 찾을 수 없는 숨어 있는 현관으로 계획되어 있다. 이런 입구 디자인 방식은 다른 프레리(Prairie) 주택인 비치 하우스(Beachy house, 시카고, 오크파크), 로비 하우스(Robie house, 시카고 대학내 위치) 등 여러 프레리 주택 등에 사용한 방식으로 개인의 프라이버시를 최대한 보장하기 위한 라이트의 배려이기도 하다.

전체적인 외관의 모습은 2층 부분의 연속되는 창문과 낮은 경사 지붕 등으로 프레리 스타일이라는 것은 한 눈에 느낄 수 있으며 외벽 모서리 위에 설치된 원형의 화분은 라이트 주택임을 증명하는 듯 했다. 반면에 1층 거실부분의 창문 앞에 설치된 철재 디테일 장식에서는 철재로 무장한 중세의 전투 병사와 같은 믿음직한 모습이 느껴지기도 했다.

외장재로 사용한 벽돌(소성벽돌)은 전체적으로 회색 계통으로 벽돌의 줄눈이 일반적인 벽돌집과 달리 세로 줄눈을 모르타르로 메워 세로 줄눈이 없어지면서 가로 줄눈만이 강조되게 계획되어 있다. 특히 햇빛이 비치는 날이면 줄눈 모르타르와 벽돌색이 모두 회색이기 때문에 가로 줄눈에 햇빛에 의한 그림자가 자연스럽게 생기고, 이 줄눈은 수평적인 요소로 더욱더 강하게 강조되고 있음을 느낄 수 있다. 그리고 건물 후면의 2층 외벽 부분의 경우에는 햇빛을 받을 수 없는 북향이므로 줄눈에 의한 수평선 강조보다는 벽돌 한 켜는 돌출되게, 한 켜는 후퇴시키는 적극적인 방식으로 수평선을 강조하고 있었다.(오크 파크의 윈슬로 주택과 밀워키 보커 주택도 이와 같은 방식을 사용했다.) 뿐만 아니라 지면과 접하는 부분, 창문 아래 부분, 테라스의 윗부분에는 보는 이로 하여금 확실히 인지될 만큼 굵은 시멘트 난간두겁대(coping)로 마무리하므로 수평적인 요소를 더욱 강조하고 있었다.

01 _ 측면 도로에 위치한 현관으로 안쪽 깊숙하게 Set back되어 배치되어 있는 입구 모습 - 전면도로에서는 보이지 않는다.
02 _ 세로 줄눈은 사람 손으로 벽돌과 같은 색의 모르타르로 메웠기 때문에 햇빛에 의한 음영이 가로 줄눈 밖에 보이지 않는다. - 수평선을 강조하기 위한 디테일
03 _ 주택 후면의 2층 외벽의 벽돌은 한 줄은 돌출되게, 한 줄은 후퇴시키는 방식으로 치장하여 수평선을 강조하고 있다.
04 _ 주택 정면 거실의 남쪽에 설치된 창문의 디테일이 특이하다. 햇빛에 의해 가로줄눈만 보인다.

주택의 1층 바닥 높이는 지면보다 높게 설치되어 있고, 거실 앞에는 외부와 직접 통할 수 있는 테라스 공간이 마련되어 있다. 이 테라스 공간은 거실의 바닥 높이가 지면보다 높기 때문에 거실과 연결된 테라스 바닥 역시 외부의 계단을 통하여 접근할 수 있고 이 높이 만큼 낮은 담장이 1층의 베란다뿐만 아니라 1층 전면을 둘러싸고 있다.

1층을 둘러싸고 있는 낮은 담장은 전면도로에서 보일 수 있는 거실의 투명한 1층의 창문을 살짝 가려주고 또한 외부로부터 시선을 가려주는 역할을 하고 있다. 그리고 낮은 담장 윗부분은 두껍고 하얀 난간두겁대가 대신하면서 가족들의 프라이버시 침해를 막아주려는 주인의 의지가 엿보였다.

• 완만한 경사로 계획된 박공지붕과 수평선이 강조된 처마선, 세로줄눈을 막고 가로줄눈만이 강조된 외벽, 지면과 창문아래, 테라스 담장 윗부분에 강조된 콘크리트 난간두겁대(흰색 띠) 등 전체적으로 수평적인 요소가 강조된 메이 주택 외관의 모습 (남 · 서 방향에서 바라본 모습)

4) 언제나 숨겨져 있는 주택의 주출입구

전체적인 평면은 T자 형태로 동 · 서 방향으로 길게 배치되어 있으며, 주택의 정면은 남향으로 실마다 일조 등에는 유리하도록 계획되어 있다. 주택의 주 출입구로 진입하기 위해서는 남북의 메디슨 에비뉴에서 직각으로 대지와 대지 사이를 가로지르는 동서 방향의 접근로로 진입해야 한다. 그렇다고해서 주 출입구가 주택의 외관 형태와 어울릴 정도로 화려하거나, 거대하지 않다. 오히려 북쪽 벽면에 사람 키 높이보다 조금 높게 벽면 안쪽으로 오목 들어가서 위치하고 있기 때문에 접근로에서도 쉽게 발견하지 못한다. 이 주택을 처음 방문하는 방문객들은 건물 정면의 넓은 잔디밭에서 이리저리 주 출입구를 찾아보는 경험을 하게 될 것이다. 필자 역시 아이들과 주택 정면의 잔디밭에서 이리저리 돌아다니며 출입구를 찾았기 때문이다. 무엇보다 주택 정면의 잔디밭은 넓었고 쉽게 눈에 보일 뿐 아니라 누군가 쉽게 접근할 수 있기 때문에 당연히 출입문이 있을 것이라 상상할 수 있기 때문이었다.

주택 배면(북쪽면) 외벽에 위치한 주 출입구에서 현관으로 들어가게 되면 곧바로 벽과 면하게 되고 3번의 돌아가는 동선과 4단의 계단을 통하여 거실 공간과 만나게 된다. 거실 공간에는 남향에 자리한 테이블 영역과 북쪽 벽면에 위치한 벽난로 그리고 벽난로 좌측에 아담하게 꾸며진 서재 공간이 서로 겹쳐지면서 하나의 공간을 이루고 있다. 이 공간을 접하는 순간 필자는 한 가지 의문을 가지게 되었다. 누구나 라이트의 건축 특징을 알고 있다면 필자와 비슷한 의문을 가질 수 있을 것이라 생각한다. 그것은 바로 벽난로의 위치이다. 라이트가 설계한 대부분 주택에서 벽난로는 평면의 중심부에 위치하고 이 벽난로를 중심으로 평면이 유기적으로 연결되는 공간으로 계획하는 것이 라이트의 디자인 수법이었지만 이 메이어 주택에서는 평면 중심이 아니라 북쪽 벽면에 그것도 한쪽 공간에 치우쳐 설치되어있다는 것이다.

• 남북 메디슨 에비뉴에서 직각으로 계획된 동서방향의 접근로 입구에서 바라 본 모습

• 거실의 남쪽방향에 마련된 테이블과 천정에는 라이트 고유의 디자인으로 처리된 전등의 모습

• 거실과 북쪽 벽면의 벽난로 그리고 좌측에는 아늑한 공간으로 조성된 서재 공간이 보인다. 전등이 있는 뒤쪽으로 2층으로 올라가는 계단과 현관이 있는 곳이다.(벽난로 위에는 금색 타일을 붙여 화려해 보인다.)

• 벽난로 좌측에 마련된 아늑한 서재공간의 모습

1층 평면 중앙에 갤러리라고 표현된 복도는 현관뿐 아니라 1층 베란다와 테라스를 통하여 출입이 가능한 공간이며 식당과 거실과의 전이공간으로 역할을 하고 있는 듯했다. 그리고 이 갤러리와 식당 사이에는 아주 큰 벽체로 공간이 구분되어 있었다. 그러나 이 벽체에는 단순한 공간 구분의 벽으로서의 역할뿐 아니라 벽체에 그려진 꽃 문양은 하나의 아름다운 벽화를 보는 듯 했으며 단순히 공간을 구분하기 위한 구조체로는 느껴지지 않았고 평면도에서 언급한 명칭 그대로 갤러리라는 공간을 만들어 내고 있었다. 식당 뒤쪽으로는 식당 동선의 편리함 등을 고려하여 팬트리(pantry)와 부엌이 계획되어 있었고, 일반적인 미국 주택에서와 같이 부엌에서 외부로 통하는 부 출입구를 계획하여 식자재 반입 등 주부 동선의 편리함을 더해주고 있었다. 특히 부엌 동쪽으로는 베란다가 연결되어 있어 날씨가 좋은 날에는 실외에서 가족과 다른 외부 손님들을 초대하여 식사할 수 있는 공간적 배려가 고려되어 있었다. 이 공간은 초대에 늦게 도착하는 손님의 경우 굳이 실내를 통하지 않고 곧바로 이 초대 공간인 베란다로 진입할 수 있게 램프와 계단이 설치되어 있었다.

현관과 거실 사이의 계단을 통하여 2층으로 올라가면 서향으로 창문이 계획된 주인 침실 1개와 남향으로 2개의 침실, 동쪽 방향으로 도우미 침실이 1개 계획되어 있다. 1층에서 2층으로 올라가는 계단실은 비록 북쪽 방향이지만 1층 출입구 위쪽에서부터 2층 천정까지 연결된 스테인드글라스 창문이 설치되어 있어 충분한 빛이 들어왔고 외부의 전경을 볼 수 있었기 때문에 일반적인 북쪽의 어두운 공간과는 달랐다.

01 _ 식당과 갤러리 공간을 구분하는 커다란 벽체에 벽지가 아닌 아름다운 꽃 문양의 벽화가 그려져 있다.

02 _ 메이어 주택의 동쪽입면-부엌의 베란다와 연결된 램프가 설치된 모습

03 _ 1층과 2층까지 연결된 라이트 특유의 디자인으로 이루어진 스테인드글라스 유리창 문(1층에서 2층으로 올라가는 계단실)

04 _ 너무 작아 보이는 트윈 침대가 배치된 2층 침실로 서향으로 창문이 계획되어 있다.

05 _ 서향 침실과 연결된 모닝 룸의 모습 – 남향의 창문으로 놓인 안락의자가 보인다. (주인침실에서 복도로 향하는 문 방향으로 바라본 모습)

이 스테인드글라스 창문은 라이트 특유의 문양인 직선과 사선으로 구성된 디자인으로 보는 이로 하여금 창문을 통하여 외부 전경을 조망하기보다는 유리창에 그려진 문양에 빠져들게 만들었다. 침실 중에 서향으로 배치된 주인 침실의 경우에는 아담하기보다 너무 작아 보이는 두 개의 트윈 침대와 1층의 벽난로와 연결된 침실 벽난로 좌측에는 거울이 붙은 화장대가 마련되어 있다.

그리고 주인 침실에는 계단과 연결된 문 외에 또 다른 문이 하나 더 있고 이 문은 침대

뒷편에 계획된 모닝 룸 공간으로 동선이 연결되도록 계획되어 있다. 모닝 룸은 침실이라기보다는 침실의 부속 공간으로 남향으로 설치된 창문 방향으로 안락의자를 배치해 놓고 사색 또는 휴식할 수 있는 공간으로 계획되어 있었다. 도우미 침실의 경우에는 곧바로 부엌으로 연결되는 계단과 인접시켜 뒷문으로 들어와 부엌을 거쳐 자신의 침실로 연결되어 주인의 생활과는 독립된 프라이버시를 만들어주도록 계획된 것 같았다.

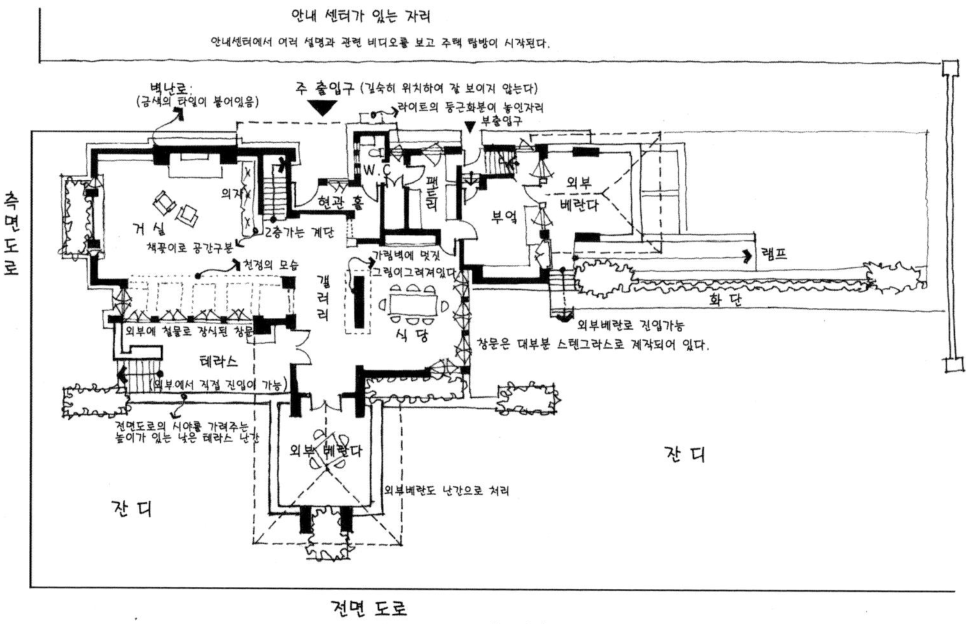

• 1층 평면도

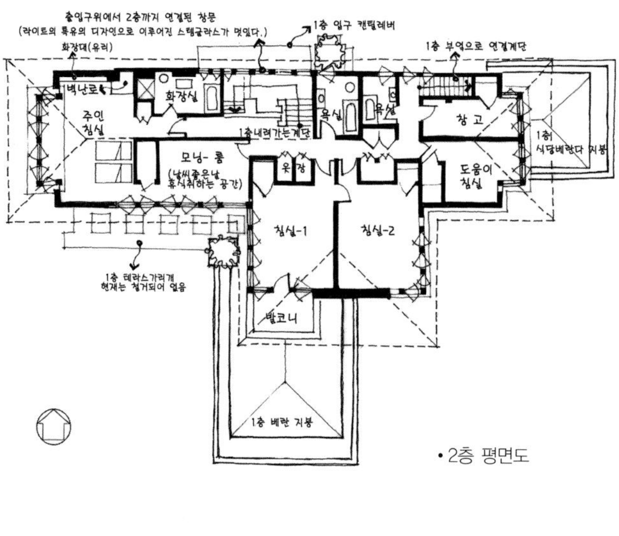

• 2층 평면도

5) 또 다른 메이어 메이 하우스(Amberg House)

메이어 메이 하우스에서 메디슨 도로를 따라 약 100m 정도 올라가다 보면 또 다른 프레리 주택이 보인다. 이 주택이 암베르그 주택이다.

이 주택은 마이어 메이 주택이 완공될 시점인 1909년에 소피아 메이(Sophie May, wife of Meyer May)의 부모님인 암베르그로부터 직접 의뢰를 받아 설계된 것으로 전해지고 있다. 그러나 그 다음 해에 라이트는 마마 체니와 유럽으로 떠나 2년 동안 돌아오지 않게 됨으로써, 당시 라이트 작업실에서 일을 하고 있는 월터 벌레이 그리핀(Walter Burley Griffin)과 메리언 마호니(Marion Mahoney)에게 작업이 맡겨지게 되고, 결국에는 메리언 마호니가 암베르그 주택을 설계하게 된다. 암베르그는 메이어 메이 주택처럼 프레리 주택을 지어줄 것을 주문하게 되고 그의 주문에 따라 프레리 스타일로 설계하게 된다.

전체적인 형태에서는 마이어 메이 주택과 같이 길게 뻗어나온 베란다 그리고 연속으로 이어져 창문과 라이트의 문양처럼 보이는 스테인드글라스 유리, 창문 아래 도우미 침실과 낮은 담장으로 마무리 하고 있는 두겁돌, 든든한 기단 등 프레리 스타일의 건축 어휘가 많이 사용되고 있음을 알 수 있다. 그리고 박공 처마 아래에는 쿤레이 주택(쿤레이 주택 설명 참조) 벽에서 볼 수 있었던 비슷한 문양이 그려져 있음을 볼 수 있었다. 반면에 전면 도로와 주택사이의 대지를 넓게 확보하지 못해 주차장을 위한 여유 공지 등이 부족하여 필로티를 통하여 주택 후면으로 차량을 진입시키고 있었다. 주택의 규모는 2층이며, 박공지붕 형태로 디자인되어 있고, 라이트 특유의 디자인 구성요소인 돌출창문도 볼 수 있다. 그리고 평면형태가 조금 복잡하게 이루어져 있어 보는 방향마다 입면의 형태가 다르다. (구글지도 참조, 480 Lagan St. S.E, Grand Rqpids, MI, 49503)

01 _ 전면도로(동)에서 바라 본 정면의 모습
02 _ 북쪽에서 바라본 모습 – 좌측이 베란다이다.
03 _ 박공지붕 아래 벽면에 디자인된 문양과 그리고 돌출된 스테인드글라스 유리창이 보인다.
04 _ 동쪽도로로 올라가면서 찍은 모습 뒤쪽의 작은 박공이 베란다이다.

15. 탈리어신(Taliesin)

- 위치 : Route 23, Taliesin, Spring Green, Wisconsin
- 건립 : 1911~1925년
- 건축스타일 : 프레리(Prairie Style)

• 동쪽 언덕 아래에서 탈리어신을 바라본 모습 – 갈색계통의 주조색, 석재와 목재를 주재료로 사용한 건물은 자연과 융화되고 길게 뻗어 나온 버드 워크(Bird Walk)에서는 광활한 탈리어신의 자연 경관을 감상할 수 있다.

1) 탈리어신의 시작

1909년은 라이트가 가지고 있었던 건축에 대한 열정적인 에너지가 소진되고 새로운 에너지 충전에 대한 갈등과 고난의 시기였다고 할 수 있다. 이런 개인적인 고난의 시기에 그는 그의 건축주인 에드윈 체니(Edwin Cheney)의 부인인 마마 볼스위크 체니(Mamah Borthwick Cheney)와 사랑에 빠지게 된다. 그리고 두 사람은 각자의 일을 위해 미국을 떠나 유럽으로 가게 된다. 라이트는 당시 자신의 작품집 출판 등을 위해 독일로 향했고 마마는 여성 인권운동자인 엘렌 키(Ellen Key)를 만나기 위하여 스웨덴으로 떠난다. 비록 두 사람은 개인적인 활동과 공적인 이유를 가지고 유럽으로 떠났지만 서로 약속이나 한 듯 이탈리아에서 만나 두 사람만의 시간을 보내게 된다.

그 후 두 사람은 이탈리아 프로렌스 부근의 조그만 도시 피에졸레(Fiesole) 언덕 위에 아담한 빌라를 장만하고, 라이트의 작품집 작업이 진행되는 동안 이 곳에서 같이 생활하게 된다. 2년 후인, 1911년 라이트는 작품집 출간을 마치고 마마와 같이 미국으로 돌아온다. 그러나 자신의 집에는 아무도 없었고 문이 닫힌 상태였기에 하는 수 없이 시카고에 조그마한 아파트에서 생활하면서 다시 의욕적으로 설계 작업을 시작하게 되지만, 이 시기부터 1936년 유소니언 주택을 설계하기까지 몇몇 큰 프로젝트(Midway Gardens(1913), Imperial Hotel(1915) 등)를 제외하고는 뚜렷한 작품 활동을 하지 못하는 시련의 시기를 경험하게 된다. 이런 상황을 극복하기 위해 유럽에서 돌아온 라이트는 자신이 거처할 주택과 지속적으로 설계 작업을 할 수 있는 스튜디오 계획을 진행하게 되면서 라이트가 태어나고 어린 시절을 보냈던 고향, 위스콘신 주로 돌아가게 되는 계기가 된다.

1911년, 4월 때마침 고향에서 생활하고 계시던 어머니가 위스콘신 주의 스프링 그린 부근 조그마한 언덕을 포함하고 있는 땅을 매입하면서 그의 아들 라이트에게 주택 설계를 의뢰하게 된다. 라이트는 어린 시절 이곳에서 많은 시간을 보냈고 집을 짓기 위한 대지뿐 아니라 주변 환경에 관해서 너무나 잘 알고 있었기 때문에 별 어려움 없이 순조롭게 작업을 시작할 수 있었다. 맨 처음 설계를 시작할 당시의 설계 목적은 "어머니, 안나를 위한 시골의 조그마한 주택"(Cottage for Mrs. Anna Lloyd Wright, Hillside, Wisconsin)였기 때문에 자신을 위한 작업장을 설계하기보다 자신의 어머니를 위한 주택을 설계한다는 개념으로 시작되었기에 초기의 탈리어신은 현재의 모습보다 소규모였다. 그러나 설계를 진행하던 중 주변의 아름다운 경관과 넉넉한 대지의 매력에 서서히 빠져들게 되고 그의 설계 개념은 시골의 조그마한 주택에서 점점 확대된 공간 개념으로 발전하게 된다. 결국 1911년 6월에는 초기의 조그마한 주택 계획에서 설계 스튜디오, 주거 공간, 농장 등 여러 공간을 복합적으로 어우러진 공간으로 계획하게 된다. 이 프로젝트를 진행하면서 라이트는 유럽에서 미국으로 돌아온 마마(Mamah Borthwick)와 같이 탈리어신에서 생활하게 된다.

공사 착공은 이미 1911년 봄부터 이미 시작되었다. 그의 설계 개념은 처음부터 언덕 위에 단순히 주택을 짓겠다는 개념이 아니었다. 주변을 둘러싸고 있는 언덕 그리고 넓게 펼쳐진 대평원과 함께 어울리면서 자연을 자신의 공간으로 유입할 수 있는 공간으로 만들겠다는 '프레리(Prairie)' 개념에서 시작되었다. 이런 개념은 탈리어신을 라이트의 최고 걸작으로 만들었을 뿐 아니라 자연과의 완벽한 조화를 이룬 작품인 동시에 프레리(Prairie) 주택의 전형적인 아름다움을 보여주는 최고의 작품으로 평가받게 된다.

탈리어신 공간 구성은 크게 4개의 중정으로 이루어져 있다. 4개의 중정은 대부분 자연석으로 조성되어 있고 이 자연석이 층층이 쌓여 낮은 쪽은 주택의 벽을 이루고, 높이 솟아올라서는 굴뚝을 이루고 있다. 여기에 사용된 대부분의 돌은 1마일 정도 떨어진 채석장에서 공급되어 사용되었다. 그리고 탈리어신을 감싸고 있는 주변의 나지막한 언덕의 선은 곧 지붕의 선이 되었고 언덕의 사선은 지붕의 사선과 조화를 이루면서 자연 속에서 튀지 않으면서 아늑하게 자연에 녹아들었다. 깊은 처마 밑의 그늘 속에 있는, 가벼운 나무 벽의 플라스터 표면의 색은 언덕 아래 강가의 모래 사장과 색깔마저도 같을 정도로 주변에 경관과 너무나 조화된 주택일 뿐 아니라 한 폭을 명화를 보는 듯 했다.

특히 탈리어신은 미국의 대표적인 주택이라는 명성 때문에 전 세계의 젊은이들이 이곳을 찾아와 라이트의 건축 정신을 배우고, 미국의 토속 문화가 유럽에 어떤 메시지를 던지고 있는지를 알고자 했다. 낮 동안에 열심히 건축을 배우고 오후에는 피아노, 바이올린, 첼로를 연주하며 바흐, 베토벤, 헨델의 종교에 대해 서로 이야기했다. 윌리엄 블레이크, 새뮤얼 버틀러, 링 라드너 등의 글도 읽었다. 산간 지대에서의 생활은 이 소규모 사해동포주의자 그룹에 활력을 불어넣었다. 세계 여러 나라에서 모여든 그들은 적극적으로 미국을 알려고 했다. 왜냐하면 당시 미국 건축인들이 미국을 유럽화하려고 애쓰고 있는 상황에서 탈리어신은 조용히 유럽을 미국화하고 있었기 때문이었다.

탈리어신(Taliesin)

탈리어신 "Taliesin" 이란 유럽신화에 나오는 인물로 영국에서 550년 경에 활약했던 웨일즈의 마법사 겸 음유시인의 이름이다. 원래 이름은 귀온 바크이며, 그는 마녀 케리드웬이 과거 · 현재 · 미래의 모든 비밀을 알게 하는 세 방울의 신성한 술을 달이는 동안 솥에 불을 지피는 일을 돕고 있던 중 다 끓고 난 방울들이 자신의 손가락에 떨어지자 그 손가락을 입 속에 넣는 바람에 그 술을 마시게 된다. 그리고 몰래 도망쳤으나 케리드웬에게 잡혀 바다에 던져졌다가 운 좋게 어망에 걸려 살아났다. 그때 그의 이마가 번쩍번쩍 빛나서 탈리어신이라는 이름을 얻게 되었다.

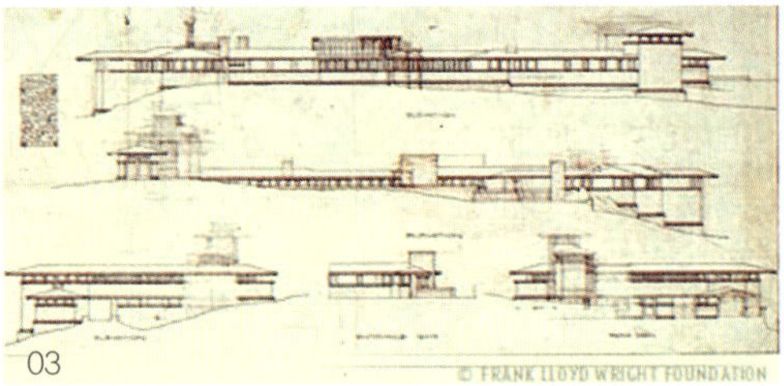

01 _ 탈리어신의 전경 – 탈리어신이 주변 경관과 하나로 동화된 한 폭의 그림처럼 느껴진다.

02 _ 탈리어신의 스케치 – 1

03 _ 탈리어신의 스케치 – 2

04 _ 탈리어신에서 내려다 본 경관 1 – 지평선과 대평원의 아름다움과 넉넉함을 느낄 수 있다. 이것이 라이트의 프레리 건축의 기본 개념이 된다.

05 _ 탈리어신에서 내려다 본 경관 2 – 탈리어신 주택으로 진입하기 전의 공간으로 대평원을 바라보고 있는 부처상이 이색적이다.(평면도 (구)가족식당으로 올라온다.)

이 주택을 탈리어신이라 이름 붙이게 된 계기는 라이트가 리처드 허비의 매력적인 가면극 「탈리어신」을 보고서 유명한 은유 시인을 더 잘 알게 되었기 때문이다. 또한 라이트의 외가 쪽이 웨일즈에서 미국으로 이주하였고 이에 친척들이 웨일즈어로 집 이름을 붙였기 때문에 라이트에도 영향을 주어 '탈리어신' 이라고 불리게 된 것이라 한다.

2) 탈리어신의 첫 번째 시련

1914년 8월 15일 라이트와 그의 아들 존(John)은 시카고의 미드웨이 가든(Midway Gardens 1914에 완공되어 1929년에 철거됨) 공사 현장에서 탈리어신 화재 발생에 관한 연락을 받게 된다.

라이트에게는 탈리어신에 화재가 난 것보다도 유럽에서 행복한 삶을 설계하면서 같이 돌아온 마마(Mamah)와 그녀의 아이 2명이 화재로 인하여 죽었다는 사실이 그에게 더 큰 충격이었다.

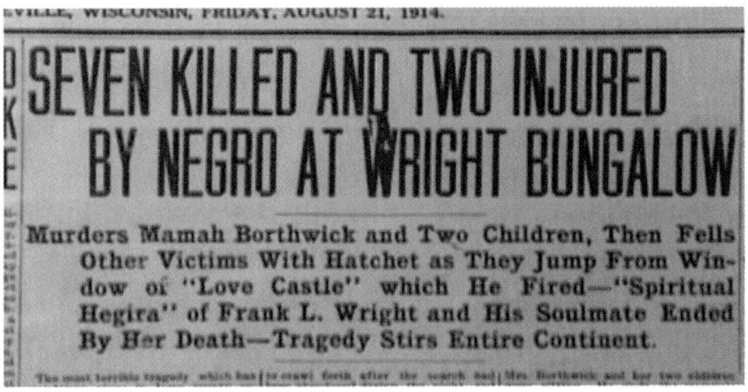
...VILLE, WISCONSIN, FRIDAY, AUGUST 21, 1914.

SEVEN KILLED AND TWO INJURED BY NEGRO AT WRIGHT BUNGALOW

Murders Mamah Borthwick and Two Children, Then Fells Other Victims With Hatchet as They Jump From Window of "Love Castle" which He Fired—"Spiritual Hegira" of Frank L. Wright and His Soulmate Ended By Her Death—Tragedy Stirs Entire Continent.

• 탈리어신이 불난 후 「Madison Times」 신문 기사 내용(1914년 8월 21일자)

당시 두 사람은 법적으로 혼인을 하지 않은 상태였기에 위스콘신의 매디슨(Madison)에 들러 마마(Mamah)와 이혼한 남편이자 두 아이의 아버지 에드윈 체니(Edwin Cheney)를 만나 탈리어신으로 같이 가게 되지만 현장은 비참한 모습으로 바뀐 뒤였다. 이 같은 상황은 탈리어신에서 일하는 한 인부가 탈리어신에 불을 질렀고, 뿐만 아니라 그의 광분한 행동으로 그의 사랑하는 마마를 포함하여 7명의 사람이 죽은 뒤였다.

화재가 난 다음 해인 1915년 후반부터 탈리어신 재건이 시작된다. 초기보다 좀 더 넓게, 좀 더 완벽하게, 좀 더 조화롭게 재건이 시작되었다. 초기 계획보다 주거 공간을 확장하면서 주거 공간이 넓어지고 이전에 일본을 여행하면서 모아두었던 여러 개의 동양 예술품으로 탈리어신 공간 곳곳을 장식하게 된다. 스튜디오 건물과 농장 건물이 분리되면서 많은 건축 실습생들이 좀 더 넉넉한 공간에서 건축을 실습할 수 있게 스튜디오 공간도 확장하고 북쪽에 면한 창문은 좀 더 많은 햇빛을 받아들이기 위해 지붕면 위에 창문을 계획하면서 북쪽면의 지붕을 좀 더 높게 계획하게 된다. 이러한 변화는 이 후 지속적으로 이루어진다.

변화된 공간을 살펴보면 주거공간의 경우 침실과 거실 사이 공간에 로지아(loggia)[5]도 새로 만들고, 한 쪽 벽면에는 일본에서 가서 온 병풍으로 장식하고, 천정 바로 아래 긴 선반을 설치하여 아기자기한 중국식 도자기 등으로 장식했을 뿐 아니라, 부처 조각상 등으로 실내 공간을 장식하였다. 남쪽에 면한 창문은 언덕 아래 연못과 어우러진 대평원을 감상할 수 있게 가로 방향으로 길게 연결된 밴드 형식의 창문으로 계획이 이루어졌다.

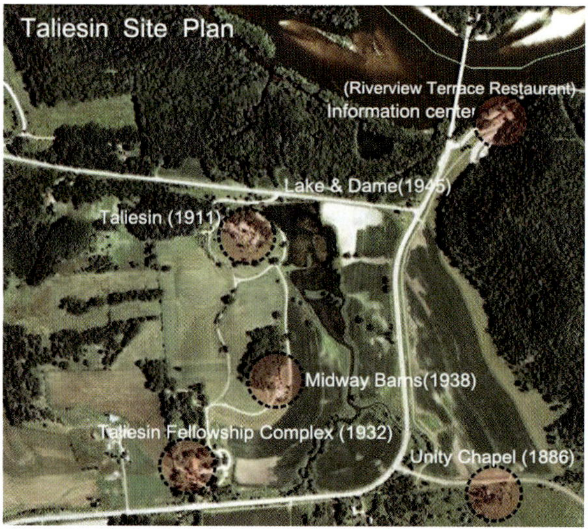

• 탈리어신의 배치 현황도(붉은색 원)–개인적인 접근은 금지되어 있고 방문객들은 안내센터에서 가이드와 버스로 이동하여 탈리어신에 관한 설명과 건물 내 · 외 공간을 안내받고 탐방하게 된다.

이외 탈리어신 재건에는 프레리 건축에 사용되는 여러 건축적 디테일이 사용되었는데 – 높지 않고 완만한 경사에 넓게 퍼지는 듯한 지붕, 넉넉하고 낮은 돌담장, 굴뚝, 친환경적 재료, 밴드처럼 수평 방향으로 연속되는 창문, 열려진 창문을 보호하기 위하여 지붕의 처마를 과장되게 돌출시키는 캔틸레버 방식의 처마 – 이외 일반적인 개념으로는 외부 조경과 주거건물을 완벽하게 대평원의 자연과 하나로 어울릴 수 있게 계획되었다는 것이다.

5) 한 쪽 또는 그 이상의 면이 트여 있는 방이나 복도. 특히 주택에서 거실 등의 한쪽 면이 정원으로 연결되도록 트여 있는 형태

01 _ 긴 테이블 뒤로 일본식 그림이 보이고 곳곳에 부처상과 도자기 등 동양의 골동품들을 볼 수 있는 거실의 모습.

02 _ 탈리어신 스튜디오에서 작업을 하고 있는 라이트의 모습

03 _ 가든 코트에서 Upper 코트 방향으로 바라본 전경 - 주택과 조경이 하나로 어우러진 모습을 확인할 수 있다. (평면도 참조 ③)

04 _ 가든 코트에 있는 가든 룸 앞에 작은 연못이 있다 - 2층 부분의 발코니와 지붕이 거의 같은 높이로 이루어진 굴뚝의 모습 (평면도 참조 ②)

그런데 이런 전원적이고 목가적인 생활을 방해하는 가장 결정적인 요인이 하나 있었다. 그것은 미리암 노엘(Miriam Noel) 이었다. 미리암은 여성 조각가로서 유능한 재능을 가지고 있을 뿐 아니라 너무나 아름다웠고 이국적인 모습을 가지고 있었다. 그러나 그녀는 짧은 기간 라이트와 삶을 같이 한 후 헤어지게 되면서 기나긴 법정 싸움으로 라이트를 괴롭힌다. 미리암을 만나게 되는 계기는 탈리어신의 첫 번째 화재로 사랑하는 마마를 잃고 난 후 실의(失意)에 빠져 있을 때 미리암은 라이트에게 여러 번의 따뜻한 편지와 위안을 주면서 라이트의 마음을 사로잡게 되고 또한 서로의 예술적인 감각에 의한 상호간의 마음이 두 사람을 더욱더 가깝게 만들게 되면서 마침내 미리암은 탈리어신에서 라이트와 같이 생활하게 되었다.

때마침 계속 지속되었던 라이트의 첫 번째 부인 캐서린과 이혼 문제가 해결되면서 두 사람은 정식으로 결혼하게 되고 미리암은 법적으로 라이트의 두 번째 부인이 된다. 그리고 라이트의 일본 제국호텔 설계로 미리암 노엘과 같이 자주 일본 여행을 하게 되지만, 일 때문에 바쁜 라이트는 미리암과 많은 시간을 보내지 못하게 되면서, 결국에는 미리암 노엘과의 관계가 서서히 벌어지게 된다. 그 이유는 라이트에게도 있었겠지만, 미리암 노엘이 몰핀(마약)과 술을 탐닉하게 되면서 두 사람의 관계는 회복되지 못할 정도로 악화되었고, 미리암 노엘이 자신의 삶을 위해 라이트 곁을 떠나게 된다. 두 사람의 관계를 법적으로 해결하기 위한 기나긴 법정싸움으로 이어지고 라이트는 마음의 상처뿐 아니라 경제적으로도 많은 고통을 겪게 된다.

1909년부터 1924년 이전까지 이 시기는 라이트의 개인적인 사생활과 여러 악재 등으로 인하여 작품 활동을 거의 하지 못한 시기라고 할 수 있다. 1924년 이후부터 로스엔젤레스의 홀리호크 주택(Hollyhock House)과 극장 등을 포함한 반스달 올리브 힐 프로젝트(Barnsdall Olive Hill project) 등 약간의 프로젝트가 들어오기 시작하면서 라이트가 다시 일어날 수 있는 계기를 마련하게 된다. 그리고 이 프로젝트를 계기로 로스엔젤레스에 잠시 머물면서 4동의 콘크리트 블록 주택을 설계하게 되었고, 아라인 반스달(Aline Barnsdall)을 위한 더 많은 프로젝트를 할 수 있을 것이라 믿었지만 계속적인 작업으로 이어지지 못했다. 그 이유는 당시 로스엔젤레스의 경우 라이트와 같은 건축 분위기가 아닌, 네오-스페니쉬 스타일의 건축이 번창하고 있었기 때문이었다. 하는 수 없이 로스엔젤레스 사무실을 폐쇄하고 다시 탈리어신으로 돌아오게 된다. 이곳으로 돌아온 후에 시카고에 국가생명보험회사(National Life Insurence Company)설계, 매디슨에 나코마 컨트리 클럽(Nacoma Country Club)과 피 감마 델타 프레트너티 주택(Phi Gamma Delta fraternity house) 설계 등의 작업을 시작하면서 라이트가 다시 재기할 수 있는 원동력을 마련하게 된다.

마침내 1920년 11월 30일, 운명의 손길이 라이트에게 손짓한다. 그리고 라이트의 운명을 바꿔놓을 정도의 행운의 천우신조를 만나게 된다. 라이트는 친구 제로머 브룸(Jerome Blum)을 따라 시카고 오케스트라 홀에서 "카르사비나(Karsavina)"라는 발레 공연을 보게 된다. 그리고 여기에서 올기반나 라조비치 힌젠에그린(Olgivanna Lazovich Hinzenegrin)이라는 여성을 만나게 된다. 그녀는 몬테니그로(Montenegro) 세티제(Cetije)라는 도시에서 귀족 집안에서 태어났고, 그의 아버지는 몬테니그로의 고등법원의 대법관이었으며, 어머니 마르코 밀라노브(Marko Milanov)는 몬테니그로의 장군 출신이었다. 올기반나는 젊었을 때 러시아 건축가인 브라데마르 힌제브러그(Vlademar Hinzenberg)와 결혼하여 스베트라나(Svetlana)라는 딸을 두었지만 결국 이혼하고 혁명이 진행 중인 러시아를 떠나 미국으로 이주한 여성이었다. 그러나 그녀가 알고 지냈던 철학자 구르디지에프(G. I. Gurdjieff)가 다시 그녀의 남편과 재결합 할 것을 조언하였고, 자신 또한 그녀의 딸을 위해서 재결합을 생각했지만 결국 재결합은 실패하고 이혼을 승인하게 된다.

이런 와중에 올기반나는 시카고의 "카르사비나(Karsavina)"라는 발레 공연에 출연하게 되고 여기에서 두 사람의 삶을 바꾸게 될 운명적인 만남이 이루어진다. 라이트는 정식으로 올기반나와 그녀의 딸 스베트라나를 탈리어신으로 데리고 간다. 이 때 라이트의 나이는 57세이고 올기반나의 나이는 26세였다.

• 미드웨이 배런(Midway Barns)의 전경

• 탈리어신 펠로쉽 복합공간인 – 힐사이드 홈스쿨 Taliesin Fellowship Complex (Hill side Home School) 전경

3) 탈리어신의 두 번째 시련

1925년 4월 20일 저녁 무렵 라이트는 올기반나와 식당에서 식사를 하던 중 침실에서 무언가 타는 냄새를 맡고 침실 쪽으로 뛰어간다. 전선에서 스파크가 일어났고 이 스파크가 전화선에 점화되면서 화재가 발생한 것이었다. 때마침 바람이 몹시 불었고 벽에 점화된 불은 소화할 수 없을 정도로 커진 상황이었기 때문에 탈리어신에 머물고 있었던 모든 사람들이 화재를 막기 위해 많은 노력을 했지만 소용없는 일이었다. 대부분 목재로 이루어진 탈리어신은 짧은 시간에 거주공간의 일부분이 전소되었지만 다행스럽게도 첫 번째 화재와는 달리 희생자는 없었다. 그러나 라이트가 일본에서 가져온 많은 목판화 등이 소실된다.

두 번째 화재로 탈리어신은 다시 증축을 시작하게 된다. 비록 전에 이루어진 기초 위에 새로운 거주공간을 세우는 것이지만 많은 부분들이 새롭게 증축되었다. 언덕 너머로 호수 아래쪽을 볼 수 있는 외부 발코니와 함께 2층 공간에 있었던 좁은 로지아를 확장하였고, 거실의 천정 부분을 2층 높이까지 높이고 로지아 발코니까지 연결시켰다. 그리고 건물 끝 부분에 아이들 침실을 제공하기 위하여 라이트의 침실 위쪽을 2층으로 증축하였다.

이 2층은 로지아와 거실을 볼 수 있는 발코니와 연결되었다. 거실의 외부 포치 또한 확장되었고 이 공간은 거실 공간 자체만의 공간을 위해 거실 공간을 둘러싸도록 계획되었다. 탈리어신은 첫 번째, 두 번째 화재를 거치면서 그 규모가 늘어났으며, 그리고 탈리어신에서 건축을 배우기 위해 모여든 펠로십들과 더불어 탈리어신은 꾸준히 수리되고 증·개축되었다. 1952년 봄, 라이트는 힐사이드의 낙엽과 고사목을 모아 놓고 불을 피우면서 세 번째 화재를 당하게 된다. 때마침 불어온 거센 바람이 갑자기 불어와 불꽃이 극장 처마에 옮겨 붙으면서 삽시간에 극장, 식당, 기숙사, 연결 통로들이 전소되지만 거실과 거실에서 북쪽으로 뻗어 있는 방들, 제도실과 라이트의 도면들을 보관하는 두 개의 갤러리는 화재의 피해를 입지 않았다. 또다시 탈리어신 재건이 시작되었고 라이트는 전소된 극장 등을 새롭게 개조하게 된다. 세 번째 화재를 계기로 라이트는 극장의 무대, 좌석 배치 등을 크게 바꾼다. 여기에서 눈여겨볼만한 것은 무대에 사용된 높이 4.5m 길이 10.5m에 달하는 대형 커튼에 사용된 빨간색, 검은색, 갈색, 녹색 등은 색깔들이다. 이 색들은 위스콘신의 풍경을 묘사한 것으로 붉은 색은 헛간, 갈색은 들판, 검은색은 까만 새들의 무리, 녹색은 언덕을 상징한다고 한다. 그리고 1953년에는 거실 지역의 남쪽 입면 전체를 바꾸면서, 기존의 규칙적인 구도를 수평적인 구도로 변경했고 거실 현관 쪽에 길고 좁은 돌출형 발코니인 버드 워크(bird-walk)도 추가되었다. 오늘날 라이트와 라이트 펠로십은 없지만 주 정부에 의해 노후화된 시설들이 계속 개 · 보수되면서 옛 모습을 보존하기 위하여 지속적으로 관리가 이루어지고 있다. 다시 말해 탈리어신은 1925년부터 1959년 라이트가 사망할 때까지 거듭되는 화재 등으로 재건이 계속되면서 매년 지속적으로 개조되었다.

01, 02 _ 평면도 우측 아래 부분의 발코니에서 바라본 전형 대평원(Prairie–수평선)의 아름다움과 넉넉함을 느낄 수 있는 광경이다. (평면도 참조 ⑫)
03 _ 탈리어신 극장 내부

몇 년 사이에 탈리어신의 연속된 화재, 미리암과의 악연 때문에 지루하게 연장되는 이혼소송, 그리고 여러 재앙들은 라이트와 올기반나의 관계를 끊어버리기 보다는 강하게 결속시키는 요인으로 작용하였다. 라이트와 올기반나는 시련에 포기하지 않고, 4여년 동안 재건에 모든 힘을 쏟았다. 비록 두 사람이 법적으로 결혼이 이루어진 상태는 아니었지만, 그들은 탈리어신에서 그녀의 아이들과 같이 행복하게 시간을 보내고 있었다. 그러나 정식으로 이혼하지 않은 유부남이 다른 여성과 같이 생활하고 있었기 때문에 미리암 변호사와 기자들에게 많은 시달림을 당하게 되고, 이로 인하여 여러 번 탈리어신을 벗어나 생활하기도 했다. 라이트의 변호사는 라이트에게 올기반나와 그녀의 아이들을 탈리어신에서 떠나보낼 것을 충고했을 뿐 아니라 그들이 헤어지기를 끈질기게 설득했다. 그러나 라이트와 올기반나는 헤어지기보다 서로 간의 믿음을 더욱더 강하게 만들어 나갔다. 이러한 행동들은 불난 곳에 기름을 붓듯이 기자들에게 많은 기사거리로 제공되었고, 이러한 어려움은 결코 그들에게 있어 걸림돌이 되지 못했다.

설상가상으로 이런 어려움과 탈리어신의 여러 번의 화재로 인한 증축 등으로 라이트의 자금이 고갈되자 라이트는 일본 여행에서 모았던 여러 진기하고 방대한 동양의 예술품들을 팔지 않을 수 없었다. 심지어 은행 대출을 갚지 못해 은행에서 탈리어신을 담보로 잡고, 라이트와 그의 가족을 쫓아내기까지 했다. 그 당시에는 설계 작업도 거의 할 수 없었고, 방랑자처럼 생활하면서 많은 시련도 겪게 된다. 심지어 라이트의 여동생인 매기넬(Maginel)은 유럽을 여행하는 동안 라이트의 가족들을 위해 뉴욕의 아파트를 빌려주기까지 했을 정도였다. 이 후 라이트는 미네소타에 가명으로 작은 집을 장만하고 생활하고 있었지만 미리암에 관한 사건을 담당하는 기자가 이들의 행방을 발견하게 되고, 결국 경찰로부터 체포되어 메네아폴리스 형무소에서 감금되는 시련도 겪게 된다. 비록 다음날 아침 친구들의 도움으로 풀려나지만,[6] 두 사람은 맨 엑트(Mann Act)[7]를 어겼기 때문에 세상의 비난을 받게 되고 라이트를 좋아했던 많은 사람들에게 실망을 주기도 했다.

마침내 미리암과 이혼이 확정되고, 마침내 1928년 8월 25일 라이트와 올기반나는 캘리포니아 랜초 산타페(Rancho Santa Fe)의 조그마한 호텔 정원에서 결혼하게 된다. 이때 라이트와 친한 친구인 윌리암 마틴(William Martin)에게 결혼을 알렸고, 결혼 초대를 받은 윌리암 마틴은 "프랭크! 이번이 세 번째 결혼 일세 이번이 자네의 마지막 결혼이기를 바라네!"라고 답장을 보냈다. 그러나 라이트는 "이것이 정말 결혼식이라네, 이제까지의 두 번은 리허설이었네"라고 회신하였다는 재미있는 일화도 있다. 결혼식에는 라이트의 진정한 친구들과 그의 여동생, 그리고 이전의 건축주들이 참여했고 그곳에서 라이트의 탈리어신 복원을 위한 기금이 조성(탈리어신 펠로쉽)되었고, 라이트는 오랜 기간 동안 비워 놓았던 탈리어신으로 돌아가게 된다.

현재 탈리어신이 위스콘신 주의 시골 지역에 세워진지 벌써 100여년이 넘었다. 여기에는 방문하는 사람들의 마음을 잡을 수 있는 마술 같은 무언가가 항상 존재하는 것 같다. 라이트 역시 탈리어신을 "마음속에 간직한 주택(a house with a heart)"이라고 이야기하곤 했는데, 이는 이곳이 라이트가 어린시절을 보냈던 곳이며, 또한 자기가 꿈꾸어 왔던 대평원에

---

6) 절친한 친구들이 모은 보석금으로 풀어났지만 라이트의 모든 재산은 은행에서 관리되고 있었다. 이런 절박한 상황에 처한 라이트는 자신을 주식회사로 내놓는 아이디어(탈리어신 펠로쉽)를 구상하게 된다.

7) 이 법률은 당시 매춘 따위의 목적으로 여자를 다른 주로 데리고 가거나, 또는 국외에서 이송하는 것을 금지하는 미국의 법률이었다.

서의 생활과 자신의 인생 역정을 담고 있었기 때문일 것이다. 그리고 탈리어신을 둘러싸고 있는 자연은 그저 넓게 펼쳐진 대평원에 사람 손에 의해 만들어진 거창한 조경이 아닌, 그저 자연 그대로의 모습을 담고 있을 뿐이지만, 그냥 그대로의 모습에서 느껴지는 자연경관 역시 탈리어신 탐방에서 빼놓지 않고 경험해야 할 중요한 요소이기도 하다. 라이트를 찾아오는 친구들도 탈리어신의 거실에 앉아 유리창으로 들어오는 대자연의 풍경을 보면서 "이 거실은 세상에서 가장 아름다운 거실이야."라고 이야기했고, 친구들이 올기반나에게 이야기하기를 "당신의 남편은 정말 자연을 다루는 신비로운 솜씨를 가지고 있는데도 본인은 그것을 모른다는 사실이 아쉽다."라고 말했을 정도로 탈리어신 주변에 펼쳐진 경관은 너무나 아름답다.

• 평면도 우측 아래 발코니와 접한 침실 겸 작업실 공간의 모습으로 바닥은 자연석을 그대로 사용하였고 층고는 거의 2.1m 정도로 낮아 안정된 분위기를 느낄 수 있었다. 천장 중간부분에 톱라이트가 있어 실내가 밝게 느껴진다. (평면도 참조 ⑬)

탈리어신을 건설한 지 약 26년이 지난 1937년 아리조나 주의 사막 위에 또 다른 탈리어신을 계획하면서 "탈리어신 웨스트"라 이름 짓는다. 이곳은 본인과 가족 그리고 탈리어신 가족(Taliesin Fellowship)을 – 건축 실습 프로그램으로 라이트와 올기반나가 1932년 설립했음 – 위한 자연 속의 캠프와 같은 장소였다. 이곳은 겨울에 영하로 떨어지는 위스콘신 주의 탈리어신과 달리 따뜻한 겨울을 보낼 수 있는 장소로 겨울 동안 생활하면서 작업을 위한 장소였다.

라이트는 사막에서 생활을 능숙하게 글로 표현하면서 탈리어신 웨스트라 하였고 이곳 역시 라이트의 위대한 작품의 하나로 알려져 많은 사람들이 방문하고 있다.

01

02

03

04

05

06

01 _ 언덕 위에서 가든 코트 방향으로 바라본 모습 (평면도 참조 ①)
02 _ 가든 코트에서 Upper 코트 방향으로 바라본 모습 (평면도 참조 ③)
03 _ 가든 코트의 모습 - 좌측 유리문이 보이는 곳이 스튜디오 공간이다. (평면도 참조 ④)
04 _ 침실 앞의 작은 풀장 그리고 의자가 놓여 있는 테라스를 모습 (평면도 참조 ⑤)
05 _ Upper 코트 부분이며 좌측이 창고 겸 차고이다. (평면도 참조 ⑥)
06 _ 버드 워크 브리지 부분과 게스트 룸이 위치한 공간 (평면도 참조 ⑦)

05

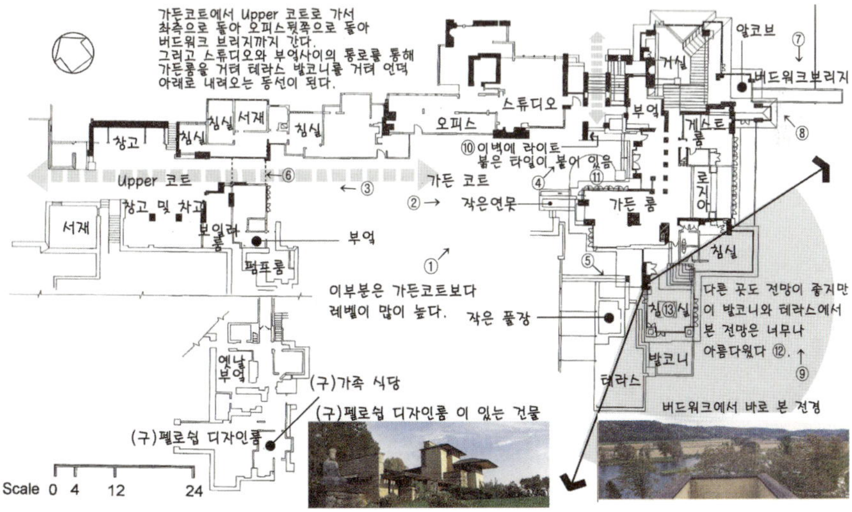

01 _ 1층의 게스트룸과 2층 부분의 버드워크의 모습 (평면도 참조 ⑧)

02 _ 가든 – 룸의 측면의 모습 (평면도 참조 ⑪)

03 _ 언덕 아래에서 탈리어신을 바라본 모습 – 오른쪽으로 길게 뻗어 나온 버드워크가 보인다. (평면도 참조 ⑨)

04 _ 스튜디오와 부엌 사이의 통로로 나오면 지붕을 받치는 돌벽에 라이트를 상징하는 사인이 새겨져 있는 붉은 타일 (평면도 참조 ⑩)

05 _ 탈리어신 주요 실을 기준으로 한 평면도

16. 프레드릭 C. 보크 주택(Frederick C. Bogk House)

- 위치 : 2420 N. Terrace Ave. Milwaukee Wisconsin
- 건립 : 1916년
- 건축스타일 : 프레리(Prairie Style)

• 사각형의 평면 형태와 동경 제국호텔의 정면과 유사한 프레드릭 C. 보크 주택(Frederick C. Bogk House)의 전경

1) 라이트의 건축 활동 중심지 밀워키

보크 주택은 위스콘신 주에 있는 밀워키의 테라스 에비뉴(Terrace Ave.)의 한적하고 깨끗한 도심 주택지에 위치하고 있으며, 바로 인근에는 미시건 호수가 접하여 여러 공원(Back bay Park, Mckinley Park 등)이 조성되어 있어 주거환경이 매우 좋았다. 이 주택은 다른 프레리 주택과 달리 넓은 대지에 자리한 것이 아니고 도심의 좁은 대지에 위치하고 있었다. 그리고 주변의 많은 일반적인 미국 목조 주택과는 다른 스타일로 자리하고 있었다. 주택을 방문하기 전에 책에 나온 사진을 보고 간 탓인지 쉽게 찾을 수도 있었지만 책을 보지 않고 가더라도 누구나 한눈에 알아볼 수 있을 만큼 주변 주택과 다른 독특한 모습이었다. 외장 재료

가 벽돌로 시공된 탓인지 처음 이 주택을 보는 순간 약 90여년 전에 지어진 것이라기보다 최근에 지은 주택처럼 느껴질 만큼 관리가 잘 되어 있었다. 다시 말해 이 주택은 이제까지 이루어진 대부분의 프레리 주택의 플라스터 외피와 목재에 의해 만들어진 조금은 가볍게 보일 수 있는 구조체와는 달리 솔리드하고 돌에 의해 육중한 무게감을 느낄수 있는 매스 형태의 후기 프레리 주택이다. 방문할 당시에는(2011. 9), 보크 주택에는 노부부가 거주하고 있었으며, 남편(Mr. Robert R. Elsner)되는 분은 첫째 부인이 한국인이었다는 인연 때문인지 한국에서 왔다는 저를 반갑게 맞이 해주었다. 또한 실내에서 촬영하는 것을 기꺼이 허락해 주었고 또한 주택과 관련해서 여러 이야기를 해주는 등 너무 친절하게 대해 주었다.

라이트는 밀워키의 부동산 개발회사를 운영하는 아서 리차드(Arthur L. Richards)에 의해 밀워키에 많은 설계를 의뢰받았지만, 실제적으로 세워진 건물은 레이크 제너바 호텔과 리차드 주택과 리차드 듀플렉스 아파트(Lake Geneva Hotel(1911), Arthur L. Richards Duplex Apartment(1916), 리차드 주택(Richards House, 1916) - 보크 주택 다음에 간단히 설명을 추가하였음)와 보크 주택까지 4개 정도 밖에 되지 않는다. 그렇지만 밀워키가 탈리어신 웨스트와 약 30여 마일(약 48km) 떨어진 가까운 거리였기 때문에 이를 계기로 밀워키가 라이트 건축 활동의 중심지가 되기도 했다.

• 1916년 지어진 사실과 1968년 밀워키의 랜드마크로 지정된 것, 그리고 현재는 중요 역사 건축으로 지정되었음을 알리는 안내 표지가 동판으로 외벽에 붙어 있다. 그리고 벽돌의 세로줄눈은 없애고 가로줄눈만이 강조되어 있음을 알 수 있다.

• 주변은 주거전용지역으로 대부분 주택으로 이루어져 있고 대로변에 직접 접하고 있지만 한적하고 깨끗한 느낌을 받았다. 바로 인근에는 미시건 호수가 있어 주거환경으로서는 최적지인 것 같았다.

이 주택의 건축주인 프레드릭 C. 보크(Frederick C. Bogk)의 아버지는 정육점을 경영하고 있었고 프레드릭 보크는 부동산 매매와 보험업종에 종사한 것으로 알려져 있다. 같은 업종에 종사한 아슬 L. 리차드와 같이 연결된 인연과 일리노이 주 리버사이드의 아베리 쿤레리 주택(Avery Coonley House(1907))을 방문한 후 라이트라는 건축가를 선택한 것으로 알려져 있다.

2) 수평 줄눈과 수직 기둥

보크 주택의 전체적인 형태는 사각형에 차고가 증축된 형태이다. 라이트의 작품집[8]에 의하면 한 장에 3.5파운드나 되는 지붕타일을 지지하기 위하여 당시로서는 보기 드문 철근 콘크리트로 시공하였고, 주택 규모는 지상 2층과 지하층으로 이루어졌다. 다락 공간도 계획되어 있다. 외장은 회색의 치장 벽돌로 시공되어져 있고, 정면의 창문 맨 위쪽에는 콘크리트로 성형된 장식 문양으로 치장되어 있는 범상치 않는 입면 구성을 가지고 있다. 지붕의 형태는 경사가 거의 없는 모임 지붕에 의한 깊은 처마와 주택 정면의 외벽을 창호를 이용하여 벽돌 기둥으로 등분하는 수법 등은 지금은 사라졌지만, 이 시기에 지어진 일본의 동경 제국호텔(1915년)의 이미지와 비슷한 느낌을 받을 수 있다. 이 외에 라이트 주택 작품에서도 이와 비슷한 입면 디자인을 볼 수 있는데, 필자가 생각하기에는 이런 입면 디자인 방식은 1907년 스테펜 헌트 주택(House for Stephen M. M. Hunt, 일리노이 주), 아이와 주의 스톡맨 주택(G C Stockman House, 1908)의 입면에서 점차적으로 발전된 디자인 수법으로 나중에 기술하게 될 블러프스 개발지구의 윌리암 로스 주택(1915)에도 영향을 주었을 뿐 아니라 동경 제국호텔의 입면에서 완성도를 보였고 보크 주택에서 절정을 이룬 것은 아닐까하는 생각을 하게 된다. 그러나 이 주택이 디자인되고 시공될 시기에는 라이트가 동경 제국호텔의 설계와 시공 등으로 자주 일본에 출장을 간 기간이기 때문에 이 주택의 시공을 직접 감독하지 못하고 라이트 주택 시공에 많은 경험이 있었던 러셀 바르 윌리암슨(Russell Barr Williamson)이 감리를 한 것으로 기록되어 있다.

• 정면 창문 제일 위쪽에는 콘크리트로 성형된 범상치 않은 장식 문양으로 치장한 모습

• 2층까지 이어지는 벽돌기둥이 유리창을 등분하고 수직성이 강조되어 보인다.

8) 『The Frank Lloyd Wright Companion』, The University of Chicago Press, William Allin Storrer, 1993, p199

• 전면도로와 면하는 1층 부분의 낮은 담장으로 가려진 테라스 공간과 낮은 화단의 모습

원래 이 주택은 파사드의 추상적인 기하학을 강조하기 위하여 평평한 지붕을 얹을 예정이었으나, 결국 약간 보수적인 지붕 형태인 모임 지붕으로 처리되었다. 하지만 입면의 매스(정면)는 우아하고 웅장하며 그 탁월한 비율은 전성기의 라이트 솜씨를 보여주고 있는 듯하다.

본 주택의 외벽에 사용된 벽돌색은 시멘트 색과 비슷한 회색 계통이었고, 벽돌을 사용한 라이트의 다른 주택들과 같이 외벽의 치장 벽돌의 세로 줄눈은 메우고 가로 줄눈만 줄눈으로 시공하는 수법을 사용하여 원거리에서 주택의 전체적인 이미지는 가로 줄눈만이 인지되는 효과를 보여주고 있다. 이런 벽돌 쌓기 수법은 라이트가 설계한 대부분의 벽돌 주택에서 볼 수 있는 수법이다. 반면에 전면 도로에 면하고 있는 창문의 경우는 각 층마다 계획되어 있지만 창문 모서리 부분이 2층까지 이어지는 듯 연결되어 있고, 2층까지 연결되는 수직적 벽돌 기둥에 의해 창문을 등분시키고 있으며, 라이트의 주택에서 보기 드물게 수직적인 요소가 강조된 느낌을 주고 있다.

전면 도로와 면하는 1층 유리창 앞에는 낮은 담장으로 둘러싸인 작은 테라스 공간과 낮은 화단을 만들어 전면 도로로부터 사람들의 접근을 미연에 방지하고 가족들의 프라이버시를 보호하려는 라이트의 건축수법을 엿볼 수 있다. 이뿐만 아니라 황갈색의 유리창 색깔 때문인지 외부에서 내부를 볼 수 없게 시공되어 있었다. 그리고 입면의 창문은 그가 늘 말해왔듯이 단순히 구멍을 내는 차원을 넘어 입면의 미묘한 분할로 이루어져 있기 때문에 보는 이로 하여금 감탄을 자아내게 한다.

01, 02 _ 수직형의 벽돌 기둥에 의해 창문을 나누는 기법이 오른쪽의 일본 제국호텔과 비슷하고, 다른 라이트의 벽돌조 주택과 같이 세로줄눈을 없애고 가로 줄눈 만이 강조하는 방식으로 이루어져 있다.

03 _ 주출입구로 접근하는 측면도로에서 바라본 모습 건물의 측면

04 _ 주 출입구 윗부분에 설치된 캐노피 테두리에 디테일하게 조각된 문양과 외벽은 유독 세로줄눈만이 강조되는 보인다.

주택의 주 출입구는 라이트의 다른 주택에서 사용한 수법과 똑같이 전면 도로에 위치하지 않았고, 측면에서도 전체 평면을 절반 나눠지는 중간 부분에 위치하고 있다. 그리고 측면 모서리 부분에도 부 출입구가 있어 곧바로 부엌으로 연결되거나 2층 침실 공간으로 연결되도록 계획되어 있다. 또한 주 출입구 위의 캐노피 테두리는 아주 섬세하게 문양을 조각한 세심한 부분까지 엿볼 수 있다, 측면의 경우에서도 정면에서와 같이 벽돌로 만들어진 수직 기둥에 의해 창문을 계획한 부분에서는 수직성이 강조되고 있다. 그러나 도시의

주거전용지역에 설계한 주택인지 다른 교외 주택보다 대지의 면적이 좁아 도시주변에 지어진 주택의 넓은 정원이 없었고 개인의 프라이버시 때문이었는지 외부공간과 내부공간을 연결시켜주는 테라스와 같은 전이 공간이 없어 전형적인 도시형 주택이라는 느낌을 받았다.

3) 높이 차이를 이용한 실내공간의 분절

평면의 형태는 전형적인 사각형이며 여기에 차고가 증축된 형태이다. 내부의 공간 배치는 라이트가 언제나 그랬듯이 1층에는 대부분 동적인 공간(workplace : 부엌, 거실, 식당 등)으로 계획되어 있었고, 2층 부분에는 정적인 공간인 침실, 욕실 공간 등 사적인 공간으로 계획되어 있었다. 또한 다락 공간도 계획되어 있어 주인이 빨래 등은 실내의 다락방에서 건조시키곤 했다고 한다.

측면의 주 출입구로 들어가자마자 현관 좌측에는 손님용 화장실이 있고 곧바로 거실로 향하는 시선을 차단하는 책꽂이와 마주치게 된다. 비록 책꽂이는 사람 키 높이보다 낮았지만, 1층 평면도에서 보는 것처럼 현관이 주 거실 바닥 높이보다 3개 계단 높이 정도로 낮기 때문에 현관에서 거실의 직접적인 시선이 차단되어 거실 공간이 보이지 않는다. 3단의 계단으로 올라서면 좌측으로 3단의 계단 위로 부엌이 위치하고 우측으로 돌아서면 거실공간과 마주하게 된다. 거실의 분위기는 전체적으로 밝은 원색(주황, 녹색 파랑 등)을 많이 사용한 가구들 탓도 있겠지만 바닥에 사용한 양탄자의 색이 붉은색 계통으로 처리되어 노인부부 두 분만이 생활하는 공간으로 믿기 어려울 정도로 매우 화사한 분위기로 꾸며져 있었다. 반면에 실내 외벽의 경우에는 외부 벽에 사용한 벽돌을 그대로 노출시켜 바닥과 대조적인 모습을 보여주고 있었다.

• 현관 입구로 들어가면 마주치는 책꽂이로 거실공간과 현관의 공간구분과 동시에 거실 직접적인 시선을 막아주는 기능도 겸하고 있다.

• 책꽂이를 돌아 들어오는 거실의 모습 전체적으로 화사한 색감으로 방문객으로 하여금 화사한 분위기를 느끼게 한다.

• 거실의 벽난로 부분에 모습 – 비록 inglenook으로 구분하지는 않았지만 색깔과 더불어 가족의 단란함을 느낄 수 있었다.

• 거실의 전체적인 모습 오른쪽에 보이는 계단은 식당으로 올라가는 계단이다.

주인 부부는 손님을 맞이하는 공식적인 일 외에 평상시에는 주 출입구의 현관을 사용하지 않고 외벽 모서리에 위치하고 있는 부 출입구를 사용하는 듯 했다. 부 출입구는 거실과 높이 차이로 인하여 반층 높이 계단을 올라가면 부엌과 연결되고, 계속해서 올라가면 2층의 침실 공간으로 직접 연결되기 때문에 늦은 퇴근 시간에는 부 출입구를 통하여 곧바로 침실로 가는 듯 했다. 이 계단 외에도 2층으로 올라가는 계단은 현관에도 계획되어 있기 때문에 거실에서 가족들이 즐거운 시간을 보낸 후에는 굳이 부엌을 거쳐 2층으로 진입하지 않고 거실에서 곧바로 2층 침실 공간으로 올라갈 수 있도록 계획되어 있다.

1층의 경우에는 다른 프레리 주택과 같이 부엌 공간을 제외하고는 모든 공간이 오픈되어 있지만, 현관, 거실 그리고 식당 공간들 사이에는 3단 높이의 계단으로 1층 공간 내에서도 높이 차이를 두어 오픈된 공간 속에서 바닥의 레벨을 달리하여 각 공간의 영역을 분절시키고 있었다.

• 식당에서 거실 방향을 바라본 모습으로 거실 벽난로 뒷면을 식당 벽난로로 사용할 수 있게 만들어 놓은 것이 보인다.

• 1층 동선의 마지막 공간인 식당을 거실에서 바라본 모습으로 좌측 층고가 낮게 느껴지고 공간의 깊이감이 느껴진다. 벽 모서리에 팬트리로 연결되는 문이 살짝 보인다.

1층에서의 전체적인 동선의 흐름은 현관에서 3단의 계단을 올라와 거실 공간으로 진입하는 동선과 2층으로 올라가는 동선으로 분리되고, 다시 거실에서는 3단의 계단을 올라가서 식당 공간에 도달하는 형식으로 벽난로를 중심으로 회전하는 듯한 동선으로 계획되어 있었다. 이렇게 같은 평면 내에서 계속적으로 높낮이를 달리하여 공간을 구분하다보니 평면의 제일 마지막에 도달하는 식당 공간의 경우에는 다른 공간보다 바닥 레벨이 높은 반면에 다른 공간에 비해 층고가 낮게 형성됨으로써 거실에서 식당 공간을 보는 경우 공간의 깊이감이 뚜렷하게 느껴지기도 했다.

실내에 사용하고 있는 가구는 라이트가 직접 디자인한 것으로 의외로 많은 가구들이 그대로 남아있었다. 특히, 라이트 건축에 있어 실내 인테리어의 필수품이라 할 수 있는 그랜드 피아노가 만들어내는 품격 있는 실내 분위기와 다양한 색깔의 옷을 입고 있는 가구들이 환상적인 조화를 이루면서 주택 내의 공간을 더욱더 알차게 만들어내고 있었다. 벽난로는 프레리 주택의 전형적인 디자인 요소로 평면 공간의 중앙 부분에 위치시켰고, 특이한 점은 벽난로를 양면으로 서로 등지게 계획하여 양쪽(탈리어신 이스트 등에 사용)으로 사용할 수 있게 설계되었다는 것이다. 앞부분은 거실을 향해서 설치되어 있고 뒤쪽은 식당을 향해 설치되어 있으며 이 벽난로는 수직으로 2층의 주인 침실까지 연결되어 있다.

다른 주택에서는 볼 수 없는 1층 공간의 특징은 거실 공간과 식당 공간 경계 모서리 부분에 금붕어를 키울 수 있는 조그마한 인공 연못과 바로 인접한 동남쪽으로는 아담한 선룸공간이 마련되어 있다는 것이다. 선룸의 외벽은 모두 맑은 유리로 처리되어 동남쪽의 햇빛을 충분히 받을 수 있게 계획되어 있다. 만약 유리창으로 들어오는 햇빛의 유혹에 견딜 수 없다면 선룸에 설치된 문을 통하여 곧바로 외부로 나갈 수도 있다.

2층은 1층과 달리 평면적으로 높낮이 없이 4개의 침실과 도우미 침실로 구성되어 있는데, 차고 위쪽에 위치한 도우미 침실의 경우 곧바로 1층의 부엌으로 연결될 수 있게 부엌과 연결된 계단 바로 옆에 배치하여 가족들과 어느 정도 독립된 공간으로 구분시키고 있다. 4각형 평면에서 침실을 배치하다 보니 모두 좋은 향으로 배치되지 못하고 하는 수 없이 북서향으로 배치되는 침실도 있었다.

이 주택을 한마디로 요약하면, 전형적인 사각형 건축에서 고립화될 수 있는 공간을 해방시켜 유기적인 공간으로 만들어낸 대표적인 건축사례라고 할 수 있다. 다시 말해 방문객이 주택 내부로 들어가는 동선에 따라 역동적으로 변화하는 시계(視界)가 전개되고, 높고 낮은 천정과 바닥의 레벨 변화 등의 공간 구성으로 여러 방향으로 유동하는 듯한 조형적인 공간의 연속성을 만들어 내고 있다는 것이다.

01 _ 라이트가 직접 디자인한 사무용 책상과 라이트 주택의 필수적인 인테리어 요소인 그랜드 피아노가 보인다.

02 _ 작은 연못 뒤쪽으로 마련된 아담한 선룸은 모든 벽이 맑은 유리로 처리되었다.

03 _ 식당과 거실 계단 우측에 조그마한 연못에 금붕어가 있었다.

04 _ 전면 도로부분의 창문으로 거실 안쪽에서 본 모습

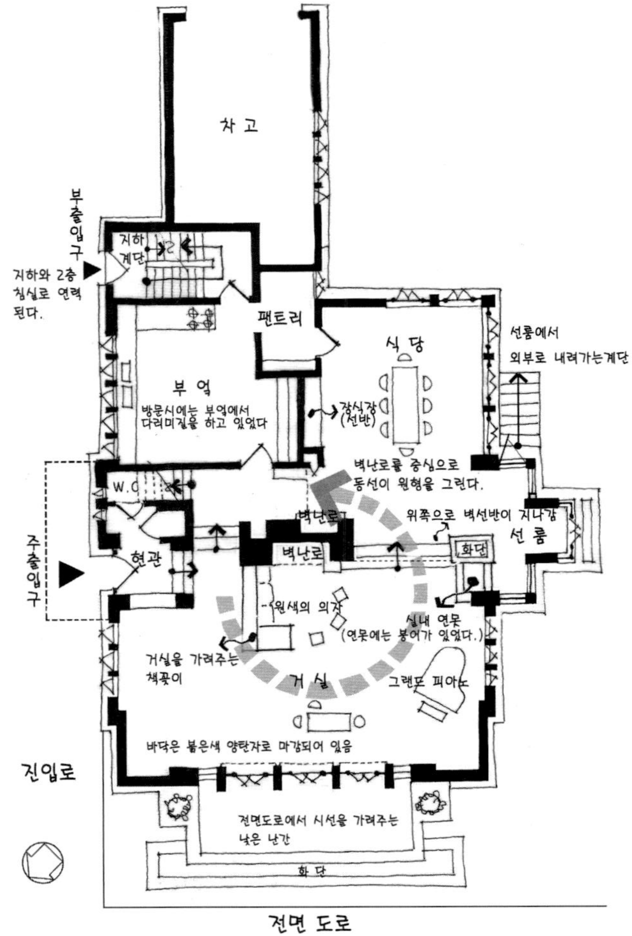
차 고
부출입구
지하 계단
지하와 2층 침실로 연력된다.
팬트리
식 당
선룸에서 외부로 내려가는계단
부 엌
방문시에는 부엌에서 다리미질을 하고 있었다
장식장(선반)
벽난로를 중심으로 동선이 원형을 그린다.
W.C
벽난로
위쪽으로 벽선반이 지나감
선룸
화단
주출입구
현관
원색의 의자
실내 연못 (연못에는 붕어가 있었다.)
거실을 가려주는 책꽂이
거 실
그랜드 피아노
바닥은 붉은색 양탄자로 마감되어 있음
진입로
전면도로에서 시선을 가려주는 낮은 난간
화 단
전면 도로
•1층 평면도

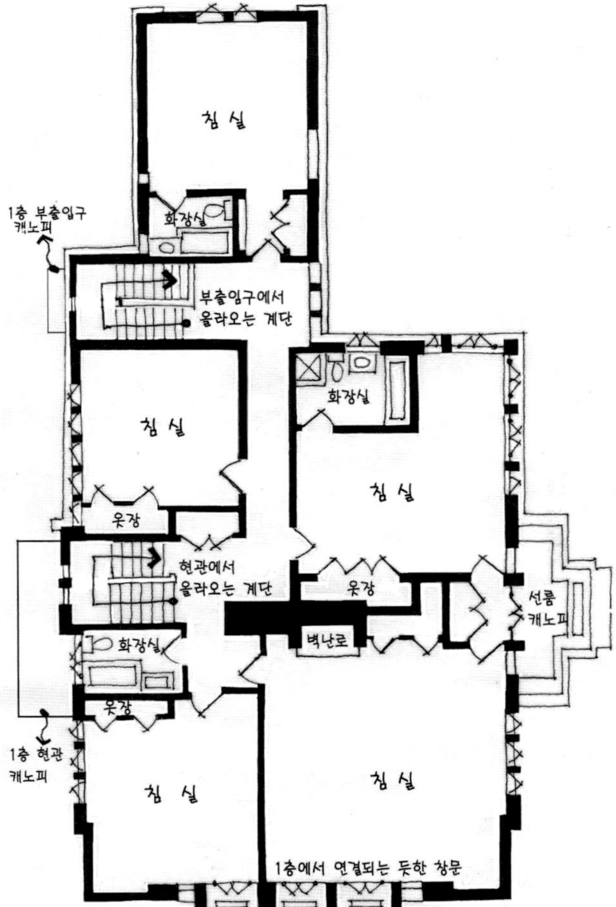
침 실
1층 부출입구 캐노피
화장실
부출입구에서 올라오는 계단
침 실
화장실
침 실
옷장
현관에서 올라오는 계단
옷장
선룸 캐노피
화장실
벽난로
옷장
1층 현관 캐노피
침 실
침 실
1층에서 연결되는 듯한 창문
•2층 평면도

17. 리차드 듀플렉스 아파트(Arthur L. Richards Duplex Apartment, 1916)와 리차드의 아담한 주택(Richards small House, 1916)

- 위치 : Milwaukee Wisconsin
- 건립 : 1916

• 듀플렉스 아파트 4동(1, 2, 3, 4 동)과 이웃하고 있는 리차드 스몰주택의 위치 (사진: 구글어스)

아서 리차드는 아메리칸 시스템 빌트 하우스(American System Built House - 일종의 prefabricated)로 듀플렉스 아파트와 그의 방갈로(아담한 주택)을 짓기 위하여 1915년 번햄가의 대지(2700 W. Burnham St.)를 구입하고 라이트에게 건축관련 작업을 맡긴다. 그러면서 라이트는 아메리칸 시스템 빌트 프로젝트를 거의 혼자 시행하지 않고 언제나 그의 친구이자 부동산 개발업자인 아서 리차드와 같이 시행하였다. 이 듀플렉스 아파트와 아담한 주택을 설계하기 이전인 1911년 아서 리차드를 위하여 레이크 제네바 호텔(Lake Geneva Hotel- 1970년에 철거)을 설계한 것이 그와 함께 한 첫 번째 작업이었고 이를 인연으로 두 사람은 밀워키 등에서 여러 작업을 같이 하게 된다. 1912년에는 메디슨(Madison-위스콘신 주의 주도)에 호텔을 설계하기도 했지만 이전의 제네바 호텔 시공의 자금 조달 문제로 인하여 결국에는 실행되지 못한 경우도 있었다. 1913년에는 리차드를 위하여 2개 이상 – 오피스 빌딩, 중국 레스토랑 등 – 을 설계 했지만 이것도 결코 실행되지 못했다.

여기에서 우리가 한번쯤 생각해 볼 수 있는 상황은 라이트가 부동산 개발업자와 동업을 했다는 부분이다. 우리나라의 일부 개발업자들은 건축물의 작품성보다 가능한 한 많은 경제적 이익을 남기기 위해 저렴한 재료와 부실시공으로 개발한다는 인식 때문에 나름 자신의 작품에 자부심을 가지고 있는 건축가의 경우에는 동업을 하지 않는 경향이 있다. 즉 건축가는 개발업자에게 고용되어 건축가의 참신한 아이디어보다 개발업자의 이윤 추구에 의해 주문대로 이루어지는 경우가 많기 때문이다. 최근 우리나라에서 많이 이루어지고 있는 턴키(Turnkey), 비티엘(B.T.L.) 발주방식이 대부분 건축가는 대기업에 고용되는 방식으로 건축가의 아이디어보다 사업 시행자의 사업 진행에 용이하게 설계되는 경우가 많이 있다.

특히 자신만의 유별난 성격과 자신의 건축에 대한 고집이 유독 강했던 라이트가 이렇게 부동산 개발업자를 통하여 설계 작업을 했다는 것은 이 시기가 라이트에게는 아주 어려웠던 시기였기 때문으로 추측된다. 앞에서 기술된 라이트의 인생사에서 이 시기가 – 1914. 8. 15일 탈리어신 화재로 인해 그이 사랑하는 여인, 마마 보스위크 체니(Mamah Borthwick Cheney)가 죽었고 이에 심적으로 굉장한 괴로움이 있었던 시기였고 또한 탈리어신 재건을 위해 재정적 어려움도 있던 시기 – 라이트가 새로운 건축 유형에 눈을 돌리는 계기가 되지 않았을까 하는 오해도 하게 된다.

그러나 단순히 당시의 재정적인 어려움을 피해가기위해 이와 같은 부동산 업자와 동업을 통하여 저렴하게 지을 수 있는 주택에 관심을 가졌다는 이야기는 아니다. 라이트는 이전인 1907년 4월에 출판된 「주부들의 홈 잡지(Ladies' Home Journal)」에 '5,000달러로 지을 수 있는 방화주택' 이라는 글에서 이미 저렴 주택에 관한 관심을 가지고 있었던 것으로 보인다. 그리고 이 듀플렉스 아파트와 리차드의 아담한 주택을 짓기 전에 일리노이 주의 그렌코(Glencoe Illinois)의 러빈 블러프스 개발지구(Ravine Bluffs Development-본 책 설명 참조)에 저렴주택을 설계하기도 했다.

1) 듀플렉스 아파트(Arthur L. Richards Duplex Apartment, 1916)

- 위치 : 2720-2734 W. Burnham St. Milwaukee Wisconsin
- 스타일 : 프레리(Prairie Style)

• 사이딩, 아이보리, 회색등 외장재와 색이 다른 모습

• 남쪽도로면에 접하여 나란히 배치되어 있는 모습

아서 리차드는 1877년 8월 21일 밀워키에서 태어나 밀워키를 중심으로 부동산 사업에 종사하고 있었다. 이 아파트 역시 리차드의 부동산 사업의 일환으로 라이트에 의해 설계된 것이다. 보크 주택에서 잠깐 언급한 리차드 듀플렉스 아파트(Arthur L. Richards Duplex Apartment(1916))와 리차드의 아담한 주택(Richards small House, 1916)은 바로 이웃하여 위치하고 있으며 보크 주택에서 자동차로 15분~20분 정도의 거리에 위치하고 있었다. 리차드 듀플렉스 아파트는 부동산 사업의 일환으로 설계되어 최대한 시공 경비를 절약하기 위하여 프리패브리케이트(prefabricated) 방식[9]으로 시공되었기 때문에 동일한 형태로 2층 규모의 4동이 번햄 스트리트에 면하여 나란히 배치되어 있고 이 아파트와 이웃하여 리차드의 아담한 주택도 같은 위치에 자리하고 있었다.

당시 라이트는 부동산 업자인 아서 리차드를 위하여 관습에 얽매이지 않는 주택, 일정한 사이트에 적합한 디자인이 아닌 범용적인 디자인 그리고 재료의 낭비를 막고 인건비를 줄일 수 있게 미리 공장에서 재제한 프리패브리케이트 방식을 위한 작품을 900개 이상 스케치하기도 했다고 한다. 그러나 실제적으로 이런 방식으로 시공된 건물은 밀워키와 시카고에 일부만이 지어지기도 했는데 그 대표적인 건물이 여기에서 설명할 듀플렉스 아파트와 다음에 설명할 리차드의 아담한 주택이라 할 수 있다. 이 아파트도 후기 프레리 건축양

9) 공장에서 시공에 사용할 부품과 자재를 미리 가공과 조립한 후 현장에서 설치만 하는 건축 공법.

식으로 라이트가 설계한 마지막 프레리 주택이라고도 할 수 있다. 다시 말해, 라이트의 침체기를 거쳐 유소니언 주택으로 넘어가는 전환기에 설계된 마지막 작품이라 할 수 있다.

이 아파트 초기에는 외벽이 어떤 색과 어떤 외장재로 시공되었는지는 모르겠으나 현재는 사이딩 1동, 회색 1동, 아이보리 2동으로 외장 재료와 색이 다르게 시공되어 있었다. 출입구는 1층의 경우 2층으로 올라가는 계단 아래에서 진입이 이루어지고, 2층은 도로와 접한 계단을 통하여 진입하게 된다. 비록 아파트라고 표현하고 있지만 우리나라와 비교하면 연립주택 또는 다가구주택 정도이다. 아파트의 평면은 전면도로에 면한 부분의 폭이 좁고 안쪽으로 길게 계획된 장방형의 형태이며 정면과 후면에 각각 계단이 1개씩 배치되어 있다.

01 _ 좌우 계단실을 중심으로 대칭을 이루고 이 중심부의 아래로 들어가서 좌우로 돌면 1층 출입구가 있다.
02 _ 아파트 후면에 테라스의 모습 - 1, 2층 슬리핑 포치에 유리창이 설치되어 있다.
03 _ 거실면의 외부입면 모습
04 _ 정면 거실에 면한 계단실

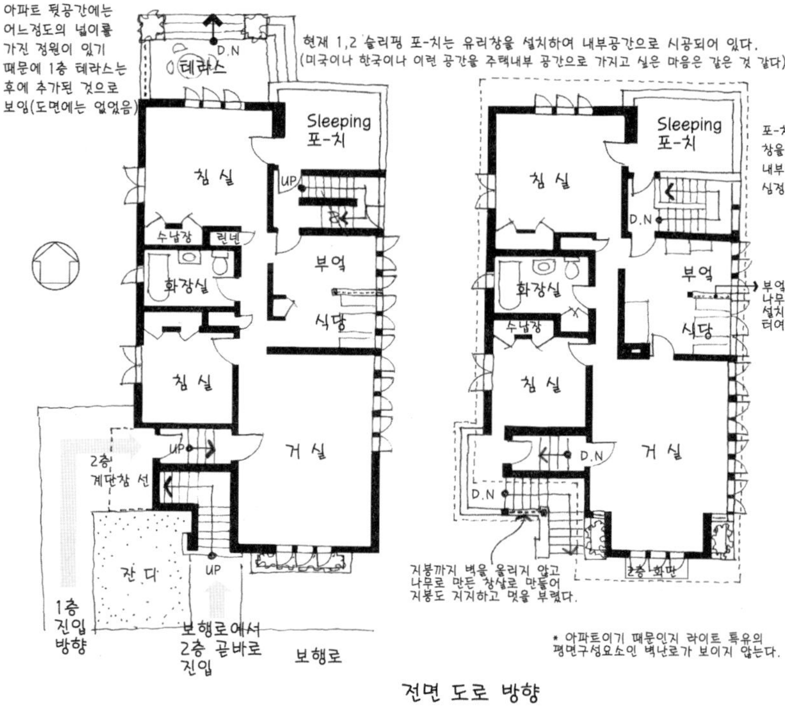

•1층 평면도 •2층 평면도

1층과 2층의 평면구성은 동일하며 2동은 대칭으로, 2동은 병렬로 배치(결국은 3동은 병렬로 1동만 반대방향으로 배치)되어 있다. 병렬로 배치되는 경우에는 1, 2층 모두 거실의 향이 동남향으로 양호하나 침실이 북서로 배치되어 향에 불리한 것으로 보였다. 그리고 아파트 후면에는 어느정도 넓이를 가진 공간이 확보되어 이 공간을 정원으로 가꾸면서 1층 후면에 테라스가 추가된 것으로 보인다. 초기 도면에서는 1, 2층 동북향 모서리에 외부에 오픈된 슬리핑 포치가 마련되어 있었지만 현재는 창문을 설치하여 내부 공간으로 만들었다. 이 주택의 시공 감독관은 한때 탈리어신의 드로잉 팀장으로 일했었고 인근의 보크 주택의 시공을 담당했던 러셀 발 윌리엄슨(Russell Barr Williamson)에 의해 이루어졌다. 현재 이 아파트와 이웃한 리차드 아담한 주택과 함께 밀워키의 역사적 보존장소로 지정하여 관리하고 있다. 그리고 방문 당시에 리차드의 아담한 주택 현관문에 아파트의 탐방을 위한 시간을 알리는 메모가 붙어 있는 것으로 보아 이곳에서도 정기적인 라이트 주택 순례가 이루어지고 있음을 알 수 있었다.

2) 리차드의 아담한 주택(Richards small House, 1916)

– 위치 : 2714 W. Burnham St. Milwaukee Wisconsin

• 테라스 우측 계단의 모습 – 이곳으로 진입한 후 거실 창문을 지나 우측으로 조금 오목 들어가 위치한 현관으로 출입하게 된다.

• 주택 전체의 모습으로 주택 기단 아래의 지하실의 채광과 환기를 위한 사각형 모양의 구멍이 보인다.

이 주택은 듀플렉스 아파트 동쪽 끝에 이웃하여 위치하고 있으며 번햄 스트리트와 남쪽 레이톤 블로바드(S. Layton Blvd.)가 만나는 도로와 모서리의 두 번째 대지에 위치하고 있었다. 전체적으로 주택 형태는 보크 주택과 같은 정사각형 평면으로 도로면에 면하여 영역성을 나타내는 낮은 담장으로 둘러싸인 테라스가 계획되어 있다. 반면에 이 주택에서는 라이트 주택의 트레이드 마크처럼 사용된 길게 뻗어 나온 캐노피를 볼 수 없었고, 평면 형태에 솔직하게 처리된 입면과 지붕으로 계획되었다. 듀플렉스 아파트와 같이 프리패브 방식으로 시공되었다. 당시 같은 시기에 지어진 보크주택이 $15,000에 지어진 것에 비해 이 주택은 $1,835에 시공되었다고 하니 얼마나 저렴하게 시공되었는지를 알 수 있다. 현재 이 주택은 위스콘신 주 프랭크 로이드 라이트 유산 투어 프로그램 관할 회사(Frank Lloyd Wright Wisconsin Heritage Tourism Program Inc.)에 2004년 매각되어 관리되고 있다. 필자가 이 주택을 방문했을 당시에도 이 주택 입구 안내판에 투어 프로그램 및 연락처가 붙어있었지만 도착한 시간이 오후 3시 이후라 신청할 수 없었기 때문에 주변을 둘러보는 것에 만족해야 했다. 다른 곳에서도 이야기했듯이 라이트 주택 순례에 꼭 알아봐야 할 것은 해당 주택의 투어 시간과 투어 요일이다. 각 작품들마다 휴관일이 다르고, 낙수장, 로비 하우스 등의 작품을 제외하고는 하루에 한, 두 번 또는 일주일에 2~3일 밖에 투어 프로그램이 운영되지 않기 때문에 방문 전에 꼭 확인해야 한다. 필자가 낭패를 본 것은 뉴욕에 구겐하임 미술관이다. 설마 목요일에 문을 닫을 것이라고는 생각지도 못했는데…, 목요일이 휴관일이었다는 사실이다. 미시건 주에서 2박 3일에 걸쳐 도착했는데 얼마나 억울하고 원통한지(다른 일정을 연기할 수 없었기 때문에) …, 1시간 이상을 외관만 보면서도 너무나 아쉬워 쉽게 그곳을 떠날 수 없었다.

이 주택의 출입은 전면 도로에서 테라스 담장을 따라 우측으로 조금 들어와서 거실 테라스 우측 계단을 통하여 테라스로 진입한 뒤 주택의 정면 중앙부에 오목 들어간 현관으로 출입하게 된다. 테라스 높이가 지면보다 조금 높게 시공된 것은 지하공간이 있기 때문이다. 사진에서 보는 것과 같이 주택 기단 부분에 사각모양의 구멍처럼 보이는 것은 지하실부분의 채광과 환기를 위한 것이다. 지하실에는 난방 기계와 세탁실로 이루어져 있으며 주택 후면에 위치한 부엌을 통하여 지하로 내려가는 계단이 위치하고 있다. 실내 중심에는 벽난로가 위치하고 있고 이 벽난로는 거실에서 침실과 화장실 등 사적인 공간과 공적인 거실 공간을 구분하고 있다. 그리고 거실과 부엌의 사이 벽은 책장으로 계획하여 책장 앞의 식탁은 책상 겸 식탁으로 사용하는 듯했다. 1층 공간은 전면도로에 면한 거실과 2개의 침실, 부엌, 식당, 1개의 화장실로 이루어져 있다. 일반적으로 단층이면서 사각형인 경우 햇빛을 실내 깊숙이 받아들이기 힘든 경우가 많은데, 이 주택 역시 사각형 평면 형태로 3면이 부엌과 침실의 외벽으로 둘러싸여 햇빛을 받아들일 수 없는 불리한 조건을 벽난로와 침실 사이의 지붕에 고측창을 설치하여 실내의 일조를 해결하고 있었다.

• 테라스가 있는 거실에서 바라본 모습으로 책장 뒷쪽이 부엌이며 오른쪽문 안으로 보이는 곳이 부엌이다.

• 벽난로의 모습으로 뒤쪽에는 화장실이 있고 좌 · 우로 침실이 위치하고 있다. 우측 고측창으로 햇빛이 들어오고 있는 것을 볼 수 있다.

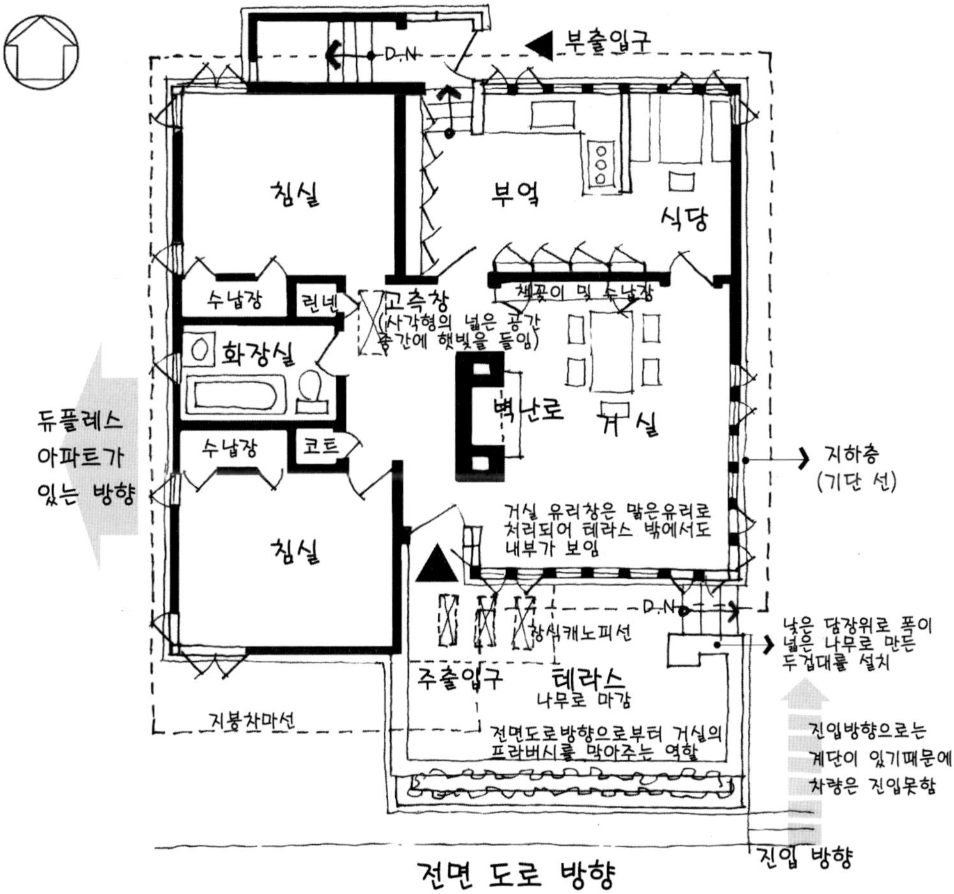

• 1층 평면도 – 사각형의 평면에 중앙부의 벽난로가 전체 평면공간의 영역구분과 평면의 구심적 역할을 하고 있다.

18. 러빈 블러프스 개발지구(Ravine Bluffs Development)

- 위치 : Meadow Rd. Glencoe Illinois 일대
- 건립 : 1915년

필자가 이곳을 찾아 간 시기는 미국생활 1년이 거의 끝나는 시점인 2012년 1월 초였다. 필자가 생활했던 미시건의 랜싱 지역과 이곳까지의 직선 거리는 180마일이지만 두 곳 사이에 미시건 호수가 위치하고 있기 때문에 호수를 돌아가야 하는 거리 때문에 80마일 이상 먼 250마일(약 400㎞)을 운전해야 했다. 그리고 이번 일리노이 주의 방문은 5번째 방문이기도 하다.

비록 승용차로 4~5시간 정도 소요되는 곳이기는 했지만 주변에는 산도 없고 마냥 확 트인 고속도로를 달리는 기분이 그리 나쁘지 않아 지루하다는 생각은 들지 않았다. 이렇게 일리노이 주를 5번 씩이나 방문하게 된 이유는 일리노이 주와 바로 인접한 위스콘신 주에 라이트의 작품들이 가장 많이 모여 있기 때문이기도 하겠지만, 매번 이 지역의 라이트 주택을 순례하고 난 뒤에 원고를 정리하다보면 인근에 또 다른 라이트 작품이 있다는 것을 알게 되면서 또 다시 방문하게 되는 기회 아닌, 스스로의 핑계를 만들어 방문하게 되는 곳이다. 어떻게 생각하면 주택 순례를 위한 철저한 준비를 하지 않은 필자의 탓이다. 단지 이럴 때마다 매번 같이 여행하는 아이들에게 미안할 뿐이었다. 매번 긴 시간동안 운전하고 도착하는 곳은 아이들을 위한 놀이 동산도 아니고 그렇다고 해서 유명한 관광지도 아닌, 아이들 눈에는 아무런 재미도 없는 단순한 주택만 구경하고 돌아가기 때문이다. 아이들도 1년 동안 라이트의 주택을 지겹게 본 탓인지 필자보다 먼저 라이트 주택을 찾아내는 경우도 있었다. 비록 낙수장에 관해서 이 책에서 기술하지 않았지만 놀라운 사실은 다른 주택을 볼 때에는 아무런 반응이 없던 아이들이 낙수장을 방문했을 때에는 필자보다 더 많이 감동을 받은 것 같았다.

아무튼 이번 여행은 눈이 많이 왔던 겨울철이라 운전에 많은 어려움도 있었지만, 필자에게는 마지막 라이트 주택 순례라는 점에서 조금은 아쉬운 점도 많았다. 그러나 러빈 개발지역에는 다른 곳과 달리 라이트 작품들이 여러 동 모여 있는 곳이기 때문에 짧은 시간에 많은 주택을 볼 수 있다는 이유로 피곤함보다 그저 옛날 애인이 어떤 모습으로 나타날까 하는 마음에 가슴이 뛸 뿐이었다.

러빈 블러프스 개발지역에 관하여 기술하기 전에 추가적으로 살펴볼 것은 라이트의 도시계획(주거단지 개발)에 관한 내용들이다. 라이트는 개별 건축뿐 아니라 도시계획적인 측면에 있어서도 나름대로 많은 관심을 가지고 있었다. 비록 실현은 되지 않았지만 앞에서 잠깐 언급한 브로드에이크 시티(Broadacre City)와 비록 미완성 작품이지만, 후반부에 자세하게 기술될 미시건 주의 칼라마주 지역에 파크윈 빌리지, 더 에이크 빌리지 등 개별 주택 차원인 아닌 단지개발 차원에서 개발계획을 세우기도 했다. 이런 점에서 이들 지역은 개별 주택들이 모여 있는 오크 파크와 리버 포레스트와는 성격이 다른 지역이다.

러빈 블러프스 개발지역은 일리노이 주 그렌코(Glencoe)에 위치하고 있으며, 동쪽으로 800m 떨어진 곳에는 미시건호가 위치하고 있다. 1911년 7월, 엘리자베스 K. 부스(Elizabeth K. Booth)가 실반 뉴홀(Sylvan Newhall)에게 러빈 지역의 부동산을 구입하고, 1914년 지금처럼 주택을 지을 수 있게 약 25개의 필지로 분할하게 됨으로써 개발이 시작되었다.

그 후 위스콘신 주의 유명한 저널리스트이며 동시에 인도주의자, 시민권리 주창자, 그리고 라이트의 변호사인 설만 M. 부스(Sherman M. Booth)는 건축주로서 라이트에게 모든 주택 설계를 맡겼고, 라이트는 다른 지역과 차별화된 지역의 특성을 살리기 위해 직접 6동의 주택과 3개의 콘크리트 코너 마크(조각상), 그리고 러빈 다리를 설계하였다.

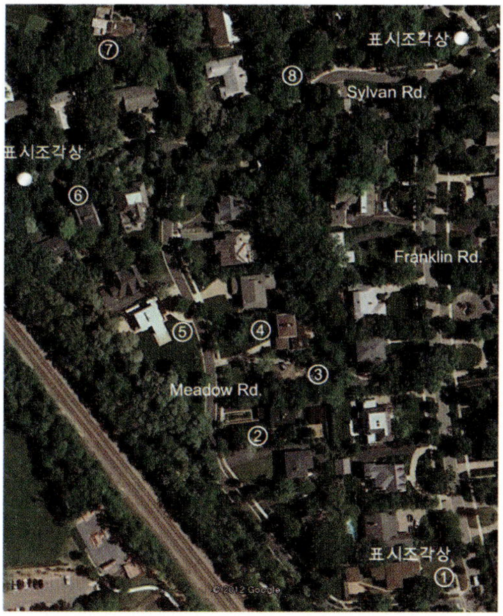

• Ravine Bluffs Development 지역의 주택 위치도

• 위치별 주택의 주소와 이름

① Ravine Bluffs Development Sculptures (코너 마크)외 2곳
② 1023 Meadow Rd. Lute F. & Daniel Kissam House
③ 1027 Meadow Rd. William F. Ross House
④ 1031 Meadow Rd. William F. Kier House
⑤ 1030 Meadow Rd. Hollis R. Root House
⑥ 272 Sylvan Rd. Charles R. Perry House
⑦ 265 Sylvan Rd. Sherman M. Booth House
⑧ Ravine Bluffs Development Bridge

이 주택들 중 5동이 임대 주택으로 대여되면서 러빈 지역이 형성되었다. 그러나 이들 주택의 시공은 라이트가 직접 감독하지 못했다고 한다. 당시 라이트는 그의 이혼에 관한 소송 등으로 그의 개인적인 생활이 그를 괴롭혔을 뿐 아니라 당시 진행 중인 일본 제국호텔(1915) 등으로 인하여 미국을 오랜 시간동안 비웠기 때문이다. 이 지역과 라이트의 인연은 러빈 지역의 주택을 디자인하기 전부터이다. 사실 현재는 완전히 새롭게 건설되었지만, 러빈 지역 위치도에서 볼 수 있듯이 러빈 지역 좌측에 있는 철도의 러빈 기착역이 1911년 라이트에 의해 디자인되어 1950년까지 있었다고 한다.

1) 러빈 블러프스 개발지역의 기념조각물(코너 마크)과 다리

러빈 블러프스 개발지역은 메도우(Meadow Rd.) 도로와 실반(Sylvan Rd.) 도로 – 맨 처음 이 지역의 부동산 소유자인 실반 뉴홀(Sylvan Newhall)을 빌려 지은 이름 – 그리고 프랭클린(Franklin Rd.)도로에 의해 둘러싸여져 있다. 그리고 라이트가 직접 디자인한 조각품(코너 마크)이 러빈 개발지구의 영역을 알리는 3곳의 코너 부분에 세워져 있다. 다시 말해 앞의 러빈 지역 주택 위치도에서 볼 수 있듯이 3개의 코너 마크(①과 두 개의 점(•))를 연결하면 이루어지는 3각형 영역이 러빈 개발지역이라 할 수 있다. 필자도 러빈 지역 부근에 도달했을 때 메도우 도로(Meadow Rd.) 입구에 위치하고 있는 기념 조각물(① 코너 마크)을 보고 러빈 지역임을 쉽게 알 수 있었다.

• 메도우 도로로 들어가기 전 러빈지구 입구에 있는 조각물로 단순한 기하학형태로 조각되어 있다.

• 찰스 페리 주택의 실반 도로 끝부분에 위치하고 있는 조각물로 러빈 개발지구 입구와 같은 모양이다.

이 코너 마크 조형물은 미드웨이 가든 프로젝트를 포함하여 초기 여러 프로젝트를 라이트와 같이 일한 알폰소 란엘리(Alfonso lanelli)에 의해 시공되었다는 이야기도 있지만 확실한 근거가 있는 이야기는 아닌 것 같다. 코너 마크의 형태는 구(球)모양과 탑 모양이 합쳐져 있는 단순한 형태였지만, 라이트 디자인 특색이 묻어나오는 직선과 곡선의 조화가 조각물에서 느껴졌기 때문에 보는 순간 라이트가 디자인한 작품임을 알 수 있었다.

러빈 개발지역 내에는 메도우 도로와 연결되는 실반(Sylvan Rd.)도로가 T자(실반 도로가 동서 도로이며 메도우 도로가 남북도로)형태 연결되어 있으며 이 두 도로변에 라이트가 디자인한 6동의 주택이 위치하고 있다. 이 중 4동은 메도우 도로변에, 2동은 실반 도로변에 위치하고 있다. 그리고 실반 도로 서쪽 부분에는 라이트가 디자인한 다리를 볼 수 있다. 다리 시작 부분과 끝 부분에 코너 마크 조각상과 흡사한 기둥 형식의 가로등이 디자인되어 있다. 그리고 프레리 주택 입구에서 자주 볼 수 있었던 커다란 화분이 놓여 있었다. 즉 러빈 지역의 라이트 주택은 러빈 도로변과 실반 도로변에 위치하고 있기 때문에 메도우로 진입하여 위치도의 번호 순서대로 순례하고 난 뒤, 실반 도로에 있는 러빈 다리를 보면서 이 지역을 빠져나가면 된다.

• 실반도로 끝부분에 위치하고 있는 '러빈 블러프스 다리' 프레리 주택의 상징인 화분이 다리난간 위에 놓여 있다.

• 다리를 건너기 전에 라이트가 디자인했고, 최초의 다리를 복원한 내용과 함께 다리에 관한 내용이 동판으로 새겨져 있다.

러빈 다리를 건너기 전에 다리에 관한 내용이 동판으로 새겨져 있는데, 동판에는 다리의 정식 명칭을 '러빈 블러프스 다리'라고 새겨져 있으며 동판의 내용은 다음과 같다. 「이 다리는 1915년 라이트가 디자인한 최초 다리를 원래 위치에 새롭게 복원한 것이다. 프랭크 로이드 라이트 재단에 따르면, 이 다리는 라이트가 디자인한 다리를 다시 복원한 것이라고 하며 현재는 국가의 역사 유적지로 지정되어 있다. 이 다리는 콘크리트로 보강된 구조로 라이트의 '프레리' 스타일의 긴 수평적 요소가 반영되어 있으며, 부드러운 장식, 기둥 형태의 전등, 프레이 스타일의 화분, 메조넷 형식으로 개울 바로 위의 아치 등으로 디자인되어 있다. 복원에는 라이트 건축에 관심을 가진 시민들, 러빈 블러프스 마을 협의회, 주와 정부 재정기관 등에 의해 지원된 재정으로 옥션을 통하여 복원되었다.」 이 다리는 1980에 두 개의 코너 마크 조각상과 같이 복원된 것이다.

필자가 생각하기에는 이 러빈 개발지역의 경우 일리노이 주 시카고의 오크 파크와 리버 포레스트 지역 다음으로 라이트 주택 작품들이 많이 위치하고 있는 곳이기도 하다. 특히 앞의 두 지역이 라이트의 초기 작품을 볼 수 있는 곳이라면 이 지역의 주택들은 두 지역과 달리 대부분 프레리 주택의 후기 단계인 1915년에 지어진 것으로 전형적인 도시 내에 프레리 주택 형태를 감상할 수 있는 곳이기도 하다.

필자가 방문할 당시에 6동의 주택 중 2동은 매도를 위하여 내놓은 상태라 주택 내부에는 아무도 거주하지 않았고 또한 주인이 부재중인 주택이 많았다. 그 중 한 주택 – 윌리암 로스 주택(William F. Ross House) – 만이 주인이 실내를 촬영할 수 있도록 허락해 주었다. 그러나 이번이 마지막 기회이고 미국을 떠나면 다시 이곳에 올 기회가 없을 것이라는 생각 때문에 아무도 거주하지 않는 주택의 경우에는 유리창을 통하여 내부를 촬영하는 부도덕한 일을 저지르고 말았다. 사실 주택을 방문할 때마다 매번 미리 전화를 걸어 약속을 한다는 것은 무리일 수 밖에 없다. 개인 정보라는 이유 때문에 각 주택들의 전화번호를 알 수 있는 방법도 없고, 또한 미국처럼 개인 생활이 우선인 나라에서 타인에게 아무런 거리낌 없이 자신의 생활 공간을 보여준다는 것은 더욱더 힘든 일이라는 것은 여러분도 이해할 수 있을 것이라 생각한다.

2) 라이트가 생각한 땅콩 주택(저렴 주택)

이 지역에 위치하고 있는 6동의 주택 중에 설만 M. 부스 주택(Sherman M. Booth House)을 제외한 5동의 주택은 "5,000달러로 지을 수 있는 방화 주택(A Fireproof House for $5000)"을 기준으로 설계되었기 때문에 5동 모두 거의 사각형을 기본 평면으로 디자인되어 있다.

"5,000달러로 지을 수 있는 방화주택"이란 1907년 4월에 출판된 「주부들의 홈 잡지(Ladies' Home Journal)」에 기고된 기사의 제목이기도 하다. 여기서 방화 주택이란 저렴한 비용으로 콘크리트 주택을 지을 수 있다는 것을 의미하는 것으로 이와 관련된 기사는 이미 1901년 2월부터 7월에 세 번째와 마지막 기사인 "프레리 타운의 주택(A Home in a Prairie Town)"과 "충분한 공간을 가진 작은집(A Small House with 'Lots of Room in It)" 이라는 제목으로 기사화된 내용이었다.

그리고 "5,000달러로 지을 수 있는 방화 주택"은 1910년 발행된 바스무스 작품집

A Fireproof House for $5000

Estimated to Cost That Amount in Chicago, and Designed Especially for The Journal

By Frank Lloyd Wright

1907년 4월에 「주부들을 위한 주택잡지」에 실린 저렴한 비용으로 지을 수 있는 콘크리트 주택 스케치의 이미지의 모습 – 층별 연속되는 창문의 형태 측면에 길게 뻗어 나온 지붕 처마 등 전형적인 프레리 스타일의 디자인 요소를 볼 수 있다.

(Wasmuth Portfolio)에 기본적인 주택 스케치가 포함되어 있었다.

라이트는 콘크리트로 만들어지는 주택의 경우에 화재뿐 아니라 날씨에 의해 변화하는 습기나 벌레 등에도 좋은 효력을 가지고 있다고 기술하고 있으며, 내구성과 비용 면에서뿐 아니라, 디자인과 에너지적인 측면까지 효과적이라고 기술하고 있다.

첫째, 콘크리트 구조는 여름에는 시원하게, 겨울에는 따뜻하게 유지시켜준다고 지적하면서, 콘크리트 벽은 목재로 만든 벽보다 큰 열용량을 가지며 그리고 일 년 동안 또는 하루 동안 주택 내의 온도 변화를 최소화할 수 있다고 했다. 더 나아가 돌출된 처마는 여름철 벽에 그늘을 만들어냄으로써 과열되는 것을 막는다고 했다.

그리고, 콘크리트 주택은 가장 혁신적인 기법이라고 했다. 그리고 라이트는 2층 천정 실링을 지붕 슬래브 보다 8인치 아래 설치하였다. 그 결과 공기 용량이 처마 아래 환기구의 의해 배출되고 지속적인 공기 흐름을 만들어 굴뚝을 통하여 밖으로 배출되기 때문에 공기의 대류 현상에도 유리하다고 했다. 사실, 콘크리트의 경우 낮 동안 햇빛을 저장하고 있다가 밤에 열기를 방출하므로 철저한 단열이 되지 않은 경우에는 여름밤에도 낮과 같은 더위를 견뎌내야 했기 때문에 슬래브와 실링(천정)사이에 공간을 마련했을 것이다.

현대 주택에서도 처마 안쪽과 용마루 부근에 환기구를 만들어 다락과 아래층을 시원하게 유지시켜 주는 비슷한 방식을 사용하고 있다. 그러나 당시의 목재 주택들은 현대 주택처럼 상세한 디테일을 통하여 건축되지 않았기 때문에 다락 공간의 환기가 자연스럽게 이루어지지 못했다. 즉 라이트가 주창한 방화 주택의 기능을 가진 콘크리트 주택은 대부분의 외부 자연 공기를 막을 수도 있고 필요에 따라 공기를 환기시킬 수 있다는 개념이 포함되어 있었다. 이러한 사각형의 방화 주택 레이아웃은 1900년대 초기에 미국 전 지역에서 인기를 얻었고 또한 좋은 반응도 얻었다. 사각형 형태의 평면을 가진 방화 주택은 형태적으로 단순했기 때문에 다른 디자인보다 경제적이라는 장점을 가지고 있었다. 여기에서 전형적인 사각형 평면의 규모는 2층이며 육면체의 박스 형태를 기본으로 하고 있다. 그리고 여기에 소개된 주택들은 3종류의 프레리 스타일 중 수입이 적은 사람들을 위한 기본적이고 표준화된 형식에 속한다고 할 수 있을 것이다.

각 층의 평면은 사각형을 田자처럼 4등분하는 방식으로 평면이 구성되었다. 1층의 경우 田형태에서 현관 홀과 거실이 전면부에 2개의 사각형 면적을 차지하고 반면에 식당과 부엌은 주택 후면부에 두 개의 사각형 면적으로 계획된다. 2층 역시 1층과 동일하게 田형식으로 3개 또는 4개의 침실 그리고 화장실로 등분되어 계획되어 있다. 그리고 이런 기본적인 평면 분할에서 라이트는 주택의 측면에 위치하고 있는 현관과 계단의 위치를 옮겨가며 어느 정도 평면을 응용 · 변형하기도 했다. 그리고 1층 평면의 절반 이상의 공간을 거실과 현관 홀로 계획하는 경우도 있었지만 여기에 전면부의 거실과 후면부에 위치하고 있는 식당 사이의 벽을 제거함으로써 L자형으로, 다시 말해 田자 형태에서 3칸의 사각형이 오픈된 형식으로 공간이 계획되기도 하였다.

러빈 블러프스 개발지역에 라이트가 설계한 주택들은 표면적으로 도시 내에 프레리 주택을 표방하고 있지만 전형적인 프레리의 +자형 평면이 아니다. 평면과 형태에 기본이 되는 사각형의 단순한 박스 형태에 베란다 공간을 다양한 위치에 추가하여 외관상 다양한 형태를 연출해내고 있다. 그리고 외관상 규모도 전형적인 프레리 스타일처럼 주택 높이보다 폭이 넓은 주택은 아니다.

평면 구성에서는 주택 공간에서 필요한 최소한의 공간 – 거실, 부엌, 식당, 방 – 으로만 구성되어 있다는 점과 5,000달러로 지을 수 있다는 기사, "충분한 공간을 가진 작은 집(A Small House with 'Lots of Room in It)" 이라는 기사 제목에서 나도 모르게 우리나라에서 한 순간 선풍적인 화젯거리가 된 땅콩 주택이 – 땅콩이 하나의 껍질에 두 개 혹은 세 개가 들어있는 것을 비유하여 도시 내 하나의 필지에 두 세대를 위한 주택을 설계하여 주택 건설 소요 비용을 최소화한 주택 – 생각났다. 비록 하나의 필지에 한 동의 주택만을 설계했지만 당시로서 주택에 흔히 사용하지 않는 콘크리트를 사용하여 도시 내에서 저렴하게 주택을 지을 수 있다는 것을 홍보하는 대목에서는 우리나라의 유명 건축가들도 작품성만을 우선하지 말고 서민들의 주택 해결 문제에 좀 더 많은 관심을 가져주었으면 하는 바람이 더욱더 절실하게 생겼다.

3) 다니엘 키삼 주택(Lute F. & Daniel Kissam House)

- 위치 : 1023 Meadow Rd. Glencoe Illinois
- 건립 : 1915년
- 건축스타일 : 프레리(Prairie Style)

• 메도우도로에서 들어가면 처음 마주치는 주택으로 외장색은 초기의 것이 아니고 다시 칠한 것이다. (남서방향에서 바라본 모습)

이 주택은 메도우(Meadow Rd.)도로 진입부에서 코너 마크 조각상을 보고 진입하면 처음으로 마주치는 주택이다. 보는 순간 프레리 주택의 특징인 주택 좌측으로 길게 뻗어 나온 1층의 베란다 지붕을 보고 라이트의 주택임을 한눈에 알 수 있었다. 이 주택은 라이트가 1915년 10월 21일 설계를 의뢰받고 1주일만에 설계한 주택이라고 한다. 맨 처음 주인은 부스였지만 앵스터(Angster)가 1918년 구입했고, 2년 정도 보유하다가 1920년 5월에 캠톤 (J. M. Compton)에게 다시 매도하고, 다시 2년 후인 1922년 4월에 존슨(Johnson)에게 다시 매도하게 된다. 그러나 매도 과정에 잘못된 부분이 있었는지 캠톤은 1922년 5월에 다니엘 키삼(Lute F. & Daniel Kissam)에게 매도하게 되면서 주택의 이름이 다니엘 키삼 주택이라 불리게 되었다. 방문했을 당시에는 많은 눈이 온 후이고 진입로를 제외하고는 모든 부분이 하얀 눈으로 쌓여 있었기 때문에 주변경관에 관해서는 어떻게 기술해야할지 모르겠다. 한마디로 얘기하면 주택이 자리한 필지를 제외한 나머지 공간은 우리나라와 달리 넉넉한 자연과 접하고 있는 것은 분명했다. 이는 앞에서 표시된 주택 위치도에서 볼 수 있듯이 주택을 제외하고 옥외 공간은 대부분이 나무로 둘러싸여져 있다는 사실이다. 주택의 외관은 5,000달러로 지을 수 있는 콘크리트 주택의 기본 형태인 사각형 육면체에 1층 베란다 부분이 동서 방향으로 길게 추가된 형태이다. 1층 베란다 지붕은 경사가 아주 낮은 우진각 지붕이지만 본채의 경우에는 멀리서 확인할 수 없을 정도로 평지붕에 가까운 형태로 이루어져 있다. 2층 부분은 프레리 주택의 전형적인 입면적 특징인 연속된 창으로 이루어져 있다.

그리고 지붕처마의 경우 진한 고등색으로 수평띠를 형성하고 있었고, 이는 창문의 상·하인방에서 주택 4면을 돌아가면서 반복해서 사용하고 있다. 또한 베란다 지붕 처마선에서도 사용하였고, 부 출입구의 계단에서 수평띠가 마무리될 때까지 여러 번 반복되어 사용되고 있다. 이는 사각형 입면의 수직성과 단순한 입면에 수평 띠를 반복 사용하여 프레리에서 느껴지는 수평적인 요소를 최대한 강조하고자 하는 느낌을 받았다.

평면 계획 역시 앞에서 기술했듯이 사각형 평면을 기본으로 구성되어 있다. 주택의 진입은 진입 도로에서 사각형 육면체에 첨부된 베란다 길이 방향과 같은 방향으로 진입하여

01 _ 주택 후면의 모습 - 보이는 문은 부엌으로 통하는 문이다. - 동쪽에서 바라본 모습

02 _ 진입로(서쪽방향)에서 바라본 모습 - 전면에 1층 베란다가 보이고 프레리 주택의 상징적인 장식품인 큰 석조화분이 진입로 앞에 위치하고 있었다.

03 _ 지붕처마, 베란다 등 연속되는 고등색의 띠가 수평적인 요소를 강조하는 듯 보였다.

01 _ 1층 주 출입구로 들어가지 전의 베란다 내부의 모습
02 _ 남쪽 거실 모퉁이에서 북쪽을 바라보고 찍은 모습 – 주(원본 평면도에 베란다라고 씌여 있음)출입문과 2층으로 올라가는 계단이 보인다.
03 _ 서쪽 거실 모퉁이에서 동쪽을 보고 찍은 모습 – 식당에 꽃으로 장식된 식탁이 보인다.
04 _ 부엌 동쪽 모퉁이에서 서쪽으로 바라본 모습 – 좌측이 식당으로 통하는 문이며 우측의 문은 거실로 통하는 문이다.

90도 우측으로 돌아 진입하게 된다. 주택 후면부에는 별도의 차고가 마련되어 있지 않고 오픈된 넓은 공간이 제공되어 있어 이곳에 주차한 후 주택 후면의 출입문을 통하여 1층 부엌으로 진입하게 된다.

평면은 전형적인 프레리 주택의 특징인 +자 형태는 아니지만, 벽난로가 평면의 가운데에 위치하고 있다. 1층의 공간구성은 사각형을 田자로 사등분한 다음 전면부 두 개의 사각형 넓이를 거실 공간이 차지하고 나머지 후면의 2개의 사각형 넓이는 부엌과 식당 공간으로 단순하게 구분되어 있다. 좌측 외벽에 계획된 계단을 통해 2층으로 올라가면 분할된 4개의 공간 – 3개의 침실과 휴게 포치 – 을 직면하게 된다. 즉 사각형 평면을 4등분하여 3곳에 침실을 배치하고 나머지 1곳에는 휴게 포치와 화장실로 계획하였기 때문에 계단실 홀에서 모두 진입이 가능 하도록 계획하였다는 것이다.

그리고 남쪽에 있는 침실과 달리 북쪽에 위치한 침실과 휴게 포치에는 발코니를 추가하여 향 때문에 불리한 일조를 발코니 공간으로 대신하고 있는 듯했다. 즉 다른 프레리 주택과는 달리 주택에서 가장 기본적인 공간 – 침실, 부엌, 식당, 거실 – 으로만 압축하여 평면을 구성하고 있다. 러빈 지역의 다른 주택의 평면들도 대부분 이런 사각형을 4등분하는 방식으로 평면이 구성되어 있다. 이러한 방식의 공간 구성 방법은 사각형의 공간에 불필요한 복도 공간 등 데드 스페이스를 최대한 배제하고 좁은 사각형 공간을 최대한 활용하는 계획방법이라 할 수 있다. 그리고 분할된 4개의 공간은 외기와 모두 접할 뿐 아니라 평면 구성이 우리나라 북부 지방의 전통주택 형식인 겹집형태이므로 에너지 소모를 최소화할 수 있다는 이점도 있다.

방문할 당시 주택을 매도하기 위하여 내놓은 상태였기 때문에 집에는 아무도 거주하지 않았다. 주택의 내부 사진은 1층의 창문을 통하여 각 공간의 모습을 필자가 몰래 촬영한 것이다. 각 사진에 촬영된 내부의 가구 등은 우리나라 문화와 달리 미국의 경우에는 소파, 침대, 식탁, 냉장고 등은 대부분 빌트인(built-in)으로 구성되어 있기 때문에 내부에 그대로 남겨져 있었다. 그러나 다른 주택에서 보이는 라이트의 특유의 디자인 가구는 눈에 띄지는 않았다.

4등분된 각 공간은 앞에서 기술하였듯이 모두 외기와 면하고 면하는 부분에는 투명한 유리창이 계획되어 있기 때문에 외부 창문을 통하여 1층 공간을 충분히 볼 수 있었다. 만약 이 주택에 사람이 거주하고 있는 상황에서 유리창을 통하여 내부를 촬영한다는 것은 미국처럼 개인주의가 발달한 나라에서 거의 불가능했을 것이다. 아무튼 다니엘 키삼에 관한 많은 정보를 독자들에게 알려주지 못한 점을 아쉽게 생각한다.

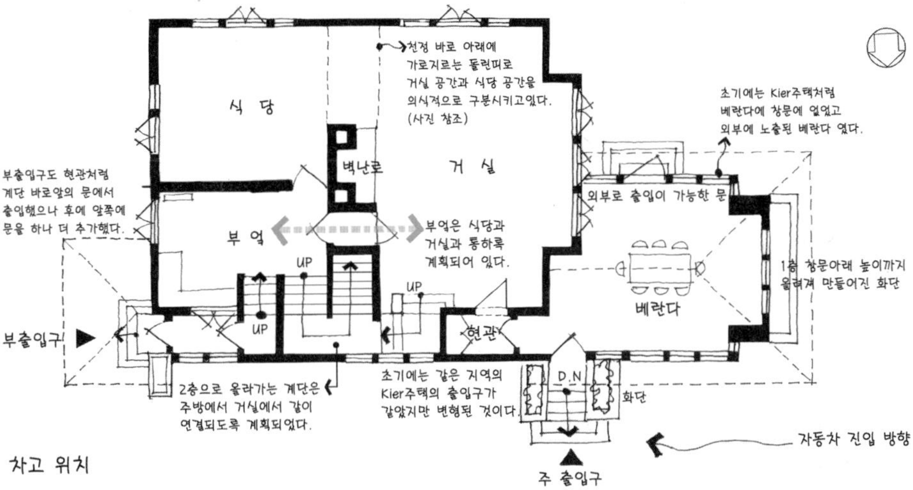
식 당
천정 바로 아래에 가로지르는 돌린띠로 거실 공간과 식당 공간을 의식적으로 구분시키고있다. (사진 참조)
초기에는 Kier주택처럼 베란다에 창문에 없었고 외부에 노출된 베란다 였다.
전면도로
부출입구도 현관처럼 계단 바로앞의 문에서 출입했으나 후에 앞쪽에 문을 하나 더 추가했다.
벽난로
거 실
외부로 출입이 가능한 문
부 엌
부엌은 식당과 거실과 통하록 계획되어 있다.
UP
1층 창문아래 높이까지 올려져 만들어진 화단
베란다
부출입구
현관
2층으로 올라가는 계단은 주방에서 거실에서 같이 연결되도록 계획되었다.
초기에는 같은 지역의 Kier주택의 출입구가 같았지만 변형된 것이다.
D.N
화단
자동차 진입 방향
차고 위치
주 출입구

• 1층 평면도

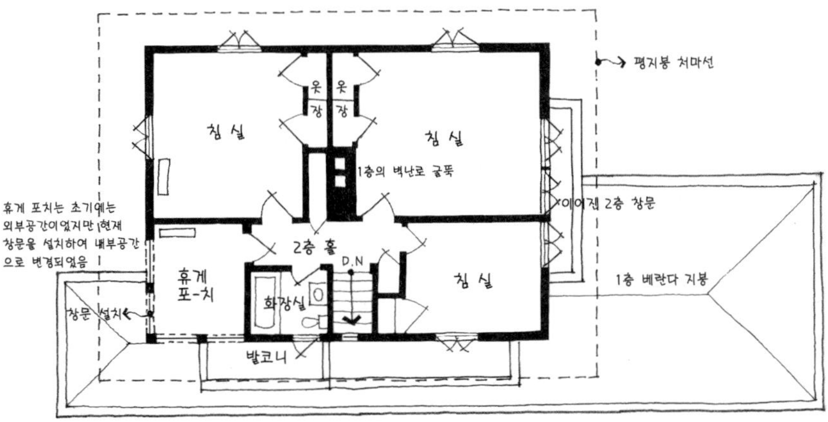
평지붕 처마선
옷장
침 실
침 실
1층의 벽난로 굴뚝
휴게 포치는 초기에는 외부공간이었지만 현재 창문을 설치하여 내부공간으로 변경되었음
에이젠 2층 창문
2층 홀
D.N
휴게 포-치
화장실
침 실
1층 베란다 지붕
창문 설치
발코니

• 2층 평면도

4) 윌리암 로스 주택(William F. Ross House)

- 위치 : 1027 Meadow Rd. Glencoe Illinois
- 건립 : 1915년
- 건축스타일 : 프레리(Prairie Style)

• 5,000달러로 지을 수 있는 전형적인 콘크리트 주택 모습인 윌리암 로스 주택 정면의 모습이다. 보는 순간 위스콘신 주 밀워키에 있는 보크 주택(Frederick C. Bogk House)과 흡사한 입면형태였다.

• 위스코신 주에 밀워키의 보크주택 (1916)

1915년 10월에 라이트가 이 주택을 디자인했지만 주택 건축이 허가되지 않은 상태였다. 그해 11월에 프랭크 B. 핀치(Frank B. Finch)가 허가를 받고, 설만 부스(Sherman M. Booth)로부터 1916년에 매입하게 된다. 그러나 부스는 1920년에 핀치로부터 다시 매입하게 되고, 1921년 윌리암 로스(William F. Ross)에게 매도하게 됨으로써 윌리암 로스 주택으로 알려지게 되었다.

앞쪽의 러벤 지역의 주택 위치도에서 알 수 있듯이 ② 다니엘 키삼 주택(Lute F. & Daniel Kissam House)과 ④ 윌리암 키어 주택(William F. Kier House) 중간에 위치하고 있다. 방문 당시에 외벽을 수리하고 있는 상태였기에 원래 외벽에 칠해진 분홍색을 다 지워버려 외벽의 원래 색깔은 볼 수 없었고, 옷을 벗어 버린 콘크리트 피부색인 회색 그대로의 모습이었다. 그러나 로스 주택을 보는 순간 필자의 머리 속에 위스콘신 주의 밀워키에 있는 보크 주택(Frederick C. Bogk House)이 스쳐 지나갔다. 주택 측면에 추가된 베란다를 제외한다면 로스 주택의 입면은 보크 주택의 입면과 너무나 흡사했기 때문이다. 정면의 1층 창문을 3등분하고 창문 좌우측으로 가느다란 창문을 배치한 점, 그리고 1층 창문 밖으로 조그마한 테라스형 화단으로 처리된 점, 정사각의 평면 입면에 모임 지붕으로 처리된 점 등 너무나 흡사한 모습을 하고 있었다. 결과적으로 이야기하면 보크 주택은 1916년에 설계된 것으로 1907년 주부들의 홈 잡지(Ladies' Home Journal)기사에 실린 '5,000불로 지을 수 있는 콘크리트 주택'의 초기 개념이 발전되어 완성된 것임을 알 수 있었다.

일리노이 주와 위스콘신 주는 서로 인접한 주이고, 그리 멀지 않은 곳에 위치하고 또한 보크 주택이 로스 주택이 지어진 이듬해인 1916년에 지어진 것으로 본다면 로스 주택의 입면에서 한 차원 발전된 단계에서 보크 주택이 디자인된 것으로 추정된다. 뿐만 아니라 당시(1915) 일본 제국호텔 입면 디자인에도 영향을 준 것으로 추정된다.

이 주택 역시 앞에서 기술한 "5,000달러로 지을 수 있는 방화 주택(A Fireproof House for $5000)"의 전형적인 모습으로 이와 같은 개념으로 설계된 주택은 이 곳 외에도 아이오와 주 G.C 스톡맨 주택(1908년), 일리노이 주의 스테펜 M.M 헌터 주택 등 이 주택이 지어지기 전 주택의 형태를 기본으로 하고 있음을 알 수 있었다.

• G C 수톡맨 주택 – (1908) 메이슨 시티 – 아이와주

• 스테펜 M.M 헌터 주택(1907) – La Grange, 일리노이주

이 주택도 다른 주택들과 마찬가지로 주변을 둘러보고 주인의 거주 유무를 확인하는 순간, 주택 후면의 테라스 공간의 유리문을 통하여 주인 아저씨와 눈이 마주쳤다. 조금은 당황스럽기도 하고 또 쫓겨나는 것은 아닐까 염려도 되고…, 비록 준비된 이야기 – 매번 주택 방문시 해야할 이야기이기 때문에 언제나 입에 붙어 있는 이야기 – 가 있었지만 갑작스럽게 주인과 눈이 마주치자 순간적으로 어떻게 해야 할지 멍해졌다. 우선 큰 호흡을 하고 문을 열고 나오는 주인 아저씨에게 정중히 인사를 하고 준비한 명함을 건네주면서 주택 방문시 똑같은 이야기를 조금은 당황된 심정으로 상황을 설명하자 의외로 나를 반갑게 맞이해 주었다.

그리고 집안으로 필자를 안내하고 사진촬영을 허용하면서 식당 벽에 걸린 로스 주택의 초기 스케치와 도면을 보여주면서 최초 스케치임을 자랑스럽게 이야기했다.

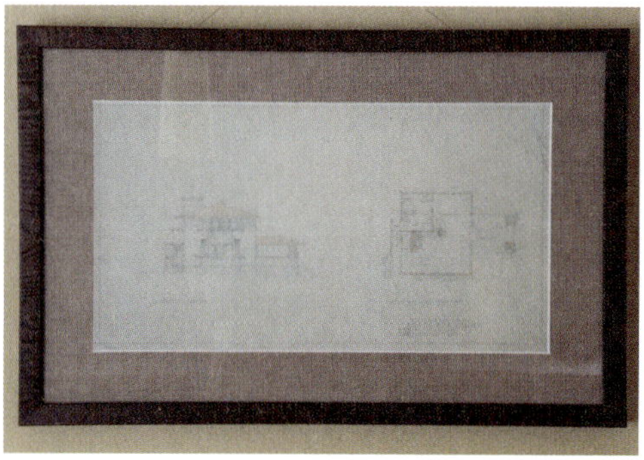

• 식당 벽에 걸려 있는 로스 주택의 스케치와 평면도

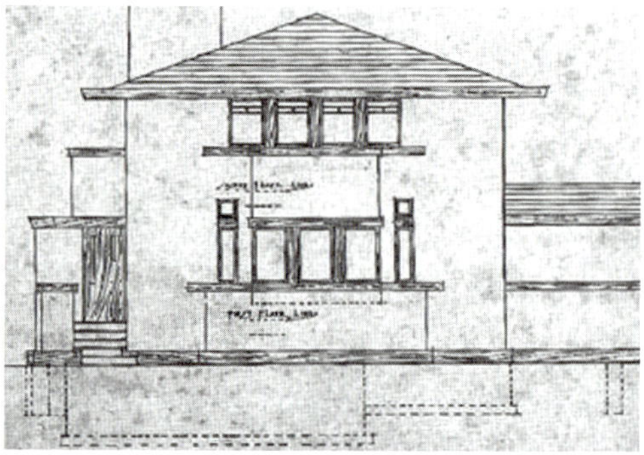

• 로스 주택의 스케치

매번 라이트의 주택 순례를 다니면서 의외로 집주인의 공통적인 직업으로 건축에 관련된 직업에 종사하는 사람들이 종종 있었다. 이 분들은 본인의 주택에 대한 자부심과 필자에게 여러 가지를 설명해주려 애쓰는 모습을 보게 된다. 미시건 주의 브룸스필드의 멕스웰 스미스 주택(Sara and Melvyn Maxwell Smith Residence), 같은 주의 오케모스 지역에 위치한 어링 P.와 케스린 브라우너 주택 역시 건축에 종사하는 사람들이었다. 이런 현상을 가만히 생각하면 자연스러운 것이라 생각하게 된다. 라이트의 주택 형태는 앞에서 여러 번 이야기 했듯이 당시의 미국에 유행한 주택 스타일과는 완전히 다른 스타일이기 때문에 당시의 보편적인 삶을 영위하고자 하는 일반 사람들에게는 썩 내키는 주택 형태가 아니다. 다시 말해 건축을 어느 정도 이해하고 라이트의 건축 스타일을 이해하는 사람들이 아니면 선뜻 선택할 수 있는 주택 형태가 아니라는 것이다.

윌리암 로스 주택이 다니엘 키삼 주택과 다른 점은 1층의 베란다 공간이 주택 정면부에 추가되어 베란다를 통하여 주 출입구로 진입하는 방식이라면 윌리암 로스 주택은 주택 측면에 출입구 공간을 별도로 마련하여 주택의 정면 방향과 같이 주 출입구가 설계되어 있었다.

필자가 직접 이 주택을 방문했을 때에는 최초 평면 형태와는 변형된 곳이 많았다. 이 책에 추가된 평면은 현재 모습에 점선으로 최초의 벽면을 겹쳐 그렸다. 현재는 식당과 부엌을 가리는 벽이 제거된 상태였다. 그래서 부엌과 거실을 가려주는 벽 외에는 모든 공간이 오픈되어 있었다. 실내 벽은 키삼 주택 등 라이트의 주택 작품에서 자주 볼 수 있는 방식으로 천정에서 0.3m 정도 남겨두고 2.1m 정도의 높이에서 목재띠를 수평선으로 처리하여 천정 부분과 다른 색을 칠함으로써 천정이 위로 연장되어 높게 형성된 느낌을 주고 있었다.

01 _ 식당 부분에서 거실을 바라본 모습, 정면에 연속된 3개의 창과 좌우측으로 세장한 창문이 보인다. 그리고 우측에 부엌과 거실을 가려주는 벽이 보인다.

02 _ 평면과 달리 부엌의 벽을 허물어 오픈시켜 식당 겸 부엌으로 사용하고 있는 모습과 지하로 내려가는 계단에 주인아저씨 모습이 보인다.

03 _ 거실에서 식당방향으로 바라본 모습.

04 _ 거실에서 식당방향으로 바라본 모습. 평면과 달리 오픈된 부엌이 보인다. 중앙에 외부로 곧바로 통하는 여닫이 문이 보인다.

건축규모는 지상 2층 지하 1층이며, 외부 형태는 '5,000달러로 지을 수 있는 콘크리트 주택' 의 전형적인 주택 형태로 좌 · 우측에 주출입구와 베란다 공간이 추가된 형태로 정면에서 느껴지는 느낌은 사각형 육면체를 좌우 출입구와 베란다 공간이 꼭 잡아 고정시켜주는 역할 때문인지 매우 안정적인 느낌을 주고 있었다. 출입구는 전면 도로로 노출되어 있고, 베란다는 실내에서만 통하고 외부에서는 출입할 수 없는 형태이며, 키삼 주택과 달리 베란다 삼면에 유리창을 설치하지 않고 그대로 오픈시켜 놓았다.

초기 평면은 러빈 지역의 다른 주택들처럼 사각형을 기본으로 4등분하여 평면을 구성하고 있다. 그리고 다른 주택들과 다른 점은 1층의 경우 4각형을 4등분한 다음 식당과 거실을 오픈시킴으로써 부엌을 제외한 공간이 L형으로 통합되고 거실과 식당 공간이 합쳐지면서 1층 공간의 2/3를 차지하고 있다. 부엌과 거실 사이에는 베란다로 출입하는 문을 계획하였다. 그리고 프레리 주택의 특징인 벽난로가 평면의 중앙부에 위치하지 않고 한쪽으로 치우쳐 위치하고 있다는 것이다. 이렇게 위치시킴으로써 벽난로가 바로 뒤쪽의 전면 도로에 노출된 주 출입구를 살짝 가려주는 스크린 역할도 하고 있다. 2층은 다른 주택들의 평면들과 비슷하게 침실과 욕실로 구성되어 있으며, 주인 침실은 다른 나머지 4동의 주택과 동일하게 발코니가 계획되어 있다.

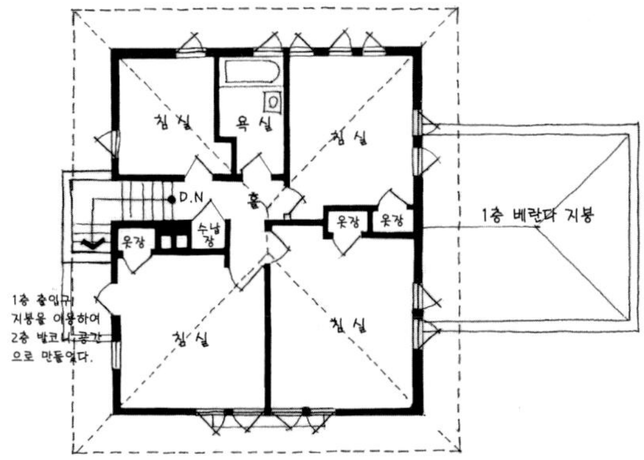

• 2층 평면도

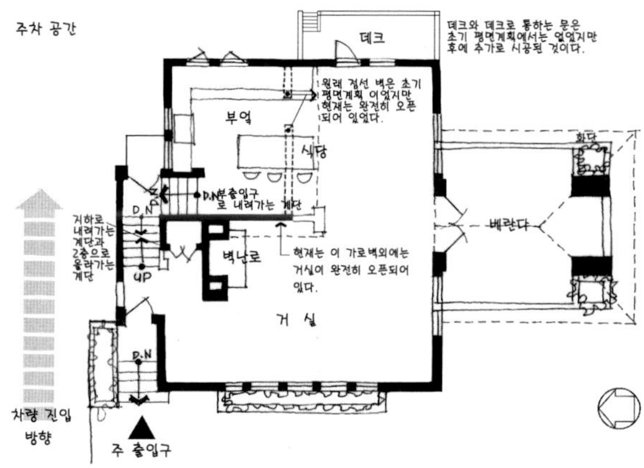

• 주요 층인 1층 평면도

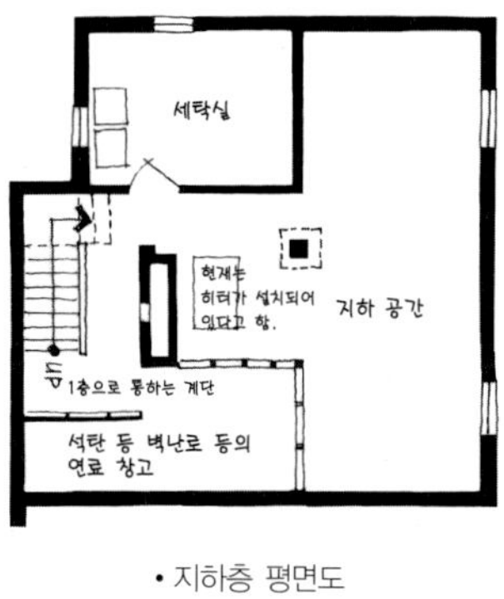

• 지하층 평면도

5) 윌리암 키어 주택(William F. Kier House)

- 위치 : 1031 Meadow Rd. Glencoe Illinois
- 건립 : 1915년
- 건축스타일 : 프레리(Prairie Style)

• 윌리암 로스 주택(William F. Ross House) 과 바로 인접한 윌리암 키어 주택의 모습으로 우측에는 지붕 처마가 길게 뻗어 나와 프레리 건축구성요소를 엿볼 수 있다.

이 주택은 1918년 허버트 앵스트(Herbert Angster)가 설만 부스로부터 구입한 주택이다. 당시에 지어진 임대 주택들 중에 외관상 뛰어난 주택이라 할 수 있다. 그리고 1919년 8월에는 앵스트가 윌리암(William E.)과 에바 키어(Eva L. Kier)에게 매도하게 된다.

그러나 당시 시티 안내 책에서는 엘리스 2세(C.J. Ellis, Jr.)로 기록되어 있다. 그러나 주택의 이름으로 알려진 윌리암 키어가 언제부터 살았고 어떤 연유로 알려지게 되었는지에 관해서는 알려진 것이 거의 없다.

• 정면 외관상 좌우측으로 긴 평면유형으로 보이지만 키어 주택 역시 4각형 평면을 기본으로 하고 있다.

• 1층 캐노피 벽에 장식된 문양 – 라이트 주택들의 스테인드글라스 창문에 사용된 문양과 비슷하다.

윌리암 키어 주택은 윌리암 로스 주택(William F. Ross House)에 바로 인접한 이웃집이다. 뿐만 아니라 도로에서는 3동의 주택(로스, 키어, 키삼 주택)이 연이어 위치하고 있기 때문에 동시에 한 눈에 들어온다. 3동의 주택 중에 외관상, 규모면에서 다른 두 주택보다 훌륭한 것처럼 보이는 것이 키어 주택이다. 이웃사람은 성격상 서로 닮았을 것이라는 기대 속에 로스 주택의 집주인의 다정다감함에 다시 용기를 내어 키어 주택 현관 벨을 눌렀다. 누군가의 인기척에, 내 머리 속에는 주택을 방문했을 때 기억해 두었던 이야기와 최대한 공손한 자세를 취하면서 준비 자세로 들어갔다. 많은 라이트 주택들을 방문하고 집주인을 만날 때마다 매번 같은 대화를 하다 보니 입에 붙은 말이라 너무나 자연스럽게 나오곤 했다. 이내 문을 열고 나오는 여인에게 내가 먼저 입에 붙은 이야기를 자연스럽게 건네자 그녀는 주인이 아니고 도우미라고 하면서 본인이 실내 사진 촬영을 허용할 수 있는 입장이 되지 못하니 미안하다고 하면서 들어가 버려 실내가 어떤 모습을 하고 있는지 알 수 없었다. 그렇다고 비어있는 주택처럼 주택 사면을 돌아다니면서 창문을 통하여 주택 내부를 들여다 볼 수 있는 상황도 아니었기 때문에 하는 수 없이 주택 외관만을 촬영하게 되었다.

키어 주택의 외관은 다른 주택과 달리 정면에서 보이는 모습이 좌우로 길게 펴져 있는 전형적인 프레리 평면 형식으로 보인다. 그러나 이 주택 역시 키삼 주택과 동일하게 사각형 육면체 형태에서 1층 부분에 베란다 공간을 추가했을 뿐이다. 우측에 길게 뻗어 나온 공간은 평면상에서는 베란다라고 이야기하고 있기만 사실상 주택 뒷면에 증축된 차고로 들어가는 통로(porte-cochere)라고 할 수 있다. 다시 말해 비가 오거나 눈이 오는 경우 현관에서 나오거나, 누군가 방문하여 밖에서 기다릴 때 비와 눈을 맞지 않고 안전하게 기다릴 수 있는 공간이면서 자동차에서 비와 눈을 맞지 않고 안전하게 승 · 하차하여 쉽게 주택으로 들어갈 수 있게 가림지붕이 설치된 공간이라고 할 수 있을 것이다. 방문 당시 주택 외관을 촬영하자 전기설비 등을 보수 중인 수리공들은 왜 사진을 찍는지 이상한 눈으로 보고 있었고, 누군가 필자에게 왜? 주택을 찍는지를 물어볼 정도로 자기들이 수리하고 있는 주택이 누가 설계한 주택인지를 모르고 있는 것 같았다.

키어 주택은 다른 러빈 지역의 라이트 주택에서도 볼 수 있듯이 1층, 2층의 지붕 처마선과 창문의 하인방, 베란다의 낮은 담장의 끝부분을 진한 고등색의 수평띠로 마무리함으로써 기본적으로 사각형태임에도 불구하고 전체적으로 수평적인 요소가 강조되면서 외견상 사각형 평면으로 느껴지지 않았다. 이전의 좀 규모가 큰 프레리 주택의 경우에는 낮은 담장 맨 윗부분 마무리와 창문 상 · 하인방의 경우 대부분 콘크리트 난간 두겁대(coping)로 처리하는 경우가 많았다. 그러나 경제적인 것 때문인지 러빈 지역의 주택들은 대부분 어두운 색깔의 목재로 난간 두겁대를 대신하고 있었다.

전체적인 주택의 규모는 지상 2층과 지하 1층으로 계획되어 있다. 평면은 프레리 주택의 전형적인 특징인 1층 공간 중앙에 벽난로가 위치하고 있다. 그리고 형태는 다르게 보일지 모르겠지만 키어, 키삼 주택과 동일한 평면으로 구성 · 설계되어 있다. 단지 거실의 방향이 키삼 주택의 경우는 서향이라면 키어 주택은 남향으로 배치되어 있는 등 향과 베란다의 방향이 다를 뿐이다. 이는 진입 도로에서 주택을 보았을 경우 다니엘 키삼의 경우 진입도로 베란다의 측면을 보면서 진입하는 방식으로 배치되어 있고, 키어 주택은 베란다 정면을 보면서 진입하기 때문에 거의 동일한 평면으로 이루어진 주택이기는 하지만 주택 외관이 완전히 다른 것처럼 느껴진다. 즉 주택의 배치를 같은 방향에서 90° 로 돌린 것과 돌리지 않은 모습이라고 생각하면 이해가 빠를 것이다.

주 출입구의 진입 방식은 두 주택(키어, 키삼)의 경우에는 모두 베란다 공간을 거쳐 현관

• 좌, 키어 주택과 우, 키삼 주택: 두 주택의 진입 방향에서 바라본 모습은 정면과 측면을 보는 것과 같다.

으로 진입하게 계획되어 있지만 키삼 주택의 경우 베란다 공간이 창문 등으로 폐쇄되어 있고 베란다에도 문이 설치되어 있는 반면에 키어 주택은 베란다 공간이 앞 · 뒤로 오픈되어 있고 자동차가 통행할 수 있는 공간으로 사용되고 있다는 점, 외관상 키삼 주택의 경우 아주 낮은 평지붕 형태를 취하고 있는 반면에 키어 주택은 외견상 어느 정도 높이를 가진 모임 지붕으로 처리되고 있다는 점 때문에 다르게 보일 뿐이지, 1층의 실내 공간 배치, 계단, 부출입구 등 평면 배치는 거의 동일하게 구성되어있다.

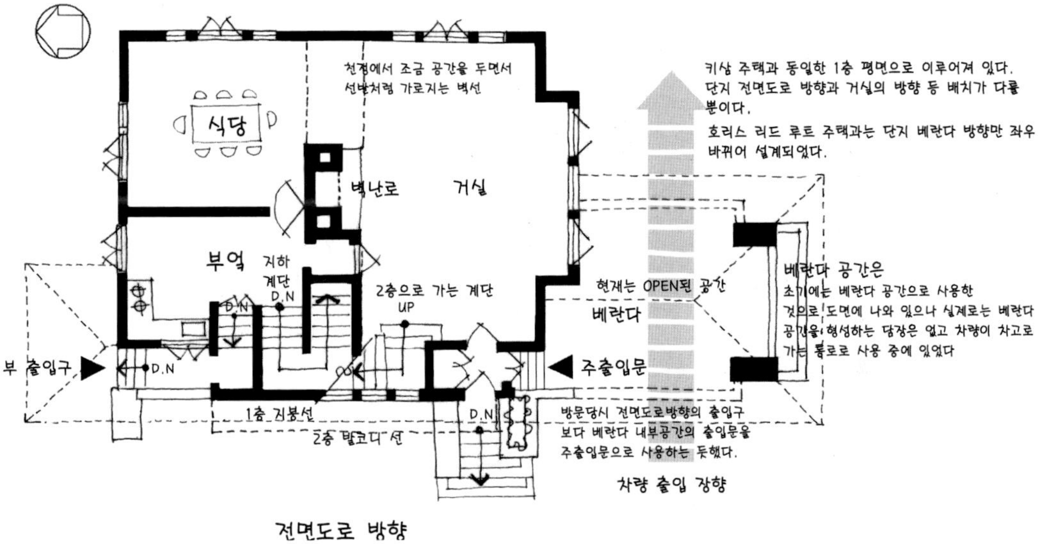

6) 홀리스 리드 루트 주택(Hollis Reed Root House)

- 위치 : 1030 Meadow Rd. Glencoe Illinois
- 건립 : 1915
- 건축스타일 : 프레리(Prairie Style)

• 홀리스 루트 주택 정면의 모습 – 평면은 키삼, 키어 주택과 동일하지만 다만 계단실의 위치가 반대 방향에 위치하고 있다. 전형적인 연속창문과 좌우로 길게 형성된 외관이 프레리 스타일의 건축을 보여주고 있다.

앞에서 기술된 키삼, 로스, 키어 주택은 메도우 도로 동쪽에 위치하고 있는 반면에 홀리스 루트 주택은 메도우 도로 서쪽에 위치하고 있다. 서쪽 대지에도 동쪽 대지처럼 4곳이 대지로 개발되었지만 이 중에 유일하게 지어진 것이 홀리스 루트 주택이다.

1921년 설만 부스는 22개 필지를 홀리스 리드 루트에게 매도했다. 그리고 1922년에는 서쪽에 있는 23개 필지와 남쪽에 있는 21개 필지도 매도하게 되면서 홀리스 리드 루트 주택으로 불리게 된다. 그러나 1920~1921년의 시티 주택 안내책자에는 이 주택의 주소에 길필란(S.J. Gilfillan)이라는 이름으로 기록되어 있다. 그래서 몇몇 다른 안내책자에는 길필란 주택으로 소개되곤 했다. 현재 리드 루트라는 주택 이름은 1922~1923년에 발행된 시티 안내 책에 그의 아내 헬렌 J. 루트(Helen J. Root)와 같이 알려지면서 붙여진 이름이다. 이 주택의 설계도는 브리안 스펜스(Brian Spencer)의 『프레리 학파의 전통(Prairie School Tradition)』이라는 책에 출판된 적이 있다. 그리고 주택의 평면은 사각형을 기본으로 하여 러빈 지역의 다른 주택들과도 거의 비슷하지만 실반 도로에 위치한 찰스 페리 주택(Charles R. Perry House)과는 거의 똑같다.

필자가 주택을 방문할 당시에는 이 주택 역시 매도를 위해 내놓은 상태였기 때문에 비어 있었다. 그러나 앞의 사진에서 보았듯이 주택 진입부 공간에 자동차가 주차되어 있어 맨 처음에는 주인이 있는 것처럼 느껴졌다. 그래서 몇 번이나 벨을 눌러보았지만 아무런 인기척이 없었다. 그렇게 주 출입구 앞에서 서성이고 있는 모습을 본 누군가가 나에게 다가와 벨을 누르는 이유를 물었다. 그리고 필자는 평상시 주택을 방문하면 집 주인에게 하듯 자연스럽게 이야기를 건넸다. 그러자 현재 주택은 매도를 위해 비어있는 상태이니 외부만 구경하고 가라고 했다. 다시 말해 현재 러빈 지역의 라이트 주택 중 매도를 위해 같은 부동산 회사에서 관리를 받고 있는 주택은 2동(리드 루트, 페리 주택)이다. 이 중 한 주택이 루트 주택이다.

즉 많은 사람이 주택을 구경하기 위하여 주택 주변을 이리저리 둘러보고 주택 내부로 들어가려고 시도하는 사람이 많았기 때문에 미리 부동산 회사에서 주택 앞에 차를 주차해 놓고 외견상 사람이 거주하고 있는 것으로 보이기 위한 위장술이었던 것이다. 일단 외부 사진촬영을 허락받았기에 먹잇감을 찾은 하이에나처럼 주택 주변을 샅샅이 돌아다니기 시작했다.

• 루트 주택 정면의 모습

• 베란다가 있는 측면의 모습

• 북쪽에서 바라본 주택의 측 · 후면의 모습

• 주택 후면의 모습 – 부출입구와 계단이 보인다.

주택의 형태는 다음 페이지에 기술된 페리 주택의 박공지붕 형태만 제외한다면 거의 동일하게 설계되었다. 실내 역시 거의 같은 공간으로 구성되어 있었지만 최근에 복원 전문 건축가인 존 솔페(John Thorpe)에 의해 2층 부분을 개조하여 원래 서재 공간을 침실로 개조하였다고 한다. 외관에서 봤을 때는 키어 주택과 동일하게 전면 도로와 평행하게 베란다 공간이 추가되어 있는 상태이다. 단지 키어 주택의 베란다 공간이 주택의 주된 공간인 사각형 육면체의 앞부분에 완전히 중첩(삽입)되어 추가된 상태가 아니기 때문에 베란다 지붕 처마선이 주택 정면에서 수평적으로 돌출되어 이루어졌다면, 호리스 루트 주택의 경우에는 전면의 베란다 공간이 주택 본채의 사각형 육면체에 완전히 삽입된 상태이기 때문에 베란다 처마선이 1층 창문 부분에서 끊어졌다가 주 출입구 방향(우측)에서 다시 이어지고 있다. 그래서 두 주택을 비교할 경우 지붕 처마선이 정면에 돌출된 윌리암 키어 주택이 리드 루트 주택보다 수평선이 더욱 강하게 느껴진다.

• 전면 도로와 마주보고 있는 주 출입구 부분

• 이중창으로 내부에 있는 창은 라이트가 즐겨 사용하는 문양이 있는 스테인드글라스 유리이다.

• 거실의 반대편에서 식당을 바라본 모습

창유리는 이중창으로 처리되었고 바깥쪽에 설치된 유리는 맑은 투명유리인 반면에 내부에 설치된 유리창은 전형적인 라이트의 문양이 들어간 스테인드글라스 유리로 설치되어 있었다. 입면상 특이한 점은 앞에서 언급한 키삼, 키어 주택이 베란다 공간에 주출입구를 설치했다면 리드 루트 주택은 베란다 공간 반대편에 주출입구를 설치하였다. 그리고 주 출입구가 전면 도로와 마주보도록 설치되어 있었다. 이렇게 도로면과 마주보도록 출입구를 설치하는 사례는 초기 몇몇 작품에서 볼 수 있었지만 이후에는 거의 찾아보기 힘든 사례이다. 라이트의 주택은 대부분 주 출입구를 전면 도로에서 90° 돌려놓거나, 이면 도로에 살짝 숨겨놓는 경우가 라이트 주택의 특징이기 때문이다. 만약 주택의 주 출입구가 도로와 정면으로 마주보는 경우는 낮은 담장을 이용하여 살짝 가려주는 경우는 있지만 이와 같이 전면 도로와 마주보도록 설치하는 경우는 윈슬로 주택을 제외하고는 보기 드문 사례이다.

• 윌리암 윈슬로 주택(1894) 리버포레스트, 일리노이 주 – 전면 도로와 주 출입구가 마주보고 있다.

• 아슬 허틀리 주택(1902) – 낮은 담장으로 살짝 가리고 있다.

홀리스 리드 루트 주택의 평면도는 윌리암 키어 주택의 우측 출입구와 같이 구성된 베란다 공간이 우측에서 좌측으로 옮겨가면서 베란다와 분리되었을 뿐 그 외의 평면은 동일하게 구성되어 있기 때문에 생략하였다.

7) 찰스 페리 주택(Charles R. Perry House)

- 위치 : 272 Sylvan Rd. Glencoe Illinois
- 건립 : 1915년
- 건축스타일 : 프레리(Prairie Style)

• 외관은 다른 주택들과 달리 보이지만 평면 형태와 기본 형태는 키삼 주택과 거의 동일하다. 다른 주택과 달리 멀리 차고가 보이고, 하얀 외벽을 목재띠가 감싸고 있다.

기록에 의하면 찰스 페리(Charles R. Perry)가 엘리자베스 부스(Elizabeth Booth)로부터 1918년 주택을 구입한 것으로 되어 있지만, 1920-1921년 처음으로 시티 안내책에 주택 주인을 페리로 기록하고 있다.

그리고 페리 주택 역시 임대를 위한 주택으로 평평한 지붕라인의 코니스 부분과 우진각 또는 모임지붕이 아닌 박공(맞배지붕)형태로 이루어져 러빈 지역의 다른 주택들과 다른 주택 형태로 보일 수 있다. 그러나 이 주택 역시 러빈 지역의 다른 주택들처럼 사각형을 기본 평면으로 하고 있다. 전체적으로 주택의 흰색 외벽을 감싸고 있는 어두운 목재띠 때문이지 조금은 따뜻함이 느껴지기도 한다. 위치는 메도우 도로의 주택을 보고 북쪽으로 올라가서 만나는 실반 도로에서 좌회전하면 막다른 도로 지점에 위치하고 있다. 그리고 막다른 골목의 끝부분에는 라이트가 디자인한 러빈 지역을 알리는 코너 마크 조각상이 위치하고 있다.

필자가 도착했을 때에는 리드 루트 주택과 달리 주택 매도를 위해 부동산회사에서 관리하고 있다는 안내판이 있었다. 리드 루트 주택에는 없었던 매도 안내판을 여기에는 붙여 놓은 이유가 궁금하긴 했지만, 미국이라는 나라는 우리나라와 달리 중고 자동차에 가격표를 붙여 도로 주변에 갖다 놓고 팔기도 하고, 주택도 리드 루트 주택과 같이 매도용 주택임을 보란 듯이 표시해 놓고 있다는 점이 우리와 많은 차이를 보이고 있었다. 아무튼 집이 비어있다는 것은 필자가 주택 내부를 볼 수 없다는 단점도 있지만, 주인 눈치 보지 않고 마음 편히 외부 공간을 볼 수 있다는 장점도 있다.

01 _ 다른 주택들의 모임지붕과 달리 맞배지붕 - 도로에서 바라본 모습(북쪽면에서 본 모습)

02 _ 맞배지붕 형태의 주택 배면의 모습(남쪽에서 바라본 모습)

03 _ 주택 매도를 위한 부동산 회사의 안내판

04 _ 주 출입구의 모습

05 _ 차고 옆 창고의 모습 - 아마도 중축된 부분으로 짐작된다. 창고에서 후문까지 비를 맞지 않고 갈수 있게 지붕으로 연결되어 있다.

주택의 규모는 지하층과 지상 2층의 규모로 이루어져 있었고, 정면은 맞배지붕의 박공면이 보이는 면으로 전면 도로와 마주하고 있다. 주 출입구는 전면 도로와 평행 방향으로 배치했기 때문에 전면 도로에서 진입 도로로 걸어가다가 좌측으로 90° 돌아서 진입하게 된다. 주 출입구 좌측 벽은 창살처럼 목재로 장식하여 주 출입구에서 나오면서 전면 도로 상황을 창살사이로 볼 수 있게 만든 것 같다. 주택 전면부에는 주차 공간이 없고 주택 후면부에 별도로 만들어져 있다. 주차 공간은 주택 후면에 폐쇄된 공간으로 이루어지지 않고 지붕만으로 처리되어 오픈된 공간으로 설치되어 있다. 그리고 차고 옆에 있는 창고의 경우는 창고의 지붕이 주택 후문까지 연결되어 주차 후 비 등을 피할 수 있게 처리 되어 있었다. 이 부분은 아마도 주택이 완공된 후에 증축된 것 같지만, 지붕을 연결시키고 같은 재료를 사용하여 시공한 탓에 하나의 주택처럼 느껴졌다.

1층 평면도는 없지만 1층 평면의 경우 2층 평면에 없는 주택 공간에 필수적인 공간인 거실, 부엌, 식당으로 이루어져 있다. 2층의 경우는 침실과 다니엘 키삼의 휴게 포치와 같이 슬리핑 포치가 계획되어 있다. 초기 평면도에서는 책에서도 볼 수 있듯이 2층의 슬리핑 포치가 오픈되어 있었지만 차후에 사진(배면 사진)에서 보는 것과 같이 창문을 달아 폐쇄된 공간으로 수리한 듯 보였다.

사각형 평면을 4등분하여 공간을 계획하는 경우에는 어쩔 수 없이 향 배치에 불리한 공간이 생겨날 수밖에 없다. 그래서 이 주택의 경우에도 북쪽에 위치하게 된 침실이 생겨나게 된 반면에 남향으로 배치되어 낮 동안 따뜻한 햇빛을 받을 수 있는 공간을 슬리핑 포치로 배치하였다. 그리고 찰스 페리 주택의 평면도는 베란다 부분이 인접한 다른 주택들과 같이 1층 주 출입구에 평행하게 배치되지 않고 90° 방향을 돌려 배치되었다.

• 2층 우측 창문이 있는 부분이 슬리핑 포치 공간이다.

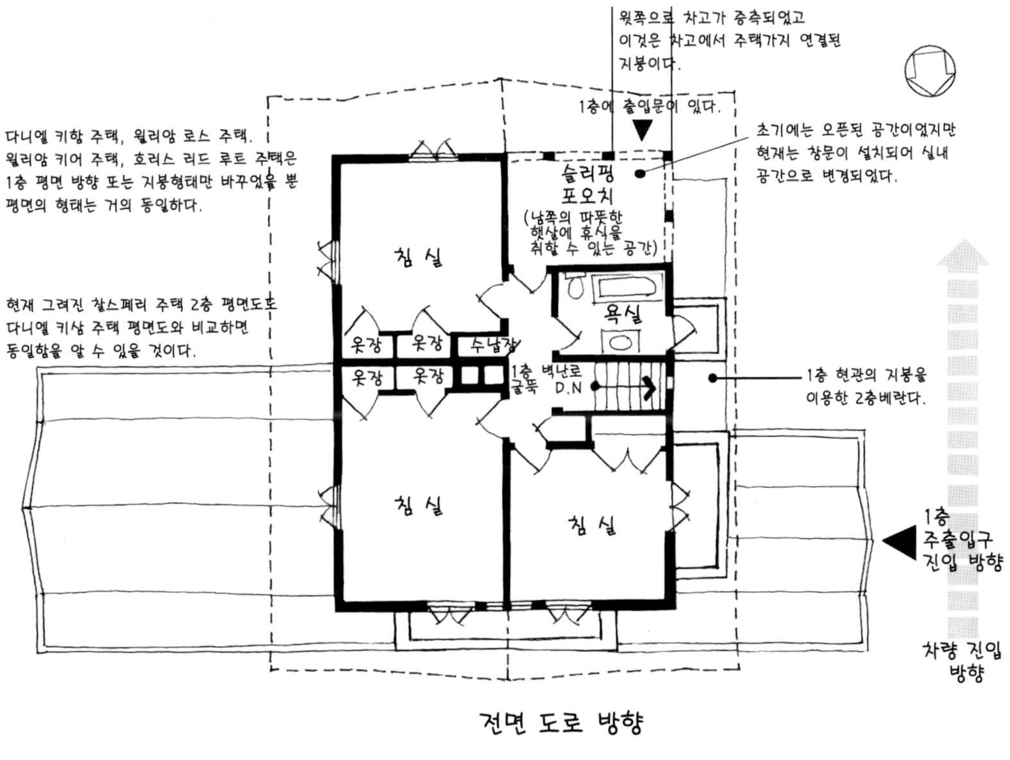
윗쪽으로 차고가 증축되었고
이것은 차고에서 주택가지 연결된
지붕이다.
1층에 출입문이 있다.
다니엘 키항 주택, 윌리암 로스 주택,
윌리암 키어 주택, 호러스 러드 루트 주택은
1층 평면 방향 또는 지붕형태만 바꾸었을 뿐
평면의 형태는 거의 동일하다.
초기에는 오픈된 공간이었지만
현재는 창문이 설치되어 실내
공간으로 변경되었다.
슬리핑
포오치
(남쪽의 따뜻한
햇살에 휴식을
취할 수 있는 공간)
침 실
욕실
현재 그려진 찰스페리 주택 2층 평면도로
다니엘 키삼 주택 평면도와 비교하면
동일함을 알 수 있을 것이다.
옷장
옷장
수납장
옷장
옷장
1층 벽난로
굴뚝
D.N
1층 현관의 지붕을
이용한 2층베란다.
침 실
침 실
1층
주출입구
진입 방향
차량 진입
방향
전면 도로 방향

• 2층 평면도

8) 설만 부스 주택(Sherman M. Booth House)

- 위치 : 265 Sylvan Rd. Glencoe Illinois
- 건립 : 1915년
- 건축스타일 : 프레리(Prairie Style)

• 주택 입구에서 바라본 모습 제일 앞쪽에 위치한 저층 부분이 침실이고 좌측의 1층은 부엌, 식당, 도우미 방으로 이루어져 있다.

이 주택은 러빈 블러프스 개발지구의 주택 위치도(⑦번)에서도 보면 알 수 있지만 실반 도로변에서 북쪽으로 깊숙이 들어가 있기 때문에 도로변에서는 전혀 보이지 않는다. 그래서 이곳을 처음 방문하는 사람들은 단번에 이 주택을 찾기란 그리 쉽지 않을 것이다. 솔직히 필자도 실반 도로와 메도우 도로를 서너 바퀴 돌고난 후에도 찾지 못했을 정도였다. 같이 간 아이들의 짜증에도 굴하지 않고 네 바퀴째, 실반 도로에서 북쪽으로 폭이 좁은 접근로 끝에 위치하고 있는 설만 부스 주택을 발견하게 되었다. 실반 도로와 이어지는 좁은 도로를 따라 약 20~30m 들어가자 좌측에 긴 두 팔을 벌리고 있는 설만 부스 주택을 볼 수 있었다. 러빈 지역의 다른 주택들과는 달리 전형적인 프레리 스타일을 보는 듯했다. 현재의 주소는 1917년 시티 안내 책에 소개되면서 알려지게 되었다.

이 주택은 라이트의 변호사인 설만 부스를 위하여 러빈 지역에 처음으로 지어진 주택이다. 이 지역에 주택을 지을 당시 설만과 라이트는 시카고에서 서로 인접한 사무실에서 일하면서 서로 알고 지낸 사이였을 뿐 아니라 설만 부스는 앵스트의 형제이고 시카고에서 유명한 변호사이면서 라이트의 변호사이기도 했다. 사실 이 책의 앞부분에서 소개된 라이트의 인생사를 읽어보면 알 수 있듯이 그의 드라마 같은 굴곡 많은 인생사에서 변호사를 알고 지내는 것은 너무나 당연한 일이었을 것이다. 아니, 그의 인생에 있어서 꼭 필요한 사람이었을 것이다. 따라서 라이트는 설만 부스와의 관계를 생각해서 자기 자신이 가장 훌륭하다고 생각했을 정도로 멋있는 디자인을 부스에게 제안하게 된다. 그러나 라이트가 설만 부스에게 제안한 맨 처음 디자인은 너무 미래 지향적이었기 때문에 설만 부스가 생각했을 때, 디자인에 비해 여러 내용면에서 실속도 없었을 뿐 아니라 단순히 거창한 것으로만 느껴졌을 것이고 또한 소요되는 비용도 설만 부스가 생각한 것보다 많이 소요되는 계획안이었다. 이점은 필자도 충분히 이해되는 부분이다.

이 당시 라이트의 주택 스타일 – 낮은 지붕, 수평선을 강조하는 프레리 스타일 등과 같은 건축형태는 당시에 유행 했던 유럽의 퀸 앤(Queen Anne), 싱글 스타일 등과는 완전히 다른 스타일이었기 때문에 건축주에게 외면당하는 경우가 종종 있었기 때문이다. 그래서 라이트는 설만 부스의 경제적인 사정 등을 고려하여 스케일과 형태 등을 좀 더 단순화한 형태로 다시 수정한 것이 바로 설만 부스 주택이다. 다시 말해 이 주택은 라이트가 제안한 여러 장의 미래 지향적인 디자인 중 하나이며 다른 주택과는 달리 라이트의 정성이 들어간 주택이기도 하다. 이 주택을 설계하기 전 이미 부스 소유인 작은 집과 창고 등을 설계해 준 경험도 있었다. 그 경험을 바탕으로 새로운 주택 설계도 이전의 설계 과정에서 얻은 부스에 관한 여러 정보를 기본 개념으로 설계하게 되었다.

그리고 라이트는 이 주택을 위해 프레리 스타일의 캐노피, 주인 침대, 옷장, 전등, 식탁과 의자 등을 직접 디자인했다고 전해지는데 현재 가구의 경우는 많은 부분이 소실된 것 같았다. 주택의 규모는 3층으로 1층은 T자 형태를 취하고 있지만 2, 3층은 사각형 평면을 기본으로 하고 있다. 3층은 전망대와 같은 느낌과 주택 입구 앞의 나지막한 전등과 철재로 만든 지붕 위의 장식품의 경우 라이트의 섬세한 디자인 특징이 보인다.

01 _ 주택 입구에 만들어진 전등
02 _ 거실의 동쪽(벽난로)에서 서쪽 벽을 바라본 모습
03 _ 지붕 위 철재로 만든 장식품
04 _ 설만 부스 주택의 전경
05 _ 라이트 특유의 장식탑과 상층부의 모습
06 _ T자 평면 정면에서 바라본 모습
07 _ 리빙 포치 외벽의 연속된 창문의 모습
08 _ 나무로 만들어진 주 출입구의 모습

01 _ 거실의 동쪽면의 모습 - 왼쪽으로는 리빙 포치와 연결되고 그리고 거실벽 중간에 벽난로가 있고 우측으로는 4단의 낮은 책장이 마련되어 있다.
02 _ 주 출입구로 이어지는 접근로
03 _ 거실 공간과 연결된 리빙 포치의 내부 모습
04 _ 거실 모퉁이에 위치한 그랜드 피아노가 보인다.

주택의 외관을 정면에서 보았을 때 1층 부분이 넓게 펴져 있고 중앙 부분이 3층으로 솟아있는 'T' 와 같은 형태로 1층과 3층이 혼합된 형태이다. 외관상의 느낌은 1층 부분이 넓게 3방향으로 펴져 있어 수평성이 강하게 느껴지고 또한 중앙 부분의 3층 높이의 건물도 평지붕으로 마무리지었고, 진한 고동색으로 굵은 처마선을 마무리하면서 수평성이 강조되고 있지만, 계단실과 벽난로 굴뚝같은 수직적인 요소로 추가되면서 각 층의 처마선을 고정시켜주고 있다. 비록 1층 부분 때문에 수평성이 강조되고 있지만 전체적으로는 수직과 수평적인 요소가 상호 조화를 이루고 있었다.

설만 부스 주택의 평면 구성은 T자형 평면구성으로 프레리 주택의 전형적인 십자형 평면구성에서 변형된 것이라 할 수 있다. 1층의 평면구성은 크게 3개의 영역 – 거실, 침실, 식당(부엌) – 으로 구분된다. 침실을 진입부 후면에 배치시키지 않고 전면에 배치시키면서 거실을 넓게 배치시키고 있다. 거실의 넓이는 1층의 절반 이상 넓이로 거실 앞에 리빙 포치라는 거실의 부가적인 공간까지 계획하였다. 거실의 가구는 대부분 당시 라이트가 디자인한 가구가 아니고 일반 주택에서 흔히 볼 수 있는 소파들이 놓여 있었다. 반면에 거실 모퉁이 공간에서 라이트 건축의 인테리어 소품으로 필수적인 그랜드 피아노가 자리하고 있었다.

침실은 동서방향으로 나열하면서 동쪽의 복도 끝에 위치한 침실을 제외하고는 북쪽으로 면하게 계획하였고 남쪽으로 복도를 계획한 점이 조금은 이해하기 힘든 부분이기도 하다. 어떻게 생각하면 현관에서 들어오는 동선이 거실을 통과하지 않고 곧 바로 침실로 이어지게 하고 또한 현관으로 접근하는 동선에서 직접적으로 침실 내부가 보이지 않게 하기 위한 수법이기도 하다. 현관으로 들어오면 위층으로 연결되는 계단을 마주하게 된다. 좌측은 워크 스페이스(work-space)로 주방과 식당으로 차고와 동선이 연결되도록 계획되어 있다.

그리고 직접 주택을 방문한 필자로서는 북쪽면에 배치된 거실의 경우 일조는 동쪽에 설치된 연속된 유리창으로 해결하고 나머지 서 · 북쪽의 유리창은 조망과 일조를 위한 것이 아니고 서북 방향으로 펼쳐진 조망을 우선 고려한 것으로 짐작되었다. 그래서인지 거실과 침실로 둘러싸인 외부공간에는 서 · 북 방향으로 펼쳐진 경관을 감상할 수 있도록 북쪽 방향으로 벤치가 놓여 있어 하얀 눈으로 쌓인 외부 공간을 더욱더 분위기있게 만들어 내고 있는 듯 했다.

• 동쪽면의 거실 창과 북쪽으로 오픈된 전경을 위해 북쪽방향으로 놓인 벤치가 인상적이다.

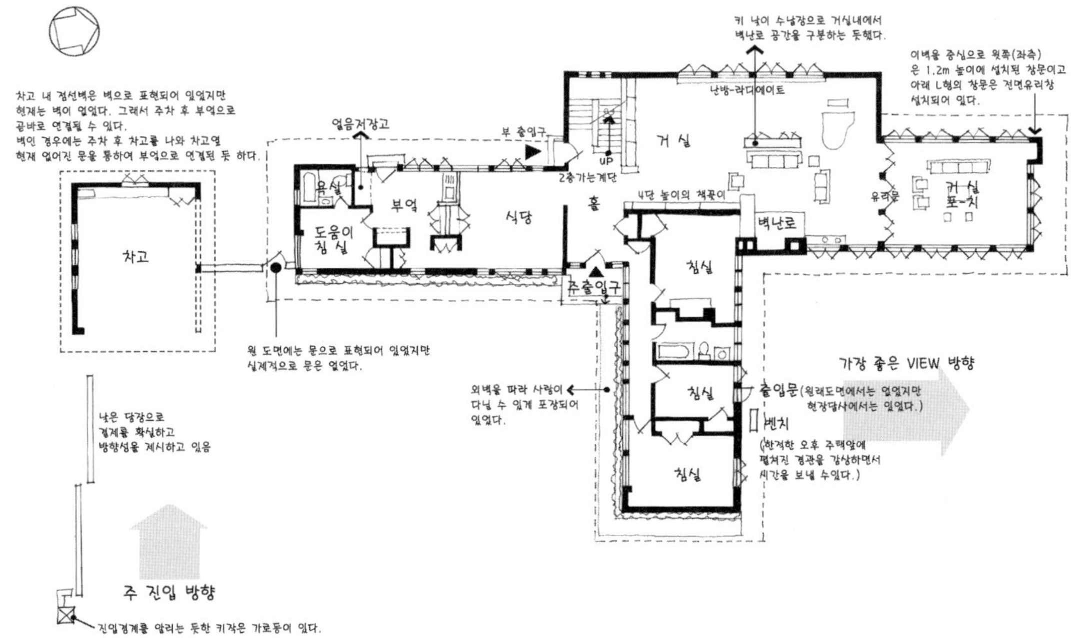

• 1층 평면도

FRANK
LLOYD
WRIGHT

제 3 장

라이트의 Usonian 주택

(1937~1959)

Ⅰ. 미시건 주의 칼라마주(Kalamazoo) 지역

1. 파크윈 빌리지(Parkwyn Village)

1) 파크윈 빌리지의 개요

파크윈 빌리지는 미 북부 미시건 주의 남서부, 칼라마주(Kalamazoo) 카운티에 속하는 지역의 칼라마주 강변에 위치하고 있으며, 1947년 라이트에 의해 계획된 마을이다. 원래 이곳에는 1874년과 1918년 사이에 많은 제지 공장들이 위치하고 있어 제지 산업이 발전하면서 도시로 크게 성장한 지역이다. 1959년 미국 최초로 영구 보행자 전용 상점 가운데 하나가 세워진 칼라마주 지명의 의미는 아메리카 원주민(인디언)들이 사용하는 단어 중 '솟아오르는 물'이라는 뜻에서 따온 단어라고 한다. 인디언 원주민들이 사용하는 단어에는 우리에게 알려진 재미있는 것들이 많이 있다.

그 예로 우리나라에서도 1990년 초 매우 인기 있었던 영화「늑대와 춤을」에서 인디언 부족들과 친해지는 주인공, 케빈 코스트너의 이름이 "늑대와 춤을"이었고 그와 결혼하는 여성의 이름이 "주먹 쥐고 일어나" 등 재미있는 표현들이 많이 나온 영화가 대표적이다. 이외에도 미국에는 인디언과 관련된 명칭들이 많이 있는 것 같았다. 필자가 1년간 머문 미시건의 오케모스(Okemos) 시에는 치페와(Chippewa) 중학교와 키나와(Kinawa) 중학교가 있었는데, 여기서 오케모스는 인디언 추장 이름이었고 치페와는 미국 5대호 중 하나인 레이크 슈페리어(Lake Superior) 지방에 살았던 북미 원주민을 의미하며, 키나와(Kinawa) 역시 인디언의 원주민을 의미한다고 한다. 솔직히 우리가 생각하고 있는 미국인은 노랑 머리에 하얀 피부를 가진 사람이 진짜 미국인으로 생각하고 있지만, 진짜 미국의 주인은 인디언이다. 현재 우리가 미국인이라 생각하는 사람들은 대부분 유럽에서 이주하여 인디언을 몰아내고 정착한 사람들이므로 대부분 조상은 프랑스, 독일, 영국인 등이다. 이렇게 유럽에서 미국으로 이주한 사람들은 인디언이 오랜 기간 동안 살아온 영토뿐 아니라 인디언 모국어를 빼앗아 버리고, 영어를 가르쳤다는 내용의 팝송 "Indian Reservation(인디언 보호구역)"에서도 잘 알 수 있다.

우리나라에도 아무 생각 없이 단순하게 사용하는 많은 지명들 가운데에는 옛날에 그 지역에 살았던 유명한 사람의 호 또는 이름에서 연유된 곳도 많이 있다. 예를 들면 서울의 '압구정(狎鷗亭)' 동의 경우 조선시대 한명회의 호에서 연유된 이름인 것처럼 우리나라 지역 이름에도 유명인, 역사적 배경 등에 관련된 지명들이 많이 있다. 이런 내용들은 『지명이 품은 한국사』 외에도 여러 책들이 한국의 지명과 역사적 배경 그리고 지명의 의미를 주제로 다른 책들이 많이 출판되어 있다.

파크윈 빌리지는 게일스버그(Galesburg)에 땅을 구입한 업존 회사(Upjohn Company)의 동호인들 중에 일부가 주택을 짓기 위해 구입한 부지이다. 이들은 게일스버그에서 회사가 위치한 도시까지 출근하기에는 너무 먼 시골에 위치하고 있다는 이유에서 회사 인근에 다른 대지를 물색 하던 중 1940년 후반 게일스버그에서 10마일 동쪽에 떨어진 이곳을 동호인 마을 부지로 정하게 된다. 이곳은 칼라마주 남서쪽에 위치하고 있으며 자신들이 일하고 있는 업존 회사와도 가깝고 주변에는 조그마한 로렌즈 호수(Lorenz Lake)와 조금은 험한 절벽도 있었지만 주변의 자연경관이 아름다워 이곳을 정착지로 정하게 되었다고 한다. 마을 중심 부분에 위치하고 있는 47에이크의 과수원은 이 공동체에게는 가장 중심이 되는 부분이었다. 이렇게 라이트에 의해 공동체적 주거단지가 계획된 곳은 이곳 외에도 Pleasantville (NY), Okemos (Michigan) 등에도 유소니언 스타일의 주거단지들이 건설되어 있다.

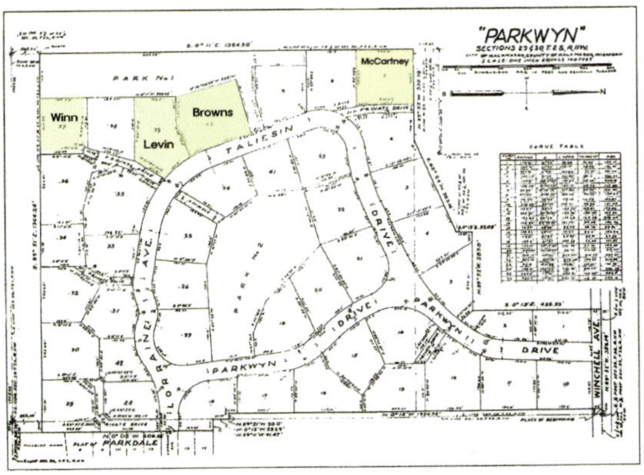

• 단지 북쪽 위쪽의 4곳 – McCartneys 주택, Winns House 주택, Browns House 주택, Levins 주택이 위치한 대지이다.

• 파크윈 빌리지의 위성사진 – 왼쪽 파크윈 필지와 비교하여 보면 쉽게 이해할 수 있을 것이다.
(* 호수방향은 서쪽. 아래는 동쪽 – 배치도와 비교하기 위하여 방향을 돌렸음)

이곳은 약 50에이크의 면적에 전기와 전화선뿐 아니라 가로등 배치 등을 고려하여 40개의 대지로 분할되었다. 초기 계획안은 대지의 영역을 구분하기 위해 동그라미로 표현했는데 이 모양이 도넛을 만들 때 밀가루 반죽 후 동그란 거푸집으로 찍어내는 모양과 비슷하다고 해서 "비스킷 커터(biscuit cutter)" 레이아웃이라고 불리기도 했다. 그리고 대지 내에는 1,000그루 이상의 나무들을 식재하는 것으로 계획되어 1949년 가을과 1950년 봄에 1,100그루의 – 300그루의 느릅나무, 300그루의 적송, 200그루의 은행나무, 200그루의 전나무, 그리고 100그루의 가문비나무 – 나무가 심겨졌다고 한다.

실제로 라이트가 희망했던 대로 40여동의 주거단지 계획은 이루어지지 않았다. 실제 40여 곳으로 분할된 대지 중에 단지 4동 만이 라이트의 마스터플랜 범위 내에서 설계되어 완공되었을 뿐이다. 4동의 주택은 맥카트니(McCartneys) 주택, 윈즈(Winns) 주택, 브라운즈(Browns) 주택, 레빈스(Levins) 주택이다. 그러나 이 4동의 주택들도 대부분 공사 초기에는 공사 금액의 절약차원에서 건축주들이 직접 참여하여 시공하는 등 어려움이 있었고 공사가 후반으로 접어들면서 전문적인 기술이 필요하게 됨으로써 전문 시공업체들에 의해 마무리되었다고 한다.

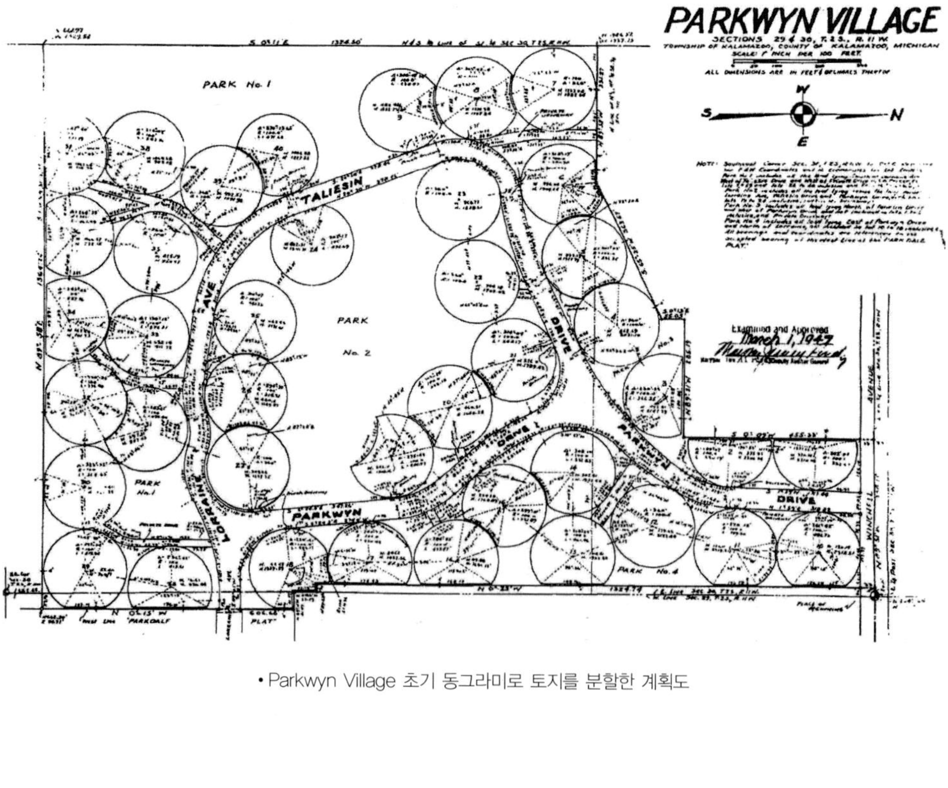

• Parkwyn Village 초기 동그라미로 토지를 분할한 계획도

2) 파크윈 빌리지 찾아가기

파크윈 빌리지는 게일스버그(Galesburg)에서 동쪽으로 약 10마일(16㎞)정도 떨어진 곳에 위치하고 있다. 게일스버그보다는 칼라마주 시티의 다운타운에 가깝게 위치하고 있어 생활 편의 시설들을 좀 더 편리하게 이용할 수 있는 곳이기도 하다. 이 마을을 방문하기 전에 라이트가 계획한 에이크(The Acres) 마을도 방문했지만 에이크 마을은 파크윈 빌리지에 비해 작은 마을인 듯 느껴졌고 다운타운과 어느 정도 떨어진 곳에 위치한 이유에서인지 너무나 조용했다. 그리고 방문 당시에는 사람이 거주하지 않는 주택들이 많았기 때문인지 마을 자체에 활기가 없는 것처럼 느껴졌다. 반면에 파크윈 빌리지는 에이크 마을보다는 좀 더 큰 규모의 마을이었고, 도심과 인접해 위치하고 있었기 때문에 마을에 활기가 느껴졌다. 방문할 당시에도 집 앞 정원에서 공놀이를 하는 가족들과 정원을 꾸미고 있는 주민들, 이웃과 이야기를 나누고 있는 주민들, 그리고 마을 주변으로는 산보를 즐기는 가족들도 볼 수 있었다.

파크윈 빌리지에서 라이트가 설계한 주택 4동 모두 마을의 순환도로 역할을 하는 탈리어신 드리이브(Taliesin Dr.)를 전면 도로로 하면서 마을 전체적으로는 북쪽에 인접하여 위치하고 있었다.(단지 위성사진 등 참조) 정확한 이유는 모르겠으나 라이트가 파크윈 빌리지의 전체적인 윤곽(마스터플랜)을 계획했기 때문인지, 마을 단지 내 순환도로 이름이 라이트의 아리조나 주와 위스콘신 주에 있는 작업실 명칭과 동일한 '탈리어신(Taliesin)' 이라 붙여져 있었다.

• 파크윈 빌리지 입구에 마을을 알리는 안내 입석의 모습 – 라이트 작품표시인 타일크기의 붉은색 사각형이 보인다.

• Taliesin Dr. 라는 도로 안내판이 보이고 이 길을 따라 라이트가 설계한 주택들이 위치하고 있다.

마을 입구에는 파크윈 빌리지를 알리는 안내 입석이 있었고, 그 안내 입석에는 라이트의 작품임을 표시라도 하듯 타일 크기의 붉은색 사각형(탈리어신 설명 참조)이 표시되어 있었다.

• 파크윈 단재내 순환도로인 탈리어신 드라이버의 모습 - 우리나라의 전원도시와는 전혀 다른 완전히 숲으로 이루어진 공원과 같은 곳이었다.

탈리어신 순환도로 주변에는 마을 이름에서도 - Park - 알 수 있듯이 울창한 숲으로 조성된 공원과 같았고 서쪽으로는 크기가 작은 아담한 애시럼(asylum)이라는 호수가 있어 자연경관이 뛰어났다.

2. 칼라마주 파크윈 빌리지(Kalamazoo Parkwyn Village)의 주택들

1) 애너와 에릭 브라운 주택(Anne & Eric V. Brown Residence)

- 위치 : 2806 Taliesin Dr. Kalamazoo MI.
- 건립 : 1948년
- 건축스타일 : 유소니언(Usonian Style)

• 주택 후면의 모습 – 거실 테라스부분에 나지막한 담장이 있지만 테라스에서는 의자에 앉아서 호수를 볼 수 있다. 침실의 연속된 유리창으로도 주변의 자연경관을 볼 수 있다.

(1) 숨겨진 회색 주택

단지 내의 주택들은 거의 모두 울창한 숲속에 위치하고 있었다. 특히 라이트가 설계한 4동의 주택은 단지 서쪽에 위치하고 있는 애시럼 호수를 바라 볼 수 있는 약간 경사진 대지에 자리하고 있어 숲과 물이 어우러진 우수한 주변의 자연 경관을 배경으로 배치되어 있었다. 이 주택은 앞의 지도에서 브라운즈 주택이라 표시된 위치에 있는 주택으로 현재는 에릭과 팻 프래트 주택으로도 알려져 있다.

이 주택은 탈리어신 순환 도로에서 거의 지붕만 보이지만 진입로가 차고 쪽으로 시원하게 오픈되어 있어 다른 집들과 달리 쉽게 찾을 수 있다. 그러나 전면 도로에서 주택을 보는 경우 주택 외벽의 창문도 보이지 않고 지붕만 보이기 때문에 매우 답답하게 느껴졌고, 주택에 사용된 주재료는 아무런 마감처리가 되지 않은 일반 회색블록을 사용하고 있었으며, 또한 보는 사람으로 하여금 어떤 흥미를 불러일으킬 만한 장식이나 특징이 전혀 없었다. 그러나 반대 방향인 거실 쪽은 전면 유리문을 통하여 호수 쪽을 조망할 수 있게 계획되어 있어 외관에서 바라본 모습과 내부에서 외부를 바라본 모습은 완전히 드라마틱한 반전이었다.

주택의 배치는 거실이 남서향을 향하도록 비스듬히 일자 형태로 배치되어 있는데 이는 호수와 맞단 경사면을 최대한 고려하여 배치했기 때문인 것으로 보인다. 전면은 동북향이라 아침에 잠깐이나마 햇살을 받을 수 있지만 이는 전면의 처마 밑에 연속으로 이어진 자그마한 창을 통하여 입사되는 빛으로 만족하는 듯했다.

• 주택의 배치 – 도로면과 평행하면서 남서 방향의 애실럼 호수 방향으로 배치되어 있다.(위성사진 – 구글 맵 참조)

• 도로에서 바라본 주택의 모습 – 경사면으로 인하여 지붕만 볼 수 있다.

(2) 감춰진 외관

주택의 외형은 위성 사진에서 보는 바와 같이 一자형으로 경사면을 따라 길게 배치되어 있다. 외벽에 사용된 주요 재료는 아무런 마감이 처리되지 않은 회색 블록이 주재료로 사용되었고, 지붕 형태는 단순하고 어디에서나 볼 수 있는 완만한 박공(맞배)지붕으로 이루어져 있다. 전면 도로에서 주의 깊게 보지 않는다면 그냥 지나칠 정도로 거의 보이지 않는다.

그 이유는 주택이 애실럼 호수와 도로의 경사면에 거의 숨겨질 듯 배치되어 있기 때문이다. 주택이 위치한 경사면이 전면 도로보다 낮은 경사면 아래쪽에 배치되어 있을 뿐 아니라, 주변의 울창한 숲으로 인하여 전면 도로에서는 주택의 지붕만 살짝 보일 뿐, 주택 전체 형태를 파악할 수는 없다. 그리고 탈리어신 순환도로에서 주택으로 접근하는 접근로가 시원하게 오픈되어 있지만 주택 전체 외관은 보이지 않고 박공지붕과 지붕을 받치고 있는 기둥이 설치된 차고만 볼 수 있다.

• 도로 방향에서 본 주택의 모습 – 차고만 보이고 주택부분은 경사면으로 인하여 보이지 않는다.

• 주택의 후면에서 호수 방향으로 바라본 모습 겨울철에는 가려진 나무들이 없어 또 다른 풍광을 감상할 수 있다.

외관의 형태는 박공지붕에 一자형 평면으로 이루어진 것처럼 보이지만 도로와 반대편인 남서쪽 거실의 테라스가 돌출되어 있고 반대편인 침실은 동남쪽으로 증축되어 돌출된 형태로 이루어져 一자 평면 형태에서 조금 변형이 이루어진 것 같았다.

도로면에서 보이는 주택 동쪽에 면하는 벽면은 경사면으로 인하여 외부 도로 방향으로 바라볼 수 없는 관계로 거의 창문이 계획되어 있지 않고 채광을 위한 창문은 지붕 처마 아래에 조그마한 창이 여러 개 계획되어 있었다. 반면에 도로와 반대 방향인 거실 방향은 경사로 인하여 보행자들이 접근할 수 없는 공간인 만큼 프라이버시에 관계없이 거의 대부분의 벽이 큼직한 유리창과 문으로 계획되어 있었다. 그러나 전면 유리창에 대한 부담과 주택내의 프라이버시와 안전 등을 고려하여 테라스 공간을 마련하여 나지막한 담장으로 테라스 영역과 주택의 영역 그리고 외부 영역을 확실히 규정하고 있었다.

• 거실 앞에 테라스 공간을 마련하여 나지막한 담장으로 테라스 영역과 주택의 영역을 확실히 규정하고 있었다.

(3) 실내 공간의 반전과 평면 계획

전체적인 평면은 一자 형태이며 거실이 조금 앞쪽으로 돌출된 변형된 형태로 이루어진 전형적인 유소니언 스타일의 주택이다. 초기 평면은 평면도에서도 설명되어 있듯이 3개의 침실(손님 침실, 어린이 침실, 주인 침실)로 계획되어 있었다. 그러나 현재는 남동쪽으로 증축을 통하여 2개의 침실(장인 침실, 도우미 침실)이 추가되어 현재는 5개의 침실로 구성되어 있다. 필자가 이 주택을 방문했을 때, 숨겨진 주택인 만큼 주인의 성격 또한 범상치 않을 것이라 생각하고 매우 조심스럽게 접근했다. 사실 나중에 소개될 로버트 레빈 주택(Robert Levin Residence)에서 나의 애절한 부탁에도 불구하고 사진을 촬영했다는 이유로 많은 잔소리와 주의를 받았기 때문에 주인이 사진 촬영을 거절하기 전에 우선 주택 외부를 조심스럽게 촬영했다. 그리고 주차장의 차를 확인한 후 마음을 졸이면서 현관의 벨을 눌렀다. 곧 현관문이 열리면서 노부부가 나왔고 노부부에게 정중한 인사를 하고 상황을 설명드리자 기분 좋게 환대해주며 실내를 촬영할 수 있게 허락해 주었다.

여러분들도 잘 알고 있듯이 미국에서는 사유재산과 사생활에 대한 법률이 엄격하기 때문에 사진을 찍기 전에 반드시 주인의 동의를 얻는 것은 필수적이다. 그렇지 않을 경우 어떠한 불상사가 일어나더라도 주인에게 무죄가 선고되는 경우가 많다고 한다. 필자 역시, 사생활을 엄격히 지키려는 주인들로 하여금 사진 촬영을 거절당하는 경우가 흔하였기에 위험을 무릅쓰고 외관부터 촬영한 후, 주인의 동의를 받는 방식으로 진행해 왔기 때문에 벨을 누를 때마다 항상 마음을 졸이곤 했다.

• 전면부 복도 – 조그마한 고창으로 햇빛은 들어오지만 낮에도 어둡게 느껴진다.

• 실내로 들어가자 넓고 높은 천정의 거실과 거실의 전면 유리창을 통하여 외부를 볼 수 있었다. 거실 안쪽에는 식당 공간이 오픈되어 있었다.

주인의 친절한 안내로 실내에 들어가자 분위기는 전체적으로 조금 어두웠다. 침실은 남서 방향으로 배치하여 채광을 고려하였고 동북방향으로는 경사면을 따라 복도로 계획하여 각 방으로 연결되게끔 계획되었다.

그러나 평면도에서 볼 수 있듯이 복도(갤러리) 쪽으로는 지붕 아래에 약 30㎝ 정도의 높이로 이루어진 작은 창문 밖에 없고 흙으로 외벽이 덮여 있었다. 필자가 방문한 시점 또한 오후였기 때문에 동북방향(전면 복도 방향)에는 굉장히 어둡게 느껴졌다. 현관문을 열고 벽에 붙인 장식장과 마주칠 때까지는 답답하게 느껴졌지만 현관에서 좌측으로 돌아 들어가자마자 넓은 거실과 거실 전면 유리 창문을 통하여 호수를 볼 수 있어 주택 외관의 답답한 분위기와는 완전히 다른 반전이 일어나는 순간이기도 했다.

내부 외장재는 지붕의 내부 경사면 천정에 사용한 목재 외에는 별다른 외장재를 사용하지 않았고, 시멘트 블록이 그대로 노출되어 있었지만 별 이상한 느낌을 받지 못했다. 아마도 실내 분위기가 전체적으로 어두웠기 때문에 시멘트 블록의 칙칙한 회색 계통을 제대로 느끼지 못했을 수도 있었겠지만, 반대로 천정의 나무 마감과 외벽의 시멘트 블록이 너무나 잘 어울린다는 느낌도 들었다. 그런데 조금은 아쉽게 느낀 점은 전망이 좋은 호수 방향으로 거실의 의자들이 놓여있지 않고 벽난로 방향으로 배치되어 있어 거실에서는 호수의 전망을 제대로 볼 수 없고, 일어나서 거실의 유리 창문 방향으로 몸을 돌려야 한다는 불편한 점도 있었다.

실내에는 거실 중앙에 벽난로가 위치하고 있으며 천정은 외부의 지붕형태와 같은 박공형태 그대로 표현되었기 때문에 층고가 높아 답답하지 않았고, 거실 창문으로 펼쳐진 외부 자연 경관이 합쳐지면서 가슴이 확 트이는 느낌마저 들었다. 거실 안쪽에는 식당 공간이 거실 공간과 오픈되어 계획되어 있었고, 별도의 장식장이 아닌 솔리드한 시멘트 블록 벽에 장식 선반을 고정시켜 책꽂이 및 장식선반으로 사용하고 있었다. 특히 식당 공간의 식탁은 식사 시간 외에는 벽에 고정된 책꽂이와 어울리면서 서재로서의 이미지로 바꿀 수 있는 공간이기도 했다. 이런 솔리드한 벽에 고정하는 장식장 또는 다양한 장식물을 진열할 수 있는 선반 등으로 계획하는 방식은 라이트의 다른 주택들에서도 공통적으로 볼 수 있는 실내 장식 수법이기도 하다.

01 _ 거실 안쪽에서 현관 쪽을 바라본 모습. 거실 중앙 부분에 벽난로가 보이고, 라이트가 직접 디자인한 의자들이 그대로 사용되고 있었다.

02 _ 거실에서 방으로 들어가는 공간을 바라본 모습 - 벽면에 장식장들이 만들어져 있고 벽에는 별다른 외장재를 사용하지 않고 시멘트블록 그대로 사용하고 있었다.

03 _ 벽난로 뒷쪽으로 부엌 공간이 자리잡고 있다. 방으로 가는 통로 쪽으로 고창이 보인다.

04 _ 복도 쪽으로 들어가기 전 식탁이 보이고 복도 쪽에는 사각형의 고창으로 채광이 이루어지고 있다.

05 _ 다른 라이트의 주택들과 같이 부엌은 언제나 감추어져 있는 반면에 천장을 통한 톱라이트로 어두워지기 쉬운 부엌에 활기를 주고 있다.

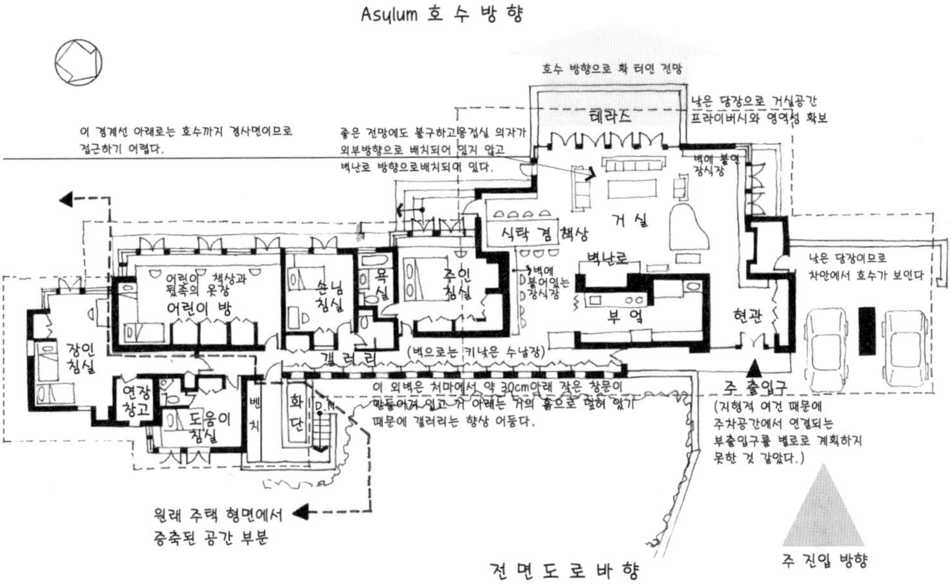

• 1층 평면도

평면도는 전체적인 一자형에서 조금 변형된 형태이다. 동북쪽으로 갤러리(복도)를 계획하였고 갤러리 벽에는 키 낮은 장식장(사실은 창문 아래까지로 어른 키 높이 정도였다.)이 벽의 칙칙한 회색의 외벽을 가리는 마감재 역할까지 하고 있었다. 반대로 남서쪽으로는 침실과 거실을 계획하여 조망과 일조 두 가지를 모두 충족시켜주고 있다. 일자형 평면에서는 침실을 일렬로 배열하다 보니 하는 수 없이 생겨나는 갤러리에 의해 침실을 연결하는 방식은 라이트의 유소니언 一자형 평면의 전형적인 배치 방식이라 할 수 있을 것이다. 그리고 부엌은 식당과 분리 · 계획되어 있었지만 외벽과 면하지 않고 삼면이 솔리드한 벽으로 처리되어 요리할 때 식당에서 발생하는 냄새를 환기시키지 못하는 문제와 솔리드한 벽에 의해 항상 조명을 밝혀야 하는 문제 등이 생길 수 있다. 앞에서 순례한 여러 주택들도 살펴보았지만 라이트의 주택 대부분의 부엌 공간은 식당과 완전히 분리시키면서 완전히 가려진 공간으로 처리되는 경우 많았다. 그리고 이런 부엌 공간은 언제나 천장을 다른 공간보다 높게 처리하고 천장에는 톱라이트를 설치하여 어둡고 답답한 공간이 되기 쉬운 공간에 활기를 불어 넣으면서 가려진 공간의 단점을 말끔히 해결하고 있을 뿐 아니라 환기 역시 상부로 처리하는 계획 방식을 사용하고 있다. 그러나 일반적으로 주인 부부의 프라이버시를 위하여 주택 안쪽 공간 깊숙이 배치하는 주인 침실을 거실과 바로 인접하여 배치하였고, 손님을 위한 게스트룸을 어린이 침실과 주인 침실 중간에 위치시키는 부분이 필자의 좁은 생각으로는 이해하기 힘든 계획 방법이기도 하다.

2) 헬렌과 워드 맥카트니 주택(Helen and Ward McCartney Residence)

- 위치 : 2662 Taliesin Dr. Kalamazoo MI.
- 건립 : 1949년
- 건축스타일 : 유소니언(Usonian Style)

• 접근로를 따라 20m 정도 들어왔을 때 맥카트니 주택의 모습 – 일정 높이의 블록 담장이 접근로를 통하여 들어오는 방문객의 시선 차단과 거실의 프라이버시를 유지시켜 주고 있다.

(1) 여러 번의 증축과 현재의 모습

이 주택의 맨 처음 주인인 맥카트니의 직업은 치과의사였고, 주택의 시공 비용을 최소화하기 위하여 이웃에 사는 에릭 브라운(Eric Brown)과 함께 콘크리트 블록을 사용하여 직접 시공하기 시작했다. 그러나 전문적인 건설 경험과 지식이 부족한 탓에 시공 시간이 마냥 지연되고 많은 시행착오로 인하여 본인들이 생각했던 것처럼 시공되지 않자 하는 수 없이 전문 시공업체와 계약을 통하여 완공하였다고 한다. 이 주택과 맥카트니의 사촌인 안소니(Anthony) 주택의 초기 디자인은 라이트의 여동생 바르니(Maginel Wright Barney)를 위한 코티지(Cottage)처럼 원룸으로 디자인되었지만 차후 확장을 고려하여 등변사변형으로 계획되었다.

외관에 사용된 블록은 맥카트니와 브라운이 직접 만든 틀을 이용하여 하루에 150장 정도의 블록을 직접 생산하여 시공하였지만 공사 일정과 벽돌 생산 물량이 맞지 않아 추가적인 생산을 위해 벽돌 공장을 찾아다녔지만 벽돌 공장에서는 맥카트니가 원하는 것과 동일한 블록을 생산할 수 없어 주문 생산을 거절당하는 바람에 주택 시공 기간이 더 연장되기도 했다고 한다.

본 주택은 탈리어신 순환도로에서 숲속 깊숙이 위치하고 있고 울창한 숲으로 인하여 순환도로에서는 보이지 않는다. 순환도로에서 들어가는 진입로 앞에 있는 우체통에 붙어 있는 번지를 보고난 후에야 주택으로 들어가는 진입로 위치를 찾을 수 있었다. 순환도로에서 접근로를 따라 숲 속으로 약 20m 정도 걸어 들어가다 보면 다른 유소니언 주택과 같은 일자형 평면에 평지붕 또는 경사지붕과는 달리 넓은 모임지붕 형태로 블록을 주재료로 사용한 주택을 볼 수 있다.

• 탈리어신 순환도로에서 접근로로 들어가기 전에 2662 번지를 표시한 우체통의 모습

• 접근로에서 약 10m 정도 들어가면 집의 형태가 조금 보이기 시작한다.

언제나 그랬듯이 주택을 어렵게 찾아가서 사진을 찍을 때마다 집주인의 허락을 받는 것이 얼마나 조심스러운지, 혹시라도 촬영을 허락해주지 않으면 먼 거리에서 찾아온 것이 헛될 뿐 아니라 보고 그냥 돌아서야 하는 안타까움이 더욱 컸기 때문이다. 필자가 언제 다시 이곳을 찾아올지 기약이 없었기 때문에 어떤 환경에서도 사진 촬영을 해야만 한다는 의무감이 아닌 의무감으로 주택을 찾아다녔고 목숨(?)을 - 미국에서 주인 몰래 주택영역을 침범하여 사진을 촬영하는 경우 예상하지 못하는 신체적 피해를 입을 수 있다 - 아끼지 않고 사진 촬영을 했다.

필자가 이 주택을 방문했을 즈음은 다행히 주택 매매를 기다리는 상태로 주인없이 방치되어 있었고, 주변의 환경이 잘 정리되어 있지 않은 상태였기 때문에 이리저리 여유롭게 둘러볼 수 있는 좋은 기회였다. 전체적인 주택의 형태는 벽 모서리 부분이 예각으로 이루어져 있었고, 예각으로 이루어진 벽을 따라 처리된 뾰족한 지붕 처마선 때문인지 조금은 날카롭게 느껴졌다. 그러나 오랜 기간 동안 사람이 거주하지 않은 상태인 것 같아 주택 주변과 내부에는 청소가 되지 않은 상태 그대로였다. 주택의 배치는 전체적으로 거실을 중심으로 정남향으로 이뤄졌고, 거실 앞의 일정높이의 블록 담장은 진입로를 통하여 걸어오는 방문객의 시선을 차단할 뿐 아니라 거실의 프라이버시를 보호해주고 있었다. 그리고 본채에서 평지붕이 동북 방향으로 날개 펴 듯 길게 캐노피를 이루면서 차고와 창고 지붕으로 이어진다. 이 캐노피는 부엌으로 들어가는 문과 연결되어 있으며 캐노피를 지나 좌측으로 돌아서면 유리문 현관과 마주하게 된다. 현관 주변에는 정리되지 않은 덩굴식물과 다양한 식물로 인하여 숲길을 걸어가는 듯한 분위기를 연출하고 있었다.

침실이 면한 남서 방향에는 지반이 침실 공간보다 높아 침실의 일조 확보 등을 위하여 석축을 쌓고 넓은 공간으로 계획하여 일조뿐 아니라 다양한 동적인 활동을 담을 수 있는 공간으로도 유용하게끔 넓게 계획되어 있었다. 또한 이 공간은 침실에서 유리 창문을 통하여 직접 출입이 가능하도록 계획되어 있었다.

• 동북 방향인 유리문 현관의 모습. 덩굴식물과 다양한 식물로 숲길을 걸어가는 듯한 분위기를 연출하고 있다.

• 침실이 면한 남서 방향의 넓은 테라스 공간과 침실에서 출입이 가능한 유리문들이 보인다.

(2) 건축가보다 건축주의 생각이 담긴 주택

평면 계획의 경우 테라스 부분에서는 사각형을 기본 모듈로, 주택공간 내부에는 평행사변형을 기본 모듈로 사용하여 계획하였다. 평면 유형은 유소니언 주택의 전형적인 一자형 또는 ㄱ자형이 아니고 변형된 주택 형태였다. 초기 평면 형태에서 여러 번 증축을 통하여 지금의 주택으로 성장 변경되었다. 맨 처음에는 부엌과 식당+거실로 구성되어 있었지만 4개월 후에 원룸으로 변경되었고, 그 다음은 2개의 침실로, 1956년 주인 침실을 추가하여 현재에는 3개의 침실로 이루어진 상태이다. 아래 초기 원룸 평면계획에서 두 개의 방과 차고가 증축되었고 현재는 차고 부분이 주인 침실로 증축되면서 증축으로 없어진 차고는 북동쪽 날개 형태로 증축되는 등의 변화 과정을 볼 수 있다.

이 주택은 초기 라이트가 계획한 평면 계획에서 많은 변화가 있었고 또한 시공 초기에는 건축주 맥카트니가 직접 시공하였기 때문에 설계자의 의도보다 건축주의 의도가 많이 반영되는 등 라이트의 초기 계획안과는 많이 변화된 모습이지만, 부엌 공간(work space)을 솔리드한 벽체로 감추고 침실을 일자로 배치하는 등 유소니언 평면에서 볼 수 있는 평면의 특징 등을 엿볼 수 있다.

01

02

03
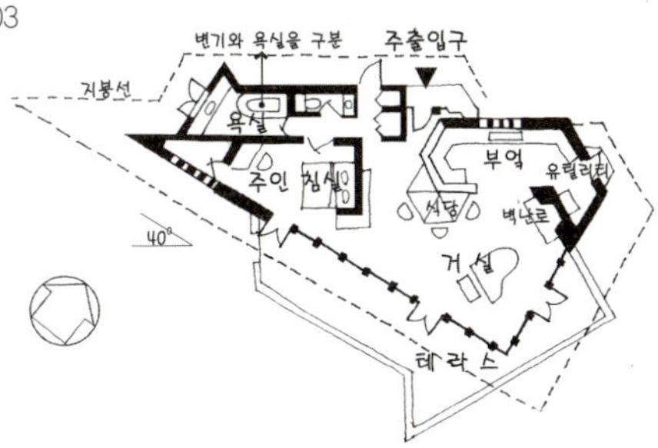

04

01 _ 침실 방향으로 들어가는 부분이며 중앙에 밝은 빛이 들어오는 부분이 현관이다.

02 _ 거실공간의 모습 우측으로 부엌의 모습이 살짝 보인다.

03 _ 초기 평면도(One Room)

04 _ 초기 평면도(One Room) 외관의 모습

계획 초기에는 1개의 침실, 부엌, 화장실로 이루어 계획된 평면 모습으로 거실 앞의 테라스 공간을 제외한다면 주택의 전체적인 평면은 역삼각형에 가까운 형태를 취하고 있다.

01

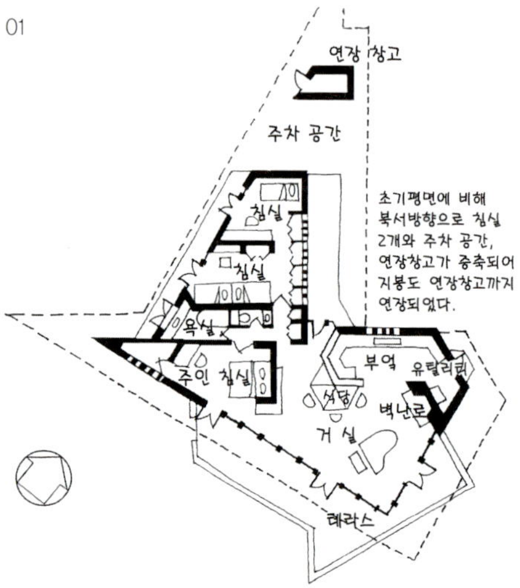

02

01 _ 중간 증축 평면도(3 Rooms)
02 _ 중간 증축 평면도(3 Rooms)로 증축된 외관의 모습

초기 계획안에서 북쪽 방향으로 2개의 침실과 차고 그리고 서북 방향에는 창고가 증축된 모습을 볼 수 있다. 침실의 유리창은 서향이고 동향은 반침으로 처리되면서 일조를 위한 창문보다 솔리드한 벽체로 이루어지고 서향의 창은 외부로 출입 기능까지 겸하고 있는 유리창문으로 처리하였다. 반면에 북쪽으로 확장된 차고의 경우 주차 후 부엌까지 연결되는 동선이 길게 형성되는 불편한 점도 보인다.

• 낮은 블록 담장으로 영역을 표시한 거실 앞의 테라스 공간

• 진입 방향에서 본 모습. 어느 정도 높이의 블록 담장으로 거실이 보이지 않는다.

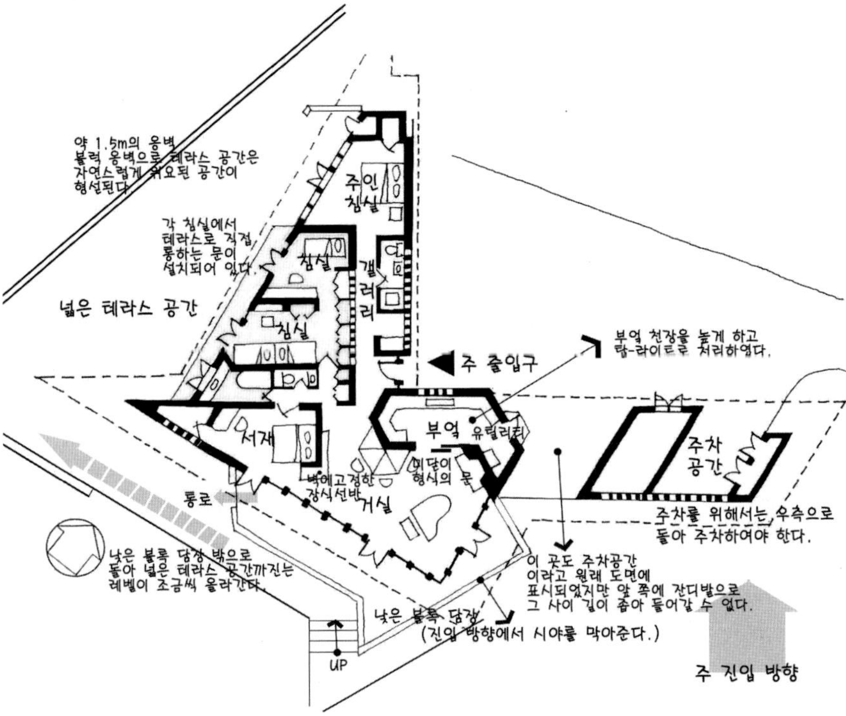

• 현재의 모습으로 복원한 평면도(3 Rooms)

현재의 모습에서는 이전의 차고와 창고를 부엌과 우측방향으로 증축하게 됨으로써 두 번째 증축된 주택의 차고에서 부엌까지 불편하게 길어진 동선을 단축시켰고, 또한 이전의 차고와 창고 부분에는 진입 방향에서 가장 깊숙한 곳으로 주인 침실을 증축함으로써 프라이버시를 확실히 보장하고 있다.

그리고 주인 침실이 주택 끝 부분에 위치하게 됨으로써 주인 침실로 연결되는 복도를 추가적으로 계획하면서 건축 면적이 확장되었다. 주인 침실 역시 동북쪽 방향의 벽을 솔리드하게 처리하고 이전의 침실과 같이 남서향을 유리 창문으로 계획하여 입면의 통일성을 맞추었다. 또한 연결된 3개의 침실은 좌측의 넓은 테라스 공간으로 출입이 가능한 문으로 처리됨으로써 출입과 일조를 동시에 해결되게 하였다.

다른 표현 방법으로 설명하면 초기에는 몸체만 있는 주택이 첫 번째 증축에서 한 쪽 날개를 만들고, 두 번째 증축에서는 다른 쪽 날개를 형성함으로써 비로소 양쪽 날개를 갖춘 주택으로 다시 태어나 양쪽 날개를 활짝 펴고 비상하려는 한 마리의 새와 같은 모습이 완성되었다는 표현이 적절할지도 모르겠다.

3) 파크윈 빌리지의 기타 주택

파크윈 빌리지에는 앞에서 기술한 두 주택 외에도 라이트가 설계한 로버트 D. 윈(Robert D Winn)과, 로버트 레빈(Robert Levin) 두 주택이 더 있다. 필자가 두 주택을 찾아 갔을 때 로버트 윈 주택은 비어 있었고, 로버트 레빈 주택의 경우에는 주인에게 사진 촬영 부탁을 했지만, 완강하게 거부하는 바람에 도로 밖에서만 촬영할 수 밖에 없어서 두 주택을 간단히 소개한다.

(1) 로버트 D. 윈 주택(Robert D. Winn)

- 위치 : 2822 Taliesin Dr. Kalamazoo MI.
- 건립 : 1950년
- 건축스타일 : 유소니언(Usonian Style)

• 곡면으로 이루어진 창문이 있는 부분이 테라스 부분으로 지면에 붙어있는 것처럼 보이지만 실제적으로 지면에서 좀 떠 있는 형식으로 이루어져 있다.

① 불리한 향을 극복한 테라스

이 주택은 탈리어신 순환도로에서 분기된 막다른 도로에 위치하고 있다. 보험회사 에이전트인 로버트 윈은 다른 사람들보다 조금 늦게 파크윈 빌리지에 이사온 거주자이다. 그래서 직접 라이트에게 의뢰하여 디자인을 했다기보다 이미 지어진 집을 구매하여 이사온 경우이다.

이 주택은 일반적인 유소니언 주택과 달리 전면이 반원형 모양으로 계획되었는데 이는 일리노이 주의 락포드(Rockford)에 있는 로렌트 주택(Laurent House), 캘리포니아 브래드버리(Bradbury)의 피얼스 주택(Pierce House), 버지니아의 마든 주택(Marden House)과 비슷한 원형 형태로 디자인되어 있다. 주택이 자리한 곳은 어느정도 경사면을 이루고 있었기 때문에 경사면을 이용하여 자연스럽게 지하층이 형성되어 있었다. 특히 이 주택의 경우 원형으로 처리된 포치가 캔틸레버 형식으로 계획되었기 때문에 지면에서 조금 떠있는 것처럼 시공되어 있다.

01 _ 2822에서 '2' 자가 어디로 사라져버려 822만 남은 우체통의 모습

02 _ 탈리어신 접근로에서 바라본 로버트 윈의 주택은 거의 보이지 않는다.

03 _ 위성사진으로 본 로버트 윈 주택의 모습

탈리어신 순환도로에서 볼 때 숲으로 싸여있고 또한 순환도로에서 비포장의 접근로를 따라 좀 들어가야 하기 때문에 순환도로에서는 잘 보이지 않는다. 또한 번지수를 알려주는 우체통마저 앞의 '2' 자가 어디로 갔는지 2822번지가 아니라 822번지로 되어 있어 맨 처음에는 혼동하기도 했다.

라이트가 설계한 어느 유소니언 주택에서나 볼 수 있는 것처럼 로버트 윈 주택 역시 주택 정면에는 유리창이 없었고, 지붕 처마 아래에 외벽 블록 자체의 작은 홈을 통하여 실내로 빛을 받아들이고 있었다. 이 주택으로 접근하는 동안 너무나 조용했을 뿐 아니라 주택 정면에 창문이 없었기 때문에 주택이 등을 돌려 멀리서 찾아온 나를 외면하는 듯한 표정인 것 같아 조금은 겁도 나고 조심스러웠다. 사실 진입로에서 보이는 정면부는 차고와 부 출입구 정도까지이고 부 출입구에서 남동 방향을 향하고 있는 침실의 창문은 나무로 인하여 거의 보이지 않았다.

01 _ 포장되지 않은 진입로에서 바라본 모습 – 다른 유소니언 주택들과 같이 건물정면에는 거의 창문이 없기 때문에 주택이 뒤돌아 선 모습으로 느껴진다.

02 _ 북서 방향으로 경사가 있기 때문에 자연스럽게 북서 방향의 건물 벽이 경사면까지 이어지면서 자연스럽게 지하층이 형성되는 모습 – 오른쪽 창문은 부엌으로 들어가는 문이다.

03 _ 이중창문과 천장의 톱라이트가 만들어진 테라스 공간 – 북서향이지만 언제나 밝은 공간을 유지하고 있는 듯했다.

04 _ 출입구는 주택 정문부에서 안쪽으로 진입하여 테라스에 인접한 곳에 설치되어 있었다.

주택은 동북과 남서로 길게 배치되어 있고 경사 역시 동북에서 남서로 경사를 이루고 있었기 때문에 정면에서 주택을 보는 경우 남서 방향의 벽은 경사면 아래까지 연결되면서 자연스럽게 지하층을 만들어내고 있었다.

테라스는 남향이 아닌 북서 방향을 조망하게 되어 있기 때문에 테라스로서의 향 배치에는 불리한 것 같았다. 북서향의 경우 오후에 잠깐 햇빛이 들어올 뿐 거의 햇빛을 볼 수 없는 곳이므로 에너지 절약차원에서 이 방향으로 테라스를 계획하기에는 무리가 있어 보이지만 이 주택의 경우 이 단점을 보완이라도 하듯이 북서향의 테라스 공간에 실내와 실외에 이중 창문으로 처리함으로써 에너지 손실을 예방하였다. 또한 향 배치의 불리한 점을 극복하기 위하여 천장에 톱라이트를 설치하여 햇빛이 항상 테라스 공간으로 유입될 수 있게끔 계획하였다.

② 단순한 출입구 기능 · 역할을 넘어선 부출입구

이 주택의 주 출입구는 주택 정면에 위치하지 않고 차고에서 좀 더 안쪽으로 진입하여 좌측의 테라스 입구와 인접하여 위치하고 있다. 건물 정면부에도 부엌으로 들어가는 유리창문(사진)이 설치되어 있지만 이는 부엌과 연결된 부 출입문이지 주출입구는 아니다. 그리고 이 문은 진입 방향으로 곧바로 들어갈 수 없다. 부 출입문 앞에는 잔디와 나무들로 인하여 보행자 통행이 힘들기 때문에 자동차를 주차 후 거실 벽을 따라 형성된 좁은 통로로 부 출입구 방향으로 접근하여야 한다. 그래서 평면도에서 볼 수 있듯이 부 출입구는 단순한 출입구의 기능보다 평면 내에서 공용 공간(거실, 부엌, 식당) 영역과 침실과 같은 사적공간 영역을 구분하는 역할을 담당하고 있는 것 같았다.

평면 형태는 유소니언의 일반적인 형태인 일자형에서 복도(갤러리) 부분을 원형으로 처리하여 이 공간을 테라스 공간으로 계획한 경우로 일반적인 유소니언 평면 타입이 조금 변형된 형태라고 할 수 있다. 평면 내부 구성은 출입구에서 거실, 부엌, 침실 3개가 연이어져 있지만 앞에서 기술했듯이 부 출입구와 복도가 사적인 침실공간과 거실+부엌 공간을 명확히 나누고 있다. 남서 방향의 경사면에 계획된 지하층에는 세탁실과 손님방이 계획되어 있는데, 이는 주부의 편리함과, 손님과 가족 간에 겹치는 동선을 피하기 위하여 부 출입구와 부엌 바로 옆의 계단을 통하여 지하층으로 연결되게끔 처리하였다. 다시 말해 이 주택에 있어서 부 출입구는 정면의 입면에서 무표정한 모습에 조금이나마 표정을 주려고 애쓰고 있는 것과 동시에 주택 내부에서는 공용 공간과 사적 공간을 구분 짓는 역할과 주부와 외부인의 동선까지 분리시켜주는 1석 3조의 기능을 가지고 있는 문이라고 할 수 있을 것이다.

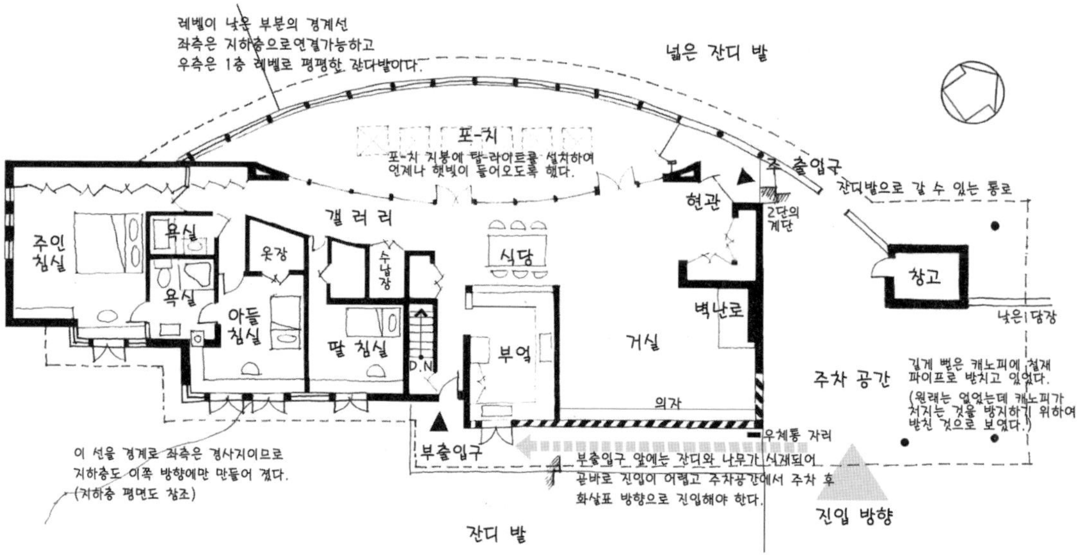

• 1층 평면도 – 원형 포치와 포치 위에는 톱라이트가 계획되어 있다.

• 지하층 평면도 – 경사면에 의해 자연스럽게 만들어진 지하층으로 주인 침실 바로 아래 손님 침실이 위치하고 1층 포치 공간 절반정도는 공중에 떠 있음을 알 수 있다.

(2) 로버트 레빈 주택(Robert Levin Residence)

- 위치 : 2816 Taliesin Dr. Kalamazoo MI.
- 건립 : 1948년
- 건축스타일 : 유소니언(Usonian Style)

• 전면 유리로 이루어진 거실 방향이 서북 방향이며 거실 공간의 지붕형태가 서북에서 남동으로 경사진 지붕으로 이루어져 거실에서 호수 방향으로 보이는 경관은 너무나 아름답다.

① 파크윈에서 가장 먼저 지어진 주택

이 주택은 파크윈 빌리지에서 유소니언 주택으로서 가장 먼저 계획된 주택이다. 다른 집들은 나무와 숲으로 인하여 전면 도로에서 잘 보이지 않는 반면에 로버트 레빈의 주택은 전면 도로에서 진입로가 오픈되어 있고, 주택이 도로면 보다 조금 높게 솟은 탓에 한 눈에 들어왔다.

• 전면 도로변에서 본 모습 – 연속된 작은 창문이 있는 부분이 침실 갤러리 부분이고 오른쪽 넓은 도로 부분이 진입로이다.

• 전면 도로에서 좌측 진입도로 들어가면서 동쪽에서 본 모습 – 전면과 달리 창문이 많고 좌측 끝부분이 전면 유리로 앞쪽의 호수를 전망할 수 있는 테라스가 있는 부분이다.

파크윈의 다른 주택들과 같이 탈리어신 도로변(Taliesin Dr.)에 위치하고 있으며, 一자형 평면이 아닌 'ㄱ' 자의 변형된 형태로 남서 방향으로 테라스와 거실이 오픈되어 있다. 특히 거실 공간의 지붕 형태가 서북에서 남동으로 경사져 있고 더욱이 거실의 창이 전면 유리로 이루어져 있기 때문에 거실에서 바라보는 경관은 주택 바로 앞에 위치한 애실럼 호수뿐 아니라 주변의 모든 경관을 한눈에 바라볼 수 있는 장점을 가지고 있다.

• 탈리어신 도로에서 바로본 모습 – 조망을 위한 유리창이 없기 때문에 건물의 형태와 내부를 상상하기 힘들다.

주 출입구는 'ㄱ' 자에 90° 모서리 안쪽에 위치하고 있기 때문에 자동차가 아닌 낯선 방문객이 보행으로 접근하기에는 조금 힘든 경우이다. 필자가 이 주택을 방문했을 당시에도 우선 주택 외관을 촬영한 뒤 이리저리 출입구를 찾고 있는 중에 출입구 반대편인 거실의 테라스 방향으로 접근하게 되었고, 거실이 전면 유리로 이루어진 까닭에 거실에서 집안

일을 하고 있는 주인을 쉽게 만날 수 있게 되었다. 주인에게 필자가 가진 최대의 웃음과 함께 아주 상냥하게 사진촬영에 관한 내용을 설명했지만 주인은 사생활 방해 등의 이유로 촬영을 거절하였다. 다만 접근로에서의 촬영만 허용하였기 때문에 이 주택에 관한 정확한 내용을 전달하지 못하게 되어 아쉽게 생각한다. 특히 거실 테라스 앞에서 보이는 경관을 소개시켜 주지 못한 것이 너무나 아쉽게 생각된다.

전면 도로 뒷면인 거실이 전면 유리로 이루어진 반면에 진입로 방향으로는 거의 조망을 위한 유리창이 없기 때문에 진입로에서 들어오는 방문객은 전혀 볼 수 없는 단점도 있다.

② 어두운 갤러리(복도) 공간

평면은 전체적으로 'ㄱ' 자가 조금 변형된 형태로 이루어져 있고, 침실은 남서향으로 배치되어 있고 전면도로 방향인 동북방향으로는 갤러리(복도)로 이루어져 있다. 주 출입구는 앞에서 기술되었듯이 'ㄱ' 자의 90도 안쪽 부분에 위치하고 있어 처음 방문하는 방문객의 경우 심적으로 쉽게 접근하기가 거북스러운 위치이기도 하다.

다시 말해 처음 방문객이 전면에서 조망용 유리창이 전혀 없는 무표정한 벽을 보면서 안쪽으로 진입하여, 'ㄱ' 자 90° 안쪽에 위치하고 있는 출입구까지 접근한다는 것이 그리 쉽지는 않을 듯 보였다. 주 진입 방향에서의 레벨이 현관 출입구 레벨보다 높기 때문에 경사지를 내려가듯 도착하게 된다. 그리고 평면도에서도 알 수 있듯이 반지하 형태로 이루어진 구조인 만큼 현관으로 들어와 다시 계단을 올라가서 주요 층인 1층에 도착하게 된다. 그리고 이 주택의 평면에서 특이한 점은 주방으로 들어가는 문이 대부분 차고가 있는 외부에서 연결되고 있는 반면에 레벨 차이로 이런 동선을 해결할 수 없는 이 주택의 경우에는 주 출입구 현관으로 들어와서 계단을 올라와서 우측의 부엌으로 들어가는 동선 계획과 현관에서 지하층으로 내려가는 동선을 집중 · 분리하고 있다는 점이다.

또한 전체적인 대지의 레벨 차이로 인하여 주요 층인 실내에서도 거실이라는 공적공간과 개인 프라이버시가 보장되어야 하는 사적인 공간인 침실 공간사이에는 계단을 설치하여 공적 공간과 사적 공간을 확연히 공간적으로 구분시키면서 지형에 순응하는 계획을 하였다.

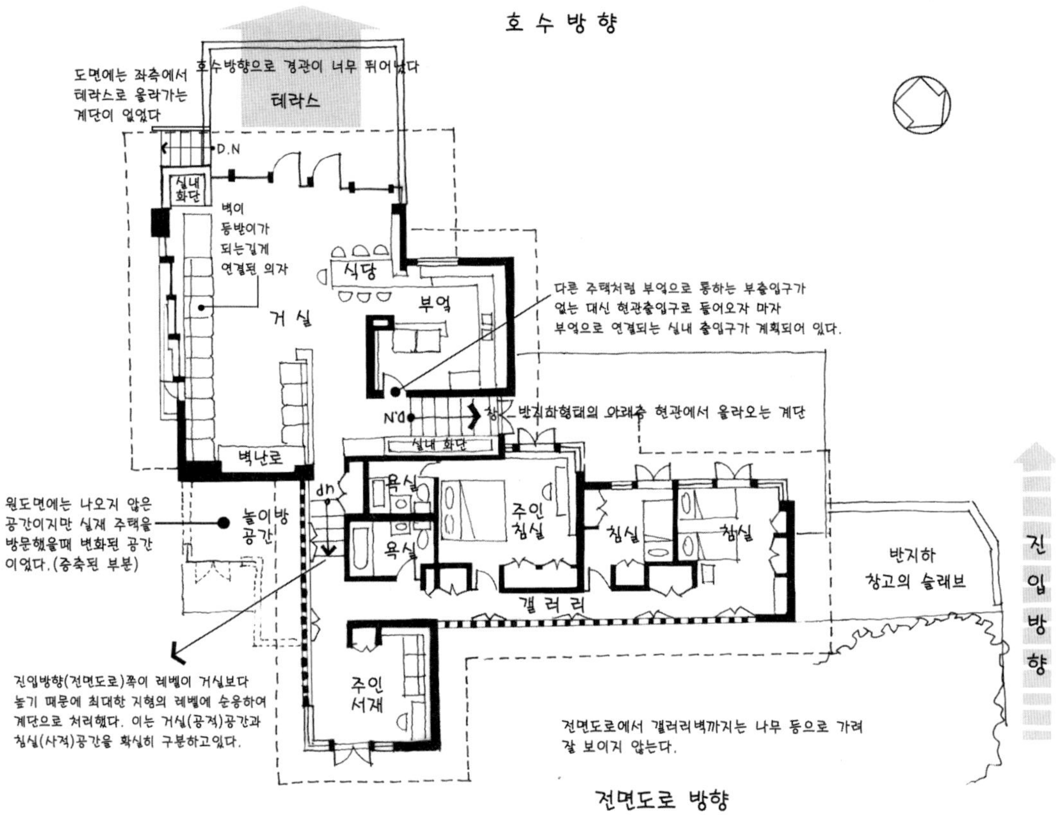

• 주요(1층)층 평면도

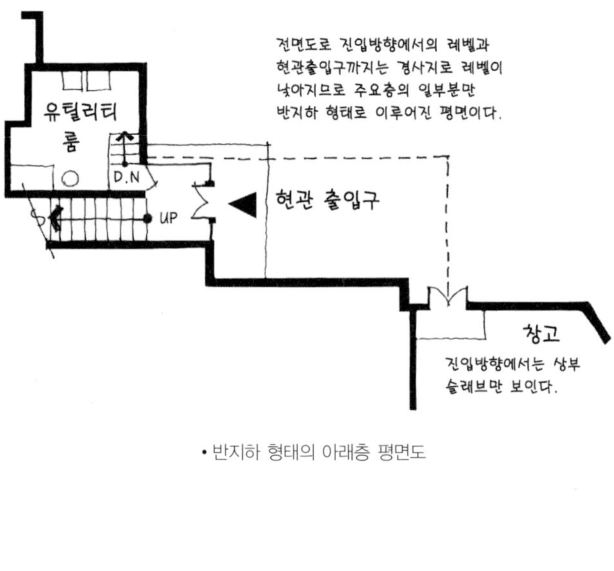

• 반지하 형태의 아래층 평면도

조망용 유리창이 없는 전면의 외벽 방향이 침실이 있는 갤러리(복도)의 벽으로 외부에서 보면 조그마한 창문들이 여러 개의 고창으로 계획되어 있어 갤러리 공간에 채광을 하고 있는 듯 했다. 전면 도로 방향으로 조망을 위한 유리창을 계획하지 않는 설계 방식은 라이트의 유소니언 대부분의 주택에서 흔히 찾아볼 수 있는 계획 기법이기도 하다. 대부분의 유소니언의 평면 유형에서는 一자형이든 'ㄱ' 자형이든 대부분 주택에서 갤러리 공간의 경우는 주택 내에 다른 공간보다 많이 어두운 편이었다. 이는 언제나 주택의 배치를 전면 도로 방향으로 갤러리를 배치하고 대부분 솔리드한 벽과 지붕 처마 바로 아래쪽에 고창으로 처리하고 있기 때문이다. 이 주택의 경우에는 동북쪽이 거의 채광용 유리창이 없는 반면에 남서향으로 유리창을 계획하여 조망과 채광을 동시에 해결하고 있는 것 같았다.

놀이방(playroom)과 지하 공간은 탈리어신 협회 소속 건축가인 존 H. 호우(John H. Howe)에 의해 1960에 증축된 부분이다. 호우는 파크윈 빌리지에서 라이트가 설계한 다른 주택들도 거의 모두 감독했을 정도로 라이트 주택을 잘 이해하고 또한 설계 기법들을 잘 알고 있어서 라이트의 설계 원칙을 최대한 존중하면서 증축하였다.

이 주택의 경우 비록 주인으로부터 사진 촬영을 허가받지 못했지만 주인과 이야기하기 위해 거실 테라스 공간에서 잠시 머무는 동안 테라스에서 바라본 전망(남서방향) – 방문 당시 날씨때문인지 애실럼 저수지 위로 희미하게 보이는 물안개와 주변의 나무들이 어우러진 광경은 달력에서나 볼 수 있는 너무나 아름다운 풍광이었기 때문에 아직까지 머리에서 지워지지 않고 있다.

3. 칼라마주의 에이크 빌리지(The Acres Village)

1) 에이크 빌리지의 개요

게일스버그(Galesburg)의 에이크는 조그마한 시골 마을로 칼라마주(Kalamazoo, MI)에서 동쪽으로 약 12마일(약 19.2km) 떨어진 지역에 위치하고 있다. 이곳은 앞에서 설명하였듯이 1886년 윌리암 E. 업존(Dr. William E. Upjohn)이 칼라마주에 설립한 제약회사인 업존 회사(Upjohn Company)에 근무하는 연구원들이 공동체를 만들었고 그리고 그들의 아이디어를 공유하기 위하여 현대식 동호인 주택 마을로 1946년에 계획한 곳이다.

그러나 공동체 일원 중 일부는 이곳 게일스버그에 공동체 마을 에이크 빌리지를 건설하여 거주하였고, 그중 일부는 게일스버그가 회사와의 거리멀고 시골에 위치하고 있어 파크원 빌리지를 건설하여 공동체를 구성하였다. 그래서 이 마을과 파크원 빌리지의 시작은 같은 회사의 동호인 주택의 모임에서 시작되었다.

게일스버그에 먼저 자리한 그룹들은 71에이크(acre)마을을 만들고 마을 이름을 에이크

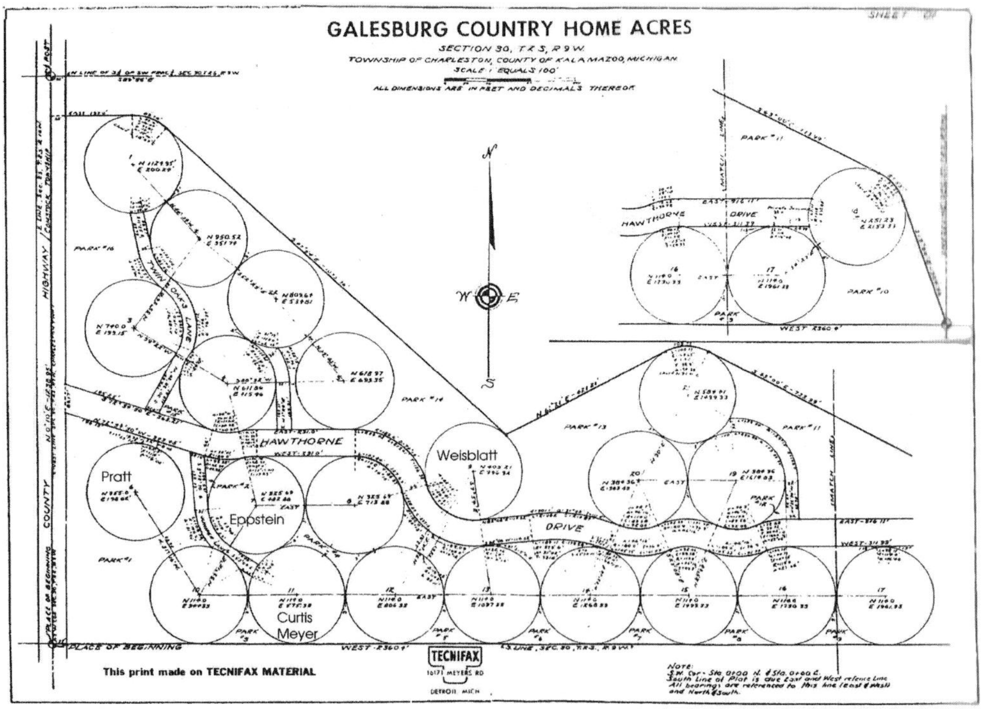

• 게일스 버그 에이크 빌리지의 토지구획과 초기 배치안 – 파크원과 같이 원형에 의한 토지 분할은 동일하다.

빌리지 라고 부르기 시작했다. 비록 두 그룹(파크윈과 에이크)으로 갈라져 정착하기로 결정하였지만, 두 그룹에 소속된 동호인들 모두 라이트의 작품이 훌륭하다는 것을 여러 매체를 통하여 익히 잘 알고 있었기 때문에 라이트에게 그들의 공동체 구성원들의 주택을 의뢰하는 것에 모두 동의하게 된다. 그리고 1947년 라이트는 이 두 마을에 주택을 계획할 목적으로 이곳을 직접 방문하면서 계획이 시작된다.

라이트의 최초 계획은 에이크 빌리지에 21동의 주택을 건설하는 것이었지만 실제로 완성된 것은 5동의 주택 뿐이었다. 그 중 4동은 라이트의 유소니언 스타일로 건설되었다. 흥미로운 사실은 'Federal Housing Authority(FHA)' 가 에이크에 주택을 짓는데 있어 동호인들에게 재정적 대출을 승인하지 않았다는 것이다. 결국 FHA의 자금대출 없이 자신들이 가지고 있는 예산으로 집을 짓기로 결정하였고, 주택 건설비용을 절약하기 위해 하는 수 없이 에이크 빌리지에 정주하기로 결정한 가족들은 직접 그들의 주택 건설에 참여하여 콘크리트 블록을 쌓는 등 공사현장에 직접 참여하기도 하였다고 한다. 필자가 찾아갔을 때는 필자의 기대와는 달리 너무 넓은 마을 부지에 주택이 4동 밖에 없었다. 거기에다 4동의 주택이 흩어져 있었기 때문에 주택들이 거의 눈에 들어오지 않았다. 필자의 마음속에 '마을' 이라는 이미지와는 너무나 다른 마을이라 조금은 당황스럽기도 했다.

• 에이크 빌리지에 배치되어 있는 주택들의 위치도 – 라이트의 유소니언 주택 4동이 호손 도로를 전면 도로로 하고 있다. 반면에 메이어 주택은 호손 도로에서 분기된 진입도로가 길게 연결되어 있다.

2) 에이크 빌리지 찾아가기

필자가 1년간 거주한 미시건 주의 오케모스(Okemos, MI)시에서 게일스버그까지는 서쪽으로 약 57마일(약 91.2 km)로 차로는 약 1시간 이상 소요되는 거리이다. 앞에서 잠깐 언급되었듯이 에이크 빌리지는 도심에서 좀 떨어진 외진 시골이기 때문인지 마을 입구에 접근하기 위한 전면 도로인 호손 도로(Hawthorne Dr.)는 너무나 한적했다. 도로변에는 울창한 숲으로 인하여 자연에 묻혀 있는 조용한 시골의 멋진 드라이버 코스라고 해도 전혀 손색이 없을 정도였다. 대신에 너무나 조용했고 오고 가는 차도 거의 없어서 솔직히 낯선 곳, 그것도 한국이 아닌 미국에서 아이들과 같이 가기에는 조금 겁도 났었다. 간선 도로에서 접근로인 호손 도로를 따라 약 5분 정도 달리다 보니 'THE ACRES' 라는 안내 문구와 함께 마을 진입로 앞에 모아둔 우체통과 'THE ACRE' 라는 마을 이름, 안내판을 볼 수 있었다.

• 마을로 진입하는 전면 도로의 표지판에 "HAWTHORNE DR." 라고 쓰여 있었다.

• 마을 입구 공동체 주택의 우체통을 한곳에 모아두고 뒤편에는 쓰레기 분리를 위한 쓰레기통이 있었다.

재미있는 것은 겉보기에는 보기 좋은 우체통과 마을의 이름을 위한 조형물 같았지만 우체통 뒤에는 마을 주민들이 같이 사용하는 쓰레기통을 모아 둔 것이다. 이에는 우편배달원과 청소부 아저씨들이 마을 내에 위치하고 있는 각자의 주택으로 가는 불편함을 – 에이크 빌리지는 아주 넓은 반면에 사진에서도 볼 수 있듯이 4동 만이 있고 주택 상호간의 거리도 멀다. – 최대한 배려함과 동시에 주민들 간에 만남의 기회를 좀 더 많이 제공함으로써 공동체 의식을 높이고자 하는 의도가 서려있었다. 미국의 주요 도시를 제외하고는 저층의 큰 주택 단지에서도 단지 한가운데에 우체통을 모아 두는 것을 더러 볼 수 있다.

미국의 도회지 마을을 차로 달리다 보면 재미있는 풍경을 볼 수 있는데, 대부분 주택들이 도로변보다 안쪽으로 깊숙이 위치하는 경우가 많기 때문에 우편배달원의 편리함을 생각해서 도로변에 각자의 우체통을 설치하게 되는데 이런 도로변에는 가지각색의 우체통들이 줄을 이어 도열한 모습을 볼 수 있다. 때문에 시골의 한적한 도로를 달리다 보면 주변에는 집은 보이지 않고 우체통만 보이는 곳을 흔히 볼 수 있다.

우리나라의 동호인 주택처럼 일정한 넓이의 단지에 많은 주택이 배치되다 보니 상호간의 프라이버시가 보장되지 않는 경우가 많지만 이곳은 울창한 숲과 넓은 대지로 인하여 각자의 집에서 다른 집까지 거리가 멀기 때문에 이웃한 주택을 거의 볼 수가 없었다. 필자가 방문했을 때에는 4동의 주택 중 1동 만이 주민이 거주하고 있는 듯했고 3동은 부동산 회사에서 매도하기 위하여 비어 있는 상태였다. 그래서 주택 내부 공간을 본다는 것이 어려웠다. 각 주택은 숲길로 이어져 있고 에릭과 팻 프렛 주택(Eric and Pat Pratt Residence)만을 제외하고 3동은 자연지형을 다루는 라이트의 디자인 감각을 느낄 수 있을 뿐 아니라 각 주택들은 닫혀진 공간과 오픈된 스페이스를 확실히 구분하여 사용하고 있었다. 또한 지형적 조건에 따라 계획된 주택인 만큼 각 주택들은 보는 방향에서 입면의 층수를 단정 짓는 것은 쉬운 일이 아니었다.

이곳은 20세기 중반 라이트에 의해 미국 중산층의 유기적 커뮤니티 공간 구성의 완벽함을 고스란히 느낄 수 있는 곳으로 인정됨에 따라 현재 에이크 빌리지의 게일스버그 컨추리 주택들은 2004년 5월 19일 국가의 역사적 지구(National Register of Historic Places)로 등록되어 있고, 라이트의 유소니언 주택들이 지어진 곳으로는 그렇게 많이 알려지지 않은 곳이기도 하다.

4. 칼라마주 에이크의 주택들

1) 애릭과 팻 프래트 주택(Eric and Pat Pratt Residence)

- 위치 : 11036 hawthorne Dr. Galesburg MI.
- 건립 : 1948년
- 건축스타일 : 유소니언(Usonian Style)

• 一자형 평면의 현관 앞에 길게 뻗어 나온 캔틸레버 캐노피의 모습 – 중간의 육면체가 부엌공간이다. 그리고 오른쪽 큰 나무에 걸려있는 그네가 보인다.

(1) 건축주가 직접 지은 동호인 주택

에릭 프래트는 에이크 마을 협의회의 구매 대리인이었다. 1948년 2월에 프래트(Pratt)는 동호인 주택 설계를 의뢰하기 위하여 라이트에게 편지를 쓰게 된다. 그리고 라이트는 동호인 주택에 관해 프래트에게 긍정적인 답신을 보냄으로써 주택 설계가 시작되었다. 주택은 호손 도로에서 'The Acres' 의 진입 도로인 37번 도로를 들어서면 첫 번째 만나는 집이다. 그렇다고 해서 주변에 다른 주택이 있는 것도 아니다. 분명 'The Acres' 라는 동호인 주택 단지 임에도 불구하고 주변에는 아무런 주택이 보이지 않았다. 결론부터 이야기하자면 엄청나게 넓은 땅에 우체통 개수(5개)와 주택이 흩어져 있고 주변의 숲으로 인하여 이웃집은 보이지 않았다. 에이크 내의 다른 주택과는 달리 평지에 위치하고 있었고 주택 바로 우측에는 백년 이상 되는 거목에 그네가 달려 있어 매우 정겨운 느낌이 들었다. 필자와 같이 간 아이들은 미국에서 그네를 처음 봤던 터라 주택 구경보다 그네 타기에 정신이 없었다.

맨 처음 프래트가 라이트에게 시공업자들에 의해 지어질 수 있는 어려운 공법이 아니고 또한 기술을 요하지도 않고 자신들의 힘으로 직접 지을 수 있도록 단순하게 설계되기를 요구했다. 그러나 마침 청사진(설계도면)을 받았을 때에는 일반인이 거의 알아볼 수 없는 도면에 사용된 여러 기호 - 설계도면에서는 약자, 설계자와 시공자 간에 약속된 기호 등으로 표시하는 경우가 많아 전문가들이 아니면 알아보기 힘든 경우가 많이 있다. - 들로 인하여 도면을 제대로 이해할 수 없었다. 그럼에도 불구하고 그의 의지처럼 도전적인 정신과 열정으로 도면에 사용되었던 여러 기호들을 독학으로 어느정도 이해한 후 집을 시공하기 시작했다고 한다. 그러나 공사의 포괄적인 이해는 했을지 모르나 좀 더 디테일한 부분에서는 일반인이 이해하기 힘든 부분이 많았기에 라이트가 의도한 대로의 블록 쌓기가 되지 않았다. 라이트에게 다시 도움을 청하지만 모든 시공 과정이 건축주가 생각한 것처럼 쉽게 이루어지지 않자 디테일하게 시공이 이루어져야 하는 부분과 마무리 등은 전문 시공업자들에 의해 완성되면서 마침내 1951년 9월 준공과 함께 이곳으로 이주하게 된다. 그러나 3년 뒤인 1954년 가을에는 가족 구성원들의 성장과 생활 리듬의 변화 등으로 인하여 추가적으로 침실과 가족실을 증축하게 되었다고 한다.

(2) 두 개의 레이어(layer)와 거대한 캔틸레버

건물의 전체적인 배치는 유소니언 후기의 전형적인 一자형 형태로 주 출입구인 현관이 있는 정면은 동북향으로, 거실 향은 남서향으로 배치되어 있고 가로, 세로 4피트 유니트를 기본 모듈로 사용하여 설계되었다. 그리고 라이트가 동경 제국호텔 설계 당시 일본에 머물면서 '한국방(바닥 난방)' 을 경험하고 미국으로 귀국한 후 유소니언 주택에 적용한 바닥난방을 사용한 주택 - 바닥 슬래브에 히팅 코일을 삽입하는 방식 - 이기도 하다.

주택 전면부에는 그네가 달려있는 거대한 거목이 있고 - 우리나라 전통 마을 입구에는 언제나 이런 거목이 자리하고 이곳에 평상이 마련되어 있어 동네 어른들의 휴식과 마을로 진입하는 외부인들의 출입을 감시 또는 환영하는 장소로 이용되곤 했다. - 주변은 진입로를 제외하고는 잔디밭으로 이루어져 있고 평지와 다름없이 사방이 오픈된 위치이기 때문에 보행으로는 어느 방향에서나 접근은 용이했다. 그러나 차량으로 진입하는 경우에는 동북 방향, 서재와 주 현관으로 접근이 이루어진다. 반면에 거실 방향인 남서향으로는 거실 테라스 부분 바로 앞부분부터 아래로 나지막한 경사가 형성되어 있어 거실에 면한 부분에는 전면부와 같이 넓은 공간이 형성되어 있지 않았다. 전면 도로가 있는 접근로에서는 건물의 내부를 볼 수 있는 창문이 외벽 제일 윗부분에 고창으로 계획되어 있어 외부에서 내부를 전혀 볼 수 없다. 외관 정면 중앙부에 주택 높이보다 높은 사각형의 외벽이 있고 외벽에는 부엌 내부로의 채광을 위한 홈들이 일반적인 창문 형태인 사각형이 아닌 원형처럼 생긴 문양으로 디자인되어 있다.

정면에서 보는 주택의 이미지는 수평선을 강조하는 듯한 굵은 지붕 띠가 두 개의 레이어로 부각되고 있다. 그리고 거실 부분은 다른 공간보다 조금 더 높게 계획하여 두 레이어 사이의 틈으로 고측창(clearstory)을 설치하여 거실로의 채광을 유도하고 있다. 진입로를 따라 첫 번째 마주하는 첫 레이어는 캔틸레버식의 캐노피로 기둥도 없이 엄청난 길이로 뻗어 나왔다. 필자 역시 설계사무소에서 6년 이상 일한 경험이 있지만 …, 만약 요즈음과 같이 구조기술이 발달한 시점에서도 이와 같이 캔틸레버를 길게 설계한다고 하면 설계자 스스로 구조적으로 불안하여 이렇게 과감하게 캔틸레버식으로 캐노피를 설계하지 않았을 것이다.

01 _ 거실 앞 격자로 처리된 캐노피

02 _ 현관과 주차공간의 모습 - 캐노피가 차 전체를 덮을 수 있을 정도로 뻗어 나왔다. 멀리 보이는 부엌문 중간의 현관과 4개의 전면 유리창으로 이루어진 서재의 유리창 문이 보인다.

03 _ 주택의 지붕선을 따라 수평을 강조하는 굵은 지붕띠(layer)가 강한 이미지로 부각되고 있다.

04 _ 부엌부분의 외벽으로 외벽의 문양은 부엌의 채광을 위한 창이다.

05 _ 서쪽에서 바라본 모습 - 두꺼운 지붕라인과 일자형으로 배치된 모습 그리고 복도 끝 서재공간의 벽난로의 솔리드한 굴뚝벽체가 지붕라인을 잡아주는 듯하다.

06 _ 남쪽에서 바라본 모습 - 거실의 테라스 앞부분에는 나지막한 경사지와 우측의 두꺼운 벽체가 서쪽의 모습과 다른 느낌을 준다.

(3) 복도로 연결되는 침실

평면의 형태는 경사면 위의 평지에 긴 一자 형태로 정면이 동북 방향으로 배치되어 있다. 그리고 주택 공간의 중심인 거실이 남서향을 향하고 있다. 아침에는 지붕의 단차이(레이어)로 만들어 놓은 고측창을 통하여 햇빛이 들어오고 정오 이후부터는 남서향의 거실전면 유리창을 통하여 일조가 이루어지는 방식이다.

깊이가 좁고 폭이 넓은 一자형 평면이다 보니 동북 방향의 정면에는 주택으로 통할 수 있는 문 3개가 – 서재, 부엌, 현관문 – 한 면에 위치하고 있다. 그러나 3개의 문이 주택을 방문하는 사람으로부터 혼돈을 줄 정도는 아니고 현관은 현관으로서의 위치와 품위를 갖추고 있는 듯 3개의 문들 중에 중앙에 위치하고 있다.

침실 배치는 一자형 평면이기 때문에 정면(솔리드한 벽)부분으로 나란히 배치하고 후면(남서)으로는 편복도(갤러리)로 각 침실을 연결하고 있다. 그리고 프레리 주택처럼 규모도 크지 않고 중류 계층을 대상으로 한 주택인 만큼 도우미를 위한 침실이 없기 때문에 부부침실과 바로 옆에 부엌과 식당을 배치하여 부인의 동선을 최대한 단축시키고 있는 듯하다. 이 부엌공간을 중심으로 좌측에는 침실(사적 공간), 우측에는 거실(공적 공간)을 배치하고 있다. 침실로 구분되는 공간은 스튜디오와 합하여 5개이며 욕실은 2개로 이루어져 있다. 이 중에 현관과 바로 붙어 있는 서재의 경우에는 주택내부에서 연결되기보다 외부에서 곧바로 출입이 가능한 것으로 보아 비록 서재라고 명명되어 있지만 필자가 생각하기에는 가족의 생활에 방해가 되지 않으면서 독립적인 공간으로 제공할 수 있는 게스트 룸과 같은 용도로 사용했을 것으로 추측된다.

주택의 진입은 주차장에 주차 후 부엌으로도 출입이 가능하며 현관으로 진입하게 되면 오픈된 거실과 거실의 전면 유리를 통하여 외부 공간을 조망할 수 있게 되어있다. 식사 공간은 오픈되어 있는 반면에 부엌 공간은 라이트 주택 설계에서 언제나 그랬듯이 살짝 감추고 있는 듯 계획되어 있었다. 一자형 평면이기 때문에 자연스럽게 복도가 생길 수 밖에 없고 현관에서 북서 방향에 위치하고 있는 서재까지는 동선이 길어지는 단점도 있다. 그래서인지 복도 끝부분에서 외부로 통하여 문을 계획하고 전면을 유리로 된 창 또는 출입이 가능한 문으로 처리했는지 모르겠다.

거실에는 별도의 응접 세트가 마련되어 있지 않았고 벽난로와 접하여 주택 정면부의 솔리드한 벽을 등받이로 삼은 고정된 의자들이 확 트인 시야가 확보되는 거실의 정면 유리창을 향하도록 배치되어 있었다. 평면도에서는 그랜드 피아노가 배치되어 있었지만 방문 당시에는 거주자가 없었고 매도를 위한 주택으로 비어 있어서 그랜드 피아노는 볼 수 없었다.

• 부엌 공간으로 외벽에 디자인된 벽을 통하여 채광이 이루어지고 천창으로도 채광이 이루어지고 있다.

• 동북 방향의 거실 벽은 두 줄의 고측창으로 계획되어 충분한 채광을 받을 수 있게 계획되어 있다. 그리고 거실 유리창으로 향하고 있는 등받이 의자도 보인다.

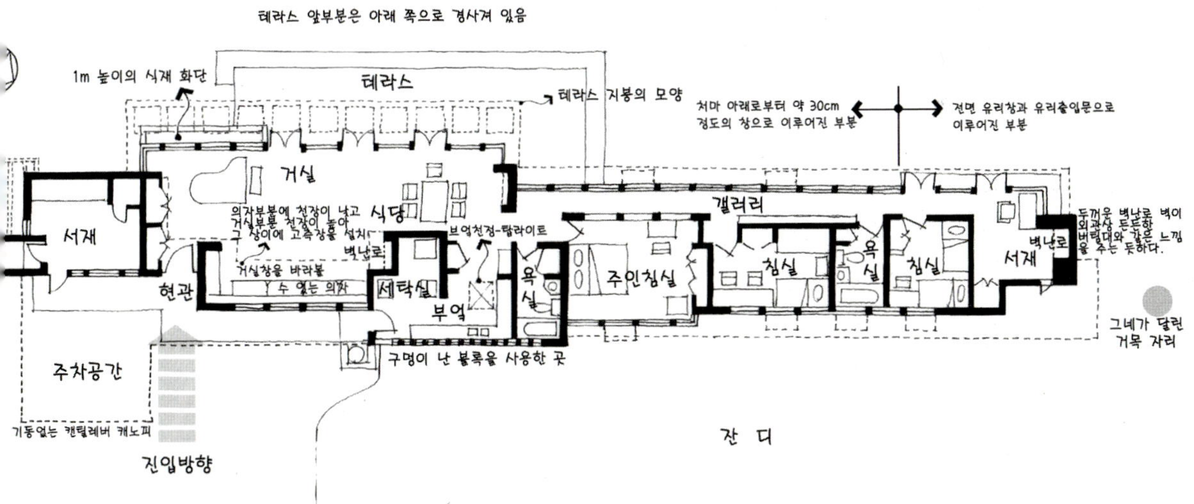

2) 릴리안과 컬티스 메이어 주택(Lillian and Curtis Meyer Residence)

- 위치 : 11108 hawthorne Dr. Galesburg MI.
- 건립 : 1948년
- 건축스타일 : 유소니언(Usonian Style)

• 막다른 골목에서 본 모습이 아니고 주택 후면에서 바라본 모습 – 우측의 나무가 처마의 구멍을 통과한 모습이 보인다. 또한 일반적인 주택과 달리 2층의 발코니선과 지붕 처마선이 다른 것 또한 특이하다.

(1) 원형진 하얀 집

릴리안 메이어는 파크윈 빌리지뿐 아니라 「게일스버그 지역의 홈 프로젝트」를 위하여 위스콘신 주 지역의 라이트 주택 방문단을 조직했다. 그리고 6명이 탈리어신에서 라이트를 직접 만나게 되면서 4종류의 디자인을 얻게 된다. 그 중에 메이어 주택은 동쪽에 있는 경사면을 최대한 대지에 맞추어 디자인된 것으로, 이 마을 주택들 중에 유일하게 반원형 형태(hemicycle)로 지어졌다.

이 주택은 프래트 주택에서 조금 더 안쪽으로 진입하게 되면 막다른 도로(cul-de-sac)에 면하여 곡선으로 지어진 하얀색 벽을 만나게 되는데 이 주택이 릴리안과 컬티스 메이어 주택이다. 이 주택은 1950년에서 1951년에 걸쳐 지어졌고 에이크 빌리지에 방문한 4동의 주택 중에 유일하게 사람이 거주하고 있는 집이였으나 방문 당시에는 아무도 없었기에 내부는 거실 창문을 통해서 보았을 뿐이다.

필자는 막다른 도로로 운전하여 진입하면서 마주한 이 주택의 정면 모습만 보고서는 주택 뒷면으로 경사가 있는지 몰랐고 단순히 1층으로 계획된 주택으로 보였다. 외장재는 일반적인 붉은 벽돌보다 큰 흰색 블록으로 4×16인치의 속이 비어 있는 단순한 콘크리트 사각형 블록에 – 라이트가 다른 주택 등에 사용한 표면을 다양한 형태로 문양을 낸 샌드 몰딩 블록이 아니고 – 8×8인치 블록을 추가적으로 사용했다고 한다. 실내의 재료도 다른 재료를 사용하지 않고 화이트 블록을 그대로 사용하고 있다.

• 주택 후면부의 모습 – 원통형 좌측이 차고이고 지층의 발코니가 부엌 출입문의 캐노피 역할도 겸하고 있다.

• 진입 방향에서 바라 본 막다른 골목(Cul-de-sac)으로 이루어진 정면의 모습

(2) 드럼형 원형에 반원형이 추가된 평면

주택의 전체적인 형태는 드럼통 같은 원통형에 곡선으로 이루어진 반원 모양이 더해진 형태의 입면으로 이루어져 있다. 즉 원형에 반원형의 날개가 추가된 형태를 취하고 있다. 주택의 규모는 현관에서 진입이 이루어지는 층과 경사지를 이용하여 진입로보다 레벨이 낮은 층으로 구성되어 있어 진입로에서는 1층, 반대편에서는 2층으로 보이게끔 계획되어 있다. 현관에서 진입하는 지층에는 원통형 공간(계단실과 서재)을 제외하고는 침실 2개, 화장실로 구성되어 있고 아래층에는 원통형 공간의 부엌과 계단실을 제외하고는 거의 모든 공간이 거실로 구성되어 있다. 외형상으로는 곡선으로 이루어져 평면 형태가 복잡한 것처럼 보일 수 있지만 실제적으로는 간단한 평면 공간구성으로 계획되어 있다.

라이트의 건축에서 원호를 이용한 평면계획 수법은 프레리 주택에서는 거의 찾아 볼 수 없는 유형이다. 그의 작품 후반기인 1940년 이후부터 원호를 사용한 작품들이 선보이기 시작한다. 주택으로서 원호를 사용한 첫 번째 작품으로는 위스콘신 주의 미들톤(Middleton)에 있는 헐버트와 캐스린 자콥스의 주말주택(Herbert and Katherine Jacobs Second Residence, 1944)으로 알려져 한다. 이외에도 앞서 다룬 파크윈 빌리지의 로버트 D. 윈 주택(1950)의 포치 공간을 원호를 이용하여 계획하였다. 그리고 비록 주택은 아니지만 1944년 이전에도 플로리다 주의 서든 칼리지(Florida Southern Collage)의 도서관 계획(E. T. Roux Library, 1941)에서는 완전한 원형을 사용하였다. 이후에도 라이트 작품에는 원호를 사용하는 작품들이 보이곤 한다. 가장 대표적인 작품으로 그의 말년에 계획한 캘리포니아 샌 라펠(San Rafael)에 있는 머린 컨츄리 시빅센터(Marin Country Civic Center, 1957)와 뉴욕의 구겐하임 미술관이다. 그리고 위스콘신 주의 와우와토사(Wauwatosa)의 그리스 정교회(Greek Orthodox Church, 1956) 등도 원을 이용한 계획이었다.

• 진입로에서 바라본 원호의 벽 – 아래층 거실의 창문이 정면 지면에서는 지하층 창문처럼 보인다.

• 아래층 거실의 모습 – 천정 바로 아래 직사각형 창문은 외부 정면의 지하층 창문처럼 보이는 것이다.

이 주택의 경우 진입로에서 원통형에 추가된 원호의 외벽을 보면 지면에 바로 접하여 지하실 창문같이 보이는 직사각형 창문이 연이어져 있는데, 처음 방문하는 방문객에게는 어느정도 의구심을 자아내는 창문이기도 할 것이다. 이는 지하층 창문이 아니고 바로 아래층 거실의 창문이다. 그렇다고 외부에서 이 창문을 통해서 거실 내부를 볼 수는 없다. 거실 내부에서는 고창이기 때문에 외부에서 거실 내부로 시선의 각도가 만들어지지 않기 때문이다. 반면에 남쪽에서 들어오는 햇빛은 거실 위에서 비춰주는 역할을 하고 있다. 그리고 아래층의 거실 유리창이 지면보다 높은 곳에 계획되기 위해서는 거실의 바닥 슬래브가 지면보다 높은 곳에 형성되어야 하기 때문에 외부에서 주택 내부로 진입하게 되면 현관 홀에서 지상층으로 올라가는 계단과 아래 거실로 내려가는 계단과 마주치게 된다. 즉,

약 5단의 계단으로 올라가면 서재와 침실로 연결되는 갤러리(복도)와 연결되고 반대로 내려가면 거실과 연결되는 것이다. 또한 거실이 있는 층에서도 5단 내려가면 세탁할 수 있는 유틸리티 룸이 있고 우측 계단으로는 다시 현관 홀로 올라가게 된다.(도면 참조) 반면에 주택 후면부(사진 참조)에서는 거실 유리창이 지상층 침실까지 전면이 유리로 이루어져 거실에서의 전망뿐 아니라 지상층 침실 앞 갤러리(복도)에서도 확 트인 전망을 확보할 수 있다. 만약 외부의 자연과 직접 접하고 싶다면 침실의 갤러리와 연결된 발코니 공간으로 나가면 된다. 그리고 이 발코니 바로 위의 지붕 처마선과 일치하지 않는 점이 또한 볼 만하다. 뿐 만 아니라 이 발코니는 아래층 부엌에서 외부로 나가는 출입문 전면공간의 캐노피 역할까지 겸하고 있다.

• 기존 나무를 위해 주택 처마에 구멍을 낸 모습

• 진입부 – 차고 안쪽으로 출입구가 보이고 좌측에는 기존에 식재된 나무를 위해 처마에 구멍을 낸 모습을 볼 수 있다.

주택 후면부에서는 전면과 달리 2개 층이 연속된 전면 유리로 이루어진 것도 반전이었다. 그리고 후면부 거실 좌측과 전면부의 출입구 앞에서 주택을 짓기 전에 있었던 거목을 그대로 살리려고 주택 처마에 구멍 뚫었다는 것도 또 한 번 라이트를 다시 보게 한다. 앞에서 기술된 내용 중에서도 라이트의 주택 겸 스튜디오에서 주택 내부에서 스튜디오로 가는 통로, 그리고 낙수장의 현관 앞에서도 기존 나무를 자르지 않고 보(beam)를 곡선으로 처리한 것은 이와 비슷한 사례라고 할 수 있다. 그러나 이와 같이 주택에 인접한 나무를 그대로 살리는 방식은 우리나라 전통 집 짓기와는 조금 차이가 있는 것 같다. 여기에서 잠깐 이와 관련해서 우리 전통 집 짓기를 소개하면, 예로부터 우리나라에서는 주택에 인접하여 큰 나무가 있다면 큰 나무에 바로 인접하여 집을 짓지 않고 나무 키만큼 거리를 두고 집을 짓는 방식을 선택했다. 그 이유는 간단하다. 가을 등에 나무의 낙엽이 떨어져 지붕에 쌓여 부패되면 지붕의 우수처리 등에 장애가 될 수 있고 또한 지붕을 빨리 못쓰게 만들 수 있을 뿐 아니라 태풍 등으로 인하여 나무가 쓰러지거나 부서지면 주택에 큰 피해를 줄 수 있기 때문에 가능한 큰 나무를 피해 집을 짓는 것이 우리 조상의 지혜였던 것이다. 굳이 집을 지을 위치에 거목이 있을 경우 나무도 살리고 집을 지을 수 있다면 이보다 좋은 방법도 없겠지만 또한 거목으로 인하여 주택에 피해가 없게 예방하는 것 또한 필요할 것이라 생각된다.

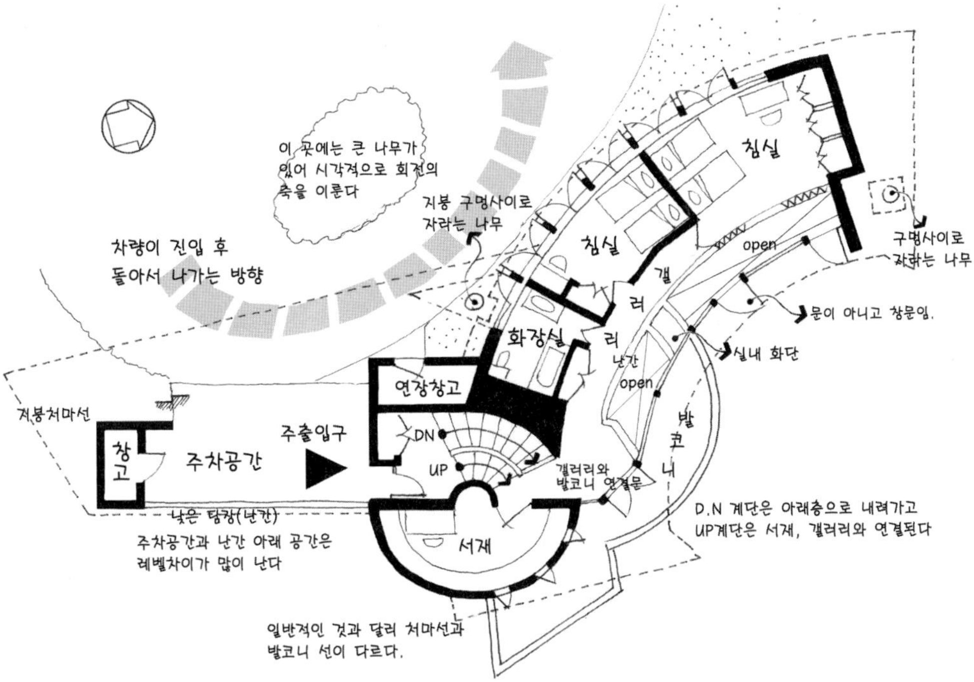

• 진입이 이루어지는 상층부 평면도

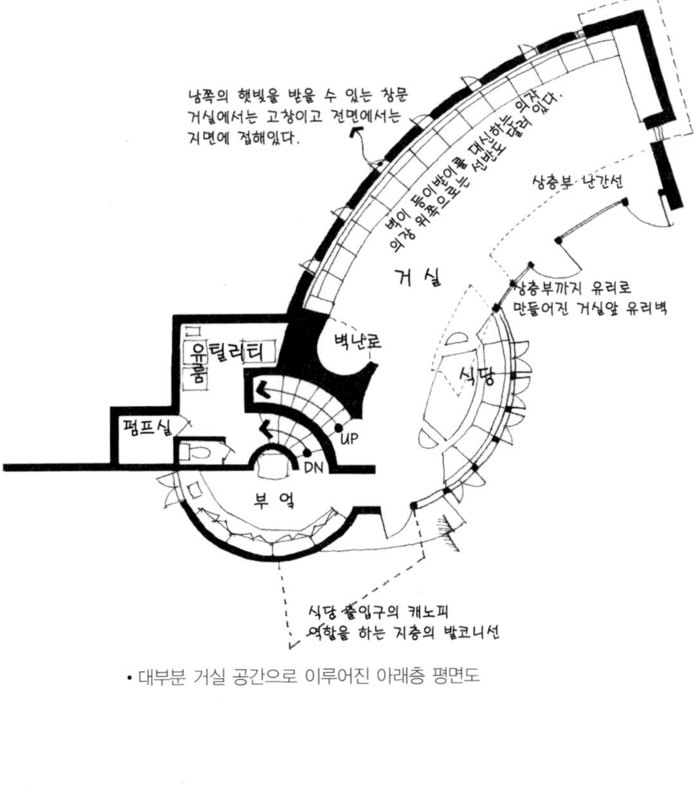

• 대부분 거실 공간으로 이루어진 아래층 평면도

3) 데이비드와 크리스틴 와이즈브래트(David I. and Christine Weisblat)

- 위치 : 11185 hawthorne Dr. Galesburg MI.
- 건립 : 1948년
- 건축스타일 : 유소니언(Usonian Style)

• 진입 방향에서는 상상할 수 없는 넓고 확 터인 거실 앞의 잔디 정원의 모습

(1) 시공도 없이 지어진 주택

이 주택은 찾기가 조금 어려웠다. 호손 도로(Hawthorne Drive)의 맨 끝부분에 위치하고 있었고 (에이크 위성사진 배치도 참조) 주택이 거의 대지에 묻혀있는 모습이기 때문에 접근로에서는 주택의 전체적인 모습을 볼 수 없어 막다른 도로에서 조금 당황하기도 했다. 그리고 초행길에 GPS에 주소를 입력하고 찾아가는 필자로서는 번지를 알려주는 우체통도 - 대부분 도로 깊숙이 위치한 미국 주택의 경우 넓은 도로에 번지가 붙어있는 우체통이 있는 것이 일반적이지만, 에이크 마을의 경우 마을 입구에 우체통을 모아 두었기 때문에 도로에는 번지가 붙어있는 우체통이 없었다. - 없어 주변에서 조금 헤매기도 했다. 현재 게일스버그의 '게일스버그 컨츄리 홈(Galesburg Country Home)' 에 지어진 4개의 주택 중 첫 번째로 지어진

주택이다. 집주인인 와이즈브래트는 1951년에 이 주택으로 이사 왔다고 한다. 맨 처음 이사 올 때만 해도 주변의 사람들은 철근이 들어가지 않은 카포트(주차공간)의 캔틸레버는 곧 무너질 것이며, 부엌 천정을 뚫어 만든 톱라이트 – 라이트의 주택에서 부엌은 대부분 솔리드한 벽으로 가려져 있기 때문에 부엌 천정에 톱라이트를 설치하는 것이 일반적임에 불구하고 – 로부터 들어오는 햇살로 인하여 아마도 일사병에 걸릴 정도라고 이야기했다고 한다.

이런 여러 주변의 부정적인 이야기에도 불구하고 – 60년이 지난 지금 아무도 일사병으로 죽은 사람이 없고, 차고 캔틸레버는 무너지지 않았음 – 와이즈브래트는 직접 인부를 채용하여 자신과 같이 집을 지었다고 한다. 그러나 채용된 인부들도 블록집에 대한 경험이 처음이었고 본인 역시 건축을 배우지 않아 어려움이 많았다고 한다. 설상가상으로 라이트는 콘크리트 블록을 어떻게 시공해야하는 지에 관한 조립설명서 한 줄 보내지 않아 많은 시간이 소요되었다고 한다.

• 부엌 밖의 어두운 부분과 달리 톱라이트에 의해 부엌은 언제나 밝다.

• 다른 곳과 달리 나뭇가지에 걸려 있는 주소 번지의 모습

그도 그럴 것이 여기에 사용되는 블록은 창문틀, 문틀, 모서리 등 용도에 따라 다르게 34개 모양의 블록이 약 2,000개 이상 사용되었다고 하니 시공하는 입장에서는 얼마나 답답했을지 이해가 간다. 원래 평면의 모습은 애너와 에릭 V. 브라운 주택처럼 一자형 이었으나, 1960년에 탈리어신 소속(Taliesin Associated Architects)의 건축가인 존 H. 호우(John H. Howe)와 웨슬리 피터(Wesley Peters)가 一자형에서 120° 꺾인 평면을 추가적으로 증축하였다고 한다. (위성사진 배치도를 보면 빨간색 지붕 외에 120° 각도로 회색지붕이 증축된 부분이다.)

(2) 도대체 햇살은 어디로 들어가나?

이 주택을 진입로에서 바라보면 차고밖에 보이지 않는다. 차고도 캔틸레버로 이루어져 내부가 캄캄하여 아무것도 보이지 않았다. 그 이유는 이 주택 정면의 외벽은 거의 대부분 대지에 덮여 있기 때문이다. 동북쪽(진입방향)에서 바라보는 주택에서는 완전히 햇빛과 차단되었다고 할 정도이다. 그나마 처마 밑에 있는 조그마한 창이 있었지만 이는 지붕 처마로 가려져 거의 햇빛이 들어갈 것이라고는 믿어지지 않는다.

우선 차고 방향으로 진입하면 두 개의 동선과 마주하게 된다. 진입 방향에서 계속 안쪽으로 진입하게 되면 현관으로 들어가는 문이 있지만 왼쪽에 낮은 담장으로 가려진 좁고 어두운 조그마한 야드로 진입하여 통과하게 되면 01 사진에서와 같이 뒤쪽 잔디 정원을 맞이하게 된다. 좁고 어두운 통로를 따라 가다가 나타나는 확 트인 공간은 한마디로 공간의 반전이었다.

01 _ 동북쪽 방향의 모습 – 거의 대부분이 대지로 묻혀 있고 처마에 가려진 듯한 창문이 연이어져 있다. – 회색지붕의 120각도로 첨부된 건물은 1960년에 증축된 부분이다.(평면도 참조)

02 _ 진입로에서 들어갈 때 보이는 캄캄한 차고의 모습과 차고를 덮고 있는 캔틸레버의 모습

03 _ 차고 앞쪽에 낮은 담장으로 가려진 야드의 모습 – 가려진 야드로 들어가기 전 오른쪽 문은 부엌으로 통하는 문이다.

04 _ 전면 유리와 톱라이트로 만들어져 있고 거실과 연결되어 있는 그린 룸의 모습

동남 방향의 거실과 그린 룸은 정면에서 가려진 모습과 주택 후면부에는 전면 유리창의 거실과 그린 룸으로 완전히 다른 모습을 하고 있었다. 가끔 영화제에서 유명 여자배우들이 입고 나오는 반전의 드레스가 - 앞쪽에는 가려지고 뒤쪽에는 확 트인 드레스 - 생각나기도 했다. 아무튼 주택 후면은 정면의 반전으로 - 전면에는 솔리드한 벽 후면에는 전면 유리로 내부 공간을 오픈된 공간으로 처리하는 것은 유소니언 주택의 특징을 정직하게 보여주고 있다. - 다른 유소니언 주택에서도 느껴 보았지만 이 주택의 경우는 다른 주택들과는 조금 강도가 강한 것 같았다. 그 이유는 정면에서 차고 외에는 거의 주택의 모습을 상상할 수 없었기 때문일 것이다.

주택 규모는 단층이며, 부엌 공간 옆의 내려가는 계단이 있는 것으로 보아 일부 지하공간도 있는 듯하다. 현재 평면 형태는 L자 형태이지만 앞에서도 잠깐 언급했듯이 이 주택의 초기 형태는 一자형이다. 그것도 현재와 같이 침실이 갤러리 뒤쪽으로 나열되어 있지 않고, 갤러리 쪽이 벽으로 현재와 반대 방향이었고, 제일 끝부분에 위치하고 있는 서재도 없었으며, 그린 룸도 없었다고 한다. 이것을 1960년에 탈리어신 협회 소속 건축가에 의해 보완되어 맨 처음 주택과는 다소 차이는 있다고는 하지만 실내와 실외의 재료들은 옛날 그대로이다. 주택 내부는 침실 3개, 화장실 1개, 서재 1개 그리고 부엌, 식당, 거실로 이루어져 있다. 그러나 평면에서는 침실과 거실, 부엌, 식당에 레벨차이를 두어 공간들을 확실히 구분하고 있다. 즉 현관으로 들어오면 거실을 마주하게 되며, 우측 방향의 6단의 계단으로 올라가게 되면 갤러리를 통하여 각 침실로 들어간다. 거실과 갤러리 사이의 6단의 계단이 이들 공간을 구분하고 있다. 계단 6단이면 그 높이는 약 80~90㎝ 이므로 공간을 확실히 구분하고 있는 듯하다.

• 거실의 모습 – 커튼으로 가려져 조금은 어두운 분위기가 느껴진다. 뒤쪽에 보이는 문이 선룸으로 연결되는 문이다.

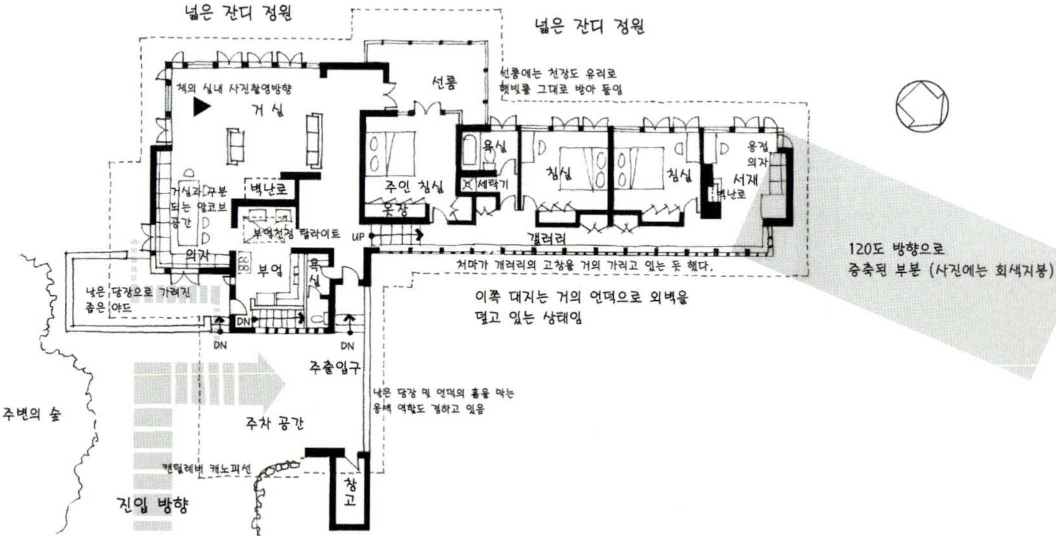

• 1층 평면도 – 에이크빌리지의 위성사진을 보면 120° 방향으로 증축된 부분을 볼 수 있다.

4) 사무엘과 도로시 엡스테인 주택(Samuel and Dorothy Eppstein Residence)

- 위치 : 11098 hawthorne Dr. Galesburg MI.
- 건립 : 1948년
- 건축스타일 : 유소니언(Usonian Style)

(1) 땅 속에 집을 짓고 싶었는데…

이 주택은 바로 앞에서 이야기한 에릭 V 브라운 주택의 이웃에 – 이웃이라고 하기에는 좀 떨어져 있지만 – 있는 주택으로 호손 도로를 따라 크리스틴 와이즈브래트 주택을 찾아가는 도중에 만날 수 있었다. 이 주택 역시 에이크빌리지의 다른 주택들과 같이 건축주가 직접 3천장 이상의 콘크리트 블록을 사용하여 지었다고 한다.

맨 처음 주택형태를 보았을 때는 본서에서 설명한 미시건 주의 칼라마주에 있었던 로버트 레빈 주택(1948)과 거의 같은 시기에 설계한 것인지 거실부분이 올라간 버터플라이 지붕(Shed 또는 butterfly)[1] 형태로 이루어진 외형이 비슷하다는 것을 느낄 수 있었다. 그러나 이 주택을 방문할 당시에는 주택의 많은 부분이 훼손되어 있는 상태였고, 또한 많은 부분이 노후화되어 슬라브 여러 곳에 지주대로 받치고 있었다. 그리고 사람이 거주하지 않았기 때

1) 본 책 유소니언 주택에서 그림과 함께 설명한 것을 참조하기 바람.

문에 실내공간은 쓰다 남은 가재 도구들이 이리저리 흩어져 있었다. 비록 내부를 촬영하였지만 너무 지저분한 것 같아 본서에는 싣지 않았다. 또한 주 출입구 부분으로 차량의 진입은 주변의 잔디 등 때문에 주변 도로에 주차 후 걸어서 주택으로 접근했다. 이 주택이 자리한 대지는 조그마한 언덕으로 남쪽이 높고 북쪽으로 가면서 낮아지며, 그리고 동쪽이 높고 서쪽이 낮아지는 어느 정도 경사를 가진 언덕이었다. 다시 말해 주택을 짓기 위한 대지의 향으로서는 그리 좋은 자리라고는 할 수 없는 위치이다. 그래서 맨 처음 집주인인 사무엘 엡스테인은 경사진 언덕 안으로 집을 짓고 싶었다고 한다. 그러나 라이트가 많은 토목비용이 소요된다는 것으로 설명하였고, 그 비용을 감당하기 힘들었기 때문에 경사면을 따라 대지 위에 집을 지었다고 한다. 그래도 동쪽 부분에 면한 침실 외벽부분은 크리스틴 와이즈브래트 주택처럼 침실에 설치된 고창(高窓)만이 대지 위로 나와 있을 정도로 거의 땅에 묻혀 있다.

01 _ 경사끝 부분에서 성토된 부분을 옹벽으로 처리하고 지붕을 치켜 올려 시야와 일조를 동시에 해결하고 있다.(북쪽 방향에서 바라 본 모습)

02 _ 주차 공간 및 주 출입구의 모습으로 방문 당시, 주변의 잔디 등으로 인하여 차량 진입이 어려울 정도였다.(서쪽 방향에서 바라 본 모습)

03 _ 남쪽의 높은 곳에서 북쪽으로 내려다 본 모습 - 남쪽 테라스 부분에 지주대를 받친 것이 보인다.

04 _ 주택의 전면도로(북 서방향)에서 차고와 거실을 바라본 모습

반면에 남쪽에서 북쪽의 낮아지는 경사를 따라 평면이 내려오다가 평면이 끝나는 거실 공간에서는 그대로 경사를 따라 내려가지 않고 블록으로 옹벽을 쌓고 대지를 성토하여 대지의 레벨을 올렸다. 그리고 거실 지붕 역시 경사 방향과 반대로 치켜 올려줌으로써 거실에서 외부로 시야를 확보하고 있다. 즉 경사 방향과 평행하게 지붕을 처리하는 경우 거실의 시야는 아래쪽으로 향하게 되어 시야가 막힐 뿐 아니라 충분한 일조를 받아들이지 못해 하루 종일 어두운 거실 공간으로 변할 수 있었던 것을 대지를 성토하고 거실의 레벨을 올리고 북향의 거실 전면을 모두 유리 창문으로 처리함으로써 거실을 밝힐 수 있는 일조를 충분히 받아들일 수 있도록 배려하였다.

• 거실 공간 좌측의 언덕 위부분이 남쪽에서 내려오는 주택지붕 높이와 거의 같아짐을 볼 수 있다.

• 옹벽으로 북쪽으로 내려가는 경사를 치켜 올리고 버터플라이 지붕으로 거실의 시야와 일조를 해결하고 있다.

(2) 평면 계획

이 주택은 1948년에 에이크빌리지의 다른 주택들과 같이 설계가 이루어졌지만 건축주가 직접 시공하는 과정에서 많은 시간이 걸렸다. 그리고 건축주인 엡스테인은 라이트에게 요구하기를 좀 더 자신의 가족들의 생활에 적합하고 넓은 어린이 방과 창문이 있는 부엌을 - 맨 처음 초기 도면에서는 부엌에 창문이 없었다고 한다. 앞에서 여러 번 설명하였지만 라이트의 대부분 주택의 부엌은 창문이 없는 솔리드한 벽으로 둘러싸이고 부엌의 천장에 톱라이트로 처리하는 경우가 많았다. - 요구했다. 결국 1953년 엡스테인은 첫 단계인 거실, 식당, 작업실, 침실과 욕실이 완성된 후 이사했고 이후 몇 년에 걸쳐 남쪽끝 부분의 일반용도의 공간(General purpose room)을 완성시켰다.

평면의 전체적인 형태는 일자형에 침실과 거실이 나란히 배치된 일반적인 유소니언 형식이며 평면 공간구성은 4×4피트(≒ 1.2m×1.2m)를 기본 모듈로 사용하고 있다. 평면도에서 각 공간의 넓이를 쉽게 이해하기 위하여 모듈로 설명하면, 갤러리의 폭이 1모듈(1.2m)이며, 남쪽 끝부분의 일반 용도의 공간이 동서 방향으로 5모듈 남북 방향으로 6모듈을 사용하고 있다. 비록 모서리가 오목 들어갔지만 일반 용도의 공간은 약 6m×7.2m=43.2m^2 보다 조금 모자라는 넓이이다. 좁고 길쭉하게 계획된 침실은 동서 4모듈(4.8m)에 남북 2모듈(2.4m)이며, 주인 침실에 부속된 화장실과 세탁실은 가로 · 세로 모두 2모듈(2.4m)을 사용하고 있다.

이 주택 역시 남쪽에서 북쪽 방향으로 내려가는 경사 때문인지 주 출입구인 현관으로 진입하여 침실로 진입하기 위해서는 5단의 계단으로 올라가서 갤러리로 진입한 다음 침실로 들어가고 남쪽 복도 끝의 다용도로 사용될 룸으로 진입시에도 계단으로 올라가는 구조로 이루어져 있다. 동쪽에는 언덕으로 인하여 일조에 불리하기 때문에 각 침실은 고창으로 침실의 폭(2모듈)을 모두 창문으로 계획하고 있다. 사실 동쪽 언덕으로 올라가면 넓은 평지가 조성되어 있고 이곳에 조그마한 야외 수영장이 만들어져 있다. 이곳과 동쪽의 뒤쪽 테라스까지는 연결 통로가 별도로 만들어진 것이 아니고, 침실 고창 옆과 수영장 레벨 차이는 나무로 만든 데크식 3단 계단으로 처리하고 뒤쪽 테라스까지는 침실 고창의 자연적인 길을 따라 세탁실 부근에서 자연 경사로로 내려와서 뒤쪽 테라스까지 연결되고 있었다. 왜! 주 출입구 앞에 넓은 공간이 있음에도 불구하고 굳이 이 언덕 위에 수영장을 만들었을까? 비록 필자의 짧은 생각이지만 그 이유는 간단하고 명쾌했다. 수영장이 있는 언덕 공간은 동과 남쪽으로 오픈되어 있고 주변은 숲으로 가려져 있으며, 낮 동안 종일 햇빛을 받을 수 있기 때문에 가족들 간에 즐기기에는 안성맞춤인 것 같았다. 그리고 북과 서쪽으로는 주택건물이 전면 도로로부터 외부인의 시선을 차단시켜 주는 기능을 하기 때문에 프라이버시 확보에 유리한 위치라고 생각된다.

• 천으로 덮여 있는 수영장과 주택이 동측 벽과 붙어있고 꽃 때문에 데크 계단이 보이지 않는다.(평면도 참조)

• 북쪽 거실 테라스에서 유리를 통하여 뒤쪽 테라스 문 방향으로 바라본 모습

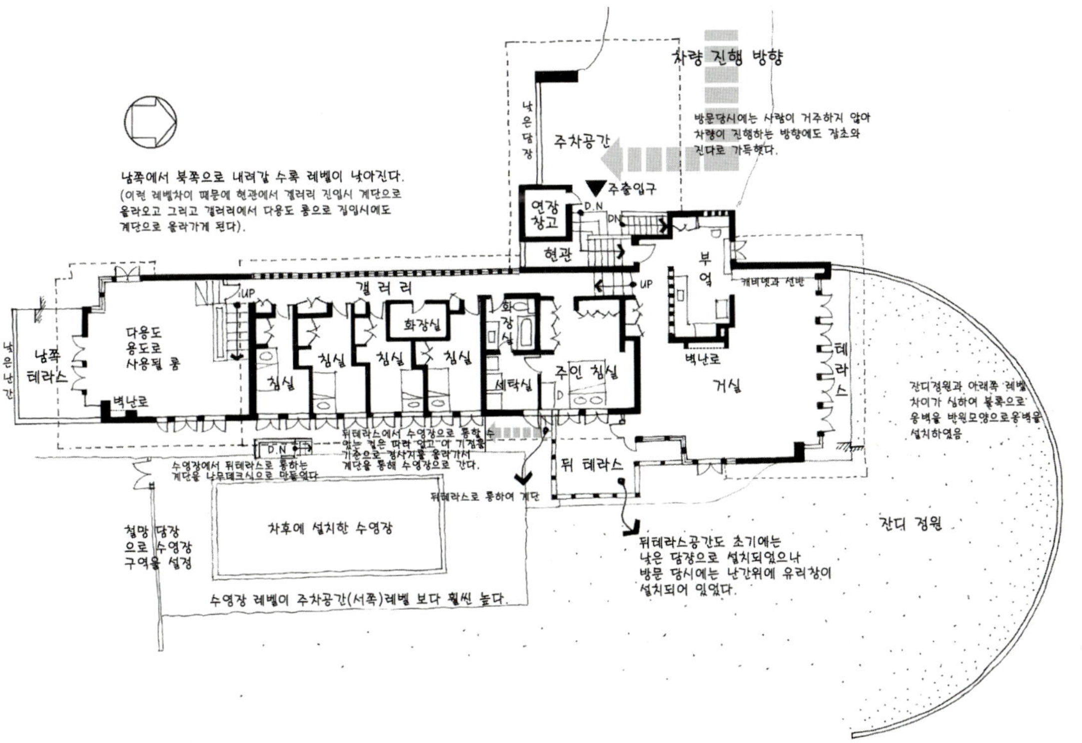

• 전체적으로 일렬로 배치된 1층 평면도

Ⅱ. 미시건 주의 오케모스(Okemoso) 지역

1. 오케모스 지역의 개요

미시건 주는 미국의 북부 지역에 위치하고 있는 주로서 그 이름은 미시건 호에서 따왔고 그 의미는 '맑은 물'이란 뜻으로 물이 풍부한 지역이라는 것을 내포하고 있다. 오케모스 지역은 미시건 주의 주도인 랜싱(Lansing)에서 동쪽으로 약 10km 정도의 거리에 위치하고 있으며 미시건 주립 대학교를 중심으로 조용하고, 가을이면 주변의 아름다운 단풍으로 인해 도시 전체가 붉게 물드는 매력적인 곳이기도 하다. 이 지역은 필자가 1년 동안 생활한 곳이며 라이트의 주택을 탐방하게 되는 기회를 제공한 곳이기도 하다. 2011년 1월부터 이 지역의 인근에 위치하고 있는 미시건 주립 대학교에서 방문교수로 1년간 생활하게 되면서 도서관에서 우연히 라이트 작품집을 접했고, 그 책에서 필자가 머물고 있는 아파트에서 자동차로는 5분도 걸리지 않는 거리에 라이트가 설계한 주택이 있다는 것을 목도하고는, 솔직히 20세기에 그렇게 유명한 근대 건축가의 작품은 어느 정도인지 궁금하기도 했고, 재미삼아 고트쉬 윈클 주택(Goetsch-Winckler Residence, 1940)을 방문하게 되면서부터 나도 모르게 라이트의 주택 탐방을 시작하게 되었다. 이곳에는 고트쉬 윈클 주택 외에도 엘링 P.와 케스린 브라우너 주택(Erling P. & Katherine Brauner Residence), 제임스와 도로레스 에드원드 주택(James and Dolores Edwards residence), 도날드와 메리 로 슈아베르그 주택(Donald and Mary Lou Schaberg Residence) 등 3개의 주택도 필자가 생활했던 아파트에서 그리 멀지 않은 거리에 위치하고 있었다.

오케모스 지역은 라이트의 고향인 위스콘신 주와 자동차로 4~5시간의 거리에 위치하고 있으며, 특히 라이트의 작품과 미국 근대 건축의 발상지인 시카고와는 3~4시간 거리에 위치하고 있었기 때문에 라이트 건축 작품뿐 아니라 근대 건축을 탐방하기에는 지리적으로 너무나 좋은 위치였다. 우리나라에서 4~5시간 정도이면 서울에서 부산정도의 거리이지만 넓디넓은 미국(우리나라 땅 넓이의 약 94배 정도)에서는 일반적으로 이야기 할 수 있는 짧은 거리에 속하는 편이기 때문에, 1년 생활하는 동안 시카고를 5번이나 방문할 정도로 가까운 거리로 느껴졌다. 이는 자동차로 달리는 동안 주변의 이국적이고 색다른 풍경을 구경하는 재미와 킬로미터에 익숙한 필자에게 마일(1mile=1.6km)로 표시된 자동차의 거리 측정계는 시카고까지의 거리를 실제 거리보다 훨씬 가깝게 느껴지게 만들었다. 그리고 미시건과 일리노이 주에는 우리나라와 달리 거의 높은 산이 없기 때문에 고속도로를 달리는 동안 주변의 확 트인 전경은 답답한 가슴을 확 뚫어주는 기분이서 지겨운 느낌은 들지 않았다. 뿐만 아니라 언제나 재미없는 여행을 같이하는 아이들의 종알거림은 시간이 어떻게 가는지를 잊어버리게 했다.

2. 오케모스 지역의 주택들

1) 고트쉬 윈클 주택(The Goetsch-Winckler House)

- 위치 : 2410 Hulett Rd. Okemos, Michigan
- 건립 : 1940년
- 건축스타일 : 유소니언(Usonian Style)

• 주변의 울창한 가을의 단풍과 어우러진 고트쉬 윈클 주택은 한마디로 한 폭의 그림처럼 느껴진다. 특히 주택의 형태는 수평선과 면으로 이루어진 하나의 조형물로 느껴질 정도로 단순하지만 아주 멋스러운 모습으로 보인다.

(1) 강한 흡수력을 가진 캔틸레버 차고

고트쉬 윈클 주택은 라이트의 후기 유소니언 주택 건축 양식의 작품이다. 1930년 미시건 주립 대학교 교수 8명이 오케모스 지역에 40에이크(acre)의 땅을 구입하고 그들 중 2명, 알마 고트쉬와 케스린 윈클(Alma Goetsch and Kathrine Winckler)이 라이트에게 주택 설계를 의뢰하면서 건립된 주택이다. 라이트의 유소니온 주택은 "in-line-Usonian"이라고 하듯이 이 주택 역시 단순한 一자형으로 설계되었다. 주택의 공간계획은 차고, 거실, 식당, 부엌, 침실 등이 장방형의 평면에 순서대로 배치되는 개념으로 이뤄졌다.

필자가 머문 아파트 인근에 위치하고 있었기에 우연히 이 주택을 방문하게 되었다. 방문 당시에는 거주하는 사람은 없었고, 주택의 매도를 위해 비어 있는 상태였다. 본 주택의 위치는 오케모스의 휴렛 로드(Hulett Rd.)에 一자형 평면이 도로와 직각방향으로 배치되어 있었고, 지붕 형태는 주변의 일반 주택들의 경사가 심한 박공지붕과 달리 평지붕으로 이루어져 있다.

一자형 주택의 전 · 후면 대지의 높이 차이로 인하여 후면에는 경사가 심했기 때문에 접근하기가 불가능했다. 주택의 중심적 공간인 거실은 북동 · 남서양 양방향을 향하고 있으며, 전면 도로인 휴렛 로드와는 수직(90도)으로 배치되어 있기 때문에 一자형 평면의 끝부분에 위치하고 있는 차고를 바라보면서 진입이 이루어졌다. 즉 접근로인 휴렛 로드에서 보면 一자형의 짧은 측면(차고)만이 보이고, 또한 평지붕으로 높이도 낮고, 주변의 여러 박공지붕 주택들과 확연히 다른 모습을 하고 있기 때문에 유심히 보지 않으면 주택인지 창고 건물인지 뚜렷하게 인지하기 힘든 주택이다.

• 진입부에서 바라본 모습 – 一자형 평면의 짧은 방향으로 진입이 이루어지기 때문에 유심히 보지 않는다면 주택인지 창고인지 구별하기 힘들다.

• 거실 쪽을 바라본 모습 – 거실 앞에는 넓은 잔디 정원으로 거실의 전면에 설치된 접이창을 열면 자연과 하나가 된다.

한 마디로 진입부에서 안쪽 깊숙이 주택이 위치하고 있어 주택이 단번에 다 들어오지 않는다. 장변의 정면이 전면도로의 진입부 방향으로 면하지 않고, 단변인 측면이 진입부와 직각으로 면하고 있기 때문에 자연스럽게 진입 동선으로 접근하다 보면 一자형 평면의 끝부분에 계획된 차고에 도달하게 된다. 차고의 천장부분은 기둥이 없이 길게 뻗어 나온 캔틸레버로 이루어진 탓에 이 집을 처음 방문하는 사람은 차고 공간이 주 출입구의 현관이 있는 공간으로 오해하기 쉽다. 왜냐하면 차고 옆에는 차고 및 주택에서 사용하는 다양한 장비들을 넣어두는 창고 문이 계획되어 있다. 이 문은 일반 창고 문보다 넓은 쌍여닫이 문으로 계획되어 있긴 하지만 현관문으로 오해하는 경우가 많을 것으로 생각된다. 필자 역시 처음 방문했을 때에 당연히 차고에 출입이 가능한 현관이 위치하고 있을 것이라 생각(대부분 주택에 차고에서 부엌으로 연결되는 부 출입구가 있었기 때문)했기 때문에 처음 방문할 당시에는 자연스럽게 창고 문으로 손이 갔고, 당연히 당겨보았다. 빈 집임을 알고 있었기 때문에 주저 없이 문을 당겼다. 문이 열리는 순간 정면은 막혀 있고 지하로 연결되는 계단과 함께 다양한 연장이 올려져 있는 선반이 내벽에 설치되어 있었다. 이런 행동은 우연히 이 주택을 방문할 당시에 주택의 전면도로에 차를 주차시키고 접근로를 통하여 조심스럽게 접근하면서 비어 있는 차고 위로 아주 멋있게 뻗어 나온 캔틸레버로 인하여 나도 모르게 자연스럽게 차고로 유인되어서였다. 특히 주택 후면과 경계를 구분 짓기 위해 차고 좌측의 낮은 담장은 다른 방향으로의 진입을 막았고 또한 낮고 길게 뻗어 나온 캔틸레버로 인하여 차고 방향으로의 공간 흡인력은 다른 어느 주택보다도 강했다. 필자 역시 무의식적으로, 공간의 보이지 않는 손에 의해 잡아 당겨지고 있는 듯 차고 방향으로 걸어가고 있었다.

일반적으로 미국 주택의 차고는 주택 내의 부엌 공간과 연결되어 있기 때문에 차고에서 주방으로 연결되는 문이 계획되어 있는 것은 일반적인 동선 처리이다. 또한 차고에는 거대한 오름내림 문이 설치되어 폐쇄된 공간으로 계획되는 것이 일반적이기 때문에 일반적인 미국 주택 개념으로 이 주택을 접근한다면 분명히 혼돈될 것이라 생각한다. 차고에서 오른쪽으로 방향을 돌리면 진입부에서는 짐작할 수 없는 잔디 정원이 남서향으로 펼쳐져 있다. 잔디 정원 가장자리에는 거목들이 잔디밭을 에워싸면서 잔디 정원을 둘러싼 공간으로 만들고 있었다. 진입 도로에서 느끼는 주택의 첫 인상과는 달리 차고로 진입한 후 우측으로 넓게 펼쳐지는 정원의 모습은 공간의 분위기를 반전시키고 있을 뿐 아니라 정원을 둘러싸고 있는 거목들에 의해 외부에 노출되지 않은 위요된 공간을 형성하면서 주택의 외부 공간임에도 불구하고 외부로부터 방해받지 않는 주택 내의 공간영역으로 착각할 정도로 아늑한 공간을 만들어내고 있었다. 필자 아이들도 필자가 주택을 이리저리 돌아다니며 촬영하는 동안 잔디 정원에서 이리저리 뛰어다니는 모습이 꼭 자신의 집 정원처럼 느끼고 있는 듯 했다.

(2) 주 출입구(현관)가 없는 주택

이 주택의 평면 형태는 전형적인 유소니언 주택 형태로 ㅡ자 형태의 장방형으로 계획되었고 2개의 침실과 욕실 그리고 주방 공간으로 계획되어 있다. 현관의 진입은 앞에서도 언급하였듯이 접근로인 차고에 주차한 후, 주차 공간과 정반대편에 위치하고 있는 베란다(LANAI : 하와이의 원주민 용어로 베란다를 의미한다고 함)쪽의 작은 문을 통하여 진입한 후 다시 거실과 연결되는 문을 통해 주택 내부로 진입하는 방법과 주택 전면(북동 방향)에 설치된 거실의 접이 유리문으로 진입하는 방식을 택해야 한다. 그러나 베란다 공간은 평면에서 볼 수 있듯이 침실과 연결되어 있는 가족들의 프라이버시 공간으로 계획되었기에 거실 끝부분에 가벽을 설치하여 베란다(LANAI)로의 진입을 살짝 막아주는 역할을 하고 있었는데 이는 우리나라 전통 반가의 내외 벽처럼 느껴지기도 했다. 이렇게 현관이 아닌 거실의 접이문을 통하여 진입하는 방식은 이전의 다른 주택과 다른 접근방식이다. 또한 대부분 차고에서 부엌을 통하는 방식과 달리 차고에 주차 후 거실의 테라스 문을 통하여 주택내부까지 진입하기 위해서는 동선이 길어지는 불편함도 감수해야 할 것 같다.

• 진입부의 거대한 캔틸레버 캐노피와 왼쪽에는 현관으로 착각하게끔 계획된 창고의 쌍여닫이문이 보인다.

• 진입부 차고부분의 캔틸레버 케노피와 차고의 낮은 담장은 방문객의 흡입력을 증폭시키고 있다.

침실은 동 · 북 방향으로는 솔리드한 벽으로 계획되어 있는 반면에 남 · 서 방향으로는 베란다 공간(LANAI)으로 유리창이 설치되어 개방되어 있었다. 2개의 침실 사이에는 화장실이 계획되어 있어 양쪽 침실에서 접근의 편리성을 고려한 듯하다. 전체적인 평면에서 라이트의 특유의 계획 방법인 거실과 식당이 오픈되어 있는 반면에 요리를 위한 부엌 공간은 살짝 감추는 계획 방식이 고트쉬 윈클 주택에서도 사용되고 있다. 또한 거실 한쪽에는 거실 창문에서 살짝 감추어지면서 벽난로를 중심으로 한 알코브 형식의 공간이 계획되어 있는데 이 공간은 거실 천장보다 층고가 낮기 때문에 아늑함도 느껴지는 동시에 정원에서 거실의 맑은 유리문을 통하여 노출될 수 있는 외부의 시선을 차단할 수 있어 가족들 간의 분위기를 만들어 낼 수 있는 공간으로 보였다. 현재 주택 내에 남아있는 식당의 의자와 식탁은 라이트가 직접 디자인한 것 그대로 남아 있었다.

차고와 반대편에 위치하고 있으면서 가벽으로 가려진 베란다(LANAI)공간은 나무재질의

01 _ 현관으로 들어가기 위한 LANAI(베란다) 공간으로 진입로 차고에서 여기까지 걸어와서 좌측의 담장 문을 통하여 현관으로 진입하는 동선으로 계획되어 있다.

02 _ 살짝 가려진 부엌 공간과 라이트가 직접 디자인한 식탁 그리고 알코브 부분의 화로 그리고 천장 높이 차이로 만들어진 고측창으로 거실 안쪽까지 햇빛이 들어오고 있다.

03 _ 현관부분이 접이 유리문으로 계획되어 있으며 케노피가 차고까지 연장되어 있으며 오른쪽 창문이 없는 벽은 주인 침실의 벽으로 붙박이장이 계획되어 있다.

04 _ 차고 방향으로 유도하는 낮은 담장은 레벨을 달리하는 대지를 구분하는 경계 지점을 의미하기도 한다.

낮은 담장으로 공간을 형성하고 있으며, 외부에서 거실로 직접 들어가기 전 완충 공간으로 계획된 것으로 느껴졌다. 또한 이리저리 흩어져 있는 의자들을 보는 순간, 아마도 이곳에서 주인의 휴식과 가족들 간의 파티 공간으로도 손색이 없겠구나 하는 생각이 들었다. 동북 방향의 거실 창문은 창과 문의 역할을 동시에 수용할 수 있는 접이문으로 계획되어 있어, 길게 나온 지붕 처마로 인해 여름 한낮의 햇빛을 피할 수 있을 뿐 아니라 유리접문이 개방되면 거실 앞의 잔디밭과 거실이 하나의 공간으로 느낄 수 있을 것이라는 생각에 또 한 번 감탄하게 된다.

주택의 평면 계획에서 특이한 부분은 앞에서 잠깐 언급했듯이 현관이라고 정해진 공간이 특별히 계획되어 있거나 정해져 있는 것이 아니고 동북쪽 거실 접이용 유리문이 현관 기능을 담당하고 있다는 것이다. 일반적으로 외여닫이문에 의한 좁은 현관이 아니라 거실 공간의 연장을 위한 접이 창문이 주 현관으로 사용하도록 계획되어 있는 점이 특이하다. 이런 계획으로 인하여 처음 이 집을 방문하는 사람들은 현관을 찾지 못하고 현관에 대한 의문만 안고 되돌아가게 될 것이라 필자는 확신할 수 있다.

반면에 남서 방향(주택 후면)의 대지는 외부와 레벨차이가 많이 나기 때문에 거실 창문을 연다고 해도 외부로는 나갈 수 없게 계획되어 있다. 부엌 공간의 경우 동북쪽에 위치하고 있으며, 처마 및 고창이 계획되어 있지만 낮 시간 동안 햇빛을 많이 받을 수 없다는 점과 평면의 폭이 넓고, 1층 단층 평면이므로 햇빛이 거실 안쪽 깊숙이 들어오지 않는 점을 고려하여 주방 지붕에 천창(톱라이트)을 만들어 햇빛을 유입하고 있었다.

• 남쪽에서 바라본 모습 – 후면부의 거실창과 지면과 레벨차이로 인하여 거실의 창은 문으로서의 기능보다 창으로서의 기능이 강조된 것 같다.

• 살짝 감추어진 부엌부분의 천장부분에서 들어오는 햇빛으로 부엌이 밝아 보인다.

라이트의 대부분 주택에서 주방은 솔리드한 벽으로 또는 주택 공간 내에서도 감추어진 공간으로 계획되어 어두운 공간으로 만들어지기 쉽기 때문에 주방에 천창을 계획하는 방법으로 공간의 채광과 분위기를 해결하고 있는 경우를 많이 볼 수 있다.

지붕은 평지붕에 의한 주택 공간의 단조로움에 변화를 주고 오픈된 주거 공간내 공간의 영역을 암시적으로 분리하는 의미에서 거실 공간은 천장 높이를 높여 시원한 분위기로 연출하였고, 반면에 벽난로가 있는 알코브 공간은 천장의 높이를 거실보다 낮게 만들어 좀 더 아늑한 분위기를 연출하고 있다. 그리고 거실의 층고가 현관과 알코브보다 높기 때문에 천장의 높이 차이를 이용하여 거실 천장에는 클리어스토리(clerestory, 지붕 높이 차이를 이용하여 만들어진 고측창)를 계획하여 거실 안쪽까지 햇빛이 들어올 수 있게 고려하였다.

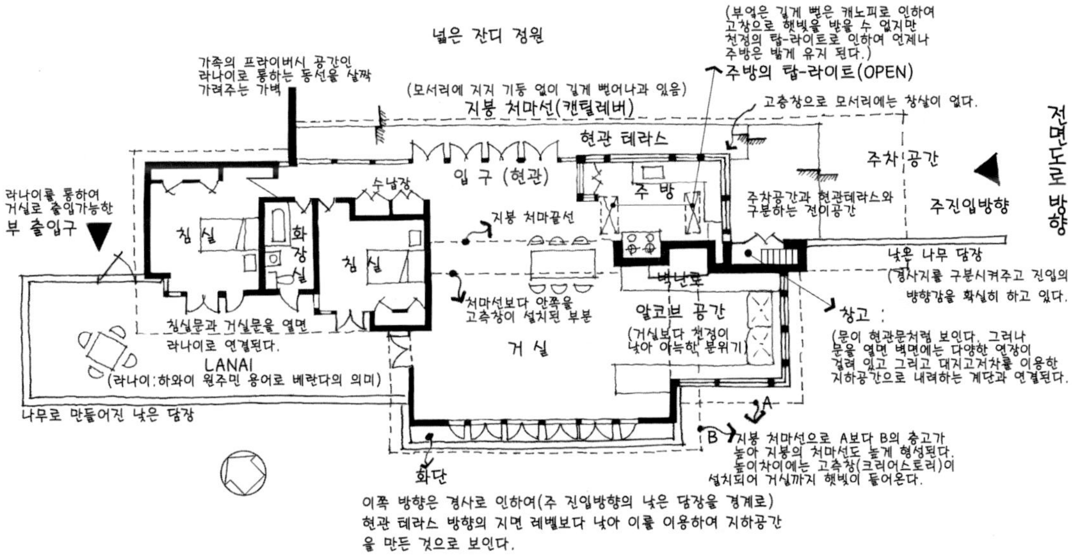

• 평면도 – 전체적으로 ㅡ자형으로 계획되어 있으며 우측 주 진입방향으로는 차고가 위치하고 있고, 주 진입은 (입구)현관(테라스 접이문)으로 이루어지거나 또는 라나이(베란다)가 있는 부 출입구로 이루어지고 있다. 이로 인하여 차고에서 주택으로 진입하는 동선이 길어지는 단점이 있다.

2) 어링과 케스린 브라우너 주택(Erling P. & Katherine Brauner Residence)

- 위치 : 2527 Arrowhead Rd. Okemos MI.
- 건립 : 1948년
- 건축스타일 : 유소니언(Usonian Style)

• 전면 도로보다 조금 높은 곳에 유리창 하나 없이 회색으로 가려진 주택. 그리고 지붕은 입면에 비해 조금 과도할 정도로 큰 모습을 하고 있다.

(1) 독특한 형태로 만들어진 우편함

본 주택은 라이트가 유소니언 개념으로 1948년에 설계한 주택으로, 오케모스 에로헤드 도로(Arrowhead Rd.)의 끝부분 쿨데삭(Cul-de-sac, 막다른 골목) 좌측 부분의 도로보다 조금 높은 대지에 자리하고 있었다. 처음 보는 순간 지붕이 주택 입면에 비해 너무 많은 부분을 차지하고 있어 커다란 새 한 마리가 날개를 펼치고 앉아있는 듯 했다. 그리고 이 주택과 에로헤드 도로를 사이에 두고 마주하는 곳에는 라이트가 설계한 제임스와 도로레스 에드워드 주택(James and Dolores Edwards residence)이 위치하고 있다. 현재 브라우너 주택의 주인은 2번째 주인으로 건축업에 종사하는 사람이라 라이트가 설계한 집인 것을 알고 매입하였고 했다.

특히 이 주택의 경우에는 다른 주택들과 달리 빨리 찾을 수 있었던 것은 애로헤드 도로변에 설치한 우편함이 주변의 주택 우편함과는 너무 특이하게 만들어져 있기 때문이었다. 처음에는 우편함이라기보다 소형대포처럼 만들어진 것 같기도 하고…, 아무튼 길을 가다가도 우편함을 보면, 아마 여러분들도 도대체 어떤 집이기에 이런 우편함을 만들어 놓았을까 하는 의구심 때문에 자연스럽게 이 주택으로 발걸음을 옮길 것이라 생각한다.

위성 사진에서는 주택으로 들어가는 진입로가 보이지 않을 정도로 많은 나무로 둘러싸여져 있었지만 전면 도로변에서는 회색빛 외벽에 일반적인 주택과 달리 주택 외벽에는 창문이 하나도 없어 쉽게 집을 찾을 수 있을 것이다. 필자가 방문했을 당시에는 때 마침 주인아저씨가 차고 공간에서 무언가 작업을 하고 있어 쉽게 말을 건넬 수 있었다. 그리고 사진 촬영을 허가 받으려 했지만, 사전에 전화(예약)도 없었고 또한 준비도 되어 있기 않기 때문에 사진 촬영은 허락하지 않았다. 그러나 필자가 건축가임을 설명하고 주변의 라이트 주택 방문에 관해 이야기하자 그때서야 주택 외관만의 사진촬영을 허용했다.

• 막다른 골목 끝부분에 위치한 집으로 주변의 울창한 숲으로 둘러싸여져 있고 왼쪽에는 조그마한 저수지가 위치하고 있다.

• 2527 주소가 명확히 쓰여 있는 우편함의 형태가 다른 주택들과 달리 특이하기 때문에 주택을 찾는 데 도움이 된다.

(2) 날개 펴고 뒤 돌아 앉아 있는 한 마리의 새

전면 도로의 진입부에서 주택까지는 조금 오르막으로 연결되어 있기 때문에 진입부에서 보이는 주택의 외관은 경사 높이 때문에 주택의 외벽이 많이 보이지 않고 주택 전체를 덮고 있는 거대한 경사지붕만이 보인다.

라이트의 다른 유소니언 주택들과 동일하게 주택의 전면부 외벽은 창문이 설치되지 않아 커다란 새가 날개를 펼치고 뒤돌아 앉아 있는 모습 같기도 하고, 아무튼 전면 도로에서는 주택의 전체적인 이미지를 눈치 챌 수 없었다.

그리고 주택으로 접근하는 필자 자신 역시 발걸음 소리에 새가 날아가면 어떻게 될까하는 두려움이 있었는지 발걸음이 매우 조심스러웠다. 매번 느끼지만, 라이트의 주택을 돌아다니면서 대부분의 라이트의 유소니언 주택들은 전면 도로에 개방된 창문을 만들지 않기 때문에 어떻게 접근해야 할지 망설여지고 조심스러웠던 때가 한 두 번이 아니었다. 이 주택의 경우에는 방문 당시 때마침 출입구 앞에서 주인아저씨가 작업을 하고 있었기 때문에 조심스럽게 다가가서 이야기 했지만 처음에는 사진 촬영을 거절당했다. 여기에 굴하지 않고 다시 한 번 더 시도…(여러 주택을 방문하면서 나도 모르게 배짱과 뻔뻔함이 많이 생긴 것 같음), 필자의 소속과 건축가임을 이야기하는 순간, 주인아저씨의 얼굴이 밝아졌고 자신도 건축가라고 응답하면서 순간, 건축에 종사하는 사람으로서의 동질감을 느꼈는지 사진 촬영을 흔쾌히 승인해주었다.

01 _ 현관부분의 차고 – 지면을 향해 뻗어 나온 캔틸레버 지붕에 기둥이 없다.

02 _ 전면도로에서 진입부를 본 모습 – 거대한 지붕이 집을 덮고 있는 모습, 벽에는 거의 창문이 보이지 않는다.

03 _ 차고 안쪽에 위치한 현관 공간 – 중공 블록사이로 들어오는 빛으로 인하여 어두움이 다소 해결되고 있었지만 조금은 어두운 느낌도 들었다.

04 _ 회색 외벽의 단조로움을 조금이라도 완화시켜주기 위하여 재미있는 장식품이 자리하고 있었다. – 외부인의 침입을 지키고 있는 듯하다. 외벽에는 구멍난 블록의 조그마한 창들이 보인다.

진입부를 올라가면 마주하는 거대한 경사지붕이 캔틸레버 형식으로 지면으로 내려오면서 차고를 덮고 있었으며, 지붕은 거의 지면에 닿을 정도로 뻗어 나와 있었지만 지붕을 받치는 기둥이 없었기 때문에 멀리서 보면 마치 새가 날개를 곧 펼칠 것처럼 느껴졌다. 외벽은 오케모스 지역의 다른 주택과 달리 붉은 벽돌 종류를 사용하지 않았고 4(8)×16인치의(hollow-core: 블록 내부가 비어있는 블록) 콘크리트 블록을 사용하고 있었다. 전체적으로 블록 위에는 다른 마감을 하지 않은 회색 그대로 시공되어 있었다. 이 주택 역시 다른 오케모스 주택과 같이 전면부에 개방된 차고가 위치하고 있었고, 차고에 주차한 후 주 출입구인 현관으로 진입하는 방식으로 계획되어 있었다. 차고와 면하는 벽은 솔리드한 벽으로 처리하여 방문객이 진입할 때 내부를 전혀 볼 수 없도록 계획되어 있었지만 주택 내부에서는 구멍난 블록이 창문 기능을 하면서 외부를 볼 수 있게 계획하여 주택 내부의 프라이버시를 보호하고 있었다.

특히 차고로 사용되는 지붕 아래 공간의 경우는 기둥도 없고 지붕의 경사를 유지하면서 지면으로 뻗어 나와 있기 때문에 조금은 불안한 느낌이 들어, 주인아저씨에게 설명을 부탁하자, 아저씨가 말하기를 지붕 뒤쪽에 받치고 있는 블록 사이의 빈 공간에 철근을 삽입하여 고정시키고 이 철근을 지붕 속으로 삽입시켜 캔틸레버를 유지하도록 계획되어 있다고 했다. 그러면서 블록 사이에 조금 보이는 철근을 직접 보여 주는 친절함을 베풀어 주었다.

주 출입구에서 현관 부분으로의 진입은 차고에 차를 주차한 후 안쪽으로 진입하면 차고 바닥보다 조금 높게 만들어 차고와 공간을 구분하는 듯한 현관 공간이 나온다. 현관은 길게 뻗어 나온 캔틸레버 지붕과 현관을 둘러싸고 있는 외벽으로 인하여 조금은 어둡고 가려진 공간으로 계획되어 있었지만 중공 블록의 구멍을 통하여 햇빛이 들어오고 있었기 때문에 현관 공간의 어두움은 어느정도 해결되고 있었다.

전면 도로로 진입하여 차고에 진입하기 전 주택의 왼쪽으로 돌아 주택의 반대편(남쪽 방향)으로 돌아서면 넓은 잔디 정원과 주택 전면부와는 완전히 다른 남향으로 배치된 침실과 넓게 잔디 정원 방향으로 설치된 전면 유리창 문을 접하게 된다. 외부의 잔디 정원과 통할 수 있게 계획된 거실의 전면 유리창 문은 접이식 유리문으로 앞에서 설명한 고트쉬 윈클 주택처럼 여름철에 이 창문을 모두 열면 자연과 하나 됨을 느낄 수 있는 충분한 넓이로 계획되어 있었다. 그리고 정원과 거실의 접이문 사이에는 테라스 공간이 마련되어 있는데, 이 공간은 정원과 다른 재료인 석재를 사용하여 정원 공간과의 경계를 구분 짓고 있었다. 또한 지붕을 테라스 공간까지 확장시킴으로써, 비록 잔디 정원과 같은 레벨을 가지고 있었지만 바닥을 다른 재료로 처리하고 지붕을 설치함으로써 같은 외부 공간에서 또 다른 공간으로 규정하고 있을 뿐 아니라, 외부 공간과 내부 공간사이의 완충공간 또는 전이 공간으로서의 기능을 수행하고 있는 듯했다. 그리고 잔디 정원 한 쪽 구석에는 조그마한 연못을 만들어 외부 공간을 더욱더 자연 친화적으로 꾸미고 있었다.

• 서쪽 부분의 거실 창은 라이트의 특유의 돌출 창문으로 계획되어 있고 모서리 부분에는 창살을 사용하지 않아 내부공간을 더욱 확장시키고 있다.

• 남쪽부분의 거실은 접이식 전면 유리문으로 계획되어 있고 거실의 지붕은 테라스 공간까지 뻗어 나와 공간영역을 규정하고 있다.

연못은 단순한 수(水) 공간으로서의 역할뿐 아니라 낮은 담장으로 계획하여 서쪽부분의 경사면과 경계를 알리는 역할도 겸하고 있는 듯하였고, 낮은 담장 끝부분에 장식된 전등마저 주택의 경사지붕과 비슷한 사각 모임지붕 형태로 만들어 또 다른 느낌을 주었다.

서쪽의 거실 창문은 비록 대지의 레벨차이로 인하여 출입이 불가능하지만 라이트의 특유의 돌출 창문으로 계획되어 있었다. 특히 유리창 모서리 부분에는 창살로 계획하지 않고 유리와 유리로 연결되게끔 처리되는 디테일을 볼 수 있다. 이런 디테일은 라이트의 여러 주택 작품에서 빼놓을 수 없는 유리창 디자인 구성요소라고 할 수 있다. 이렇게 사각형의 모서리 부분에 창살을 설치하지 않고 유리로 연결시키는 방식은 사각형 모서리를 창살로 고정한 공간보다 훨씬 더 내부 공간을 넓게 그리고 개방감을 확대시킬 수 있기 때문이라 할 수 있을 것이다. 심지어 탈리어신(위스콘신 주)의 경우에는 외벽에 사용된 면이 고르지 않은 자연석과 접하는 창문에 창살을 설치하지 않고 돌과 만나는 유리를 돌의 모양대로 유리를 오려내고 – 그렝이질 – 창문을 설치하는 경우도 있었다. 그러나 필자가 보고 온 것을 솔직하게 이야기하면, 요즈음 유리창에 사용하는 페어 글라스가 아닌 싱글 글라스를 사용하고, 외벽에 사용한 자연석의 형태대로 유리를 정확하게 오려내지 못했는지 자연석의 오목, 볼록한 면과 유리가 일치하지 않아 두 재료가 만나는 부분에 빈틈이 많이 보였다. 사실 도면상에는 쉽게 그릴 수 있는 것도 시공상에서는 어려운 부분이 많아 도면대로 시공되지 않는 경우도 종종 있다. 농담 삼아 이야기하면 옛날에 어느 유명건축가가 돌을 자연스러운 곡선으로 깎아 사용하는 것으로 설계도를 그렸는데, 막상 현장에서 시공하는 시공자들은 '돌이 두부로 알고 설계했냐!' 라고 하면서 시공의 어려움을 이야기했다고 한다.

01 _ 거실쪽의 낮은 벽과 현관부분의 낮은 벽이 기준대지 보다 낮은 레벨의 대지 경계를 의미하고 있는 듯하고 비록 일직선상은 아니지만 현관의 낮은 벽이 반대편 거실까지 연장된 느낌을 준다.(평면도 참조)

02 _ 동쪽 거실 부분의 조그마한 연못과 거실의 접이문, 낮은 담장으로 영역을 규정하고 있으며 반대편까지 연결된다.

03 _ 서쪽 거실창에서 내부를 본 모습 - 거실중심에 벽난로가 보이고 오른쪽에 부엌으로 들어가는 좁은 공간과 조금은 좁게 느껴지지만 침실로 통하는 왼쪽부분의 좁은 통로가 보인다.

다시 브라우너 주택으로 돌아와서…, 북쪽의 진입부와 마주하는 외벽의 솔리드한 벽과 회색의 색깔로 인하여 주택의 이미지가 조금은 무미건조하고 단조롭게 느껴질 수 있는 외벽 주변 공간에는 재미있는 장식품(철로 사람 모습을 만들어 주택으로 진입하는 방문객을 지켜보고 있는 듯한 모습)을 설치하여 무표정한 벽면을 조금이라도 변화시키고자 하는 주인의 노력을 엿볼 수 있었다. 그리고 거실 쪽의 낮은 벽과 현관부분의 낮은 벽은 기준 대지보다 낮은 레벨의 대지 경계를 의미하고 있는 듯했고, 비록 일직선상은 아니지만 현관 앞에 설치된 낮은 담장은 반대편 거실을 지나 정원 공간까지 연장되어 이어져있어 주택의 영역을 확실히 구분시키고 있었다. 그리고 주택 내부의 거실에서는 전면 유리창 문을 통하여 바라다보는 저수지는 유리창문의 창살로 인하여 여러 폭의 그림을 이어 만든 병풍처럼 보일 것이며, 사계절의 변화하는 자연을 실내에서 감상할 수 있을 것이다.

(3) 실내 레벨차를 이용한 공간 구분

평면의 공간 구성은 거실의 접이문이 위치한 남향을 기준으로 각 침실이 동쪽 방향으로 연이어 一자형으로 배치되어 있고, 주인방(Sitting room)이 一자형에서 벗어나 돌출된 형태로 계획되어 있었다. 평면 계획은 전체적으로 4피트(≒1.2m)의 정사각형 모듈에 의해 계획되었고, 一자형 평면에서 거실 뒤쪽으로 주인 침실이 확장된 평면 형식으로 계획되어 있다. 주인 침실의 크기는 가로 4모듈(4×1.2m=4.8m)과 세로 3모듈(3×1.2m=3.6m)으로 약 14.4m^2(4.4평) 정도의 크기이다. 침실의 유리창은 남향으로 배치되어 있으며, 북쪽으로는 갤러리(복도 폭은 1모듈=1.2m)를 계획하여 각 방으로 연결시키고 있으며, 북쪽의 외벽은 차고와 전면 도로를 명확히 구분시키기 위하여 솔리드한 벽으로 계획되어 있다.

주택 내부 바닥의 레벨은 침실 부분 레벨, 거실 부분의 레벨 그리고 지하 부분으로 구분하고 있는데, 이는 주택이 위치한 대지가 평지가 아니고 조금 경사진 대지를 최대한 응용한 것이다. 대지(외부)에서 3단의 계단을 통하여 거실로 진입하고 거실에서 4단의 계단을 올라간 레벨에 침실이 계획되어 있다. 내부 벽 역시 외부에 사용한 중공 블록이 그대로 노출되어 계획되어 있고 내부에 설치된 빌트 인(built-in) 가구들은 대부분 자작나무를 사용한 베니어 합판(birch plywood)과 상록수(Cypress)가 주재료로 만들어졌다. 사실, 주인아저씨가 외부 촬영만을 허용했음에도 불구하고 필자는 외부를 돌아다니면서 서쪽 거실 유리창을 통하여 내부를 촬영한 무례함이 발각되면서 주인아저씨를 노하게 만들어 조금은 난처한 상황을 만들기도 했기만 무사히 촬영을 마칠 수 있었다.(주택 내부를 촬영한 사진은 주인아저씨와 필자의 시선이 마주치는 순간이다.)

평면도에서 조금 이상하게 생각되는 부분은 주방 공간이다. 대부분의 라이트 주택뿐 아니라 미국의 주택에서는 주방의 위치는 외기와 면하거나 또는 차고와 동선을 연결시키기 위하여 주방에 보조 출입구를 계획하는 것이 일반적인 계획임에도 불구하고, 본 주택에서는 주방이 삼면으로 솔리드한 벽으로 둘러싸여 있고 외부와 연결되는 보조 출입문이 보이지 않는다. 특히 차고가 있는 부분과 부엌은 갤러리(복도)로 인하여 곧바로 출입 동선이 연결될 수 없다. 필자의 생각으로는 아마도 시팅(Sitting)이라는 주인 침실이 원래 一자형 주택 계획안에서 차후 증축된 것이 아닐까 하는 생각도 해 보았다. 즉, 자동차로 접근하는 경우 현재의 주 출입구가 있는 방향이 아닌 반대편의 주인 침실 자리에 주차한 후 현재의 주인 침실로 연결되는 문을 통하여 주방으로 진입할 수 있었을 것이라고 상상하기에 충분한 평면도이기 때문이다.

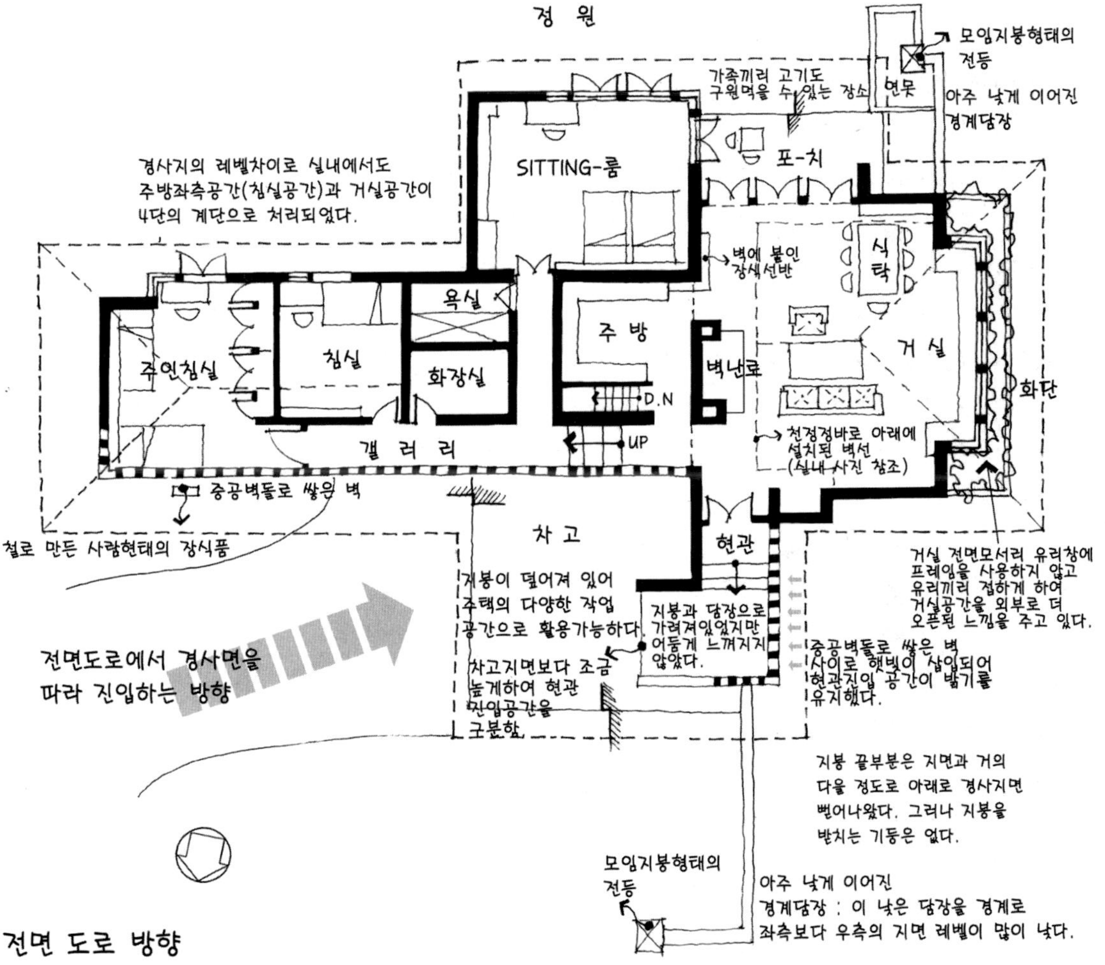

• 평면도 – In-line 형식의 유소니언 평면 형식에서 주인 침실이 날개처럼 첨부된 평면 형태로 변형되어 계획되었다.

3) 제임스와 도로레스 에드워드 주택(James and Dolores Edwards Residence)

- 위치 : 2504 Arrowhead Rd. Okemos MI.
- 건립 : 1949년
- 건축스타일 : 유소니언(Usonian Style)

• 경사지로 인하여 주택 전면부와 달리 후면부는 높은 담장으로 둘러싸인 주택으로 계획되었다.

(1) 주택을 지키는 조각상

에드워드 주택은 에로헤드 도로(Arrowhead Rd.)를 사이에 두고 케스린 브라우너 주택 맞은편에 위치하고 있지만 대지의 레벨 차이와 주변의 울창한 나무들로 인하여 거의 서로 보이지 않는다. 그리고 언덕 아랫면에 위치하고 있기 때문에 전면 도로에서는 거의 보이지 않고 접근로에 진입해서 보면 지붕 밖에는 볼 수 없다.

배치 계획은 남 · 서향으로 거실과 침실이 배치되어 있어 방향 설정에는 조금 아쉬움이 있다는 생각이 들지만 전면 도로와 접근로의 관계 그리고 언덕이라는 주변의 대지 상황을 고려할 경우 최선의 선택이라 생각되었다.

앞에서 잠깐 언급했듯이 진입로에서는 주택의 형태와 전면이 거의 보이지 않고 지붕의 윗부분만 나무 사이로 보였다. 반면에 진입부 바로 좌측에 주택을 지키고 있는 듯한 조각상이 위치하고 있는데, 이 조각상은 라이트의 기념품점에서도 너무나 자주 봐왔기 때문에 한 눈에 라이트 주택임을 알 수 있었다. 이와 비슷한 조각상은 주택 주 출입구 바로 앞에도 또 하나 더 있었다. 마치 진입부에서 현관까지 방문객을 따라오면서 집을 지키는 듯한 느낌을 주었다. 또한 이런 느낌은 집을 방문했을 당시 아무도 거주하지 않았기 때문에 더욱 강하게 느껴졌는지 모르겠다.

외장재는 적벽돌과 해안지대의 측백나무(Cypress)[2]과에 속하는 나무를 함께 사용하고 있지만 대부분 적벽돌로 마감되어 있었고 지붕은 아스팔트 싱글을 사용하고 있었다. 외장재로 사용한 목재는 1972년에 다시 마감한 것이다. 주택이 위치한 대지는 평지가 아니고 자연 언덕 면을 절토 · 성토를 하지 않은 자연 그대로의 언덕 면에 건축하였기에 주택의 모든 면은 지면과의 레벨 차이로 인하여 보는 위치에 따라 건물의 모습은 전혀 다른 모습으로 보인다.

• 진입부 바로 앞에 서있는 조각상 – 팔 아래의 사각형의 연속적인 디테일이 보인다.

• 조각상을 지난 진입부에서 바로 본 주택의 모습 – 주택은 나무로 가려 형태는 거의 보이지 않고 지붕만 보인다.

주택 입구에 들어서면 넓은 현관 공간이 방문객을 맞이한다. 이 공간은 오케모스에 있는 다른 주택들과 같이 차고가 오픈되어 있었지만, 현관으로 진입하는 현관 공간은 오른쪽에 차고 공간과 구분되어 계획되어 있었다.

현관 공간에는 진입부 앞에 있는 조각상과 똑 같은 조각상이 하나 더 위치하고 있는데,

2) 키가 큰 원추형 교목으로, 황적색의 나무껍질은 단단하고 질기며, 회갈색 열매가 열린다. 한번 베어내면 재생하지 않지만 다른 종에 비하여 완전히 말라 죽기까지 오랜 시간이 걸린다. 지중해 지역에 널리 퍼져 있으며, 특히 그리스에서 많이 자란다.

이는 진입부에 있는 조각상이 현관까지 나를 따라왔나 싶을 정도로 착각하게 만들었다. 아무튼 현관 공간에서 90° 좌측으로 방향을 바꾸면 현관문이 나온다. 현관문은 3짝의 유리 접문으로 만들어졌고 유리에는 라이트 특유의 문양이 스테인드글라스로 디자인되어 있어 라이트의 손길이 느껴졌다.

주택 뒷면은 거실이 있는 공간이지만 거실과 대지의 레벨 차이로 인하여 거실에서 외부로 동선이 연결되지 않아 조금은 아쉽기도 했다. 거실 4면의 벽 중에 3면이 유리로 계획되어 있을 뿐 아니라, 라이트의 디테일에서 볼 수 있는 모서리 부분에 창문틀을 제거하고 유리로만 연결하는 라이트 특유의 창문계획으로 조망과 채광을 최대한 보완하였다는 생각이 들었다. 후면은 전면과 달리 전면의 대지 레벨까지 벽돌벽으로 쌓아 올린 것이 마치 주택의 담장처럼 느껴졌다. 이는 진입부에 오픈된 느낌과는 달리 조금은 거북스럽기도 했지만, 경사진 대지에서 주택 공간의 높낮이를 최대한 맞추기 위한 불가피한 결과라고 생각한다.

01 _ 현관으로 들어가기 바로 앞 공간에 있는 조각상으로 진입부에 있었던 것과 거의 똑같은 형태이고 현관 부분을 지키고 있는 듯 했다.

02 _ 진입부 끝나는 지점에서 본 주택 모습 – 나무에 가려 주택의 형태를 인지하지 못했지만 현관 바로 앞에 오픈된 차고를 계획한 점은 다른 미시건 라이트 주택과 동일하다.

03 _ 현관문 앞에서 현관 진입부를 바라본 모습으로 진입부에서 현관이 보이지 않고 진입을 위해서는 90° 방향전환으로 현관으로 진입하게 된다.

04 _ 현관문 – 현관문은 전면 유리로 만들어졌고 라이트 특유의 문양이 스테인드글라스로 만들어져 있어 라이트 주택임을 한 눈에 알아볼 수 있게 하였다.

05 _ 주택의 후면부 언덕 아래에서 바라 본 모습 – 평지가 아닌 언덕 면에 지어진 주택이기 때문에 전면부와는 레벨 차이가 많이 나는 것을 알 수 있다.

06 _ 거실부분의 외부 모습 – 거실창은 쌍여닫이창으로 레벨차이로 인하여 외부와는 동선이 연결되지 못하지만 전면 유리로 인하여 햇빛 뿐만 아니라 자연 경치를 충분히 조망할 수 있도록 모서리 부분까지 유리로 처리하였다.

(2) 대지의 조건을 그대로 적용한 주택공간

에드워드 주택은 언덕부분(hillside)에 4피트 사각형 유니트 모듈을 기본으로 계획되었다. 거실, 현관, 부엌(work space) 그리고 침실 날개 부분에 4피트 정사각형 모듈이 40° 회전하여 추가되었다. 이러한 방식은 램벌선 주택(Lamberson house, 1948, Iowa)과 그린버그 주택(Greenberg Residence, 1954, Wisconsin)에도 똑같이 적용되었다.

주택의 규모는 지상 1층과 지하층으로 이루어져 있다. 지하는 대지의 레벨차이를 이용하여 경사 아랫부분을 지하실로 계획하였다. 초기 안은 유소니언 초기 형식인 一자형으로 계획되었지만 거실이 60° 각도로 추가되었고 여기에 베드룸이 90° 꺾이는 안쪽 부분에 추가된 평면도이다. 추가된 침실은 1968년도 경에 탈리어신 건축연구소에 의해 추가 증축된 것이다. 차고는 현관으로 들어가는 공간과 하나의 공간으로 오픈되어 있었지만 주차 공간을 좌측 공간으로 한정함으로써 구분되어 있었고 진입부와 곧바로 연결되어 있었다. 一자형 평면에서 방과 거실은 남 · 서 방향에 면하고 있으며, 추가적으로 증축된 침실은 동 · 남향으로 배치되어 있다.

주방 계획은 라이트의 다른 주택 작품에서와 같이 조금은 가려진 공간으로 계획되어 있었고 반면에 식당은 오픈된 공간으로 계획되어 있었다. 전체적인 동선의 흐름은 현관 - 거실 - 부엌(식당) - 방으로 개인적인 공간인 침실로 동선의 끝부분에 위치시켜 개인의 프라이버시를 최대한 보장되도록 계획되어 있다. 평면에서도 대지의 레벨차이로 인하여 거실 공간과 침실 공간이 5단의 계단으로 연결되어 대지의 조건을 최대한 고려하였다. 평면 중심부에는 화로를 위치시켜 거실과 식당 공간 모두에게 따뜻함을 제공하고 있었다.

또한 이 주택의 경우 대지의 레벨 차이로 인하여 거실과 연결되는 테라스 공간은 없고 각 침실에 연결된 테라스 공간이 계단을 통하여 거실로 간접적으로 연결되게끔 계획되어 있다. 그리고 오케모스 지역의 라이트 주택에서는 차고와 면하는 공간은 대부분 솔리드한 벽으로 처리되고 있는데 이 집의 경우에는 추가적으로 증축된 침실의 경우 차고와 진입부를 볼 수 있는 조망용 창문이 계획되어 있다는 점이 특이했다.

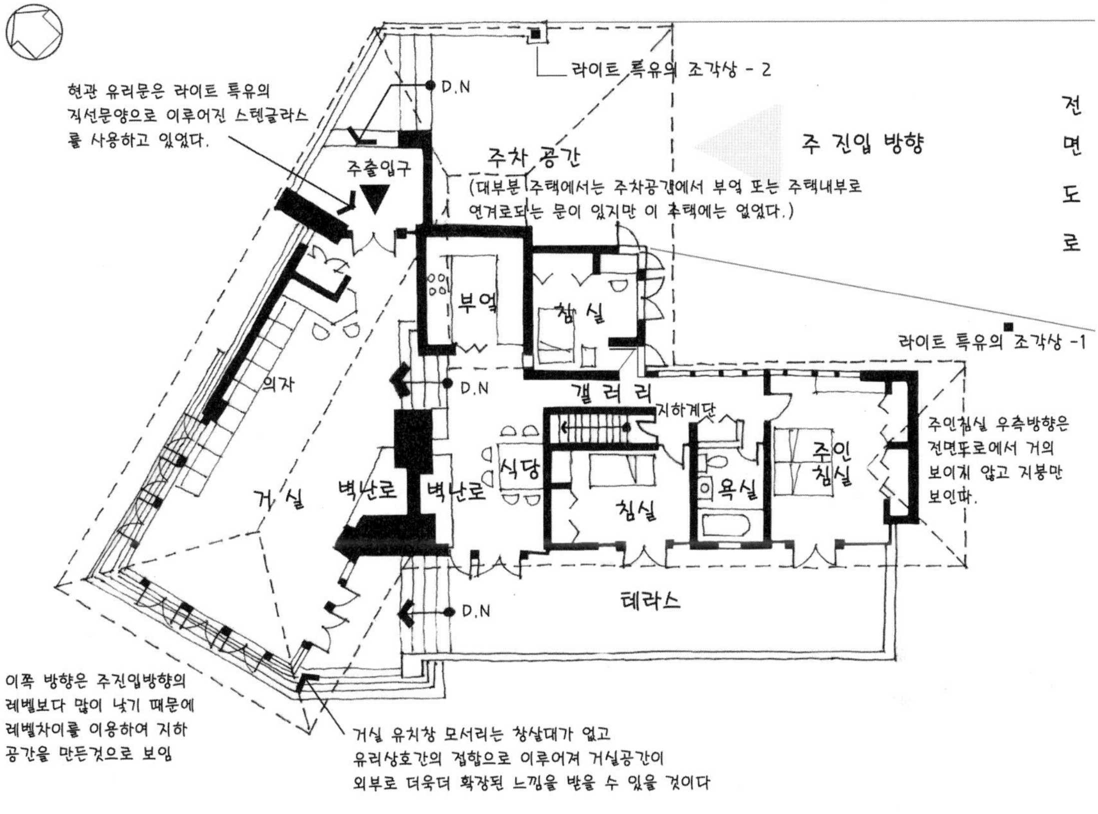

• 초기 베드룸에 90° 각도로 날개 부분이 추가되었다.

4) 도날드와 메리 로 슈아베르그 주택(Donald and Mary Lou Schaberg Residence)

- 위치 : 1155 wrightwind Dr. Okemos, MI.
- 건립 : 1958년
- 건축스타일 : 유소니언(Usonian Style)

• 길게 내민 처마 그리고 연속으로 이어진 창문 등 라이트 특유의 주택 디테일이 보인다. 주택 뒤편으로 생뚱맞게 전망대 같은 건물이 보인다.

(1) 여유 있는 대지에 지어진 주택

이 주택 역시 라이트의 유소니언 스타일로 미시건의 오키모스에 위치하고 있다. 토마스 헤인츠(Thomas Heinz)의 책 『프랭크 로이드 라이트의 비젼(The Vision of Frank Lloyd Wright)』에 의하면 집주인 도날드 슈아베르그(Donald Schaberg)는 미시건주 랜싱(주도)에 있는 목재 공업에 종사하는 사람이었다고 한다. 이들은 랜싱에 있는 에드워드와 이웃으로 지냈으며 그리고 에드워드가 라이트에 의뢰해 오케모스에 주택을 지은 지 약 1년 뒤인 1950년에 라이트에게 설계를 의뢰하였다. 그리고 7년 후인 1957년 슈아베르그에 의해 지어지기 시작하여 1년 후인 1958년에 완성된 주택이다. 오케모스 지역에 있는 다른 주택들과 달리 대지에 여유가 있었기 때문에 후에 수영장을 추가로 증축하였다.

또한 슈아베르그는 라이트의 오른팔이라고 할 정도로 절친한 죤 호우(John Howe)에게 추가적인 증축을 부탁하였고, 최종적으로는 1964년에 완성되었다고 할 수 있다. 1968년에는 슈아베르그가 40피트 높이의 타워를 추가적으로 디자인하여 기존의 집과 연결시켰다. 사진에 있는 풀장은 1973년에 완성된 것으로 이 집에서는 가장 최근에 추가적으로 증축된 것이라고 할 수 있다.

• 차고에서 중정 공간을 바로본 모습 – 좌측의 전면 유리부분은 복도공간이고 뒤쪽 건물은 증축된 가족실이다.

• 증축된 가족실 공간의 창문 밖으로 수영장이 보인다.

(2) 생뚱맞게 세워져 있는 타워

슈아베르그 주택은 미시건의 오케모스시 라이트윈드 도로(wrightwind Dr.)의 막다른 도로(Cul-de-sac)에 위치하고 있다. 막다른 도로로 진입하면 골목에 바로 접해 있는 다른 주택이 눈에 먼저 들어온다. 슈아베르그 주택은 막다른 도로에서 조금 안쪽에 위치하고 있을 뿐 아니라 1층으로 울창한 나무로 가려져 다른 주택에 한 눈을 팔면 슈아베르그 주택은 잘 볼 수 없다. 주택 옆에 지어진 생뚱맞게 생긴 높은 전망대 때문에 쉽게 찾을 수는 있겠지만 전망대를 보고 한 눈에 주택이라고 생각하는 사람은 많지 않을 것이다. 그리고 주택이 자리한 대지가 도로면보다 낮았기 때문에 사냥꾼이 동물을 기다리면서 숲속에 숨어있는 듯한 느낌을 주었다.

전체적인 배치의 경우 초기에는 L자형 이었지만 후에 ㄷ자형으로 증축되고 타워형태의 건축물도 추가로 증축되었다. 향은 거실을 중심으로 동남향으로 배치되어 있으며 동남쪽에는 넓은 잔디밭이 계획되어 있어 거실과 동선 연결이 가능하게 되어 있으며, 거실에서

01 _ 날렵한 박공지붕과 주택 가운데 위치하고 있는 벽난로의 굴뚝이 보이고 뒤로 타워형 건물도 보인다.
02 _ 진입부에서 바라본 도날드 주택 전경 – 긴 캔틸레버 기둥으로 구획된 차고도 보인다.
03 _ 구글의 위성사진으로 쿨 데 삭과 동남으로 위치한 도날드 주택이 보인다.
04 _ 식당 공간과 연결되는 테라스 공간으로 도로면에 면하지 않아 아늑함이 느껴진다.

넓은 잔디와 울창한 숲을 감상할 수 있는 호사로움도 즐길 수 있도록 계획되어 있다.

본 주택의 규모는 1층으로 55,000장 이상의 메리랜드(Maryland) 벽돌과 상록수의 일종인 사이프러스(Cypress)를 잘 손질한 마호가니 플라이우드(Mahogany plywood)가 주재료로 사용되었고, 박공지붕은 향나무를 사용하여 만들었다. 진입부는 오케모스 지역에 라이트가 설계한 고트쉬 윈클 주택처럼 진입 전면부에 차고로 계획되어 있다. 그러나 차가 없는 경우에는 차고라고 느껴지기 보다는 기둥이 캔틸레버를 받치고 있는 멋진 현관 공간으로 착각하게끔 한다. 사실 현관도 차고 바로 안쪽으로 연결되고 있지만 차고가 이렇게 현관 공간으로 겸하는 계획은 일반 미국 주택에서는 찾아보기 힘들다. 다른 주택에서도 여러번 설명했듯이 일반적 미국 주택은 차고에서 주방으로 진입하는 동선과 현관 동선은 차고 동선과 분리되어 계획되는 경우가 대부분이기 때문이다. 특이할만한 것은 생뚱맞게 주택과 인접하여 타워형 건축물이 증축되었다는 것이다. 조금 부자연스럽기도 하지만 주변 환경을 생각하면 동화 속에 나오는 숲속의 나무 위에 지어진 장난스러운 조형물로 느껴지기도 하면서 공항의 관제탑 같기도 했다.

전면부에서 왼쪽으로 돌아가면 식당과 통하는 테라스 공간이 나온다. 테라스 공간은 낮은 벽돌 담장으로 어느 정도 영역을 구분짓고있지만 날씨가 좋은 날이면 식당에 설치된 두 짝의 쌍여닫이문을 활짝 열고나면 자연과 하나의 공간될 수 있을 것 같았다.

(3) 솔리드한 벽과 맑은 유리의 대조

평면의 형태는 진입부의 캔틸레버의 차고와 증축된 부분을 제외한다면 부분적으로는 유소니언 초기 형식인 一자형으로 이루어졌다. 4개의 방과 거실, 침실, 식당, 부엌, 창고, 3개의 화장실로 이루어져 있고, 침실, 식당, 거실 모두 햇빛이 잘 들어오는 동남향으로 계획되어 있다. 거실과 부엌 사이에는 벽난로가 위치하고 2개의 화장실은 대부분 북서쪽에 위치하고 있으며 북서쪽의 긴 복도가 형성되면서 각 침실을 연결시켜 주고 있다.

그리고 가족실로 증축된 부분으로 인하여 ㄷ자형 중간 부분에 중정이 생겨나면서 초기 유소니언의 一자형 평면이 변형되었다. 남동향의 개방된 멋진 정원과 달리 아늑한 중정이 만들어 진다. 사실 ㄷ자의 트인 부분의 중정 부분은 트인 부분을 경계로 중정보다 대지가 높기 때문에 하나의 위요된 공간이 만들어진다. 그리고 증축된 공간은 가족실로 계획되어 있고 왼쪽 공간에는 수영장이 만들어져 있다. 이 수영장은 가족실에서 동선이 연결되도록 계획되어 있어 한여름 가족실에 모여 수영하면서 즐거운 시간을 보낼 수 있는 진정한 가족 공간으로 계획된 것 같았다.

슈아베르그 주택에서도 라이트만의 특이한 디테일이 사용되고 있다. 창문의 프레임 중 벽면에 면하는 프레임의 경우 벽면에 창문 프레임으로 계획하지 않고 유리면 자체를 벽체에 삽입하여 창문을 만드는 디테일로 낙수장, 탈리어신 등에서도 사용하는 라이트 건축에서만 볼 수 있는 특이한 디테일을 사용하고 있었다.

그러나 시공자 입장에서는 지붕을 시공할 때 창문 프레임 대신 유리창이 삽입되어 시공할 수 있는 홈을 동시에 만들어야 하는 어려움이 있을 것이고 또한 정확하게 밀봉되지 않는다면 겨울에 찬바람이 들어올 수 있는 틈이 생길 수도 있을 것이다. 그리고 식당으로 들어가는 테라스 왼쪽 벽에는 라이트가 설계했음을 증명하듯 라이트 설계사무소(탈리어신) 기념 동판이 붙어 있었다.

• 지붕 아랫면과 창문이 만나는 부분에 창살대가 없이 지붕면에 유리창이 삽입되는 디테일

• 식당으로 들어가는 좌측 벽에 라이트가 설계했음을 알리는 기념 동판이 있다.

거실의 경우에는 차고와 면하는 두면의 벽을 전면 솔리드하게 처리함으로써 외부의 차량에 대한 방해와 거실의 프라이버시를 확보하고 북쪽의 차가운 바람을 벽으로 전면 차단함으로써 에너지를 절약할 수 있는 여러 이점이 있을 수 있겠지만, 창문이 없는 벽에서 오는 허전함과 답답함이 생길 수도 있을 것이다. 그러나 이런 허전함과 답답함을 보완이라도 하듯 일부 장식장의 선반을 벽에 고정시켜 놓거나 거실 벽면에 의자를 설치하여 솔리드한 벽에서 오는 허전함을 보완하는 것처럼 보였다. 이렇게 솔리드한 벽면에 장식 선반을 두는 방식의 벽면처리 수법과 벽면에 의자를 바짝 붙여 벽을 등받이로 삼는 배치 방식은 라이트가 설계한 여러 주택에서도 찾아볼 수 있는 실내 가구 배치 기법이다. 그리고 거실의 답답한 분위기는 거실 내에 배치된 오렌지 톤의 의자들이 화사함으로 바꾸고 있었다. 부연 설명하면 북서쪽의 솔리드한 벽이 있는 반면에 동남쪽으로는 전면유리로 개방되어 동남쪽에 펼쳐진 잔디 정원을 볼 수 있게끔 계획함으로써 솔리드한 벽에 대한 반대 작용으로 동남쪽의 유리벽은 그 기능뿐 아니라 유용성을 증폭시키는 듯한 느낌을 주었고, 가족의 단란함을 최대한 보장할 수 있도록 계획한 것 같았다.

우리들은 텅 빈 주택 공간에 주인의 취향에 따라 좋아하는 형태의 가구를 이것저것 구매하여 실내 공간을 꾸미는 경우가 일반적이다. 그러나, 결국에는 가구들이 서로 어울리지 않아 실내 공간의 분위기를 이상하게 만들어내는 경우를 많이 경험했을 것이다. 비록 이 주택은 아니지만 라이트의 경우에는 본인이 직접 설계하는 주택의 경우에는 언제나 그 주택 공간과 어울리는 가구를 직접 설계하였기 때문에 가구들과 주택 공간이 하나의 공간으로 융합되는 하모니를 연출하여 또 다른 새로운 공간으로 재창조하는 것이 너무나 부러웠다. 다른 한편으로 생각해보면 그만큼 라이트는 자신의 작품에 대한 고집 그리고 자신감이 있지 않았나 생각하게 된다.

• 거실의 모습 – 차고에 면하는 벽은 솔리드한 벽으로 계획되어 프라이버시를 확보하는 반면에 동남쪽의 정원 방향으로 전면 유리를 설치하여 개방되도록 계획하였다.

• 식당 테라스에서 본 모습 – 식탁과 좌측에 조금 숨겨진 부엌이 보이고 그리고 안쪽으로 거실과 연결되고 있다.

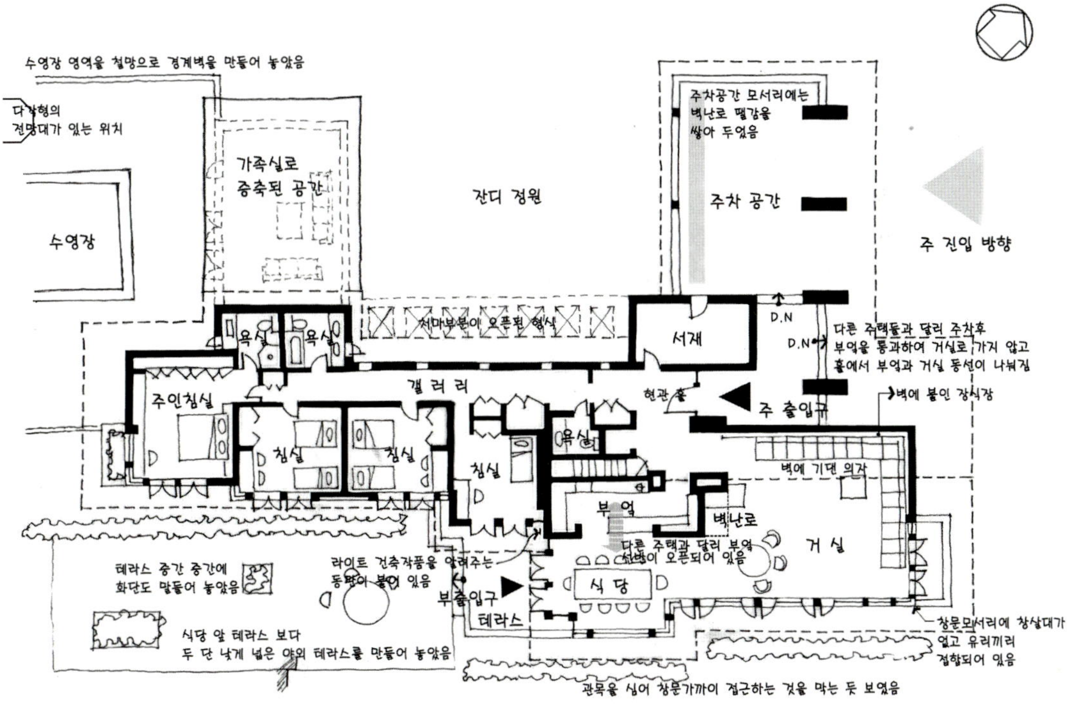

• 왼쪽부터 방–부엌–거실이 ㅡ자형으로 연결되어 있는 초기 평면에서 ㄷ자 형태로 증축된 부분이 표현된 평면도

Ⅲ. 미시건 주의 기타 지역의 주택들

1. 그레고르와 엘리자베스 애플렉 주택 (Gregor S. and Elizabeth B. Affleck Residence)

- 위치 : 1925 N. Woodward Ave. Bloomfield MI.
- 건립 : 1940년
- 건축스타일 : 유소니언(Usonian Style)

• 외벽 처마 밑의 길고 좁은 고창을 제외하고는 거의 창문이 없는 무표정한 전면부와 깊숙이 숨겨진 현관, 깔끔하게 수평으로 처리된 지붕 형태 그리고 캔틸레버식의 캐노피는 대지에 밀착된 느낌을 주고 있다.

(1) 낙수장을 연상시키는 주택

엘리자베스 애플렉 주택은 1940년에 지어진 전형적인 유소니언 주택이다. 이 주택이 위치하고 있는 곳에서 약 2마일(약 3.2km) 떨어진 브룸필드 힐에는 또 다른 라이트의 작품인 멜빈 맥스웰 스미스(Melvyn Maxwell Smith, 1946) 주택이 위치하고 있다. 이 두 주택은 필자가 거주했던 미시건 주의 오케모스 시에서 약 60마일(약 84km) 떨어진 곳에 위치하고 있기에 조금 일찍 서둘러 출발하면 하루 일정으로 두 곳 모두 여유있게 둘러볼 수 있다. 필자가 일찍 서두른 이유는 아이들을 위한 점심으로 도시락을 준비해야 하기 때문이다. 미국이라는 나라가 우리나라처럼 음식 문화가 다양하지도 않고, 주택가 주변에서 식당은 거의 찾아 볼 수 없고 대부분 식당들은 쇼핑몰 부근에 모여 있는 경우가 많기 때문에 주택을 찾아가는 도중에 식당을 찾아 끼니를 해결한다는 것이 그렇게 생각만큼 만만치 않다. 그리고 식당을 찾는다고 해도 먹을 수 있는 음식이라고는 햄버거, 고기, 파스타 종류가 대부분이다. 미국의 경우 다운타운을 제외하고 대부분 지역에서는 주거지역과 상업지역이 완전히 분리되어 있기 때문에 주택가에서 식당을 거의 찾아 볼 수 없다. 이런 이유로 주택을 순례하기 전에는 꼭 아이들 입맛에 맞는 한식으로 도시락을 준비하는 것은 필수적인 절차였다. 한국에서 그렇게 잘 먹든 햄버거를 미국에서는 왜 그렇게 싫어하는지…, 그리고 낯선 곳에서 식당을 찾아가기가 그렇게 녹록치 않기 때문에 1박 정도를 예상하면 2끼니 정도는 한식(과일, 음료 등 포함)으로 도시락을 준비한다. 특히 미국의 대부분 고속도로 휴게소에는 음식을 팔지 않기 때문에 긴 여행을 준비하는 경우에는 꼭 어느정도 음식을 준비하여 고속도로 휴게소(고속도로 휴게소에는 음식점은 없고 화장실만 있는 경우가 대부분이지만 외부 나무그늘 아래에 식탁과 테이블은 늘 준비되어 있었다.)의 나무그늘에서 먹고 가면 소풍가는 기분으로 주택 순례를 즐길 수 있다. 그리고 라이트에게 그랜드 피아노가 실내 공간의 필수품이라면 필자에게 도시락은 주택 순례의 필수 항목이 되어버렸다.

주택 순례를 계획한 두 주택 외에도 이곳에 오는 길에 거쳐 지나가는 플라이무스(Plymouth)지역도 방문했다. 이곳에 위치한 Lewis H. Goddard 주택(1953), Carlton David and Margaret Wall 주택(1941)을 보기 위해서였다. 그러나 두 주택은 철저한 감시와 – 외부에 감시 카메라를 설치 – 담장으로 인해 접근이 불가능한 상황이라 곧 바로 이곳, 브룸필드의 엘리자베스 애플렉 주택으로 이동해 왔다. 대로변에서 주의 깊게 살피다보면 지붕부분이 살짝 보임에도 불구하고 GPS(Global Positioning System)만 보면서 달려 왔다. 그러나 주택 인근에 도착한 후, GPS가 혼돈이 생기면서 주변을 몇 분 동안 방황하듯 돌아다니다가 어렵게 나무로 가려진 주택 지붕의 일부분을 보고서야 찾을 수 있었다. 만약 책에 있는 주택 사진을 아이들과 보지 않고 왔다면 쉽게 찾지는 못했을 것이다. 주택은 우두워드 에비뉴(Woodward Ave.) 대로변에 우거진 나무들 안쪽에 위치하고 있었기 때문에 쉽게 발견할 수 없었다. 그렇다고 해서 운전하는 도중에 주변의 주택 형태 등을 유심히 살피면서 운전한다는 것은 정말 위험한 상황을 초래할 수 있을 것이다. 특히 우두워드 에비뉴의 경우 대부분 통행 차량이 고속으로 주행하고 있었기 때문에 동행한 사람이 도와주지 않으면 주택을 찾기 힘들 것이다. 필자 역시 나와 동행한 아이들이 이리저리 고개를 돌리면서 작품집 속의 사진과 비슷한 주택을 찾아낸 후 필자에게 알려줬기 때문에 그나마 찾을 수 있었다. 솔직히 아이들도 필자와 같이 많은 주택을 방문했으므로 어느 정도 라이트의 주택스타일이 눈에 익었는지 이 주택뿐 아니라 다른 주택의 경우에도 필자보다 빨리 주택을 찾아내곤 했다.

방문 당시 주택에는 실제로 사람이 거주하지 않았고 브롬필드지역 소재의 로렌스 대학(The Lawrence Institute of Technology)에 의해 관리되고 있었다. 주택의 내부를 보고 싶은 경우 직접 대학으로 전화를 걸어 약속을 잡으면 주택의 내부를 볼 수 있다고 하지만 몇 번의 통화를 시도했음에도 기계음(자동응답기)으로 인하여 연결되지 않아 결국 주택의 내부를 보지 못해 안타까웠다.

이 주택의 맨 처음 주인인 그레고르 애플렉(Gregor Affleck)은 어린 시절 위스콘신 주의 탈리어신이 위치한 위스콘신 강 맞은편인 스프링 그린(Spring Green)에서 라이트의 탈리어신(Taliesin) 주택과 작업실을 보면서 자랐다고 한다. 그러면서 자연스럽게 라이트에 관해 잘 알게 되었고 또한 그의 건축 스타일을 좋아하게 되었다고 한다. 애플렉과 라이트의 인연은 이것뿐만이 아니었다. 애플렉의 친척 중에 한 사람이 오랫동안 라이트의 비서로 일을 했기 때문에 애플렉은 다른 누구보다도 라이트에 관하여 많은 것을 알 수 있었다. 그리고 그는 라이트와 전공은 달랐지만 같은 대학인 위스콘신 대학교에서 화학공학과를 1919년에 졸업했다고 한다. 그 후 애플렉이 성장하고 결혼 한 뒤 그의 부인 역시 낙수장(1935, 펜실베이니아)의 도면과 드로잉을 보고 라이트의 작품에 매료되었다고 한다. 이런 애플렉의 여러 인연과 그의 부인이 낙수장에 매료된 이유에서 인지 캔틸레버 식으로 길게 뻗어 나온 거실 발코니와 발코니 밑으로 만들어진 인공 수로, 수로 옆에는 조그마한 연못을 만들어 낙수장 아래로 흐르는 물을 연상시킬 수 있는 이미지를 표현하려는 노력이 곳곳에서 보였다.

필자도 이 주택을 방문하기 전에 낙수장을 방문했었다. 그러나 이 주택이 낙수장을 기본개념으로 설계한 사실은 전혀 모른 상태에서 방문하게 되었고, 또한 낙수장을 방문하고 그 실내 · 외 공간에 대한 감동이 그대로 남아 있는 상태에서 이 주택의 인공수로와 거실의 발코니 부분을 보는 순간 살짝(?) 낙수장의 이미지가 머릿속으로 스쳐가는 듯했다. 그 이미지가 너무나 낙수장 이미지와 흡사했기 때문에 필자가 아닌 다른 누구라도 낙수장을 방문하고 낙수장의 공간을 체험했다면 나와 같은 느낌을 받을 수 있을 것이라 생각한다. 현재 이 주택은 국가의 역사적 장소(The National Register of Historic places)로 선정되어 있고, 메리(Mary)와 골즈(Gholz)는 엘리자베스(1973)와 그레고르(Gregor, 1974)가 죽은 후 관리해오다가 현재는 위스콘신 대학에서 관리하고 있다.

• 차고 부분의 캔틸레버와 지붕의 수평적 요소가 강조되고 있고 중간 부분에 붉은 벽돌의 수직축(부엌 공간)이 수평적 요소(캔틸레버 지붕)를 고정시키면서 안정감을 주고 있다.

• 접근로에서 올라가면서 붉은 벽돌의 낮은 담장(난간)이 주택입구까지 연결되면서 집으로 접근을 인도하고 동시에 자연과 인공적 공간의 경계를 만들고 있다.

(2) 방문객을 당황시키는 3개의 문

본 주택은 우드워드 북쪽(North Woodward Ave.)대로변에서 직접 접근할 수 있어 접근성은 뛰어나다. 반면에 대로변에는 나무들이 숲을 이루고 있기 때문에 도로에서 주택 전체의 외관은 볼 수 없고 지붕 끝부분을 살짝 볼 수 있기 때문에 그냥 스쳐 지나갈 수도 있기에 주의가 필요하다. 주택은 거실을 기준으로 남 · 서향으로 배치되어 있으며, 접근은 정문이 있는 동 · 북 방향으로 이루어진다. 차고는 다른 라이트의 유소니언 주택과 같이 캔틸레버로 정문과 곧바로 연결될 수 있게 오픈된 공간으로 계획되어 있다. 캔틸레버가 워낙 길게 나온 탓에 현관이 깊게 배치되어 어두워 보이는 것을 고려하여 현관의 바로 위쪽 캔틸레버에는 톱라이트가 계획되어 있다. 그러나 맨 처음 이 주택을 방문하는 사람은 현관 바로 앞의 주차 공간에 차량을 주차한 후, 3개의 문을 접하게 되면서 조금은 당황할 수도 있을 것이다. 정면을 기준으로 제일 좌측에 있는 문은 경사면 밑(수로 공간)으로 내려가는 문이고,

중앙에 있는 문은 주방으로 곧바로 통하는 문이며, 제일 우측에 있는 문이 주 출입구인 현관문이다.

대지의 형상은 전면부와 후면부의 고저차로 인하여 전면은 1층으로, 후면은 고저차를 이용하여 지하층이 계획되어 있기 때문에 주택 후면부에서는 2층으로 보인다. 그래서 1층 거실 전면의 테라스 공간이 주택 후면부분까지 확장되면서 낙수장의 발코니와 같이 캔틸레버 형태를 취하게 된다. 이런 형태가 낙수장의 캔틸레버 발코니 개념이 이 주택에 어느 정도 반영되었음을 짐작할 수 있는 부분이기도 하다. 이 테라스 아래 공간에는 아담한 연못과 인공 수로가 만들어져 아담한 휴식 공간으로 제공되고 있다. 낙수장을 방문한 경험이 있는 사람이라면 이 공간을 접하는 순간 낙수장의 이미지가 스쳐지나가듯 연상될 것이다. 본인 역시 이 공간을 접하는 순간 낙수장 테라스 공간의 이미지가 연상되었다.

• 대지의 고저차로 인하여 1층 거실부분의 테라스가 주택 후면으로 확장되면서 캔틸레버로 만들어져 있다. 아래 부분에는 인공 수로와 조그마한 연못이 만들어져 있다.

• 애플렉 주택의 테라스 공간에 인용된 낙수장의 테라스 공간 – 거실 공간에서 외부 공간으로 통하는 곳으로 애플렉 주택과 같이 캔틸레버식으로 이루어져 있다.

방문 후 관련 서적을 통하여 건축주가 낙수장의 도면과 그림을 본 후 라이트에게 낙수장 이미지로 주택 설계를 의뢰했다는 사실을 알게 되면서 나의 느낌이 잘못된 것이 아니라는 것을 알게 되었고, 건축가로서의 감각이 어느 정도 내 몸에 살아 있다는 것을 확인이라도 한 듯 나도 모르게 어깨에 힘이 들어가는 것이 뿌듯한 기분을 느꼈다. 솔직히 혼잣말로는 "내가 대학교 졸업하고 건축에 종사한지가 몇 년인데…, 이런 느낌을 받지 못했다면 그만 둬야지…"라로 중얼거리면서 혼자 잘난 척하는 순간, 나도 모르게 웃음이 나왔다.

01 _ 거실과 테라스 아래 공간 – 파란색이 연못(pool) 이고 우측에 낮은 시멘트 길이 살짝 보이는 데 이것이 인공수로이다. – 지금은 물이 흐르지 않고 있다.

02 _ 주인침실의 끝부분으로 좌(정면)와 우(후면)의 대지 고저차를 확실히 느낄 수 있고 평면 끝부분에 화단으로 마무리하고 있다.

03 _ 캔틸레버 형식의 처마로 인하여 어두워질 수 있는 현관에 햇빛을 들이기 위한 톱라이트가 계획되어 있다.

특히 이 주택은 자동차의 도시 디트로이트와 인접해 위치하고 있었고, 이 지역에서 유명한 주택인 만큼 미국의 포드 자동차 CF의 무대가 되기도 했다. 사실 이 주택을 탐방하고 1~2달이 지난 후 우연히 TV에서 포드 자동차 CF에 이 주택이 배경이 된 것을 보고 아이들과 나 역시 깜짝 놀라기도 했다.

대로변에서 조금 경사진 접근로로 약 50m 정도 올라가면 주택의 윤곽이 보인다. 주택 앞부분은 생각보다 넓었고, 주택 차고 외에 접근로에는 단체 방문객 등을 위한 것인지 약 4대의 승용차가 주차할 수 있는 공간이 별도로 마련되어 있었다. 주택으로 접근하는 접근로에는 나지막한 붉은 벽돌로 담장(난간)이 형성되어 있고, 이 담장은 접근로 부분과 자연 경사부분을 확연히 구분시켜주면서 현관으로 자동차를 자연스럽게 유도하고 있었다.

주택으로 접근하면서 처음 느낄 수 있는 이미지는 라이트의 다른 주택들처럼 차고의 캔틸레버와 1층의 긴 입면으로 인하여 강력한 수평적인 요소가 강조되어 있음을 느낄 수 있다. 그리고 이런 강한 수평적 요소를 좀 더 단단하게 고정시켜주는 듯한 붉은 벽돌의 수직축이 – 벽난로의 굴뚝처럼 생긴 것으로 사실은 부엌 공간이다 – 수평적 요소를 단단히 잡아줌으로써 전체적으로 안정감이 느껴질 수 있도록 상호 조화를 꾀하고 있었다.

주택의 주재료는 붉은 벽돌과 사이프러스 목재이다. 전면은 소성한 붉은 벽돌을 주재료로 사용한 반면에 후면은 사이프러스(상록수의 일종)로 사이딩 형태로 마감되어 있다. 또한 후면부에서 대지의 고저차로 인하여 계단을 통하여 1층 거실로 직접 접근할 수도 있고, 대지의 고저차를 이용한 휴식 공간으로도 직접 접근할 수도 있다.

• 로지아로 들어가는 문 앞의 모습

• 주택의 후면부로 계단을 통하여 1층 로지아 공간으로 연결되어 있으며 아래 부분은 휴게 공간으로 통하게 되어 있다.

(3) 침실과 거실 공간을 구분하는 로지아 공간

전체적인 평면 유형은 유소니언의 전형적인 L자형에서 조금 변형된 T자 형태로 이루어져 있다. 대지의 고저차로 인하여 지상 1층과 지하층으로 구성되어 있으며, 주된 동선은 차고에서 실내로 들어가는 접근동선인 부엌으로 통하는 문과 거실로 들어가는 주 출입구로 이루어져 있다. 그리고 차고에는 좌측 벽에 설치된 문으로 연결된 계단을 통하여 1층 발코니 아래의 휴식 공간으로 직접 연결되는 동선도 있다. 주택 전면과 후면의 대지 고저차를 극복하기 위해 만들어진 지하층에는 도움이 침실과 작업 공간으로 구성되어 있다. 1층 평면에는 일반적인 주택에서 볼 수 없는 특이한 공간이 있는데, 이 공간은 침실 공간과 거실공간을 완전히 분리시키는 로지아(Loggia)라고 하는 공간이다. 이 로지아 공간은 일반적인 그린 룸처럼 천장과 전면이 유리로 감싸져 있어 날씨가 좋을 때면 이 공간이 햇빛으로 가득 차게 되고 이때 로지아 전면의 유리 접문이 오픈되면 실내 공간이 실외 공간으로 반전되도록 계획되어 있었다. 그리고 주택 후면의 계단을 통하여 직접 로지아 공간으로 진출입이 가능하다. 거실 공간 앞부분에는 캔틸레버로 테라스가 계획되어 외부 공간과 접할 수 있고, 그리고 이 테라스 공간 아래에는 조그마한 연못과 수로가 계획되어 있어, 아마도 이 공간을 직접 경험하게 되는 순간 낙수장 테라스의 이미지가 스쳐 지나가게 될 것이다.

침실 공간은 대지의 고저차 때문인지, 지하층의 층고를 확보하기 위해서인지 확실하지는 않지만, 거실의 레벨보다 높게 계획되어 로지아 공간에서 침실의 갤러리로 진입하기 위해서는 몇 단의 계단으로 올라가서 침실 갤러리로 진입하도록 설계되어 있다. 갤러리 끝부분에는 주인 침실이 위치하고 있으며, 다른 2개의 침실은 침실 사이에 공용 화장실을 두고 일렬로 배치되어 있다.

• 로지아 공간의 내부 모습 – 좌측에 침실로 통하는 통로가 보이고 우측에는 목조로 만든 화단 같은 것이 보이는데 이것은 로지아에 들어온 햇빛이 수로공간까지 들어올 수 있게 오픈된 공간의 난간이다.

• 주복도의 가장 끝부분에 위치한 주인 침실의 모습 – 간이의자(화장대) 중심으로 좌우삼면의 유리창 뒤는 옷장이고 그 뒤에는 주인 침실 화장실이다.

실내 거실에는 다른 라이트의 주택들에서도 자주 볼 수 있는 그랜드 피아노가 자리 잡고 있는데 이는 라이트가 인테리어 장식품 중 빠지지 않고 설치하는 소품 중 하나이기도 하다. 이는 라이트가 아버지의 영향으로 어렸을 때부터 음악과 피아노 연주를 좋아했기 때문일 것이라 생각된다. 주방은 거실과 연결되어 주택 전면부에 위치하고 있으며, 이 주방 공간은 다른 주택들과 마찬가지로 3면이 솔리드한 벽으로 구성되어 입면에서 강력한 수평적인 구성요소를 고정시켜주는 수직 축을 형성하면서 다른 공간들보다 높은 천장으로 계획되어 있다.

그리고 전면에서도 볼 수 있듯이 부엌의 솔리드한 벽에는 창문이 설치되어 있지 않아 외부에서는 벽난로의 굴뚝처럼 보이기도 할 것이다. 그리고 창문이 없기 때문에 천창을 통하여 내부에 채광이 가능하게 주방 천장에 톱라이트를 계획하여 주방에 햇빛을 유도하고 있다. 그뿐만 아니라 로지아 공간과 벽난로 바로 옆에는 바로 아래층의 수로 공간을 볼 수 있게 바닥을 오픈시킨 것도 볼 수 있다.

이는 유리로 만들어진 로지아 지붕으로 햇빛이 들어와서 이 구멍을 통하여 수로 공간(pool, 작은 연못)까지 햇빛이 삽입될 수 있게 고려한 것으로 보인다. 다시 말해 상층부의 구조물에 가려 하루종일 어두워질 수 있는 공간의 문제를 해결한 것이기도 하지만, 주택에서 실내 바닥을 통하여 외부의 물 흐름을 볼 수 있도록 배려한 라이트의 계획 방식인 것도 주목할 만 하다.(376쪽 사진의 천정부분에 로지아 공간에 오픈된 부분이 보인다.)

• 인공 수로 레벨의 평면도 – 작은 풀 부분은 위층의 로지아 공간에서 바라볼 수 있는 곳이다.

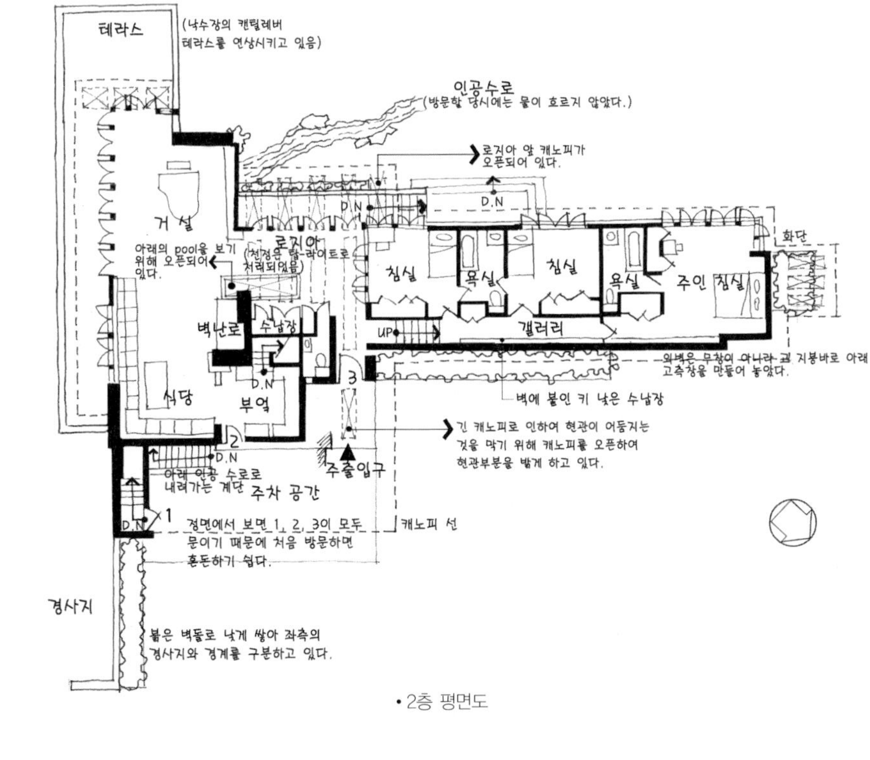

• 2층 평면도

2. 사라와 멜빈 맥스웰 스미스 주택 (Sara and Melvyn Maxwell Smith Residence)

- 위치 : 5045 Pon Valley Rd. Bloomfield Ave. MI.
- 건립 : 1946년
- 건축스타일 : 유소니언(Usonian Style)

• 주택 배면의 모습 – 정면의 모습과 달리 배면은 거의 모든 벽이 유리로 이루어져 개방된 느낌과 동시에 내부 공간은 외부의 자연 경관과 하나의 공간이 된다.

(1) 맥스웰 스미스의 열정으로 지어진 주택

맥스웰 스미스 주택은 바로 앞에 기술한 엘리자베스 애플렉(Elizabeth B. Affleck) 주택과 같은 지역인 브롬필드에 위치하고 있으며 애플렉 주택에서 약 2마일(약 3.2km) 밖에 떨어지지 않아 애플렉 주택을 탐방한 후 이곳을 방문하는 코스로 계획한다면 많은 시간을 절약할 수 있을 것이다. 이 주택은 도시 외곽지의 조용한 주택단지 내에 위치하고 있다. 거실에 면한 정원방향(남 · 서)으로는 조그마한 호수와 접하고 있기 때문에 아마도 이른 아침에 거실에서 보는 정원의 경관은 주변의 거목들과 호수가 어우러진 모습과 그리고 물안개가 피어오르는 장면을 오버랩시켜 상상해보면 거의 환상적이라고 할 수 있을 것이다.

방문할 당시(2011. 7)에는 이 주택 역시 소유주가 개인의 것이 아니었고, 디트로이트(Detroit)에 소재하고 있는 고건축 관리 및 시공 등을 담당하는 헌팅턴 건설회사(Huntington Construction Company, 홈페이지 www.farbman.com)가 관리하고 있었다. 필자가 주택을 방문했을 당시에 회사 관계자가 주택의 처마 아래의 전등 교체와 주택 설비를 점검하고 있었다. 매번 주택을 방문한 후 집 주인을 만나기 위해 현관 벨을 누를 때마다 개인적인 생활을 중요시 여기는 관습과 문화가 다른 미국인에게 어떻게 설득하면 사진 촬영을 허락받을 수 있을까? 고민도 많았고, 혹시라도 개까지 키우는 주택인 경우에는 아무 말도 하지 못하고 멀리서 사랑하는 애인을 바라보고 되돌아와야 하는 것 같은 안타까운 심정도 느꼈다. 그러나 이 주택의 경우, 방문 당시 외부에서 주택 처마 밑의 전등을 교체하는 사람이 있었고, 이 사람이 주택 주인인 것으로 잘못 알고, 이 주택을 방문한 목적 등을 서툰 영어로 설명하자, 잘못 알아들었는지 본인의 한국인 친구에게 전화를 걸어 중간 통역역할을 맡기면서 원활하게 의사소통이 되면서 필자를 반갑게 환대해 주었다. 뿐만 아니라 자신의 회사에서 운영하고 있는 디트로이트 주변의 라이트 주택 순례 등에 관한 프로그램 등을 알려 주는 등 라이트 주택에 관한 여러 정보를 알려주었다. 사실 이 주택 관리회사에서는 디트로이트에 있는 이 주택과 디트로이트와 인접한 다른 지역의 라이트 주택을 연계한 탐방 프로그램까지 운영하고 있었다. 즉 주요 건축물의 보수와 관리뿐 아니라 다양한 프로그램과 연계하여 자기 회사에서 관리하고 있는 건축물들을 최대한 활용하고 있었다. 순간, 내 머리 속에는 우리나라에 산재한 전통 주택 등도 지방의 재정만 소비되는 보존과 관리에만 치중하지 말고, 관리주체를 지방자치단체에서 민간 업체로 전환하고 관리와 보존뿐 아니라 건축물을 다양하게 활용할 수 있는 프로그램을 제공하여 수익을 창출할 수 있는 방안을 연구하는 것도 좋은 방안이 될 수 있을 것이라는 생각이 들었다.

이 주택의 최초 주인인 맥스웰 스미스는 1938년 우연히 사진으로 위스콘신 주의 탈리어신 주택과 작업실을 접한 후 라이트에 관해 많은 관심을 가지게 된다. 그리고 디트로이트의 공공 도서관 등에서 라이트에 관한 관련 서적을 찾아 탐독하는 등 라이트 작품의 매력에 빠져들게 되었다. 그 후 1940년 선생님이 된 후 맥스웰 스미스는 같은 동료인 사라(Sara)와 결혼하고 두 사람만을 위한 멋진 주택을 지을 계획으로 1946년 맥스웰 스미스(Maxwell Smith)는 이곳을 찾게 된다. 사실 두 사람은 결혼 후 세계 여행을 꿈꾸고 있었지만 세계 여행을 위해 모아둔 돈으로 자신들을 위한 멋진 주택을 짓기로 계획을 변경하면서 여러 곳을 찾아다닌 결과 다른 어느 곳보다 주변 경관이 뛰어난 이곳의 매력에 빠지게 되었다. 그리고 직접 주변경관을 촬영하여 라이트에게 보내면서 그에게 주택 설계를 의뢰하게 된다. 라이트 역시 맥스웰이 보내온 대지 사진의 멋진 주변 경관에 반해 이곳을 직접 방문한 후 기꺼이 설계 의뢰를 받아들인다. 라이트가 설계도를 완성한 후에 맥스웰 스미스는 건축시공회사에게 시공을 맡기지 않고 직접 공사 도급자로서 시공을 하게 된다. 건축에 관한 경험도 없었고 전문인도 아니었기 때문에 독학으로 건축에 관련된 도면을 공부하였고, 유소니언 스타일 건축에 필요한 기술과 다양한 지식을 스스로 배우면서 자신의 주택을 완성하게 된다. 비록 본인의 주택을 자신의 정성으로 짓고자하는 열정은 있었지만 맥스웰 스미스가 전문적으로 공사를 했던 경험이 없었던 터라 단층인 이 주택을 완공하는데 약 13개월이라는 오랜 기간이 소요되었고, 마침내 1950년 5월에 맥스웰 스미스 부부는 이 주택에 입주하게 된다.

(2) 조각 박물관 같은 주택

주택의 위치는 전면도로에서 약 20m 이상 거리가 떨어져 숲속 깊숙이 위치하고 있었을 뿐 아니라 주변에는 주택이 많지 않아 숲 속의 거목 사이로 보이는 주택은 한 폭의 그림처럼 자리하고 있었다. 다른 유소니언 주택처럼 정면부에는 거의 유리 창문이 계획되어 있지 않은 솔리드한 벽의 무표정한 인상 때문에 주택 내부가 어떤 모습인지를 상상조차 할 수 없는 반면에 주택 배면인 거실 방향은 거의 대부분 맑은 유리로 벽을 형성하고 있어 주택 내부를 훤히 볼 수 있기 때문에 전면부와는 완전히 다른 이미지를 보여 주고 있었다.

이 주택의 형태는 전형적인 유소니언 스타일인 L자 형태이며, 붉은 치장벽돌, 사이프러스 보드, 널판(Sunk batten)이 주요 재료로 사용되었다. 주택 규모는 1층이며, 지붕은 2단의 레이어로 이루어진 평지붕으로 주택의 높이보다 길이가 많이 길어 실제 건물 높이보다 아주 낮게 느껴졌기 때문에 주택이 거의 지면과 맞닿아 있는 듯 수평선이 유난히 강조되고 있었다. 특히 주택 정면에서 좌측으로는 낮고 아주 긴 붉은 벽돌담장을 설치하여 수평선이 더욱 강조되는 듯했다. 여기에 벽난로의 굴뚝이 수직으로 폭이 넓게 계획되어 있어 전체 수평선을 안정적으로 유지시켜주고 있었다. 그리고 좌측의 낮은 담장 내의 파란 잔디 위에는 아담한 조각 공원처럼 다양한 조각품이 설치되어 있고 주택 배면의 테라스에는 야외용 테이블과 의자가 마련되어 있었다. 즉 파란 잔디 위에 놓인 여러 조각 작품과 야외용 테이블과 의자 그리고 전면의 호수와 어울려 만들어내는 경관은 순간 이곳이 주택이라는 생각을 잊어버리게 만들면서 조각 박물관으로 순간적 공간이동한 느낌이 들기도 했다.

주 출입구는 라이트가 언제나 그랬듯이 전면도로 방향인 북쪽과 마주하지 않고, 도로와

90° 돌아선 동향으로 계획하였고, 주택 정면의 벽돌기둥(두께보다 폭이 넓은 장식적 기둥)으로 인하여 현관이 살짝 가려져 보이지 않는다. 그리고 주 출입구로 들어가기 바로 전 우측 벽 아래에는 라이트의 서명이 새겨져 있는 붉은색 타일이 붙어 있어 라이트가 설계했음을 분명히하고 있었다. 특히 현관 부분의 처마는 라이트 주택 건축의 특징인 캔틸레버가 앞으로 많이 돌출되어 있고 이 캔틸레버 처마를 장식적인 요소와 구조적인 기능을 겸하고 있는 폭이 넓은 벽돌 기둥이 이를 받치고 있었다. 그리고 캔틸레버 처마 때문에 현관이 있는 공간이 어두워 더욱더 현관을 알아보기란 쉽지 않았다. 필자 역시 현관을 찾지 못하고 넓은 잔디와 조각에 반해 주택 배면으로 연결되는 동선으로 이끌려, 라이트 특유의 직선으로 디자인된 철제 출입문을 통과하여 잔디정원을 거쳐 주택 내부로 들어갔다. 이 철제 대문 앞에는 넓은 주차 공간이 마련되어 있는데 이곳의 지붕 역시 철근을 삽입하여 캔틸레버 형식으로 만들어져 유소니언 주택 구성요소를 그대로 적용하고 있었다.

01 _ 위성사진으로 본 주택의 배치 – 남쪽으로는 호수가 위치하고 주변은 거목들로 둘러싸여져 있다.

02 _ 정면의 모습 – 거의 유리창문이 없고 지면과 맞닿아 있는 듯한 느낌과 평지붕으로 수평선이 더욱 더 강조된 느낌을 수직적 요소인 굴뚝이 안정적으로 잡아주고 있다.

03 _ 배면의 모습 – 정면의 모습과 달리 외벽이 대부분 유리문으로 이루어져 있어 내부 공간과 외부의 자연 경관이 하나가 된다.

04 _ 주택 배면 정원에서 차고 공간을 본 모습 – 길게 뻗어나온 캐노피 처마와 주택 배면으로 들어올 수 있는 문이 철제로 라이트 특유의 문양으로 디자인되어 있다.

• 현관의 모습 – 폭이 넓은 벽돌기둥이 캔틸레버 처마를 받치고, 우측벽 아래에는 라이트의 서명이 있는 붉은색 타일이 보인다. 현관은 우측 깊숙이 위치하고 있다.

• 거실 테라스 부분에서 남쪽의 호수경관을 바라본 모습 – 주변의 호수와 테라스가 어우러져 주택이라기 보다는 야외 조각 박물관처럼 느껴진다.

(3) 주인 침실과 테라스 공간 리모델링

전형적인 유소니언의 L자형 평면으로 2피트×4피트(≒60cm×120cm, 선룸으로 사용된 테라스가 가로 4피트(3모듈, 3.6m)×세로 2피트(8모듈, 4.8m)넓이 이다.)의 직사각형 유니트 그리드를 디자인 모듈로 사용하여 계획한 평면이다. 이 주택은 보드와 널판지를 사용하여 시공한 유소니언 시대의 마지막 주택으로 알려져 있다. 사실 보드와 널판지는 유소니언 디자인에서 처음부터 사용한 재료는 아니다. 단열재가 있는 얇은 샌드위치 벽은 비내력벽에 사용되었고 석재처럼 강도가 좋은 재료는 하중을 지지하는 내력벽 부분에 사용하였는데 이는 미국의 대공황 시절 예술적 감각을 우선하기보다 경제적인 면이 우선했기 때문에 채택된 재료이다. 그러나 세계 2차 대전과 대공황이 끝난 1940년 후와 1950년 초에는 유소니언 주택에 석재를 주 재료로 사용하여 주택을 디자인하기도 했다. 실내 마감 또는 가구 등은 대부분 나무를 사용하여 라이트가 직접 디자인했다. 이 주택의 경우도 실내의 콘크리트 바닥 내부로 더운 물을 흐르게 하는 바닥 난방을 채택하고 있다. 이런 바닥 난방은 라이트가 일본의 제국호텔 설계를 위해 일본을 방문했을 당시 일본인 건축주의 주택을 방문하게 되고 이 주택에 만들어 놓은 '한국 방'을 경험하게 된다. 그리고 '한국 방'의 온돌 난방을 여러 유소니언 주택에 바닥 난방 방식으로 응용하게 되면서 여러 유소니언 주택에 사용하기도 했다.

이 주택은 1969~70년 1년 동안 탈리어신 건축협회에 의해 초기 평면에서 평면 아래쪽의 주인 침실이 추가되는 증축 공사가 있었지만 지금은 증축된 침실을 없애고 초기 계획안으로 복원한 것으로, 식당 아래쪽의 테라스 부분이 확장되면서 선룸인 제2의 응접실로 꾸며져 있다.

본문에 첨부된 평면도는 1969년 침실이 추가되었을 때의 평면도와 현재의 모습을 그려 놓은 것으로 두 개의 평면도를 비교해보면 변화된 모습을 잘 알 수 있을 것이다. 현재에는 남서 방향에 위치하고 있는 주인 침실이 없어지고 침실 넓이만큼 주택 배면 출입구의 현관 홀로 사용되고 있다. 이 배면의 넓은 현관 홀을 통과하게 되면 복도로 들어가기 전에 판재로 만든 접이문을 만나게 되고 이 접이문을 통과하여 복도로 진입하게 된다. 이 접이문을 통과하여 침실이 면해 있는 복도와 식당을 거쳐 좌측으로 돌아서면 넓은 거실에 도달하게 된다. 거실은 L자 평면에서 거의 절반의 넓이를 차지할 만큼 넓게 계획되어 있고, 남쪽의 거실 유리문으로 들어오는 햇빛과 전면 거실 유리문으로 들어오는 전망은 멋진 풍경만이 담겨져 있는 달력에서나 볼 수 있는 환상적인 한 폭의 그림과 같았다.

이런 이유에서인지 어둡고 긴 복도를 통하여 도달했을 때 햇빛으로 가득한 거실공간에서 느껴지는 기분은 최대의 반전이었다. 넓은 거실 한쪽으로 라이트 건축의 실내가구 중 필수품이라 할 수 있는 그랜드 피아노가 자리하고 있으며 거실의 천정은 거실 유리가 있는 반대쪽(벽을 등받이로 한 의자가 위치한 면)의 높이가 낮고 그랜드 피아노가 있는 부분이 높아 2단으로 형성되어 있다. 그리고 이 천장의 높이 차이로 생기는 면에는 고측창(clearstory)으로 계획하여 넓은 거실은 종일 빛으로 충만한 공간이 된다.

층고가 낮은, 창문이 없는 주택 정면의 벽 쪽으로는 파랑색 긴 소파가 설치되어 거실 창문을 통해 남쪽의 호수와 자연경관을 감상할 수 있게 계획되어 있었다. 거실 깊숙한 안쪽 알코브 공간에는 소박한 서재 공간으로 꾸며져 있었고, 이 공간에는 라이트가 이 주택을 계획하기 위하여 이곳을 방문했을 때 주인과 같이 찍은 사진과 라이트에 관련된 서적들이 진열되어 있었다. 이는 관리하고 탐방 운영 프로그램을 위하여 방문객에게 라이트의 주택임을 좀 더 현실감 있게 전달하고자 하는 의도가 숨어있는 듯했다.

01 _ 평면도에서 식당 아래쪽의 테라스 공간이 확장되어 새로이 계획된 선룸의 모습 – 뒤쪽으로 접이문으로 식당과 연결된다.

02 _ 평면도에서 가장 아래 부분에 침실이 있는 부분으로 현재는 침실의 벽을 헐고 배면으로 들어가는 넓은 출입구 현관홀 공간으로 사용하고 있다.

03 _ 배면 출입구 복도를 통해 거실에 도달했을 때의 거실 모습으로 2단의 천장과 남쪽 호수 방향으로 바라볼 수 있게 설치된 긴 소파와 그랜드 피아노가 보인다.

04 _ 거실 반대편에서 식당 방향으로 바라본 모습으로 좌측으로 밝은 빛이 들어는 부분이 주택 정면의 현관이며 거실 중간에 벽난로가 보인다.

05 _ 거실 끝부분 알코브 공간에 소박하게 라이트의 거실 서재가 꾸며져 있는 모습(대부분 라이트관련 서적)

06 _ 주택 측면의 모습으로 좌측 측면 모서리 부분과 배면 출입구가 있는 우측 모서리 유리문에 라이트가 직접 디자인한 전등이 보인다.

L자형 전체평면 형태에서 90°로 꺾이는 중간부분에 위치하며 주택 정면에 면한 부엌, 작은방 그리고 서재의 경우는 외부에서 보았을 때 정면부에 창문이 없고 솔리드한 벽으로 이뤄진 외벽 때문에 내부가 어두울 것이라는 생각과는 달리 각 실에 천창(top-light)을 계획하여 낮에도 전등이 필요 없을 정도로 밝았다. 내부공간에서 볼 수 있는 있는 또 하나의 실내 소품은 라이트가 직접 디자인한 전등이다. 이 전등은 전구가 들어있는 조그마한 직육면체들이 가운데 하나의 기둥(매달려 있는 전등에 전선을 통과시켜 각 전구에 전선을 연결시키는 역할도 함)을 중심으로 위 아래로 서로 방향을 달리하면서 매달려 있는 것인데 탈리어신뿐 아니라 라이트가 디자인한 주택에서 종종 볼 수 있는 소품이면서, 라이트가 디자인한 주택임을 알려주는 상징이기도 하다. 이 전등은 여러 크기로 만들어져 라이트 기념품 판매점에서 일반인에게 판매되기도 한다. 이 주택의 경우에는 정면 출입구부분, 배면 출입구 모서리, 거실 모서리에 이 전등이 각 1개씩 설치되어 있어 라이트의 이미지를 배가시키고 있었다.

01 _ 부엌은 접이문으로 계획되어 있고 동선을 고려하여 바로 앞에 식탁을 위치시켰다.
02 _ 부엌 천창으로 햇빛이 들어와 낮에도 항상 밝다.
03 _ 식당부분에서 배면의 입구방향으로 바라본 모습
04 _ 서재 역시 부엌과 같이 천창으로 햇빛이 들어오게 설계되었다.
05 _ 정면 현관 앞에 매달려 있는 라이트가 디자인한 전등

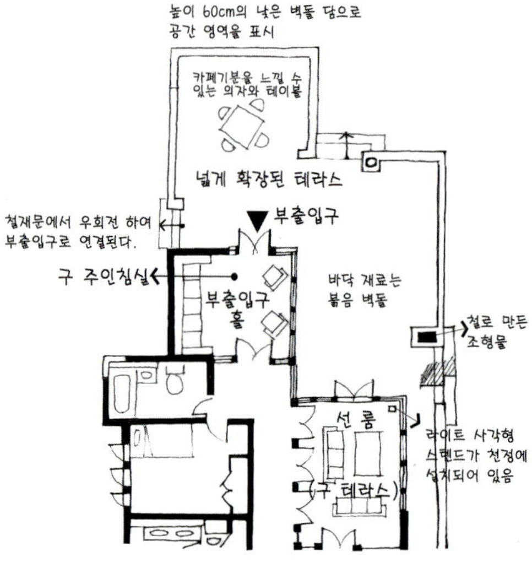

주인침실과 테라스가 없어지고 선룸과
부 출입구로 변경된 평면의 형태

• 라이트가 디자인한 전등

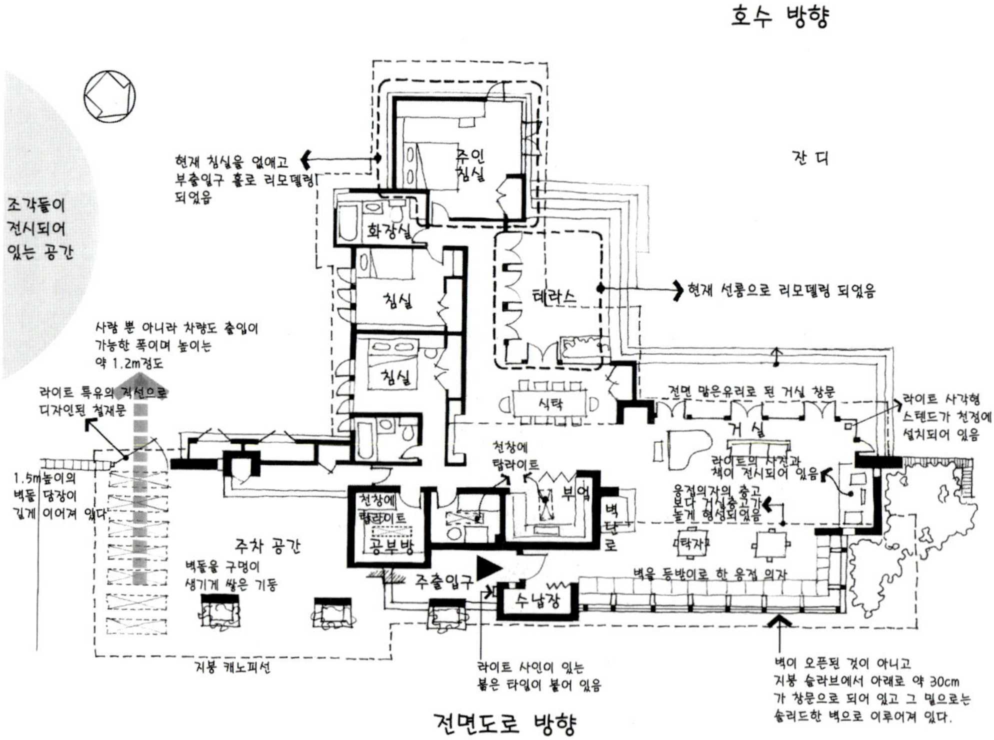

• 1층 평면도

3. 윌리암과 메리 팔머 주택(William and Mary Palmer Residence)

- 위치 : 227 Orchard Hills Dr. Ann Arbor, MI.
- 건립 : 1950년
- 건축스타일 : 유소니언(Usonian Style)

• 진입로를 올라가면 이형의 붉은 벽돌의 띠로 형성된 벽면이 보인다. 그리고 거대한 새가 날개를 펴고 비상하려고 하는 듯한 인상을 주고 있다.

(1) 비상하려는 주택

팔머 주택은 미시건 주의 주도인 랜싱에서 동북방향으로 약 1시간 거리인 약 45마일(약 72㎞) 떨어진 앤아버(Ann Arbor)에 위치하고 있다. 이곳은 미국의 명문대학교인 University of michigan(UOM)가 있는 곳으로도 유명하다. 주소에서도 알 수 있듯이(Orchard Hills) 팔머 주택은 나지막한 언덕 위에 자리하고 있다. 그리고 이 주택은 앤아버에 있는 유일한 라이트의 작품이기도 하다. 첫인상은 예리한 모서리와 길게 내민 수평 지붕처마 때문인지, 언덕 위에 거대한 새가 날개를 펴고 비상하려고 하는 것 같은 인상을 받았다. 사실, 대부분 라이트가 설계한 박공 또는 경사 지붕의 주택인 경우에는 라이트의 특유의 캔틸레버 지붕 설계기법 때문에 일반적으로 주택의 몸채보다 지붕이 과장되어 설계되면서 주택 전체를 덮고 있는 것처럼 보이는 경우가 허다하다. 또한 이런 형태가 원거리에서는 거대한 새가 날개를 펴고 지상에 앉아 있는 것처럼 보이는 경우가 많았다.

전체적으로는 붉은 치장벽돌로 이루어진 단층 주택이다. 특히 이 주택은 언덕 위에 지은 벽돌조 1층 주택으로서 가능성을 보여준 가장 성공적인 주택 작품 중의 하나로서 알려져 있다. 빌 팔머(Bill Palmer)는 청소년 시절 그의 할아버지를 따라 헐리우드 고등학교에 입학하기 위하여 캘리포니아로 가게 된다. 그리고 그 곳에서 할아버지를 따라 라이트가 설계한 주택 라 미니아투라(La Miniatura 또는 Mrs. G. M. Millard House, 1923)를 방문하게 되면서 라이트라는 건축가를 처음 알게되고 그의 건축물에 매료되었다고 한다. 라 미니아투라 주택은 라이트가 일본에서 제국호텔 설계를 마치고 귀국한 직후에 남긴 작품이다. 주택의 주재료로 사용된 콘크리트 블록은 당시에 건설업계에서 천대받았던 재료였지만 라이트는 과감하게 주재료로 사용하게 된다. 그리고 그때까지 콘크리트에서 발견하지 못했던 영혼을 생생하게 되살려 냄으로써 나무처럼 부드러운 결을 가진 아름다운 주택으로 재탄생시킨다. 그리고 이 주택이 콘크리트 블록을 사용하여 완성된 최초의 주택 작품인 만큼 시공과정에 많은 어려움이 있었음에도 불구하고 이후 미국의 콘크리트 블록 건축에 많은 영향을 미친 작품이기도 하다. 이후 라이트는 이 주택을 계기로 유사한 콘크리트 블록을 이용하여 많은 주택을 설계하게 된다.

• 라 미니아투라의 외부 형태

• 라 미니아투라의 거실 모습

이와 같은 콘크리트 블록은 시공할 때 블록과 블록 사이를 견고히하기 위하여 시멘트 모르타르 외에 벽체의 구조적 내구성을 증가시키기 위하여 블록 내부에 비어 있는 구멍에 철근을 배근하고 보강하여 시공하게 되는데 그 치밀함 때문에 '텍스타일 블록' 이라 불리기도 한다. 콘크리트 블록으로 만든 주택들은 외장을 블록과 개구부 만으로 환원시키고 매스를 강조했던 점에서 라이트의 1920년대의 또 다른 조형의 특색을 보여주고 있다.

메리 팔머는 고등학생 때 라이트를 알게 된 후 그는 라이트의 설계 작품집을 통하여 라이트의 주택 작품을 자주 접하게 되었고, 자연스럽게 라이트 주택에 대한 여러 건축개념들을 알게 되었다고 한다. 이 후 빌(Bill)의 쌍둥이 형제(Bill과 Mary)중 빌(Bill)이 미시건 대학교의 수학 교수로서 부임하면서 미시건 주로 다시 돌아오게 된다. 그리고 자신만을 위한 주택을 계획하게 되면서 자연스럽게 자신의 주택을 라이트에게 의뢰하게 되었다고 한다. 그리고 설계 의뢰를 위해 라이트를 찾아가기 전에도 이제까지 자신이 알고 있었던 라이트의 건축개념 등 라이트에 관한 여러 정보를 미리 정리하여 공부했을 정도로 라이트 스타일을 이해하려고 했다고 한다.

(2) 언덕 위의 붉은 성

방문 당시 주택이 위치한 전면도로는 아스팔트나 시멘트 등으로 포장된 도로가 아니었다. 비록 나보다 똑똑한 GPS(global positioning system)[1]에 의지해 주택을 찾아가고 있었지만, 막상 비포장 도로로 진입할 때는 조금씩 확신이 없어지면서 몇 번이고 GPS를 의심하며 반복해서 보곤 했었다. 비포장 도로를 약 500m 정도 들어가자 언덕 위에 붉은색 벽돌 기둥과 기둥 위로 길게 뻗어 나온 지붕이 살짝 보였다. 진입로 바로 앞에는 경고문구처럼 보이는 '개인 재산(personal property)' 이라는 조그마한 푯말때문에 조심스럽기도 했다. 개인 재산이라는 문구가 경고문으로 느껴진 이유는, 일반적인 주택에서는 이런 푯말이 잘 붙여있지 않은데 푯말이 붙어 있다는 것은 '개인 재산' 이라는 단어에는 "함부로 자신의 주택 영역으로 들어오지 마라, 만약 허락없이 들어오는 경우는 응분의 조치를 취하겠다." 의미가 담겨져 있기 때문이다.

주택은 언덕 위에 위치하고 수목으로 가려져 있어 접근로에서 전체적인 주택형태를 볼 수 없었고, 또한 팔머(Palmer) 주택인지 확실히 확인할 수 없었다. 푯말 때문에 주택으로의 접근은 더욱더 조심스러웠다. 그래서 차량을 접근로 아래쪽에 길가에 주차한 후 조심스럽게 언덕 위로 올라가는 순간, 한 마리의 거대한 새가 날개를 좌우로 완전히 펴고 비상하려는 순간이었다. 라이트 유소니언 주택 대부분이 그랬듯이 주택의 정면에는 창문이 없었기 때문에 거대한 새가 뒤돌아 앉아 있는 느낌 때문에 조금은 조심스럽게 다가갔다. 그리고 새가 날아가기 전 잡아보겠다는 생각 때문인지 푯말의 의미를 잠깐 잊어버리고 내 자신의

---
1) 우리나라에서 navigation(내비게이션)이라고 하는 것은 잘못 붙여진 명칭이다. 미국에서는 GPS라고 한다.

의지와 상관없이 빨려 들어가는 듯 주택으로 접근하고 있었다. 그리고 주택 앞 넓은 마당과 필자의 몸을 숨길 수 있는 곳이 없다는 사실에 한참동안 멍하니 서 있었다. 얼마만큼 시간이 흘렀을까, 순간 정신을 차리고 조심스럽게 주택의 외관을 촬영할 수 있었다. 그리고 현관 벨을 눌러 촬영허가를 받으려 했지만 집에는 아무도 살지 않았고, 부동산 회사에 매도를 위해 내놓은 상태였음을 나중에야 알았다.

2011년 미시건 주의 재정은 극히 악화되어 있었고 또한 인근 도시인 디트로이트의 자동차 산업이 활기를 잃으면서 전체적으로 경기가 악화되면서 이 주택뿐 아니라 많은 라이트 주택들이 부동산 매물로 나오고 있었지만 1년 이상 거래가 되지 않은 경우가 많이 있다고 한다.

• 전면도로면에서 진입로로 들어가기 전의 모습 – 주택의 전체 모습을 짐작할 수 없고 텅 빈 차고(처음에는 차고인지 몰랐음)만이 보인다.

이 주택이 자리한 위치를 다른 주택들과 비교한다면, 조금은 특이하고 흥미로운 위치이기도 하다. 그리고 도심과 그리 멀지 않은 위치임에도 불구하고 포장되지 않은 도로, 다듬어지지 않은 주변 경관 등이 자연 그대로의 모습처럼 느껴졌다. 주택이 자리한 대지는 전체적으로 나지막한 언덕 위에 지어졌기 때문에 대지가 전면의 비포장 도로면보다 상당히 높았고 이로 인하여 전면도로에서는 주택 전체의 형태를 볼 수 없었고, 오로지 차고의 지붕부분만 살짝 보일 정도였다. 전면 도로에서 주택 진입로를 지나쳐 비포장 도로를 따라 조금만 더 운전해 가다보면 오른쪽의 높은 언덕 위에 지어진 붉은색 벽돌 주택의 날카로운 삼각형 모서리 지붕이 언덕의 나무 사이로 삐져나와 보이기는 하지만 진입로에서와 마찬가지로 전체적인 주택의 이미지는 상상할 수 없었다. 창도 없는 외벽에 날카로운 지붕 형태로 봐서는 주택이라기보다 언덕 위에 지어진 성과 같은 느낌이 더 강하게 느낄 수 있었다. 그리고 비포장 도로 때문에 주변을 보지 않고 운전에만 집중하다 보면 그냥 지나칠 수 있는 위치에 자리하고 있었다. 이유는 본 주택이 계획될 당시 언덕 주변의 수목들을 최대한 훼손하지 않는 범위에서 조심스럽게 계획되었기 때문일 것이다.

주택이 언덕 면에 위치하고 있는 만큼 주택의 외벽을 인공적으로 도로면에 직접 면하게 계획하지 않았고, 언덕이라는 대지의 형태와 주변 환경과 하나가 될 수 있게 주택의 외벽의 위치를 언덕 위의 지형 형태에 맞추어 계획했기 때문이다. 그래서인지 본 주택의 경우 일반적인 유소니언 주택인 一자형과 ㄱ자 형이 아닌, 사선에 의한 기하학적인 형태로 – 삼각형을 기본모듈로 사용했음 – 인하여 주택의 어느 면에서 보아도 다른 형태의 이미지를 느낄 수 있다.

• 진입로에서 조금 더 돌아가면 주차공간의 창고 벽과 날카로운 삼각형 지붕의 주택 후면이 나무사이로 보이는 것이 주택이라기보다 언덕 위에 지어진 성처럼 느껴진다.

• 찻집으로 내려가는 길 – 나무에 의해 가려져 잘 보이지 않지만 사진 가운데 살짝 지붕과 정면이 보인다.

주택이 완성된 후에는 건축주가 추가적인 공간을 희망하게 되어, 본채 외에 나지막한 동북쪽 언덕 아래는 찻집(Tea-house)도 계획되어 있었다. 이 찻집은 최초 주택설계 때 참여한 존 H 호우(John H. Howe)에 의해 추가적으로 건설된 것이다. 찻집으로 가기 위한 접근로는 자연 그대로 울창한 산림을 걸어가는 기분을 느낄 정도로 주변은 숲으로 이루어져 있고 정원에는 동양적 분위기를 느낄 수 있는 석탑의 상륜부를 응용해서 만들어진 정원등도 정원 한 모서리에 위치하고 있었다.

01 _ 동양의 석탑 상륜부 이미지를 응용한 정원등의 모습

02 _ 최초 계획시에는 거실 앞의 깊은 처마 밑에도 아담한 휴식 공간이 계획되어 있었다. 지붕은 기둥이 없는 캔틸레버 형식으로 길게 뻗어나간 모습은 라이트 건축의 특징을 잘 보여주고 있다.

03 _ 거실 앞에 계획된 정원 공간은 3단의 계단에 의해 2개의 면으로 나누어진다.

(3) 원근감에 의해 더욱더 깊숙하게 느껴지는 현관

앞에서 언급하였듯이 진입로 입구에서는 '사유 재산' 이라는 푯말이 먼저 눈에 띄었다. 순간, 주택 답사를 떠나기 전에 주변 사람들로부터 들은 이야기가 생각났다. 미국에서 '사유 재산' 이라고 표기된 주택 및 건물 등 공간을 아무런 허락없이 들어가는 경우 아니 침입하는 경우, 건축주는 침입자를 법적인 절차를 통하여 처리하는 것이 가능하고 또한 침입자의 신체적 피해를 가하는 것이 법적으로 허용된다 라는 이야기가 생각나면서 한편으로는 무섭기도 하고, 한편으로는 언제 다시 올 수 있는 기회가 없기 때문에 꼭 봐야한다는 오기가 생기기도 했다. 또한 접근로에서 집의 전체적인 형태마저 볼 수 없었기에…, 주택 형태에 관한 호기심을 자극한 것도 하나의 이유가 되었을 것이다. 우선 주택 입구에 차를 세워두고 주택으로 조심스럽게 접근했다. 주택 전면공간으로 접근하는 순간 주택이 양쪽 날개를 펴고 언덕 면을 감싸는 듯 펼쳐져 있었고, 의외로 언덕 아래에서 볼 수 없었던 주택 앞의 전면 공간이 생각보다 넓게 펼쳐져 있었기 때문에 몸을 숨길 곳이 없어 더욱더 당황스럽게 느껴졌다. 적에게 발각되지 않기 위하여 몸을 숨기고 조금씩 접근하고 있는데 갑자기 아무런 은폐물도 없는 넓은 공간을 맞이했을 때의 당황스러운 경우와 비슷한 느낌이었다.

주택의 정면을 감싸고 있는 외벽은 라이트의 여느 주택과 같이 창문이라고 인지될 만한 부분은 없었다. 그러나 단순한 붉은색 벽돌 벽에 변화를 주기 위해 약 35㎝×35㎝의 벽돌에 기하학적인 형태의 구멍을 낸 벽돌이 상 · 하 두 줄의 띠가 형성하고 있었는데, 멀리서 보면 단순한 벽을 장식하기 위한 띠로 보일 수 있겠지만 실제로는 조그마한 창이 연이어져 내부 공간의 채광이 제공되도록 시공되어 있었다. 현관 부분이 솔리드한 벽으로 이루어진 반면에 주택의 후면부의 거실 공간에는 거의 대부분이 맑은 유리창으로 계획되어 있어 외부 공간에 거실이 오픈되는 방식으로 계획되어져 있었다. 주택의 외장 재료는 붉은 벽돌을, 내부 재료는 상록수를 사용하고 있으며, 전체적인 평면계획이 삼각형을 기본으로 구성되어 있기 때문에 외관의 모서리 부분은 예각을 이루고 있는 벽면이 만나는 모서리 부분은 보는 이로 하여금 뚜렷한 수직선으로 인지되었고, 심지어 날카로운 칼날처럼 느껴질 정도로 강한 인상을 주었다.

주 출입구의 현관 공간은 정면부에서 좌측에 치우쳐져 계획되어 있었고, 외부 여러 계단을 통하여 접근하는 막다른 골목처럼 느껴졌다. 특히 계단의 진입부와 현관문이 있는 곳까지 이르는 계단의 폭이 점점 좁아지면서 실제의 공간보다 원근감이 더욱더 강하게 느껴지고 실제의 공간 깊이보다 훨씬 더 깊게 느껴지도록 계획되어 있었다. 심지어 외장재료로 사용된 붉은 벽돌의 세로 줄눈은 모르타르로 막아버리고 가로 줄눈만 강조함으로써 수평선을 더욱더 뚜렷하게 인지되기 때문(대부분의 벽돌조 라이트주택에서 사용한 기법)에 현관 외벽은 현관을 더욱더 깊게 느껴지도록 하였다. 이렇게 잘 감추어진 주출입구는 거실이 확장됨에 따라 오는 공간의 압축적 효과를 증가시키고 있는데, 이는 라이트 설계의 여러 구성요소 중 하나이다. 그리고 진입부에서 바라본 차고의 지붕뿐 아니라 거실 방향에서 바라본 예각으로 형성된 지붕의 모양은 하늘을 향해 뻗어나가는 힘과 동시에 주택 형태의 미적인 감각을 찾아 볼 수 있는 부분이기도 하다.

01 _ 전면 유리로 여닫이 형식으로 이루어진 거실면의 유리 창문과 햇살을 막을 수 있는 깊은 처마의 모습

02 _ 현관 진입 계단의 모습 - 진입부에서 오른쪽으로 치우쳐 막다른 골목과 같이 깊숙하게 계획되어 있고 수평 줄눈만을 살려 현관을 더욱더 깊게 느껴지도록 하고 있다.

03 _ 주택 정면부 벽에 샌드로 몰딩된 벽돌로 상하 띠를 형성한 창의 디테일한 모습과 세로 줄눈은 모르타르로 막고 가로 줄눈만 살려 수평선을 강조하고 있다.

04 _ 외부의 벽돌 마감은 내부에서도 그대로 노출되어 내부 벽의 인테리어 구성요소로 사용되고 있다.

(4) 수학 교수와 삼각형 그리드

본 주택이 위치한 언덕의 형태와 건축주의 직업이 미시건 대학교의 수학 교수인 것은 우연의 일치인지는 모르겠지만, 평면 계획은 전체적으로 4피트 단위의 삼각형 모듈 조합에 의한 기하학적인 형태로 계획되어 있다. 평면 계획에는 삼각형에 그리드 모듈을 사용하여 디자인되었기 때문에 정면에서는 삼각형의 모서리 부분이 예리하게 느껴지기도 한다. 그리고 평면 형태는 전체적으로 유소니언 평면의 L자형의 변형으로, 직각을 이루는 각도보다 조금은 둔각으로 벌려 계획하였고, 이 부분을 북쪽으로 좀 더 확대하여 거실, 주방, 식당 공간으로 계획하고 외부로는 테라스 공간까지 연계하여 계획하였다.

모듈은 기울어진 남북 방향의 축을 기준으로 평행을 이루도록 한 후, 이 축을 기준으로 삼각형 모양의 그리드를 기본 모듈로 사용하고 있다. 거실과 방은 모두 정동향으로 계획되어 있으며, 남쪽의 작은 삼각형과 연결되는 날개부분에는 침실, 연구실 등 정적인 공간이 나란히 계획되어 있고, 침실이 계획된 부분의 서쪽 복도는 주택의 정면에서 띠를 형성한 작은 연속된 창으로 채광이 이루어지도록 계획되어 있었다.(평면도에서 굵은 점선으로 이루어진 벽들이 구멍 난 벽돌로 이루어진 부분) 거실의 방향은 40° 예각을 이루는 방위에 따라 정동향을 향하고 있어 아침에서 오전까지는 햇살을 충분히 받고, 오후의 따가운 서쪽 햇빛은 침실의 복도 쪽과 주방의 솔리드한 벽에 의해 차단된다. 단지 외벽의 구멍 난 콘크리트 블록에 의해 햇빛을 선별적으로 받아들임으로써 실내의 어둠을 해결하고 있었다. 그러나 최초에는 계획은 거실이 남향으로 계획되었다고 한다.

내부에 사용된 주재료는 상록수 종류인 사이프러스 나무, 외부와 같은 붉은 치장벽돌 그리고 라이트가 직접 디자인한 샌드몰드 벽돌을 주재료로 사용하고 있다. 바닥은 다른 재료를 사용하지 않고 콘크리트 바닥 위에 색을 칠한 상태로 사용되고 있었고 의자 및 탁자는 라이트가 직접 디자인한 것 그대로 사용되고 있었다. 이렇게 라이트가 설계한 주택에 아직까지 그때 가구가 그대로 남아 있는 것은 아마도 미국의 이사 문화가 많은 도움이 된 듯하다. 미국의 경우, 우리나라처럼 응접실 가구, 식탁, 의자를 모두 가지고 이사하는 것이 아니라 대부분 자신들이 사용한 최소 생필품만 가지고 이사하는 문화이기 때문에 우리나라처럼 이사를 전문적으로 도맡아 처리하는 포장 이사 회사들은 많지 않고 대부분 본인들이 직접 이삿짐 트럭을 빌려 이삿짐을 옮긴다. 그래서 대부분의 주택에는 붙박이 장, 냉장고, 식탁, 소파 등이 그대로 있는 경우가 대부분이다.

01 _ 거실의 벽난로 공간 주변으로 라이트가 직접 디자인한 의자들이 보인다.
02 _ 폐쇄된 공간으로 이루어진 부엌 공간 작은 블록구멍으로 햇빛이 들어오지만 톱라이트가 부엌을 밝게 한다.
03 _ 벽난로 방향에서 삼각형 테라스 방향으로 바라본 모습
04 _ 벽난로에서 식당과 부엌 방향으로 바라본 모습

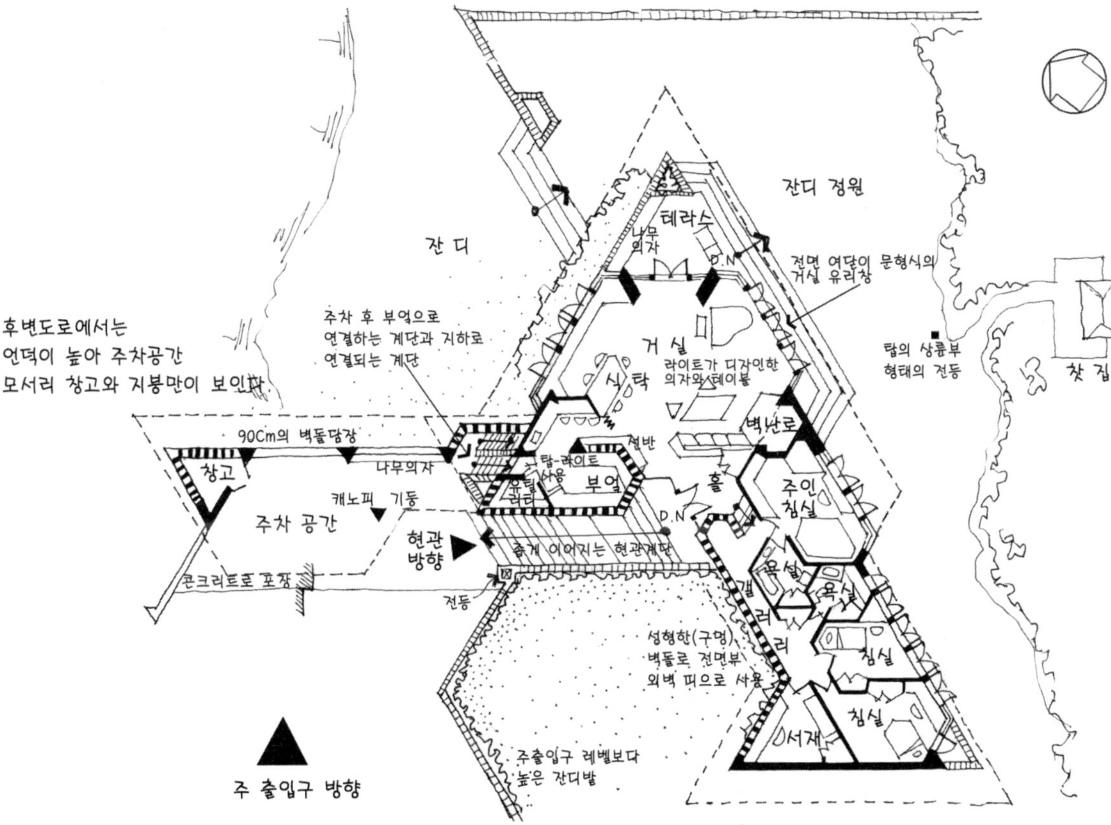

• 1층 평면도 중심부에 큰 삼각형 기본 코어로 형성하고 침실과 차고를 양쪽 날개로 부가한 형태이며 전체적으로 삼각형(삼각형을 2개 합친 마름모)을 기본 모듈로 사용하고 있다. 이는 주택이 위치한 언덕의 지형을 최대한 고려했기 때문이다.

4. 닥터 브래드포드와 모리스 할퍼 주택
(Dr. R. Bradford and Moriss Harper Residence)

- 위치 : 207 Sunnybank Rd. St. Joseph MI.
- 건립 : 1950년
- 건축스타일 : 유소니언(Usonian Style)

• 미시건호 방향에서 바로본 모습 – 낮게 주택을 둘러싼 관목으로 주택의 테라스영역 뿐 아니라 주택의 영역을 구분하고 있는 할퍼 주택의 모습

(1) 미시건 호수를 배경으로 한 버터플라이 지붕

할퍼 주택은 1950년에 완공된 주택으로 미시건 주의 주도인 랜싱에서 서쪽으로 약 120마일(약 192km) 떨어진 세인트 조셉(St. Joseph.)의 미시건 호수 동쪽 해변에 위치하고 있다. 주택이 미시건 호수에 바로 인접하여 위치하고 있어 주거지로서 주변 경관은 햇살에 반짝이는 미시건호의 물결과 어울려 정말 말로 표현할 수 없을 정도로 보석같이 아름다운 곳이라고 할 수 있다. 이 주택 역시 주변의 전통적인 미국식 주택 스타일과 완전히 다른 형태로 이루어져 있기 때문에 한눈에 알아 볼 수 있었다. 라이트 주택 순례에서 필자가 찾아간 대부

분의 주택들은 주변의 울창한 숲으로 인하여 한 번에 주택 형태를 알아보기란 그리 쉬운 일이 아니다. 그러나 본 주택의 경우에는 도시 내의 주택가에 위치하고 있었고 또한 주택을 가리는 울창한 숲도 없었기에 금방 찾을 수 있었다. 그리고 도심에 위치한 대부분의 라이트 주택들은 언제나 그랬듯이 주변의 주택들과는 확연히 다른 모습으로 지어져 있기 때문에 언제나 눈에 먼저 들어왔다. 다시 말해 주변의 주택들과 형태적으로 대비되어 찾기 쉬웠다는 의미에는 당시 유행하는 주택 스타일을 추구하지 않고 라이트 자신만의 스타일을 추구하고 있었다는 증거이기도 할 것이다.

주택의 본채와 별도로 증축된 수영장과 차고 부분을 잇는 부분을 낮은 담장으로 주택의 영역을 뚜렷이 구분하고 있는 반면에 전면 도로와 접하는 부분은 오픈되어 있다. 특히 대지 위치가 도로 모서리 부분에 위치하고 있고, 어느 곳에서나 집의 전경을 볼 수 있을 정도로 넓은 대지와 주택 주변에는 주택의 시야를 가리는 아무런 장애물도 없었다. 그래서 주택 주변 어디에서나 주택 외관은 볼 수 있었지만, 더해서 주택 내부를 볼 수 있다면 얼마나 마음 설레는 일일까 매번 생각하게 된다. 미국과 같이 철저한 사생활 보호로 이루어지는 사회에서 낯선 사람이 집안으로 들어간다는 것은 매우 드문 일이무로 매번 현관에서 벨을 누르는 것은 여간 조심스러운 일이 아니다. 일단 조심스럽게 현관 벨을 눌러본다. 기대와 달리 주인은 나오지 않았다. 오기로 다시 한 번 더 벨을 눌러봤지만 주인은 나오지 않았다. 할 수 없이 돌아서려는 순간 현관문은 열리고 피곤한 듯이 주인이 얼굴을 내민다. 필자를 소개하고 주택을 방문하게 된 이유를 서투른 영어로 이야기하자 의외로 친절하게 잠시 기다리라는 말과 함께 몇 분 뒤에 다시 현관문을 열어 주면서 자신의 주택 안으로 나를 안내해 주었다. 이뿐만 아니라 주택 내부의 곳곳을 안내해 주면서 내가 못 알아들을 것을 염려한 탓인지 천천히, 내 표정을 보고 두 번씩 이야기 해주기도 했다. 주택 내부를 촬영하는 동안 미안할 정도로 거실, 침실, 화장실에 전등을 켜주는 등 정말 친절했기에 아직도 주인아주머니의 얼굴이 기억날 정도이다. 분명 본인 외에도 여러 사람이 왔다갔을 것이고 이런 것에 귀찮아 할 것도 같았지만, 내가 가지고 간 책(The Frank Lloyd Companion)에 나온 자신의 주택 사진을 보고는 이 주택 사진은 증축하기 전 옛날 것이며, 현재 주택은 여러 곳이 증축되었다는 설명까지 해주는 등 정말 친절히 대해주었다.

• 도로 모서리에서 주택을 바라본 모습 넓은 대지와 주변의 수목으로 다운타운에 위치했음에도 불구하고 전원적인 분위기를 느낄 수 있다.

• 차로 뒤쪽의 주택접근로에서 바라본 모습으로 바로 인접한 미시건 호수가 뒤로 보인다. 특히 맑은 날씨와 미시건 호수의 조화는 정말 보석을 보는 듯 했다.

이 주택의 배경을 잠시 살려보면, 주택 이름에서도 알 수 있듯이 주인인 할퍼(Harper)씨는 발을 전문적으로 치료하는 의사였다. 그의 부인은 로렌 포페(Loren Pope)가 쓴 『하우스 뷰티플(House Beautiful)』이라는 라이트 관련 서적에서 "The Love Affair of a Man and His House" 라는 글을 읽고 난 후, 라이트에게 곧 바로 편지를 보내면서, 12,000~13,000평방피트에 5개의 침실을 가진 멋진 목장 주택(Ranch type) 형태의 주택을 의뢰하게 된다. 그러나 무슨 이유에서인지는 모르겠지만 결국에는 2개의 침실과 2개의 욕실을 가진 주택으로 설계된다.

주택이 완성된 후 할퍼씨는 2년 밖에 살지 않고 다른 곳으로 이사가게 되었고, 현재에는 침실과 거실이 각 1개씩 증축된 상태이다. 뒷 페이지에 추가된 평면도는 초기 주택 계획안이다. 그리고 주택을 설계할 당시 라이트가 디자인한 식탁과 식탁 의자는 1990년대에 옥션에서 매매되어 볼 수 없었고, 최근에는 침실 외에 차고와 수영장이 증축되었다.

외장 재료는 다른 주택에서와 같이 진하지 않은 붉은색 치장 벽돌과 사이프러스를 주재료로 사용했고, 버터플라이 지붕으로 이루어진 거실 부분이 도로면으로 노출되어 있어 이로 인해 개인 생활의 프라이버시가 침해될 수 있는 염려 때문인지 모르겠지만, 거실 앞부분에 낮은 담장으로 거실 부분을 둘러싸고 있다. 담장으로 둘러싸지 않은 거실 유리벽의 경우에는 담장높이의 쥐똥나무와 같은 수목으로 감싸고 있어 외부에서는 전혀 담장으로 느껴지지 않을 뿐 아니라 자연스러운 수목들로 거부감이 생기지 않도록 계획되어 있었다. 외관에서 주목할 부분은 거실 공간의 지붕 형태이다. 거실의 지붕 형태는 버터플라이 지붕(외기에 면하는 부분이 가장 높고 서서히 낮아지는 경사지붕)으로 다른 지붕보다 외기와 면하는 거실 부분의 층고가 가장 높고, 남쪽으로 향하고 있기 때문에 겨울철에도 햇빛이 거실로 충분히 들어올 수 있을 뿐 아니라 언제나 미시건 호수를 조망할 수 있게 계획되었다는 것이다.

01 _ 테라스 부분의 낮은 담장과 수목에 의해 감싸져 있는 모습
02 _ 버터플라이 지붕과 거실의 프라이버시를 위하여 도로면에는 낮은 담장을 쌓았다.
03 _ 거실에서 북서 방향의 미시건 호수를 바라보는 모습
04 _ 현관 부분의 모습으로 바로 좌측에 라이트 주택의 상징인 조각상과 오른쪽에 돌출한 사각형 침실 부분이 최초 차고공간을 증축한 부분이다.

(2) 노출되어 있는 주 출입구

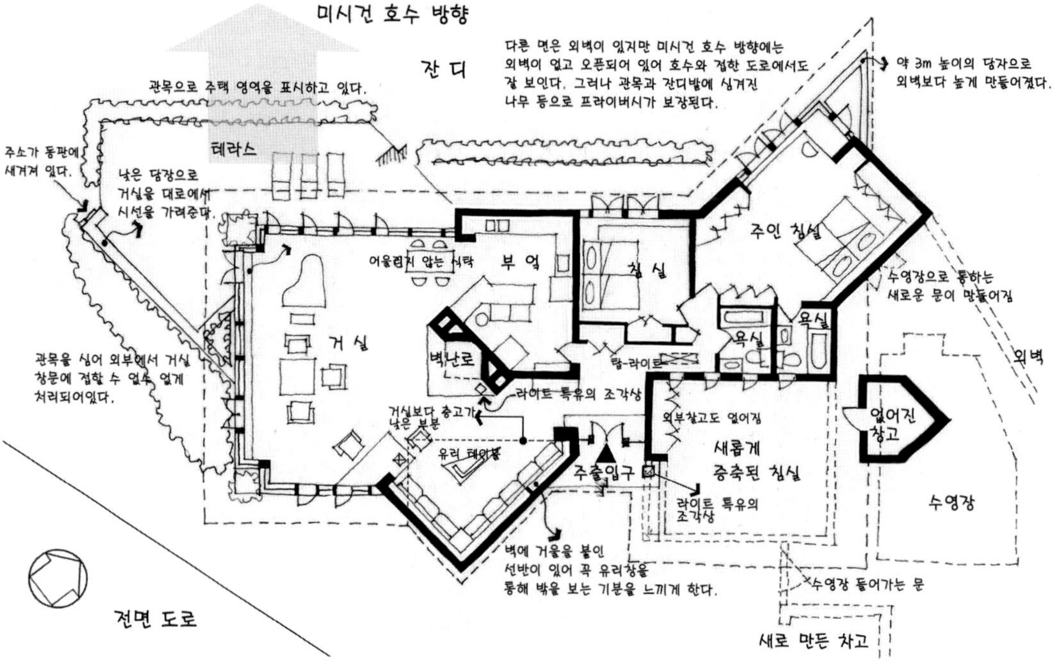

• 1층 평면도 – 증축되기 전의 평면도와 증축된 부분은 점선으로 표시하여 비교하였다.

평면 계획은 전체적으로 4피트 사각 그리드를 기본으로 적용하고 있다. 평면 형태는 유소니언 L자형에서 조금 변형이 이루어진 형태이다. 즉 평면도가 동서축이 정북 방향에서 45° 기울어져 배치되어 있다. 이렇게 배치한 이유는 주인 침실에서 미시건 호수를 바라볼 수 있게 배려한 부분도 있겠지만, 거실의 향을 자연스럽게 남향으로 향하게 하면서 더불어 미시건 호수를 조망할 수 있게 고려한 것이기도 할 것이다. 일반적인 유소니언의 L자형 평면처럼 워크 스페이스(work-space, 부엌, 유틸리티)와 벽난로 뒤쪽으로 배치시키면서 평면도의 중심부에 위치시켰다. 다른 주택과 다른 점은 이제까지 라이트 주택의 대부분은 전면 도로에 주 출입구가 노출되지 않았고, L자형 평면도의 경우 직각 부분 안쪽에 출입구를 위치시켰지만 이 주택의 경우 L자형 바깥쪽에 주 출입구를 위치시키면서 전면 도로에 주 출입구가 노출되어 있다는 것이다. 식당과 거실은 오픈된 형식으로 계획되어 있고, 평면도 제일 아래 부분, 주 출입구 좌측의 솔리드한 벽으로 구성된 삼각형 모양의 외벽 쪽으로 의자들이 배치시킨 곳이 있는데, 이곳은 거실보다 층고가 낮고 또한 평지붕으로 이루어져 있으므로 거실과는 다른 공간으로 느껴질 뿐 아니라, 버터플라이 형식으로 이루어진 거실의 높은 천장에서 느낄 수 없는 아늑함을 느낄 수 있게 계획되어 있었다. 이러한 평면 형식은 1936년에 미시건에 계획했던 아비 비처 로버트(Mrs. Abby Beecher Roberts) 주택의 평면 개념에서 발전된 형식이라 할 수 있다. 초기 평면 계획안에서 볼 수 있는 차고는 다른 유소니언 주택들과 같이 현관 옆, 우측에 오픈된 넓은 공간으로만 제공될 뿐이었다. 그러나 이 공간은 현재의 침실 공간으로 증축되었고 차고는 기존의 창고를 없애고 그 자리에 별도의 건물로 증축되어 있었다. 그리고 초기 계획안에서 주인침실 동쪽 방향에 출입문을 설치하여 외부로 출입이 가능하게 만들고, 이곳에 야외 수영장을 만들어 놓았다.

(3) 그랜드 피아노와 라이트

라이트가 설계한 주택들, 프레리뿐 아니라 유소니언 주택을 들어갈 때마다 언제나 느끼는 것이지만 외부의 단순한 입면과는 달리 내부는 언제나 넉넉한 공간의 분위기를 느낄 수 있었다. 아마도 이런 느낌에는 라이트가 어렸을 때부터 생활한 미국의 대평원에서 느껴지는 넉넉한 공간에 익숙한 본능일 것이다. 그리고 부친의 영향으로 인해 어렸을 때부터 음악을 좋아했을 뿐 아니라 다른 예술적인 부분에도 많은 관심을 가지고 있었고, 특히 피아노 연주를 즐겨, 그가 설계한 주택에는 언제나 그랜드 피아노가 배치되어 있고, 예술로 가득한 넉넉한 공간으로 승화시키고 있다.

그리고 이러한 예술적인 감각의 좋은 사례로 탈리어신 웨스트에는 소공연장을 만들어 정기적으로 음악공연을 개최하기도 했고, 탈리어신 펠로쉽들과 저녁에 시간이 될 때마다 음악을 연주하거나 감상하는 시간을 가졌다는 것을 봐도 라이트가 어느 정도로 음악을 좋아했고 즐겼다는 알 수 있을 것이다. 이런 이유에서인지 그의 주택 인테리어에 빠지지 않은 소품이 있다면 그것은 바로 그랜드 피아노이다. 그리고 그의 음악적 소양과 소품으로서의 그랜드 피아노가 어우러지면서 그냥 단순한 공간도 품격있는 공간으로 한 층 더 업그레이드 시키고 있는 듯했다.

그리고 동경제국 호텔 설계 건으로 일본에 갈 때마다 일본 것뿐만 아니라 동양적인 분위기의 그림, 조각 등 많은 예술품들을 구입했고, 이런 예술품들은 자신이 설계한 주택의 실내 장식품으로 사용하기도 했다. 특히 그의 작업장인 탈리어신 내 · 외부 공간에는 일본 등지에서 구입한 다양한 동양적 예술품으로 장식하기도 했다. 그리고 자신이 디자인한 주택에는 자신이 디자인한 주택임을 상징이라도 하는 듯 직접 조각한 조각상을 배치시키거나, 주 출입구 벽 부분에 붉은 계통의 색이 칠해진 타일에 자신의 이름을 새겨 넣기도 했다.

• 시간이 될 때마다 그는 음악을 감상하는 것을 좋아했다. 그의 롤러 코스트 같은 인생에서 음악은 그를 평온한 마음을 되찾게 한 것 같다. – 탈리어신(위스콘신 주)

• 거실 방향에서 외부로 본 모습 – 라이트의 주택의 주요 인테리어 소품에서 그랜드 피아노는 거의 필수적이라 할 수 있다.

할퍼 주택 거실 한쪽에도 소규모 음악회를 열 정도의 넉넉한 공간에 그랜드 피아노가 위치하고 있었고, 전면이 유리로 이루어진 거실 창을 통해 볼 수 있는 미시건호의 대자연과 어울림은 주택과 자연 그리고 예술을 하나로 이어주는 그야말로 유기적인 건축을 몸으로 느낄 수 있는 공간이었다.

내부는 외부에서 사용한 것과 동일한 적벽돌과 사이프러스(상록수 일종)로 이루어져 있었다. 언제나 그랬듯이 전체 평면 중앙에는 벽난로가 위치하고 있으며, 벽난로 옆에는 현관 앞에 있는 것과 같은 조각상이 라이트가 설계한 것을 상징이라도 하듯 벽난로 옆을 지키고 있었다. 그리고 평면도에서 볼 수 있듯이 평면 넓이의 절반 정도가 오픈된 거실공간과 거실 유리를 통해 보이는 미시건 호수의 전망 그리고 그랜드 피아노와 조화를 이루면서 어느 공간보다도 넉넉한 거실 공간을 느낄 수 있었다. 비록 거실이 식당과 같이 오픈되어 하나의 공간으로 이루어져 있지만 천정의 높이 차이로 인하여 자연스럽게 두 공간으로 나누어져 있었다. 거실의 소파가 있는 공간은 앉은 키에 맞춘 탓인지 안정적인 느낌이 들게끔 천정이 낮게 이루어져 있는 반면에 이 공간과 이어지는 다른 거실 공간은 버터플라이 지붕으로 인하여 층고가 높게 형성되어 있었다. 반면에 그랜드 피아노 옆에 위치한 식탁은 이 주택 공간과 조금은 어색해 보였다. 라이트는 대부분이 자신이 설계하는 주택의 가구는 자신이 그 공간과 어울리게 직접 디자인했었다. 그러나 할퍼 주택의 경우 1990년경에 집주인이 식탁과 의자를 경매로 팔았기 때문에 현재의 식탁은 식탁이 위치하고 있는 공간을 고려해서 설계된 것이 아닌 일반 가구점에서 매입한 것으로, 부엌 공간뿐 아니라 거실공간에서도 이방인처럼 느껴졌다.

01 _ 벽난로와 라이트의 주택을 상징하듯 조각상이 현관 앞의 것과 똑같은 것이 있었다. 오른쪽 액자가 있는 부분이 입구 부분이며 좌측으로 들어오면 거실방향이고 우측으로 돌아가면 침실로 이어진다.

02 _ 거실 쪽의 응접실 공간, 응접실 벽에 길게 연결된 듯한 유리는 유리창이 아니라 거울을 벽에 붙여 공간이 외부로 확장되는 듯한 느낌을 주었다.

03 _ 식탁과 의자가 보인다. 원래 이 자리에 있었던 라이트가 디자인한 식탁과 의자는 옥션으로 매도되었다. 버트플라이 지붕으로 인하여 소파가 있는 거실 공간보다 높다.

04 _ 거실 공간과 삼각형의 탁자가 보이고 벽에는 거울이 달린 장식장이 계획되어 있어 순간 창문을 통하여 밖을 보는 느낌을 받았다. 그리고 이 공간과 버터플라이 지붕이 있는 식당과의 천장 높이를 달리하여 또 다른 공간으로 인식되도록 계획되어 있다.

부엌과 다용도실은 벽난로 뒤쪽에 위치하고 있었다. 부엌의 천정은 요리할 때 냄새 등을 고려했는지 조금 높게 그리고 환기용 고측창도 계획되어 있었다. 반면에 보조 식탁은 금속재로 만들어진 기성제품인 탓에 전체적인 공간 분위기와는 조화되지 않는 느낌도 들었다.

현재 할퍼 주택은 초기 평면에서 주인이 3번 바뀌면서 많은 곳이 수선 · 증축되었다.

초기에는 2개의 침실과 1개 욕실로 계획되어 있었지만 현재는 초기의 작은 침실이 운동실로 개조되어 사용되고 있으며, 거실 공간 1개와 침실이 1개 더 추가되었다. 그리고 외부에는 수영장과 차고가 추가적으로 증축되었다. 유소니언 주택의 특징 중 하나는 폐쇄된 차고가 없고 캔틸레버로 오픈된 공간으로 형성되는 것이지만 이 주택은 차고 부분의 캔틸레버가 있는 곳은 침실로 증축되어 차고 공간이 없어지면서 초기의 조그마한 창고를 철거하고 차고로 확장 · 증축하였다.

이 주택은 침실 방향으로 또 다른 침실이 증축됨으로써 현관에서 증축된 침실로의 동선이 길어지고 어두운 복도가 길게 형성되게 되었다. 그러나 복도 천정을 톱라이트로 처리함으로써 낮 동안 외부의 햇빛이 자연스럽게 유입되고 복도 내부는 낮 동안 항상 자연광으로 밝은 상태로 유지하고 있었다.

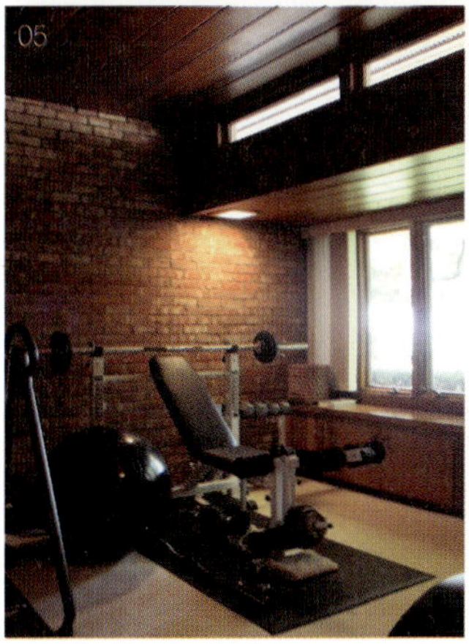

01 _ 벽난로 바로 뒷부분의 부엌 공간으로 천정과 고측창이 보인다. 그러나 보조식탁이 조금은 어색하게 보인다.
02 _ 증축된 거실로서 내벽은 외벽의 붉은 치장벽돌을 그대로 사용하였고 모서리 공간을 서재 공간으로 알차게 꾸몄다.
03 _ 안방 침실 모서리 공간을 서재 공간으로 꾸민 모습을 볼 수 있다.
04 _ 증축된 침실 우측으로 높고 낮은 담장으로 수영장을 만들었고 오른쪽에 조금 보이는 것이 증축된 차고이다.
05 _ 최초의 2번째 침실이 조금 좁아 현재는 운동실로 사용되고 있었다.
06 _ 현관에서 침실로 들어가기전 모서리 부분에 새로 만든 화장실의 모습
07 _ 침실로 연결되는 복도 부분에 톱라이트를 이용하여 전등을 켜지 않아도 실내가 밝았다.

5. 튜켈 주택(Turkel House)

- 위치 : 2760 W. Seven Mile Rd. Detroit MI.
- 건립 : 1955년
- 건축스타일 : 유소니언(Usonian Style)

• ㄱ자 형태의 평면을 예상할 수 있는 입면과 1층에서 2층까지 정사각형의 콘크리트 격자 창으로 처리된 입면 형태의 모습

(1) 쇄락하는 도시 디트로이트

디트로이트는 미국 미시간 주 남동부 경계에 위치하고 있으며, 캐나다와 인접하고 있어 캐나다로 가는 길목이기도 하다. 이 주택을 탐방하기 전까지 주로 목조나 벽돌조의 유소니언 주택만 순례한 필자로서는 처음으로 관련 서적을 통하여 튜켈 주택을 보고는 조금은 색다른 느낌을 받았다. 사진 속의 튜켈 주택은 미시건 주 지역에 있는 라이트의 다른 주택들과는 달리 콘크리트로 성형된 블록을 사용하였을 뿐 아니라 외벽 역시 많은 콘크리트 격자형 창문으로 계획되어 있어 조금은 특이하게 느껴졌다. 그리고 이제까지 도시 근교의 울창한 자연 속에 지어진 주택들과 달리 도심에 위치하고 있었기 때문에 또 다른 호기심

이 발동하였고, 1시간이면 찾아갈 수 있는 거리였기에 아이들이 수업마치는 시간을 기다렸다가 아이들과 같이 60마일(약 90㎞)의 거리를 달려갔다.

여기서 잠깐 다른 이야기를 하자면, 우리가 일반적으로 알고 있는 것과 달리 미국은 몇몇 대도시(뉴욕, LA, 시카고 등)를 제외하고는 대중교통이 정말 불편하기 때문에 대부분 주택에서는 자동차는 2대가 기본이다. 그리고 학생들이 셔틀버스를 타지 못하는 경우에는 부모님 중에 한 사람이 학생을 픽업하기 위하여 학교 수업이 끝나기를 기다려야 한다. 필자 역시 매일 아이들을 픽업해야 하기 때문에 수업이 끝나기 전(중학교는 오후 3시 정도에 끝남) 모든 일들을 정리하고 아이들 학교로 가야했다. 한 번은 시계를 잘못 봐 필자가 소속된 대학에서 아이들 학교까지 급하게 운전한 적도 있다. 이런 급한 마음 때문에 1년 동안 3번이나 속도 위반 교통 딱지를 받았고 벌금으로 약 500불(200불 한 번, 150불 두 번)을 지불해야만 했다. 분명히 보이지 않았던 경찰관이 어디에 숨어있었는지 불쑥 나타나 교통 위반을 했다고 하니…, 한번 걸리면 우리나라 돈으로 약 17만원은 기본이니, 서툰 영어로 아무리 용서를 구해보지만 결국 교통질서 위반 벌금 딱지를 받게 된다. 그런데 만약에 불가피한 사정이 있었다면 벌금 통지서 기한을 넘기고 법원에서 정해주는 날짜에 담당 경찰관이 동석한 자리에서 자신의 입장을 피력하는 경우 벌금이 감해지는 경우가 있다고 한다. 그러나 이런 경우 거의 하루를 낭비해야 하고, 원활한 의사소통이 이루어지지 않는 경우에는 뜻하지 않은 여러 문제가 발생할 수 있기 때문에 하는 수 없이 벌금을 내야 했다.

튜켈 주택은 외곽 고속도로에서 그다지 멀지 않은 대로변(Seven mile Road)에 위치하고 있기 때문에 주택을 찾아가는 것은 그리 어렵지 않았지만, 외곽 고속도로를 벗어나 도시 내의 도로로 들어서는 순간부터 주위에는 흑인 외에는 보이질 않았다. 거리를 걸어가는 사람, 식당 밖에서 담배를 피우는 사람, 운전하는 사람 정말 모두 흑인이었다. 그리고 흑인 뒤의 담장에는 스프레이로 그려진 그림이 절묘하게 어울리면서 보는 이로 하여금 두려움을 배가시켰다. 설상가상으로 흑인에 대한 선입관 때문인지 흑인 특유의 옷차림(모자를 비스듬히 쓰고, 바지는 엉덩이까지 내리는 등)을 한 흑인을 볼 때면 나도 모르게 두려움이 생기기도 했다. 디트로이트에 이렇게 흑인이 많은 이유를 잠깐 살펴보면, 남북전쟁(1861~65)이 끝난 뒤, 이전의 시골 장터의 수공업적 규모의 경제 상황에서 벗어나 대규모 공업 도시로 급속히 발전하게 된다. 특히 이 도시는 제조업자인 헨리 포드에 힘입어 세계적인 자동차 공업의 중심지로 발전하게 되었고, 헨리 포드는 일관작업(一貫作業) 공정과 일당 5달러의 최저임금

제도(1914)를 처음으로 도입하였다. 제1차 세계대전 때는 주요 무기 생산기지가 되면서 공업발전의 속도가 더욱 빨라졌다. 수많은 이주민들, 특히 노예제도를 반대한 남부지역 출신의 흑인들이 미국 북부 지역인 디트로이트로 몰려들었다고 한다. 그러나 최근 들어 미국경제의 침체와 함께 자동차 산업이 쇠퇴하면서 많은 흑인들이 다른 지역으로 이주하지 못하고 디트로이트에 그대로 정착하게 되면서 현재는 백인보다 흑인들의 거주 비율이 높은 지역으로 변하게 되었고 대부분 주거지에서는 백인들보다 흑인들을 많이 만날 수 있었던 것이다.

막상 튜켈 주택(Turkel House)에 도착했을 때는 자연 속에 위치한 다른 라이트의 주택들과는 달리 도로변 인도와 주택지 사이에 철망으로 담장이 만들어진 상태이고, 주택 전면에는 대로변이라 주차공간을 찾을 수 없어 자동차를 열려있는 철망 정문과 인도에 걸쳐 주차하고 혹시나 주변에 숨어 있는 경찰관이 – 교통위반 벌금에 얼마나 민감한지 – 없는지 주변을 둘러보기도 했다.

관련 서적에 의하면 집주인인 도미노피자 사장인 톰 모나그한(Tom Monaghan)은 라이트가 설계한 다른 주택도 소유한 것으로 알려져 있지만 거의 대부분 매도한 상태라고 한다. 사실 미국이라는 사회는 한국 사회와 달리 개인 프라이버시를 굉장히 중요하게 생각하는 곳이라 주인 허락없이 주택사진을 찍는다는 것은 불법 행위로 인정되기 때문에 당연히 현관에서 노크한 후 주택 촬영의 허락받거나 미리 유선상으로 허락을 받아야 하는 절차를 거쳐야 한다. 그러나 필자는 매번 허락받기 전에 외관을 촬영한 후 사진 촬영을 허락받는 순서로 순례를 해왔다. 그 이유는 간단하다. 대부분의 주택들이 필자가 거주한 곳에서는 멀리 위치하고 있으며 미시건 주에서 몇 년 동안 거주할 수 있는 조건이 아니기 때문에 두 번 다시 찾아올 기회가 없을 것이라는 생각에 사진 촬영이 불허되는 순간, 외관도 촬영하지 못하고 가야하는 경우에는 너무나 안타깝기 때문에 미리 외관을 찍는 버릇이 생긴 것 같다.

(2) 라이트 주택의 특징인 캔틸레버 처마가 없었다.

튜켈 주택(The Turkel house)은 1955년 도로시 튜켈(Dorothy Turkel)을 위해 라이트에 의해 설계되었고 시공자는 레이코 건설의 솔 레이코(Sol Raikow)이다. 시공자인 레이코는 라이트와 같이 주택 프로젝트를 수행하는 것을 굉장히 자랑스럽게 생각했다. 이 주택이 자리한 대지는 남북으로 긴 직각 삼각형에 가까운 대지의 모양을 하고 있으며, 밑변이 대로변에 접하고 있다. 주택은 대로변의 소음 등을 피하기 위해 대로변인 밑변 방향의 배치를 피하기 위하여 대로변과 평행되게 배치하지 않고 직각으로 주택을 배치하였고 넓은 정원공간을 확보하기 위하여 주택을 대지 경계선에 매우 가깝게 인접시켜 배치할 수밖에 없었다고 한다.

• 구글 위성사진 – 거의 직각삼각형에 가까운 대지모향으로 밑변이 대로변에 접하고 있고 직각부분에 자동차 진입로가 보인다.

좌측의 대지 경계선과 주택 사이 공간이 매우 좁음에도 불구하고 이 좁은 공간을 자동차 동선으로 계획하였을 뿐 아니라 심지어 현관 진입 공간도 자동차 동선과 중복되게 계획하였다. 자동차 동선과 현관 진입 공간이 겹치고 현관에서 나오자마자 자동차와 부딪힐 수도 있을 정도로 폭이 좁기 때문에 진입로에 위치하고 있는 주 출입구를 외벽보다 안쪽으로 후퇴시켜 주 출입구 앞부분에 어느정도의 공간을 마련하였다. 그리고 라이트 주택이면 어느 주택에서나 볼 수 있는 현관 앞에 길게 뻗어 나온 캔틸레버 처마는 없었고, 일반 주택에서 흔히 볼 수 있는 짧은 처마로 처리되었다. 비록 짧게 처리되었지만 이 처마가 진입로 위로 돌출되어 있기 때문인지 좁은 진입로가 더욱더 좁게 느껴졌다.

주택의 배치는 ㄴ자형으로 진입 도로면이 남쪽이고 ㄴ자 안쪽이 동쪽으로 향하고 동쪽에 정원을 배치하여 동남으로 햇빛을 잘 받도록 배치한 것 같다. 1, 2층 거실도 동남향의 격자 창문으로 계획되어 있고 자동차 진입 도로 방향인 서쪽으로는 2층 일부분만을 제외하고는 모든 벽에는 창문이 없는 솔리드한 벽으로 계획되어 있었다. 평면도에서 보면 알 수 있듯이 굳이 차고를 진입도로에서 주택 안쪽 깊숙이 계획했는지는 의문이다. 현재의 주인도 차고 부분을 창고로 사용하고 있었고, 주택 안쪽 깊숙이 진입해야 하는 자동차 동선이 귀찮아서인지 전면 도로에서 들어오자 철망 담장과 주택 사이의 공지를 주차공간으로 사용하고 있었다. 재미있었던 것은 필자 역시 주택 내부에는 들어가지 못하고 유리창에 카메라를 밀착시켜 내부를 촬영하다 주인에게 주의를 받았고, 동시에 사진 촬영을 애원 해봤지만 주인아저씨는 꼼짝도 하지 않았다. 명함까지 전달하려 했지만 현관 앞에 놓여있는 큰 항아리에 놓고 가라는 것이었다. 순간 항아리 속에는 나와 같은 처지의 사람들이 놓고 간 명함이 가득한 것을 보고는 사진 촬영을 포기하고 외부만을 촬영하게 되었다.

01 _ 입구에서 자동차 동선을 따라 촬영한 모습으로 좌측은 낮은 담장 그리고 우측은 붉은 경계선으로 자동차 진입로가 별도로 포장되어 있다. 그리고 주 출입구 부분(좌측벽 중앙)에 일반적인 짧은 처마가 시공되어 있다.

02 _ 주 출입구 부분은 외벽보다 안쪽으로 후퇴되어 계획되어 있었고 좌측에는 동양적인 도자기가 놓여 있고 우측에는 라이트 조각상 대신 사슴 조각상이 현관문을 시키고 있었다.

03 _ 차고 공간은 버팀대로 고정하고 다용도 창고로 사용하고 있었다.

04 _ 주 출입구(중앙부분)가 있는 외벽으로 1층 부에는 전혀 유리창이 계획되어 있지 않은 외벽의 모습

(3) 정원의 동양적 소품

주택의 전체 외관에 사용된 주재료는 시멘트를 성형하여 격자로 만든 유니트 블록을 사용하였고, 처마부분은 기존의 주택에서 볼 수 있는 캔틸레버 처마가 아니고 유니트 블록을 사용하여 일반적인 짧은 주택 처마로 처리되었으며 도색을 전혀 하지 않아 전체적으로 회색톤로 이루어져 있다.

1층의 뮤직룸(거실)공간은 2층까지 상부가 오픈되어 있으며, 거실이 전면 도로와 면해져 있기에 프라이버시적인 측면을 고려하여 건물을 전면 도로에서 대지 안쪽으로 후퇴(set back)하였다. 주택과 도로 사이의 대지내 공지에는 나무 등을 심어 도로 방향으로 직접적으로 노출되는 것을 최소화하였다. 특히 도로에 면한 거실 창문을 콘크리트 격자로 만든 유니트 블록으로 계획한 것과 지붕 처마부분을 캔틸레버로 돌출시킨 것도 프라이버시를 위한 것이라고 라이트의 관련 서적에서 설명하고 있지만 조금은 이해하기 힘든 부분이기도 하다.

• 전면 도로에서 본 모습으로 ㄴ자 형태로 안쪽 90°로 꺾이는 2층 부분에 발코니가 보이고 거실 외벽은 격자형 유니트 블록의 창문으로 계획된 것을 볼 수 있다.

• 동향의 거실 벽에 사용된 격자형 유리 역시 콘크리트에 삽입된 형식으로 시공되었고 개폐 가능한 부분은 창살을 사용하고 있었다.

비록 2층까지 하나의 벽으로 전면도로에 향하고 있지만 거실 창문의 블록 격자 때문에 창문을 통하여 거실 내부를 한 눈에 훤히 볼 수는 없다. 그리고 주택에 계획된 거의 모든 창문, 아무리 작은 창문이라 할지라도, 창문의 모서리는 창살대로 계획되어 있지 않고 유리만으로 처리하는 라이트 특유의 계획 요소가 반복되어 나타나고 있다. 특히 창문은 가운데 자리에도 창살대를 사용하지 않고 콘크리트 블록에 직접 유리를 삽입하는 방식을 사용하고 있는데 이런 방식은 낙수장 등 여러 주택에서 볼 수 있는 라이트만의 유리 창문처리 방식이라 할 수 있다. 그러나 필자가 생각하기에는 작은 창문에 창살대를 사용하는 경우 무리가 있을 수 있다는 것은 이해가 되지만, 유리를 콘크리트 블록에 직접 삽입하는 방식은 시공상에 많은 어려움이 있을 것이라 생각한다. 다시 말해 일반적인 주택 창문은 외부에서 창호도에 따라 별도로 제작하여 건물 벽에 고정시키는 방식인 반면에 튜켈 주택은 주택의 주재료인 유니트 블록을 제작할 때부터 유리를 같이 삽입하여 제작하여야 하는 어려움이 있을 것이라 생각이 들었다. 블록에 삽입된 유리로 인하여 시공할 때 좀 더 많은 주의가 요구될 뿐 아니라 공사기간이 길어지고, 그만큼 공사비도 추가될 것이라 생각된다.

외부 공간은 현재의 집주인이 라이트가 동양적 예술에 영향을 받았다는 것을 알고 있었는지 어느 나라(일본, 중국, 한국)의 조각인지 분명하지는 않지만 동양적 느낌의 조각들과 항아리들이 곳곳에 놓여 있는 것을 보고, 보는 이로 하여금 동양의 신비함을 만들어 내고 있었다. 정원에는 부처님 입상과 두상이 있었는데, 특히 부처님 두상 조각상은 낙수장의 2층 베란다에 설치된 조각상과 거의 똑같은 것처럼 보였다. 사실 몇 년전 이 주택은 매매를 위하여 방치된 상태였고 외부공간은 잡초가 무성하게 자란 상태였기 때문에 현재의 모습은 최초의 모습이 아니다 라는 것을 어느 정도 짐작할 수 있었다.

01 _ 외부 정원에 장식된 부처님 전신상 조각으로 서양인으로 하여금 동양적 신비감을 만들어 내고 있다.

02 _ 외부정원에 장식된 부처님 두상 조각상으로 낙수장 2층 베란다에서도 이와 똑같은 조각상이 장식되어 있다.

03 _ 낙수장 2층 베란다에의 부처님 두상 조각상

(4) 평면의 형태

평면 형태는 초기 유소니언의 一자형 평면에서 2층 부분에 발코니와 어린이 침실이 추가되어 ㄴ자형으로 변형된 평면 형태라고 할 수 있다. 전체적으로 갤러리(테라스와 면한 복도)와 거실(도면에서 MUSIC으로 표기된 공간)부분은 동쪽을 향하고 현관과 부엌(work space)은 서쪽으로 배치되어 계획되어 있다. 앞의 유소니언 평면 유형에서 설명한 것과 같이 서쪽과 면하는 벽(ㄴ자 바깥벽)은 거의 솔리드한 벽으로 처리한 반면 동쪽부분(ㄴ자 안쪽벽)은 거의 유리로 투명하게 처리되고 있었다.

현관은 서쪽의 뮤직룸(거실) 방향으로 조금 치우쳐져 위치하고 있으며 현관을 기준으로 거실과 거실 외의 공간으로 확연히 구분시키고 있다. 다시 말해 거실은 거실 외의 공간보다 계단으로 두 단 높게 계획되어 있어 다른 공간과 뚜렷이 구분시키고 있었다. 동쪽 방향의 갤러리는 장식 기둥처럼 생긴 벽 부분(실제 ㄷ자형의 벽에 수납장이 계획되어 있음)을 제외하고는 테라스로 출입이 가능한 유리문으로 계획되어 있었고 갤러리 벽에는 정원을 바라보면서 휴식을 취할 수 있는 의자가 계획되어 있다. 식사 후 갤러리에 앉아 휴식을 취하면서 정원의 풍경을 충분히 즐길 수 있도록 계획되어 있다. 부엌은 서향으로 동서로 길고 솔리드한 벽으로 식당과 분리되어 계획되어 있으며, 오픈된 식당에서는 식사를 하면서 정원을 바라볼 수 있게 계획되어 있다. 요리하는 공간은 어느정도 감추고 음식을 즐길 수 있는 식당은 오픈시키는 방식의 계획 수법은 라이트가 설계한 대부분의 주택에서 동일하게 적용되는 방식이다. 평면에서 특이한 것은 2층으로 올라가면 마주하는 곳에 엘리베이터가 설치되어 있다는 것이다. 당시 주택 내에 엘리베이터를 설치했다는 것이 주목할만하다.

현관을 들어서자마자 정원으로 통하는 전면 유리를 통하여 부처님 두상 조각상을 볼 수 있고 블록 기둥에 설치된 수납장 위에도 도자기 등과 같은 동양적 조각상으로 장식되어 서양 사람들로 하여금 동양적 신비감을 느끼도록 배치되어 있었다. 1층에는 침실 외의 공간으로 계획되어 있다. 예를 들면 거실, 창고, 부엌과 식당 다용도실 그리고 가족들을 위한 놀이 공간으로 계획되어 있고, 천장도 별다른 재료를 사용하지 않고 외부의 격자형 노출 블록을 그대로 사용하고 있어 천장이 마치 와플구조로 이루어진 듯 보였다. 그리고 내부는 노출 블럭을 그대로 사용하고 있었지만 마감으로 하얀색 페인트를 칠했을 뿐이다. 이런 격자형 블록의 사용은 내부 공간의 벽에도 사용하고 있으며 격자의 빈 공간을 통하여 공간의 흐름을 이어주고 있다. 북쪽 끝부분, ㄴ자 형태에서 90°로 꺾이는 바깥 부분에는 차고가 계획되어 있었다. 사실 전면 도로에서 출입구를 거쳐 차고까지는 너무 긴 동선으로 이루어졌기 때문에 주차 후 다시 돌아 나와 현관으로 향해야 하는 불편함 때문인지 방문 당시에는 전면 도로와 주택사이의 대지안의 공지에 자동차를 주차해 출입에 편리함을 추구하였고 반면에 기존의 차고는 여러 잡동사니를 모아두는 창고로 용도를 변경하여 사용하고 있었다.

현관에 인접하여 설치된 좌측의 계단을 통하여 2층으로 올라가면 4개의 침실과 주인의 서재로 계획되어 있고 1층의 거실 부분은 발코니로 처리되어 1층부터 2층까지 오픈되어 있었다. 이해하기 힘든 부분은 복도(Gallery)부분을 1층과 같이 동쪽으로 계획하다보니 침실 1개를 제외하고는 북향과 서향으로 계획되어 있다는 점이다. 2층의 갤러리도 1층과 같이 기둥 같은 블록 벽과 전면 유리문으로 계획되어 있어 2층 발코니로 언제든지 출입이 가능하도록 계획되어 있다.

01 _ 1층의 벽난로가 2층까지 오픈되어 있는 거실의 모습, 2층 부분은 발코니로 처리되어 있고 천장은 와플구조로 되어 있다.

02 _ 거실 부분에서 play 룸을 향해 바라본 모습으로 갤러리 벽에 계획된 수납장을 볼 수 있고 동향이므로 언제나 갤러리 부분은 밝고 정원을 볼 수 있다.

03 _ 창살대를 사용하지 않고 콘크리트 블록에 직접 유리를 삽입하는 방식으로 유리창을 계획하였고 모서리에는 창살이 없다.

04 _ 현관에서 정원을 바라본 모습 – 현관을 들어서자마자 정원에 장식된 부처님 두상 조각상이 보인다. 그리고 블록기둥에 설치된 수납장 위에도 도자기 등이 장식되어 있다.

05 _ 갤러리 부분을 테라스 방향에서 바라본 모습으로 기둥과 같은 블록 벽을 제외하고는 전면 유리문으로 계획하여 언제나 출입이 가능하다.

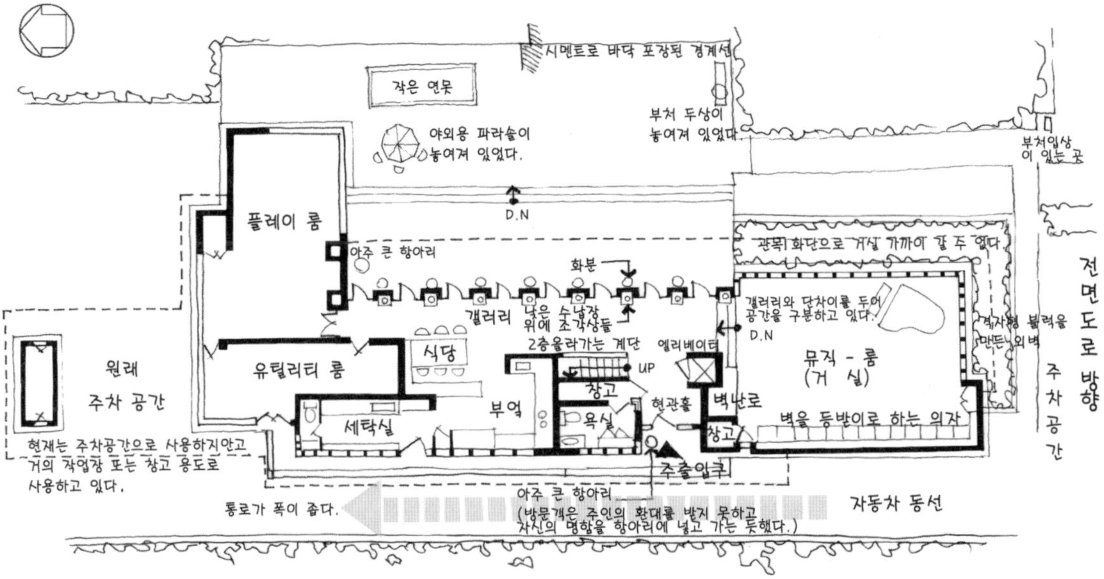

• 1층 평면도 – 이 주택의 난방방식은 초기에는 바닥 난방(gravity heating system)이었으나 겨울철에는 파이프가 얼고 생활하기에 불편하여 대기 냉난방 조절방식으로 변경되었다.

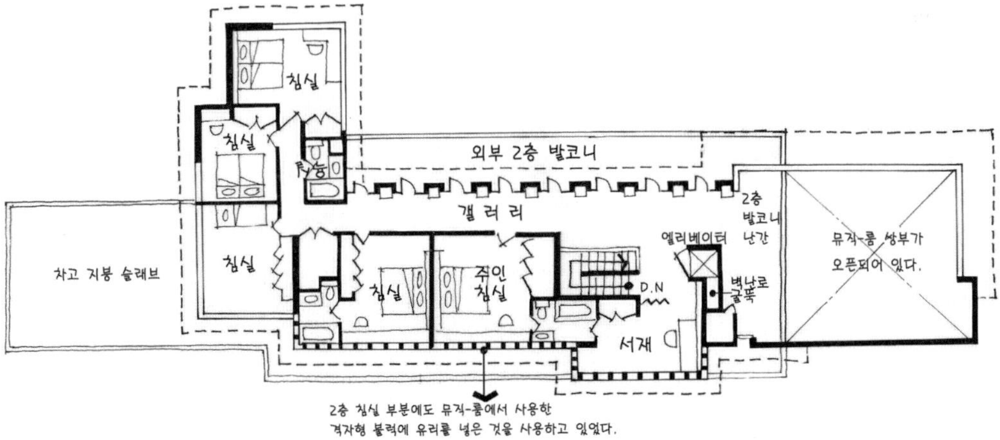

• 2층 평면도 – 갤러리의 ㄷ자 블럭 외벽에도 ㅁ의 수납장이 설치되어 있고 주인 침실과 서재가 화장실을 기준으로 서로 연결되어 있다.

부 록

1. 프랭크 로이드 라이트의 인생사
2. 미국의 프랭크 로이드 라이트의 주택 작품 List
3. 참고문헌 및 관련 사이트

1. 프랭크 로이드 라이트의 인생사

1867	위스콘신 주의 리치랜드(Richland Center)에서 6월 8일 출생
1869 ~ 1878	라이트의 가족 위스콘신 주의 Madison으로 이사하고 라이트는 여름이면 James Lloyd-Jones의 농장에서 일을 도우며 보낸다.
1885	라이트 부모는 이혼을 하고 아버지는 Madison을 떠나다. 라이트는 파트타임으로 엔지니어사무실 Allan D. Conover에서 도면 그리는 일을 한다.
1886	위스콘신 대학 엔지니어링 전공으로 입학한다.
1887 ~ 1889(20세)	대학 중퇴 후 Joseph Lyman Silsbee사무소에서 일을 한 후 평생 스승인 루이스 헨리 설리반와 단크마르 아들러 사무소에 들어감(1889)
1889	라이트는 Catherine Lee Tobin과 결혼하고 시카고 오크 파크에 자신과 부인을 위한 집을 설계한다.
1890	라이트의 첫째 아들 Lloyd가 태어난다.
1892	라이트의 두 번째 아들 John이 태어난다.
1893	라이트는 아들러와 설리반의 사무실에서 독립하여 자신만의 스튜디오에서 작업을 시작한다. 그리고 시카고의 리버 포리스트(River Forest)에 그의 첫 번째 작품인 William H. Winslow를 설계하게 된다. 만국박람회를 통하여 일본과 동양의 건축에 관심을 갖기 시작한다.
1894	시카고 건축 클럽에서 그의 첫 번째 작품 전시회를 개최한다. 그의 세 번째 자녀 딸 Catherine가 태어난다.
1895	그의 4번째 자녀 David가 태어난다.
1896	「건축, 건축가와 건축주」라는 강연을 한다. 스프링 그린(Spring Green, Wisconsin)에 Romeo & Juliet 이라는 바람개비 타워를 설계한다.
1897(30세)	그의 사무실을 시카고의 Steinway Hall로 옮긴다.
1898	그의 5번째 자녀인 딸 Frances가 태어난다
1901	라이트는 시카고에서 「예술 그리고 기계에 의한 공예」라는 제목으로 강연한다. 그리고 일리노이 주의 하이랜드 파크에 Ward W. Willits의 주택을 설계한다.
1902	일리노이 주 Springfield에 Susan Lawrence 주택을 설계한다
1903	라이트의 6번째 자녀 아들 Llewellyn이 태어난다.

1904 라이트 아버지 죽음, 오크 파크에 Unity Temple, 뉴욕주 Buffalo에 Larkin Building 등 종교 및 오피스 빌딩을 설계한다.

1905 라이트와 그의 부인 캐슬린은 일본을 여행한다. 그리고 라이트는 일본 미술품 등을 수집하기 시작한다.

1906(39세) 그 유명한 시카고의 Frederick C. Robie 하우스를 설계한다.

1909 라이트는 그의 가족과 작업실을 잠시 떠나 베를린에서 자신의 작품집 발간을 위해 유럽을 여행하고 Mamah Borthwick Cheney과 유럽에서 다시 만난다.

1911 라이트는 유럽에서 미국으로 돌아온다. 그리고 위스콘신 주의 Spring Green에 탈리어신을 설계하기 시작한다.

1913 라이트 일본 제국호텔의 설계를 위해 두 번째 일본을 방문한다.
그리고 시카고의 Midway Garden을 설계한다.

1914 라이트가 Midway Garden공사 때문에 탈리어신을 잠깐 비운 사이에 탈리어신의 인부에 의해 화재가 발생하고 Mamah Borthwick Cheney과 6명의 사람이 죽게 된다.
한 달 뒤, 두 번째 부인이 Miriam Novel과 만나게 된다.

1916 Miriam Novel과 같이 일본을 세 번째 방문하고 제국호텔 시공 감리를 위하여 동경에 사무실을 연다.

1917(50세) 라이트는 LA에 Aline Barnsdall를 위한 Hollyhock House를 설계하고 LA에서 더 많은 일을 하기 위해 노력한다.

1922 라이트는 일본에서 돌아와서 LA에 사무실을 열고, 첫 번째 부인인 Catherine과 이혼하게 된다.

1923 라이트의 어머니가 죽고, 일본에 대지진이 있었지만 제국호텔을 붕괴되지 않는다. 그리고 Miriam Novel과 두 번째 결혼한다.
그리고 LA에 John Storer 주택을 설계한다.

1924 Miriam Novel과 별거가 시작되고, 세 번째 부인이 될 Olgivanna Lozovich 를 만난다.

1925 탈리어신의 두 번째 화재가 발생하고 탈리어신 재건을 시작한다.
그리고 Olgivanna Lozovich와 사이에서 딸 Iovanna가 태어난다.

1926 위스콘신 은행은 라이트가 빚을 갚지 못하자 탈리어신의 소유권을 차

압당하고 라이트는 자서전 작업을 시작한다.

1927(60세) 라이트는 두 번째 부인 Miriam Novel 이혼한다. 그리고 아리조나의 빌트모아에서 일을 하기 위해 Olgivanna Lozovich와 같이 겨울을 보낸다.

1928 Olgivanna Lozovich와 정식으로 결혼한다

1930 프린스턴 대학교 Kahn 강에서 강연을 한다. 그리고 이것은 1931년 『Moden Architecture』로 출판된다

1931 뉴욕, 암스테르담, 베를린, 푸랑크푸르트(독일), 밀워키(위스콘신)에서 자신의 작품 전시회를 가진다.

1932 라이트는 탈리어신 펠로쉽을 설립하고 탈리어신에 펠로쉽을 위한 복합용도의 건물을 짓기 시작한다

자서전과 『사라져가는 도시(Disappearing City)』가 출판되고 뉴욕에서 라이트 작품이 현대 박물관에서 「국제 스타일 전시회」에 전시된다.

1934 라이트는 직원들과 「Broadacre City」 모델을 만들고 탈리어신 잡지와 탈리어신 출판사를 설립한다.

1935 펜실베니아 베어 런에 Edgar J. Kaufmann을 위한 낙수장을 설계한다.

1937(70세) 아리조나 피닉스 부근에 탈리어신 웨스트를 설계하기 시작한다.

1938 플로리다 Lakeland에 Southern College를 설계한다.

1939 Johnson Wax Administration Building을 완성한다. (세계 2차 대전 시작)

1940 「프랭크 로이드 라이트의 작품전」이 뉴욕의 현대 박물관에서 개최된다.

그리고 프랭크 로이드 라이트 재단을 설립한다.

1941 왕실 영국 건축가 협회의 명예회원이 되고 조지 6세(George Ⅵ)로부터 왕실 골든 메달을 받는다.

1942 우루과이(Uruguay) 국립건축가 협회로부터 명예회원이 된다. 그리고 플로리다 Lakeland에 Southern College의 공예관을 설계하게 한다.

1943 (76세) 뉴욕에 Solomon R. Guggenheim (구겐하임미술관)을 설계한다.

1945 위스콘신, 쇼우드 언덕에 유니테리언 만남의 집을 설계하고, 죤슨 왁스

연구동을 설계한다

1947 (80세) Princeton 대학교에서 명예박사학위를 받는다.

1948 1월에 라이트에게 헌정하는 건축포럼이 개최된다

1949 그의 스승인 루이스 설리반의 천재성과 우민정치에 관한 책을 출판한다.

미국의 국립 예술 문학협회로부터 명예회원이 되고 미국 건축가협회로부터 골든 메달을 수여받는다.

1950 Florida Southern College로부터 명예 박사를 받는다.

1951 라이트와 그의 제자들과 같이 이탈리아 프로렌스에서 「건축의 삶 60년(Sixy Years of Living Architecture)」를 개최한다

1953 『The Future of Architecture』를 출판하고 필란드 국립학술원의 명예회원이 된다.

1954 펜실베니아 엘킨스 파크에 Beth Sholom Synagogue를 설계한다.

1955 세 번째 탈리어신이라고 불리는 오피스겸 주거공간을 뉴욕에 마련한다. 그리고 Texas에 달라스 극장을 설계한다.

1956 『The Story of the Tower』가 발간되고 시카고에서는 10월 17일을 라이트의 날로 선포한다. 그리고 「Mile High Illinois」라는 제목으로 전시회를 개최한다.

구겐하임 미술관의 시공이 시작된다.

1957(90세) 새로운 프로젝트를 위해 이라크, 바그다드를 여행한다. 그리고 Marin County Civic Center와 캘리포니아의 산 라페엘에 Post Office를 설계한다.

1959 『The Wonderful World of Architecture』라고 불리는 10대를 위한 건축역사 책을 작업하기 시작한다. 그리고 4월 9일 세상을 떠난다.

같은데 10월에 Guggenheim 미술관이 개관한다.

2. 미국의 프랭크 로이드 라이트의 주택 작품 List

State	City	Address	House name	year
Alabama	Florence	601 Riverview Dr.	Rosenbaum Residence and Addition	1939/ 1948
Arizona	Phoenix	1123 W. Palo Verde Dr.	Carlson	1950
		2701 E. Arizona Biltmore Circle	Arizona Biltmore Hotel and Cottages	1927
		5802 N. 30th St.	Benjamin Adelman Residence, Sitting Room and Carport	1951
		5808 N. 30th St.	Boomer	1953
		5710 N. 32d St.	Pauson	1939
		6636 N. 36th St.	Lykes	1959/ 1966
		5212 E. Exeter Blvd	David Wright	1950
		Between Mountain Vista Dr. & E. Frye, and 30th & 32d	Ocatillo Desert Camp	1928
	Paradise Valley	7211 N. Tatum	Harold Price, Sr	1954
		6442 E. Cheney Rd.	Pieper	1952
	Scottsdale	12621 N. Frank Lloyd Wright Blvd.	Taliesin West	1937~1956
	Tempe	Apache Blvd. at Mill Ave.	Gammage Memorial Auditorium	1959
California	Los Angeles	4808 Hollywood Blvd.	Barnsdall Hollyhock House, Municipal Art Gallery, Barnsdall Residence A and Spring House	1917 1954 1920
		2655 Glendower Ave.	Ennis Residence, Chauffeur's Quarters and Nesbitt Alterations	1923/ 1940
		1962 Glencoe Way	Samuel Freeman	1923
	Brentwood Heights	449 Skyewiay Rd.	Sturges	1939
	Hollywood	8161 Hollywood Blvd.	Storer	1923
	Beverly Hills	332 N. Rodeo Dr.	Anderton Court Shops	1952
	Malibu	32436 W. Mulholland Hwy.	Oboler Gatehouse, Additions and Eleanor's Retreat	1940/ 1944
	Bradbury	5 Bradbury Hills Rd.	Pearce	1950
	Pasadena	645 Prospect Crescent	Mrs. Millard	1923
	Montecito	196 Hot Springs Rd.	Stewart	1909
	Bakersfield	4260 Country Club Dr.	Ablin	1958
	San Luis Obispo	1106 Pacific St.	Kundert Medical Clinic	1955
	Los Banos	Center Ave.	Fawcett	1955
	Carmel	Scenic Road at Martin St.	Walker	1948
	Hillsborough	101 Reservoir Rd.	Bazett	1939

State	City	Address	House name	year
California	Atherton	83 Wisteria Way	Mathews	1950
	San Francisco	140 Maiden Lane	Morris Gift Shop	1948
	Stanford	737 Frenchman's Rd.	Hanna Residence, Additions and Remodeling	1936/ 1957
	Orinda	6 Great Oak Circle	Buehler	1948
	San Rafael	N. San Pedro Rd.	Marin Country Post Office, Administrantion Building and Hall of Justice	1957/ 1967
	San Anselmo	259 Redwood Rd.	Berger, Frank Addition	1950/ 1956
	Modesto	417 Hogue Rd.	Walton	1579
	Redding	2850 Foothill Blvd.	Congregational Church	1958
Connecticut	New Canaan	423 Frogtown Rd.	Rayward Residence, Addition and Playhouse	1955/ 1957
	Stamford	121 Woodchuck Rd.	Sander	1952
Delaware	Wilmington	619 Shipley Rd.	Dudley Spencer	1956
Florida	Tallahassee	3117 Okeeheepkee Rd.	George Lewis	1952
	Lakeland	111 Lake Hollngsworth Dr.	Florida Southern College	1938
Idaho	Bliss	Old Hagerman Hwy	Teater	1952
Illinois	Barrington - Hills	265 Donlea Rd.	Post	1957
		Country Line Rd.	Fredrick	1954
	Bannock-burn	200 Thornapple	Allen Friedman	1956
	Glencoe	790 Sheridan Rd.	Brigham	1908/ 1915
		850 Sheridan Rd.	Glasner	1905
		1023 Meadow Rd.	Kissam	**1915**
		1027 Meadow Rd.	William F. Ross	**1915**
		1030 Meadow Rd.	Root	**1915**
		1031 Meadow Rd.	Kier	**1915**
		272 Sylvan Rd.	Perry	**1915**
		Sylvan Rd.	Ravine Bluffs Development Sculptures and Bridge	**1915**
		265 Sylvan Rd.	Booth Residence	**1915**
		239 Franklin St.	Booth Cottage	1911
		Franklin Rd. at Meadow	Ravine Bluffs Sculpture	**1915**
	Glenview	1544 Portage Run	John O. Carr	1950
	Highland-Park	1445 Sheridan Rd.	Willits Residence	**1901**

* 볼드 처리된 년도는 본 책에 기술된 주택입니다.

State	City	Address	House name	year
	Highland-Park	1450 Waverly	Gardener's Cottage with Stables	**1901**
		1689 Lake Ave.	Millard	**1906**
		1923 Lake Ave.	Mary M.W. Adams	**1905**
	Kenilworth	205 Essex Rd.	Baldwin	1904
	Lake Bluff	231 Prospect Ave.	Richards Bungalow	1915
	Lake-Forest	170 N. Mayflower	Glore	1951
	Libertyville	153 Little Saint Mary's Rd.	Lloyd Lewis Residence and Farm Unit	1939/ 1943
	Wilmette	507 Lake Ave.	Baker	1909
		330 Gregory St.	Burleigh	1915
	Elmhurst	301 S. Kenilworth Ave.	Henderson	1901
	Geneva	1511 S. Batavia Rd. Friends of Fabyan	Fabyan Remodeling	**1907**
		318 S. Fifth	Hoyt	1906
	Plato Center	Rohrsen Rd.	Muirhead	1950
	Villa Park	346 East Highland Ave.	Heisen	1917
Illinois	Evanston	2420 Harrison St.	Charles A.Brown	1905
		2614 Lincolnwood	Oscar A. Johnson	1917
	Evanston	1014 Hinman	Hebert Remodeling	1902
	Oak Park	875 Lake St.	Unit Temple	1904
		404 Home Ave.	George W. Smith	**1896**
		Lake St. at Oak Park	Scoville Park Fountain	**1903**
		138-144 Lake St.	Francisco Terrace Apartments	1895
		210 Forest Ave.	Thomas	**1901**
		238 Forest Ave.	Beachy Remodeling	**1906**
		6 Elizabeth Ct.	Mrs. Thomas H. Gale	**1904/ 1909**
		313 Forest Ave.	Hills Remodeling	**1900**
		318 Forest Ave.	Heurtley Residence	**1902**
		325 Forest Ave.	Moore Stable	1923
		333 Forest Ave.	Moore Residence Remodeling	**1895**
		400 Forest Ave.	Copeland Residence Alterations	**1883**
		408 Forest Ave.	Copeland Garage Alterations	**1895**
		951 Chicago Ave.	Frank Lloyd Wright Residence, Playroom Addition and Studio	**1889**
		1019 Chicago Ave.	Parker	**1892**
		1027 Chicago Ave.	Thomas H. Gale	**1892**

* 볼드 처리된 년도는 본 책에 기술된 주택입니다.

State	City	Address	House name	year
Illinois	Oak Park	1031 Chicago Ave.	Walter M. Gale	**1893**
		1030 Superior St.	Woolley	**1893**
		334 N. Kenilworth Ave.	Young Additions & Remodelng	1895
		611 N. Kenilworth Ave.	Balch	1911
		223 N. Euclid Ave.	George Furbeck	1897
		317 N. Euclid Ave.	Charles E. Roberts Stable	1900
		321 N. Euclid Ave.	Charles E. Roberts Residence Remodeling	1896
		710 Augusta Ave.	Harry S. Adams Residence, and Garage	**1913**
		520 N. East Ave.	Cheney Residence	**1903**
		534 N. East Ave.	Goodrich	**1896**
		636 N. East Ave.	William E. Martin Residence	1902
		515 Fair Oaks Ave.	Rollin Furbeck Residence and Remodeling	**1897**
	River-Forest	540 Fair Oaks Ave.	Fricke Residence and Emma Martin Garage	1901/ 1907
		Auvergne Pl. at Lake Ave	Waller Gates	**1901**
		515 Auvergne Pl.	Winslow Residence & Stable	**1893**
		530 Edgewood Pl.	Williams Residence and Dormer Remodeling	**1895**
		603 Edgewood Pl.	Scott Remodeling and Isabel Roberts	**1908**
		562 Keystone Ave.	Ingalls	**1909**
		559 Ashland Ave.	Davenport	1901
		615 Lathrop Ave.	River Forest Tennis Club	1906
		7214 Quick Ave.	Walter Gerts Remodeling	1911
	Dwight	122 W. Main St.	Frank L. Smith Bank	1905
	Flossmoor	1136 Brassie Ave.	Nichols	1906
	Aurora	1300 Garfield Ave.	Greene	1912
	Batavia	637 N. Batavia Ave.	Gridley Residence	1906
	Hinsdale	121 Country Line Rd.	Frederick Bagley	1894
	LaGrange	345 Seventh Ave.	Hunt Residence I	1907
		108 S. Eighth Ave.	Goan	1893
		109 S. Eighth Ave.	Emmond	1892
		211 S. LaGrange Rd.	Clark	1893
	Lisle	2255 Edgebrooke Dr.	Duncan	1957
	Riverside	281 Bloomingbank	Coonley Residence	**1907**
		300 Scottswood Rd.	Coonley Residence	**1907**

* 볼드 처리된 년도는 본 책에 기술된 주택입니다.

State	City	Address	House name	year
	Riverside	336 Coonely Rd.	Coonley Coach House	**1911**
		350 Fairbank Rd.	Coonley Playhouse	**1912**
		150 Nuttall Rd.	Tomek	**1907**
	Chicago	209 S. LaSalle St.	Rookery Building Remodeling	1905
		1365 Astor	Charnley Residence	**1891**
		3005-3017 W. Carroll Ave.	E-Z Polish Factory	1905
		2840-2858 W. Walnut St.	Waller Apartments	1895
		1322 E. 49th St.	Blossom Garage	1907
		4858 Kenwood Ave.	Blossom Residence	1892
		4852 Kenwood Ae.	McArthur Residence, Residence Remodeling and Stable	1892
		4842 Kenwood Ave.	Kenwood Dining Room Remodeling	1903
		5132 Woodlawn Ave.	Heller Residence and Additions	1896
		3213-3219 Calumet	Roloson Rowhouses	1894
		9326 S. Pleasant Ave.	Jessie Adams	1900
		7415 Sheridan Rd.	Bach	1915
Illinois		12147 Harvard Ave.	Foster Residence and Stable	1900
		5757 Woodlawn Ave.	Robie	**1910**
		9914 Longwood Dr.	Evans	1908
		10410 S. Hoyne Ave.	Guy C. Smith	1917
		10541 S. Hoyne Ave.	Hyde Residence and Garage	1917
		42 N. Central Ave.	Walser	1903
		700 E. Oakwood Blvd.	Abraham Lincoln Center	1903
	Kankakee	687 S. Harrison Ave.	Hickox	1900
		701 S. Harrison Ave.	Bradley Residence and Stable	1900
	Belvidere	Harrison at Webster	Pettit Chapel	1906
	Rockford	4646 Spring Brook Rd.	Laurent	1949
	Peoria	1505 W. Moss Ave.	Little Residence I, Stable, Clarke Additions Little Stable	1902/ 1909
	Decatur	2 Millikin Pl.	Irving Residence and Garage	1902
	Springfield	301-327 E. Lawrence Ave.	Dana Residence and Stable Remodeling	1902
		231 E. Lawrence Ave.	White CoTTage Basement	1902
		Laurel St. First	Lawrence Memorial Libray	1905
	Ogden	43 Cedar Trail	Armstrong	19399
Indiana	Gary	6th & Fillmore	Wynant	1917
	South-	715 W.Washington St.	DeRhodes	1906
	Bend	1404 Ridgedale Rd.	Mossberg	1948

* 볼드 처리된 년도는 본 책에 기술된 주택입니다.

State	City	Address	House name	year
Indiana	Fort Wayne	3901 N. Washington Rd.	Haynes	1951
	Marion	1119 Overlook Rd.	Davis Residence and Addition	1954
	West-Lafayette	1301 Woodland Ave.	Christian	1954
Iowa	Johnston	6880 N.W.Beaver Dr.	Trier	1956
	Marshall-town	1701 Woodfield Rd.	Sunday	1955
	Mason-City	5 W. State St.	City National Bank Building, Hotel and Law offices Remodeling	1909
		First St. N.E., at E.State	Stockman	1908
	Charles-City	1107 Court St.	Miller	1946
	Monona	402 N.Page	Meier	1917
	Quasqueton	Cedar Rock park	Walter Residence, Council Fire, Gate and River Pavilion	1945/ 1948
	Cedar Rapids	3400 Adel Dr.S. E.	Grant	1946
	Oskaloosa	1907 A Ave. E.	Alsop	1948
		511 N. Park Ave.	Lamberson	1948
Kansas	Wichita	255 N. Roosevelt Blvd.	Allen Residence and Garden House	1916
		Yale Ave. at 21st St.	Juvenile Cultureal Center	1957
Kentucky	Frankfort	509 Shelby St.	Ziegler	1910
Massa-chusetts	Amherst	35 Shays St.	Baird Residence and Shop	1940
Maryland	Bethesda	7927 Deepwell Dr.	Llewellyn Wright	1953
	Baltimore	6807 Cross Country Blvd	Euchtman	1939
Michigan	Bloomfield Hills	5045 Pon Vally Rd.	Melvyn Maxwell Smith	**1946**
		1925 N. Woodward Ave.	Affleck	**1940**
	Ann Arbor	227 Orchard Hills Dr.	Palmer Mary	**1950**
	Plymouth	12221 Beck Rd.	Goddard	1953
		12305Beck Rd.	Wall	1941
	Detroit	2760 W. Seven Mile Rd.	Turkel	**1955**
	Okemos	2410 Hulett Rd	Goetsch-Winckler	**1940**
		2504 Arrow Head Rd.	Dolores Edwards	**1949**
		2527 Arrow Head Rd.	Katherine Brauner	**1948**
		1155 Wrightwind Dr.	Mary Lou Schaberg	**1958**

* 볼드 처리된 년도는 본 책에 기술된 주택입니다.

State	City	Address	House name	year
Michigan	Kalamazoo	2662 Taliesin Dr.	McCartney	**1949**
		2806 Taliesin Dr.	Eric V. Brown Residence and Addition	**1948**
		2816 Taliesin Dr	Levin	**1948**
		2822 Taliesin Dr	Winn	**1950**
	Benton-Harbor	1150 Miami Rd.	Anthony	1949
	Galesburg	11036 Hawthorne Dr.	Pratt	**1948**
		11098 Hawthorne Dr.	Eppstein	**1948**
		11108 Hawthorne Dr.	Meyer	**1948**
		11185 Hawthorne Dr.	Weisblat	1948
	St. Joseph	207 Sunnybank	Harper Moriss	**1950**
		2704 Highland Ct.	Schultz	1957
	Grand-Beach	46208 Crescent Rd.	Vosburgh	1916
		46039 Lakeview	W.S.Carr	1916
		47017 Lakeview	Joseph J. Bagley	1916
	Whitehall	5260 S. Shore Dr.	George Gerts	1902
		5318 S. Shore Dr.	Mr. Thomas H. Gale Summer Residence	1909
		5324 S. Shore Dr.	Mrs. Thomas H.Gale Cottage1	1909
		5370 S. Shore Dr.	Mrs. Thomas H.Gale Cottage2	1909
		5380 S. Shore Dr.	Mrs. Thomas H.Gale Cottage3	1909
	Grand Rapids	450 Madison Ave. S. E.	Meyer May	**1909**
	Northport	71 N. Peterson Park Rd.	Alpaugh	1947
	Marquette Island	Les Cheneaux Club	Heurtley Summer Residence Remodeling	1902
	Marquette	Deertrack, County Hwy.492	Abby Beecher Roberts	1936
Minnesota	Hastings	State Hwy 55 at Pine St.	Fasbender Medical Clinic	1957
	Stillwater	10121 83d, N.	Lovness Residence	1955
	Minnea-polis	2400 Third Ave.	Little Residence II	1912
		255 Bedford St., S.E.	Willey	1933
		2801 Burnham Blvd	Neils	1949
	St. Louis Park	2206 Parkland Lane	Olfelt	1958
	Cloquet	Route 33 at Stanley Ave.	Lindholm Residence	1952
		Route 45 at Route 33	Lindholm Service Station	1956
	Rochester	1229 Skyline Dr., S.W.	Bulbulian	1947
		1243 Skyline Dr., S.W.	Keys	1950

* 볼드 처리된 년도는 본 책에 기술된 주택입니다.

State	City	Address	House name	year
Minnesota	Rochester	1532 Woodland Dr., S. W.	McBean	1957
	Austin	309 21st St., S.W.	Elam	1950
	St. Joseph	29710 Kipper Rd.	LaFond	1960
Missouri	Kirkwood	120 N. Ballas Rd.	Kraus	1951
	St. Louis	8654 Masonridge Rd.	Pappas	1955
	Kansas City	3600 Bellview Ave.	Sondern and Adler Addition	1939/ 1948
		4601 Main St.	Community Christian Church	1940
		3640 N. W. Briarcliff Rd.	Bott	1956
Mississippi	Jackson	306 Glenway Dr.	Hughes	1948
	Ocean Springs	100 Holcomb Blvd	Louis Sullivan Bungalow and Servant's Quarters	1890
		509 W. Beach	Charnley Bungalow	1890
		507 E. Beach	Guesthouse	1890
Montana	Darby	469 Bunkhouse Rd.	Como Orchard One-room Cottage and Three-room	1909
	Whitefish	341Central Ave.	Lockridge Medical Clinic	1958
Nebraska	McCook	602 Norris Ave.	Sutton	1905
New Hampshire	Manchester	117 Heather St.	Kalil	1955
		223 HeatherSt.	Zimmerman	1950
New Jersey	Glen Ridge	63 Chestnut Hill Pl.	Richardson	1940
	Bernardsville	190 Jockey Hollow Rd.	Christie	1940
	Chery Hill	375 Kings Hwy	Sweeton	1950
	Millstone	142 S.River Rd.	Wilson	1954
New Mexico	Pecos	Hwy. 63	Arnold Friedman Lodge, and Caretaker°Øs Quarters	1945/ 1952
New York	New York	430 Park Ave.	Hoffman Auto Showroom	1954
		Metropolitan Museum Fifth Ave.at 82d St	Little Residence II	1912
		1071 Fifth Ave.	Guggenheim Museum	1956
	Richmond	48 Manor Ct. Staten Island	Cass	1959
	Lake Mahopac	Petra Island	Chahroudi	1951
	Pleasant-ville	44 Usonia Rd	Reisley Residence & Addition	1951
		12 Laurel Hill Dr.	Serlin	1949
		11 Orchard Brook Dr.	Sol Friedman	1948
	Rye	58 Island Dr. North Manursing Island	Hoffman Residence	1955
	Blauvelt	Clausland Mountain Rd.	Zaferiou	1961

State	City	Address	House name	year
New York	Great Neck Estates	9A Myrtle Ave	Rebhuhn	1937
	Derby	6472 Lake Shore Rd.	Isabel Martin Residence and Garage	1927
	Buffalo	Seneca at Larkin	Larkin Building	1903
		125Jewett Pkwy.	Darwin D. martin Residence	-
		118 Summit Ave.	Barton	1903
		285 Woodward Ave.	Darwin D. Martin Gardener's Cottage	1905/1908
		57 Tillinghast Pl.	Davidson	1908
		76 Soldiers Pl.	Heath	1904
	Rochester	16 East Blvd	Boynton	1908
Ohio	North Madison	6363 W. Lake Rd.	Staley	1950
	Oberlin	127 Woodhaven Dr.	Weltzheimer	1950
	Willoughby Hills	2203 River Rd.	Penfield	1953
	Caton	452 Santa Clara Dr. N.W	Feiman	1954
		518 44th St. N.W	Rubin	1951
	Canton	5120 Plain Center Ave. N.E	Dobkins	1953
	Cincinnati	1 Rawson Woods Circle	Boulter and Addition	1954/ 1958
	Amberley Village	6980 Knoll Rd.	Tonkens	1954
	Indian Hill	8805 Camargo Club Dr.	Boswell	1957
	Dayton	5441 Far Hills Ave.	Meyers Medical Clinic	1956
	Springfield	1340 E.High St.	Wescott Residence and Garage	1904
Oklahoma	Bartlesville	Silver Lake Rd.	Harold Price, Jr	1953
		N. E. Slxth St. at Dewey Ave.	Price tower	1952
	Tulsa	3704 S. Birmingham Ave.	Richard Lloyd Jones Residence and Garage	1929
Oregon	Wilsonville	303 S. W. Gordon Lane	Gordon	1956
Pennsyl-vania	Pittsburgh	4400 Forbes Ave.	Frank Lloyd Wright Field	1951
	Chalkhill	Ohiopyle Rd.	Hagan	1954
	Mill Run	State Hwy 381	Kaufmann Residence Fallingwater and Guesthouse	1935/ 1938
	Allentown	31 N. Fifth St.	Little Residence II	1912
	Ardmore	152, 154, 156 Sutton Rd. 307 E. Spring St.	Suntop Homes	1938

State	City	Address	House name	year
Pennsylvania	Elkins Park	Old York Rd. at Foxcroft	Beth Sholom Synagogue	1954
South Carolina	Greenville	9 W. Avondale Dr.	Austin	1951
	Yemassee	7 River Rd.	Stevens Auldbrass Plantation	1938
Tennessee	Chattanooga	334 N. Crest Rd.	Shavin	1950
Texas	Dallas	3636 Turtle Creek Blvd	Dallas Theatre Center	1955
		9400 Rockbrook Dr.	Gillin	1950
	Bunker Hill	12024 Tall Oaks	Thaxton	1954
	Amarillo	Tascosa Rd.	Sterling Kinney	1957
Utah	Bountiful	1289 Canyon Creek Rd.	Stromquist	1958
Virginia	McLean	600 Chainbrige Rd.	Luis Marden	1952
	Alexandria	9000 Richmond Hwy Woodlawn Plantation P.O Box37 Mount Vernon, VA 22121	Pope	1939
	Virginia Beach	320 51st Street	Cooke	1953
Washington	Issaquah	212th Ave.	Brandes	1952
	Normandy	18971 Edgecliff Dr. S.W.	Tracy	1955
	Tacoma	7800 John Dower S. W.	Griggs	1946
Wisconsin	Madison	22 N. Butler St.	Lamp Residence	1903
	Shorewood Hills	3650 Lake Mendota Dr.	Pew	1938
		900 University Bay Dr.	Unitarian Meeting House	1947
	Madison	120 Ely Pl.	Gilmore	1908
		110 Martinette Trail	Rudin	1957
		5817 Anchorage Rd.	Van Tamelen	1956
		441 Toepfer St.	Jacobs First Residence	1936
	Lancaster	474 N. Filmore St.	Patrick Kinney	1951
	Beaver Dam	7655 Indian Hills Trail	Jackson	1957
	Columbus	954 Dix St.	Arnold	1954
	Lake Delton	Ferndell Rd.	Peterson	1958
	Two Rivers	3425 Adams	Schwartz	1939
	Wausau	904 Grand Ave.	Duey Wright	1956
		1224 Highland Park Blvd	Manson	1938
	Stevens Point	Springville Dr.at U.S.5	Iber	1957

State	City	Address	House name	year
Wisconsin	Oshkosh	1165 Algoma Blvd	Hunt Residence II	1917
	Delavan	3455 S. Shore Dr.	A.P.Johnson	1905
		3407 S. Shore Dr.	Wallis Cottage	1900
		3335 S. Shore Dr.	Fred B. Jones Residence, Gate Lodge and Barn with Stables	1900/ 1901
		3211 S. Shore Dr.	Charles S.Rose	1902
		3209 S. Shore Dr.	George W. Spencer	1902
	Dousman	3902 Hwy. 67	Greenberg	1954
	Milwaukee	2420 N.Terrace Ave.	Fredric C. Bogk	**1916**
		1835 S. Layton Blvd	Richards Bungalow	1915
		2714 W.Burnham St.	Richards Small House	**1916**
		2720-2734 W.Burnham St.	Richards Duplex Apartments	**1916**
	Fox Point	7111 N.Barnett	Albert Adelman	1948
	Bayside	1001 W.Jonathan	Mollica	1958
	Wauwatosa	9400W. Congress St.	Greek Orthodox Church	1956
	Wind Point	33 E. 4 Mile	Herbert F. Johnson	1937
	Racine	1525 Howe St.	Johnson Wax Building & Tower	1936/ 1944
		1319 S.Main St.	Hardy	1905
		1425 Valley View Dr.	Karen Johnson	1954
	Jefferson	332 E. Linden Dr.	Richard Smith	1950
	Middleton	3995 Shawan Trail	Jacobs Second Residence	1944
	Richland Center	300 S. Church St.	German Warehouse	1915
	Wyoming Valley	Route 23	Wyoming Valley Grammar School	1956
	Spring Green	Route 23, Taliesin	Taliesin Fellowship Complex	**1911**
			Drafting Room, Theatre	1932/ 1952
			Romeo and Juliet	1896
			Porter	1907
			Midway Barns, Dairy and Machine Sheds	1938/ 1947
			Taliesin, and Dams	1925
		Route 23 at County C	Riverview Terrace Restaurant	1953
		County T neer Route 23	Unity Chapel	**1886**
Wyoming	Cody	5588 Greybull Hwy	Blair	1952

* 볼드 처리된 년도는 본 책에 기술된 주택입니다.

〈 라이트의 미국 외 해외 작품 List 〉

State	City	Address	House name	year
Canada Ontario	Sapper Island	Desbarats	Pitkin	1900
Japan	Tokyo	31-4, Nishi Ikebukuro 2-chome, Toshima-ku	Jiyu Gakuen Girl's School	1921
		1-30, Komazawa 1-chome, Setagaya-ku	Hayashi	1913
	Inuyama	Museum at Meiji Mura 1, Uchiyama Inuyama-shi, Aichi-ken 484	Imperial Hotel	1915
		172 Yamata-cho Ashiya-shi, Hyogo-ken	Yamamura	1918

3. 참고문헌 및 관련 사이트

참고문헌

1. A Guide to Oak Park's Frank Lloyd Wright and Prairie School Historic District, Alice Sinkevitch Hon, 2011
2. WRIGHT FOR WRIGHT, Hugh Moward, RIZZOLI INTERNATIONAL PUBLICATIONS, Inc.
3. Frank Lloyd Wright House Beautiful, DIANE MAAAEX
4. THE FRANK LLOYD WRIGHT COMPANION, RIVISED EDITION, Willam Allin Storrer, The University of Chicago Press, 2006
5. FRANK LLOYD WRIGHT FIELD GUIDE, THOMAS A. HEINZ. Northwestern University Press, 2005
6. FRANK LLOYD WRIGHT AMERICAN MASTER, KATHRYN SMITH, RIZZOLI INTERNATIONAL PUBLICATIONS, Inc., 2009
7. HOMETOWN ARCHITECT, PATRICK F. CANNON, Promegranate Communications, Inc. 2006
8. CREATIVE LIVES FRANK LLOYD WRIGHT, HAYDN MIDDLETON, Heinemann Library, 2002
9. Frank Lloyd Wright Prairie House, ALAN HESS, RIZZOLI INTERNATIONAL PUBLICATIONS, Inc. 2006
10. FRANK LLOYD WRIGHT QUARTERLY, The Frank Lloyd Wright Foundation Taliesin West, Scottsdale, AZ 85261, Fall 2010(VOL. 21 NO.4), Winter 2011(COMMEMORATIVE ISSUE), Summer 2010(VOL. 21 NO.3)
11. Architecture and Geometry in the Age of the Baroque. University of Chicago Press. Hersey, George, 2000
12. 프랭크 로이트 라이트 20세기 건축의 위대한 유산, 에이다 루이즈 헉스터블, 이종인 옮김, 을유문화사, 2008
13. 프랭크 로이드 라이트 자서전, 프랭크 로이드 라이트, 이종인 옮김, 미메시스, 2006
14. 시카고파의 건축, 서붕교, 윤재희 편저, 세진사, 1998

관련 사이트

1. http://allwrightsite.net : An inter-net Guide to FRANK LLOYD WRIGHT
2. http://www.casas.com/architect/franklloydwright/fallingwater0.htm : 낙수장 소개, 방문 예약 등
3. http://www.taliesinpreservation.org : 탈리어신(위스콘신 스프링그린) 소개, 방문 예약 등
4. http://www.bluffton.edu/~sullivanm/wrightpa/kaufmann.html : BEAR RUN, PENNSYLVANIA
5. http://www.peterbeers.net/interests/flw_rt/Michigan/michigan.htm : 미시건 주의 라이트 건축에 관한 내용
6. http://www.peterbeers.net/interests/flw_rt/flw_roadtrip.htm : F. L. 라이트의 Road Trip
7. http://en.wikipedia.org/wiki/Goetsch-Winckler_House : Goetsch-Winckler House 소개(위키백과)
8. http://meyermayhouse.steelcase.com/upcoming : Meyer May 주택 소개, 방문 예약 등
9. http://www.springgreen.com : 라이트 고향인 위스콘신의 스프링 그린에 관한 내용
10. http://www.usonia1.com/01_hist.html : 유소니아(Jacobs 주택)의 역사적 배경 등 설명
11. http://franklloydwrightatfsc.com : 라이트가 설계한 플로리다 Southern Collage 의 건축물 소개
12. http://oprf.com/Wright : 라이트의 첫 작업실이 있었던 오크 파크 소개 등
13. http://www.mcnees.org/architecture/flw_architecture_riverside.htm: 리버사이드의 주택 소개 등
14. http://www.architechgallery.com/arch_info/exhibit_docs/exhibits_2007/wasmuth_flw_07.html : 라이트의 작품집인 바스무스에 관한 내용
15. http://www.loc.gov/exhibits/flw/flw05.html : 라이트 디자인과 미국의 조경에 관한 내용
16. http://www.savewright.org/index.php?t=news_focus&story_id=17 : 라이트 건축, 교육 등 다양한 내용

17. http://zachsartofarchitecture.blogspot.kr/2011/05/houses-101-dd-martin-house.html : Martin House 소개
18. http://architecture.about.com/od/periodsstyles/ig/House-Styles/The-Robie-House.htm : 프레리 스타일 설명
19. http://wrightinjapan.org 일본에서의 라이트 건축에 관하여 소개하고 있다
20. http://gowright.org 라이트 건축 보존 재단에서 제공하는 라이트의 건축과 다양한 투어 프로그림 등 다양한 내용 등이 있다.

Frank Lloyd Wright